梁海波：山东东营人。中国农业大学资源与环境学院农业资源利用专业硕士研究生，中国热带农业科学院热带作物品种资源研究所联合培养研究生，创建海南省儋州市“木薯科技小院”。读研期间，在海南、广西、广东3省区开展木薯种植管理的调研，第一作者发表核心期刊论文6篇，出版专著1部，荣获中国农业大学研究生“国家奖学金”，2017届北京市普通高校“优秀毕业生”，第八届全国科技小院网络交流培训会汇报“一等奖”，中国热科院第一届研究生学术论坛“三等奖”，中国热科院品资所第一届研究生学术论坛“一等奖”，2015和2016 年度中国现代农业科技小院网络“惠泽三农”优秀贡献奖，第二届中国农业大学科技小院征文大赛“三等奖”，第二届中国现代农业科技小院摄影大赛“优秀奖”。

魏云霞：河南南阳人，硕士，研究实习员。现在中国热带农业科学院热带作物品种资源研究所工作，国家现代木薯产业技术体系栽培生理岗位团队成员。2010年至今，主编和副主编专著3部，第二完成人制定农业行业标准1项，第一作者和通讯作者发表核心期刊论文10篇。中国热带农业科学院热带作物品种资源研究所2015年度“先进个人”。

黄　洁：广东湛江人，硕士，研究员。现在中国热带农业科学院热带作物品种资源研究所工作，硕士生导师，国家现代木薯产业技术体系栽培生理岗位科学家，海南省“省优专家”、农业部“全国农业先进科研工作者”和“科技入户先进工作者”。2004年至今，获国家和省部级奖9项，其中，作为第二完成人获国家科技进步二等奖1项，作为第一完成人获海南省科技进步三等奖2项，育成木薯新品种5个，主编专著6部，第一完成人制定农业行业标准4项，第一作者和通讯作者发表中英文论文百余篇。在位于哥伦比亚的国际热带农业中心进修半年，在柬埔寨白粒农学院任中国政府援外农业科教顾问2年半。参加“农民参与式研究与推广木薯”等多项国际合作项目，常在我国商务部、农业部及国际粮农组织主办的国际培训班中主讲木薯课程，常到世界各国的木薯主产区学习、交流及指导。

浩勒博士（Dr. Reinhardt Howeler）：荷兰人，博士，国际热带农业中心退休农学家，国际热带农业中心亚洲办事处(泰国曼谷)前主任，主要从事木薯营养需求、土壤肥力维持、水土保持等研究与推广，与中国有长达30年的木薯合作友谊。1993年，获日本基金支持，通过“农民参与式研究与推广”方法，在亚洲各国广泛传播木薯新品种和栽培新技术，20年间，使各国鲜薯单产提高了约1倍。以第一作者或合作作者发表科学论文约250篇，主编出版会议论文集14部，撰写出版专著4部。获奖无数，包括中国政府的“国家友谊奖”（1998年）、泰国政府的皇家勋章等。

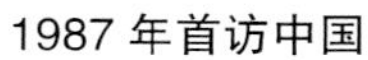
1987 年首访中国

王者风范

育种老前辈

栽培老前辈

泰国老师来访

FAO 官员来访

国际援手

CIAT 参与式

中国农大参与式

木薯体系参与式

“参与式”调查

“参与式”讨论

商量试验方案

验收试验

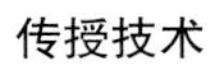

传授技术

交流技术

推向国际

喜庆丰收

长期定位施肥研究（1992 年至今）

施肥实践

土壤诊断

叶片诊断

间套作施肥方法

机械化施肥方法

示范施肥技术

交流施肥技术

合作基地

布置试验

田间课堂

院士来访

受训第一课

培训地方农民

承办亚洲木薯研讨会

承办非洲培训班

承办发展中国家培训班

参加中国农大协作网

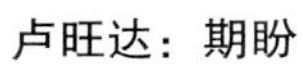

卢旺达：期盼

卢旺达：领路

卢旺达：授课

卢旺达：解惑

柬埔寨：转化木薯标准

尼日利亚：大木薯

木薯科技小院

国际薯类研讨会

国际培训班授课

国际培训班授课

农家访问

科技小院毕业

国家科学技术进步奖

证 书

为表彰国家科学技术进步奖获得者，

特颁发此证书。

项目名称：木薯品种选育及产业化关键技术研发集成与应用

奖励等级：二等

获 奖 者：黄 洁

2009年12月27日

证书号：2009-J-201-2-06-R02

国家科技进步二等奖

1998 in China, National friendship award

荣获国家友谊奖

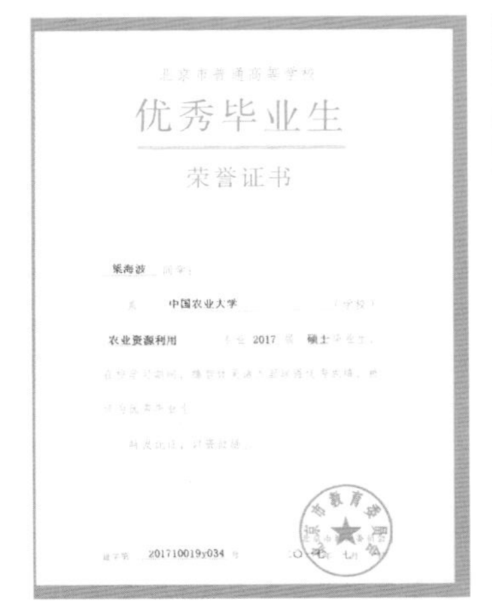

北京市普通高等学校

优秀毕业生

荣誉证书

梁海波 同学：

系 中国农业大学 （学校）

农业资源利用 专业 2017 届 硕士毕业生，

证字第 201710019y034 号

北京市优秀毕业生

CIAT 优秀毕业生

硕士研究生国家奖学金

荣誉证书

编号：2015 年第 20487 号

徐海强 同学荣获2015年硕士研究生国家奖学金，特颁此证。

中华人民共和国教育部

二〇一五年十二月三十一日

国家奖学金

硕士研究生国家奖学金

荣誉证书

编号：2016 年第 10924 号

梁海波同学荣获2016年硕士研究生国家奖学金，特颁此证。

中华人民共和国教育部

二〇一六年十二月三十一日

国家奖学金

历尽险境

宁静致远

国际携手

援柬白粒农学院

访柬农业部

签订中柬合作协议

中国热带农业科学院热带作物品种资源研究所
国家现代木薯产业技术体系（CARS-11）
中国农业大学资源与环境学院、海南科技小院
农业部木薯种质资源保护与利用重点实验室

木薯
营养施肥研究与实践

◎ 梁海波　黄　洁　魏云霞　主编

中国农业科学技术出版社

图书在版编目（CIP）数据

木薯营养施肥研究与实践／梁海波，黄洁，魏云霞主编．—北京：中国农业科学技术出版社，2018．3

ISBN 978-7-5116-3494-8

Ⅰ．①木… Ⅱ．①梁…②黄…③魏… Ⅲ．①木薯-施肥-研究 Ⅳ．①S533．06

中国版本图书馆 CIP 数据核字（2018）第 015146 号

责任编辑 李 雪 徐定娜 曾德芳
责任校对 贾海霞

出 版 者 中国农业科学技术出版社
北京市中关村南大街 12 号 邮编：100081
电 话 （010）82109707 82105169（编辑室）
（010）82109702（发行部）（010）82109709（读者服务部）
传 真 （010）82106650
网 址 http://www.castp.cn
经 销 者 各地新华书店
印 刷 者 北京科信印刷有限公司
开 本 787mm×1 092mm 1/16
印 张 30（含 12 面彩插）
字 数 412 千字
版 次 2018 年 3 月第 1 版 2018 年 3 月第 1 次印刷
印 数 2 800 册
定 价 78．00 元

《木薯营养施肥研究与实践》

《Nutrition and Fertilization Research with Practice on Cassava》

主　编： 梁海波　黄　洁　魏云霞

副主编： Reinhardt Howeler　许瑞丽　韩全辉
何时雨　刘翠娟　陆昆典　郁昌的

资助项目：国家现代木薯产业技术体系（CARS-11）［China Agriculture Research System（CARS－11）］、农业部木薯种质资源保护与利用重点实验室（Key Laboratory of Conservation and Utilization of Cassava Genetic Resources，Ministry of Agriculture，P. R. of China.）

《木薯营养施肥研究与实践》

编写单位

中国热带农业科学院热带作物品种资源研究所

中国农业大学资源与环境学院

中国农业大学海南科技小院

Centro Internacional de Agricultura Tropical

(国际热带农业中心)

中国热带农业科学院广州实验站

海南省白沙黎族自治县农业科学研究所

广西壮族自治区合浦县农业科学研究所

广西壮族自治区武鸣县农业技术推广中心

国投广东生物能源有限公司

浩勒博士简介

浩勒博士（Dr. Reinhardt Howeler）生于印度尼西亚，长于荷兰，高中毕业后，作为交换生前往美国学习 1 年。返回荷兰后，在国际热带农业学院土壤专业学习 3 年。22 岁时，移居美国，在密苏里州立大学获得土壤肥料硕士学位，在纽约州伊萨卡的康奈尔大学获得土壤化学博士学位。在读博士期间，娶了一位华人妻子。

1970 年，在哥伦比亚卡利市的国际热带农业中心开始博士后工作，开展水稻和旱稻的土壤研究，并晋升为高级职员。1973 年，参加国际热带农业中心新成立的木薯项目，从事田间和室内的木薯营养需求、土壤肥力维持、水土保持等研究。1986 年，被国际热带农业中心派往位于泰国曼谷的亚洲木薯办事处，与木薯育种家河野博士（Dr. Kazuo Kawano）一起工作，具体负责指导亚洲区域的木薯栽培研究与推广，凡有木薯处，皆有浩勒影，他与亚洲各国科教机构的木薯科研人员一起，潜心致力于提升木薯栽培技术及其土壤管理水平。1987 年，浩勒博士开启了长达 30 年的中国友谊之旅，与位于海南省的中国热带农业科学院、广西亚热带作物研究所、广东农科院作物研究所等单位紧密合作，开展了卓有成效的木薯研究与推广。

除与各国政府的科教机构合作研究外，1993 年，浩勒博士申请到一个“农民参与式研究”的日本基金支持，让研究和推广人员协助农民在自家地里尝试做些简单试验示范，例如木薯新品种（系）比较、施肥技术和水土保持措施等。在泰国、越南和中国，约有 100 个村庄的农民参与了木薯研究与推广。此外，在印度尼西亚、柬埔寨、老挝和东帝汶也开展了相关工作。通过“参与式”方法在亚洲各国广泛传播木薯新品种和栽培新技术，20 年间，各国鲜薯单产提高了约 1 倍。

在国际热带农业中心辛勤工作 39 年，于 2009 年退休。木薯论著丰硕，以第一作者或联合作者发表科学论文约 250 篇，主编出版会议论文集 14 部，撰写出版专著 4 部。为表彰浩勒博士对提高亚洲穷苦农民生活水平的专注贡献，荣誉纷至，1998 年，时任中国国务院副总理的钱其琛为浩勒博士颁发中国政府的“国家友谊奖”，还有泰国政府颁发皇家勋章等，不计其数，实至名归。

Introductory Statement about Reinhardt Howeler

Reinhardt Howeler was born in Indonesia, but grew up in the Netherlands, where he finished high school before spending a year as an exchange student in the US. After his return to the Netherlands he studied for three years at the International College for Tropical Agriculture, with a specialization in soils. At the age of 22 he emigrated to the US and obtained an MSc in Soil Fertility at the University of Missouri, followed by a PhD in Soil Chemistry at Cornell University in Ithaca, New York. While still working on his PhD he married a Chinese.

In 1970 he started his first job as a Post-Doc at the International Center for Tropical Agriculture (CIAT) in Cali Colombia, working on soil-related problems in flooded and upland rice. He was later promoted to senior staff and in 1973 joined the newly established Cassava Program at CIAT, doing research on cassava's nutritional requirements, soil fertility management and erosion control, both in the field and in the greenhouse. In 1986 he was asked by CIAT to move to Asia to join Dr. Kazuo Kawano (cassava breeder) to work in the CIAT Asian Cassava Program in Bangkok, Thailand. He worked with colleagues in national cassava programs to improve agronomic practices and soil management for cassava in practically all cassava growing countries in Asia. In 1987 he started working in China in close cooperation with colleagues in CATAS in Hainan, GSCRI in Guangxi and the Crops Research Institute in Guangdong.

Besides doing research in collaboration with national partners, he started in 1993 a new project on Farmer Participatory Research (FPR), in which researchers and extension workers helped farmers conduct simple trials on their own fields, mainly testing new varieties, fertilizers and erosion control measures. This program worked with farmers in approximately 100 villages in China, Vietnam and Thailand, as well as in Indonesia, Cambodia, Laos and East Timor. This project resulted in the widespread adoption of new cassava varieties and agronomic practices, which almost doubled cassava yields across Asia during the past 20 years.

Dr. Howeler finally retired in 2009 after 39 years working with CIAT. He has authored or co-authored about 250 scientific papers, edited and published 14 Workshop Proceedings and wrote 4 books on cassava. For his dedicated work to improve the livelihood of poor cassava farmers he has received many awards, including a Royal Decoration from the Thai Government and a Friendship Award from the Ministry of Foreign Affairs of China, presented by Vice Premier Qian Qichen in 1998.

前言（Ⅰ）

1990年6月，我从华南农业大学毕业，冲着海南建省的热潮，被分配到华南热带作物科学研究院热作所从事水稻研究。木薯育种老前辈林雄研究员见我天天下田，埋头苦干，心生欢喜，经常邀我闲时帮忙，做些木薯授粉等工作，自我宣传木薯研究是我院最早的国际合作项目之一，有机会出国学习，前途大得很！那时，出国是万人仰慕的好事，此外，还经常关怀帮助我，焉能不心动？当水稻研究遇到难处时，就趁机鼓动我加入木薯研究组，开始跟张伟特老师做木薯栽培研究和推广工作。

国际热带农业中心（CIAT）的浩勒博士（Dr. Reinhardt Howeler）每年至少来院里指导工作2次，他和老林常逗我，只要出国不迷路，能找到饭吃，就让我出国培训学习。于是乎，我经常在傍晚收听"美国之音"，晚上混进热农大的英语角，磕磕碰碰练英语，还硬着头皮钻研木薯英语论文集，一整夜也看不完半页，临睡前重温一遍，发现隔不了两行，就会忘记刚查找并背过的单词，实际上一直处于健忘单词的状态，基本是逢词必查，反反复复，行间满布密密麻麻的英译中，当然，还有语法的不通，发音之不准，不管了，连蒙带猜地坚持不懈学习。当浩勒博士来访时，我必抢陪到底，也顾不上他是否劳累，总是在叽叽喳喳讨教问题，同时，随身带一本汉英小词典和一本英汉农业小词典，讲不通就连比带划，再翻词典增进理解和沟通，可谓不放过一切机会，随时随地讲英语、练英语、学英语。

1996年6月，我终于争取到位于哥伦比亚的国际热带农业中心作访问学者，跟班杂学些木薯施肥、水土保持、育种、区试等知识。镀金半年后回国，坚持在海南省白沙县、屯昌县、琼中县等地开展“农民参与式研究与推广”，尤以白沙县七坊镇孔八村颇为成功，借国外引进的“参与式”方法，把木薯新品种新技术推广到全国，获得显著的社会、经济和生态效益，也获得社会的广泛认可，浪得些虚名。

2000年12月至2002年6月，又被推送到柬埔寨白粒农学院担任援外专家，讲授木薯、玉米、甘蔗等课程。回国后，常到东南亚、非洲和南美诸国受训、考察、指导和交流，多次承办世界粮农组织（FAO）、商务部和农业部等机构在国内主办的发展中国家农业技术培训班，主讲木薯课程，也曾亲临卢旺达、柬埔寨等国授课，指导木薯生产和宣贯木薯栽培技术标准等。现有的一点成绩，离不开浩勒博士、林雄教授和张伟特教授等老一辈木薯科学家的悉心关照！也离不开李开绵首席及许瑞丽技工等同事们的鼎力支持！还有泰国的那班木薯教授，在我年轻时，给予无私和热情的指导与帮助！当我遇到坎坷时，不乏良师益友为我排忧解难，激励我东山再起，等等，在此一并致谢。

忆往事，木薯是很被人看不起的低贱作物，林雄曾因被贬“木薯头”而要与人打架。21世纪初，人民小康，购买力渐强，加上国际能源紧张和木薯淀粉紧俏，引起国家对可再生能源原料的高度重视，从前仅限华南地区群众熟知的热带作物木薯，一时红遍北回归线之南北，木薯头、木薯叶、木薯花遂成美名！好景不长，仅约10年，不断飞涨的油价飞落，跌入长时间的低迷，导致我国的木薯产业久盘不振，我们唯有在蛰伏中积蓄科技底蕴，择机谋生。最近，国家又重提扩大生物燃料乙醇生产，这能否成为木薯的又一轮发展良机，值得思考把握。希望这不再是昙花一现，能有一个长远稳定的发展期。

自2011年成为国家木薯产业技术体系栽培管理岗位科学家，除做好体系内岗站对接外，还广结良缘，与中国农业大学等科教单位紧密合作，积极组织开展相关学术活动。感谢中国农业大学资源环境与粮食安全中心的张福锁教授、李晓林教授，见我们积极参加“高产高效现代农业暨全国养分资源管理协作网”的活动，常坐在前几排，从头至尾认真听讲学习，遂与我们共建儋州木薯科技小院，选送梁海波来开展合作研究。本书就是在黄洁、魏云霞、李晓林、张福锁、申建波、浩勒等老师指导下，由梁海波搜集国内外文献编写兼翻译，部分国际木薯营养施肥研究资料更是浩勒博士一生的心血，此外，梁海波、黄洁和魏云霞还经常到各地木薯主产区，与韩全辉、何时雨、刘翠娟、陆昆典、郁昌的等一起，进村下地调查、搜集、整理资料。具体由梁海波整理分析和撰写全书，脱稿后，经黄洁和魏云霞多次审改，梁海波又多次增删修改而成。周建国对本书彩图进行了剪辑美化，特此致谢！

本书共分八章。第一部分综述国内外木薯的生产概况、生物学特性、营养诊断、养分需求特性、养分吸收与分配、长期定位施肥等研究；第二部分是在2015—2016年，国家木薯产业技术体系栽培管理岗（现为栽培生理岗）与白沙、北海、武鸣、广州4个综合试验站以及国投广东生物能源有限公司一道，在海南、广西、广东3个省（区）的6个市（县）、17个乡镇、38个村庄进行走访调研，总计获得299份有效问卷，利用产量差及Boundary line分析模型，量化了各地区农户种植木薯的产量差，明确了各地区的产量限制因素，提出未来的研究方向和发展建议；第三部分附录相关文献资料与图片。

由于编者水平所限，难免出现不足之处，敬请广大读者不吝指正，以便在再版中加以纠正。

黄　洁

中国热带农业科学院热带作物品种资源研究所

国家现代木薯产业技术体系栽培生理岗位科学家

2017年9月

前言（Ⅱ）

我非常荣幸受邀为黄洁最新出版的《木薯营养施肥研究与实践》一书撰写前言。黄洁尊称我是他的木薯“老师”，我欣然接受，因他是我诸多木薯“学生”中最为勤奋和高产的学生之一。

我有幸娶了一位中国妻子，这让我对中国非常感兴趣，并有机会前往中国各地旅行，特别是到广植木薯的华南地区考察研究。1987 年 10 月，国际农业研究磋商组织成员单位的国际热带农业中心和国际粮食政策研究所组团访问中国，作为国际热带农业中心亚洲木薯办事处的育种专家河野博士和栽培专家的我，第一次考察了广西壮族自治区和广东省，当时的海南岛隶属于广东省。考察期间，主要发现是农民小面积种植木薯，国营农场有较大的木薯种植面积；主栽 2 个苦木薯品种，热带北缘的贫瘠土壤主栽华南 201，而南部热带亚热带地区主栽华南 205，苦木薯品种主要被用作饲料和加工淀粉；还见零散种植有甜木薯品种华南 101，也称面包木薯或马来红，是当地群众的食用品种。那个时候，大部分农民很少为木薯施用化肥，一般是施用火烧土，那是一种把植物枯枝落叶与泥土混拌为一堆然后缓慢烧出的农家肥；每公顷平均鲜薯产量约为 14. 3 吨，算是当时亚洲的最高木薯产量纪录。当时的中国木薯研究单位主要有位于海南省儋州市的华南热作研究院（现名为中国热带农业科学院）、广西壮族自治区南宁市的广西亚热带作物研究所，与上述单位的领导和木薯专家商量后，我们决定开始一个木薯合作研究项目，由河野博士负责木薯育种研究，本人负责农学与土壤管理研究。

没过多久，1988 年初，我与河野博士第二次来到中国，先到广西南宁的广西亚热带作物研究所进一步细化各个合作研究项目。随后，在陈为宏和叶开富的陪同下，从南宁乘车前往广东省雷州半岛最南端的海安，在 4 天的行程中，考察了许多农民和农场的木薯地，了解木薯生产情况。在海安，我乘渡船前往海南岛的海口，在船上几百名中国人中，仅有我一个外国人，着实很有惊险的感觉。在海口，华南热带作物科学研究院的张伟特来接我，我们讨论未来将要大规模开展的水土保持、土壤肥力维持、间套作等研究的首批试验。由于大多数木薯生长在海南岛的中南部山区，因此，我们前往海南岛中部的白沙县七坊镇，布置参与式试验，午餐是在当地一家小餐馆喝龟汤、吃狗肉。中国人的待客之道无疑是非常周到的，试图为贵宾提供各种各样的舒适愉悦感受。

从此，国际热带农业中心与地处海南、广西、广东 3 省（区）的木薯研究机构开展了近 30 年的紧密合作，一方面主要是河野博士与位于海南儋州的中国热科院林雄和李开绵、广西热作所的田益农、广东农科院旱作所（广州）的房伯平开展木薯选育种研究；另一方面就是由我与海南的张伟特、黄洁和叶剑秋、广西的田益农和李军、广东的房伯平开展土壤肥力与水土保持研究，各研究机构均对上述大部分试验坚持了多年研究，例如，广东旱作所在广州的 4 年长期定位氮磷钾施肥试验表现出显著的氮磷钾效应；广西热作所在南宁的 8 年长期定位氮磷钾施肥试验表现出极显著的氮效应，并存在部分的磷钾效应；中国热科院在儋州的 16 年长期定位氮磷钾施肥试验表现出极显著的氮钾效应和部分的磷效应；同样，中国热科院在海南儋州、白沙、琼中等市（县），广西亚热带作物研究所在广西南宁均布置了长期的水土保持试验。本书对上述试验结果均有较详细的描述。

1994 年，国际热带农业中心争取到一个五年期的日本“Nippon”基金，采用农民参与式的方法开展“提高可持续木薯生产技术的应用程度”项目。虽然农民参与式的基本方法是由位于哥伦比亚的国际热带农业中心的社会学家最早开创的，但尚需经过简化改良，才能因地制宜适合亚洲各国的不同传统与社会经济条件。1994—1999 年，在中国、印度尼西亚、泰国和越南，每国均选择 2~3 个示范村，与农民一起共同开展各项试验工作，检验评价改良后的农民参与式方法及其试验结果；研究和推广人员帮助农民在其本人土地上布置简易的木薯新品种区试、施肥种类及其配比、水土保持或其他农民感兴趣的参与式试验。1994 年年中，国际热带农业中心的经济学家亨利博士与我一起，分别与中国热科院、广西热作所、广东旱作所的中国同事一起，用 3 周时间，到海南、广西、广东 3 省（区）的木薯主产区开展快速乡村调查，在许多乡村，我们与地方官员及农民团体座谈了木薯种植与薯块利用状况，兼顾谈及存在的问题与希望所在，较好地理解木薯是如何生长和利用的。其后，每一个合作研究所都选择 2~3 个村，建立农民参与式的示范试验区，先对参与农民进行一次技术培训，再由志愿农民自愿选择不同的新品种、新技术，随后，我们帮助农民在自家的土地上开展农民参与式的不同类型简单试验。

由于第一阶段的五年参与式项目非常有成效和前途，因此，日本基金继续支持第二阶段的五年期项目，目的是把木薯新品种新技术复制推广到更多的乡村，让更多农民共享木薯新成果。在 1999—2004 年的第二阶段，我们选择海南14个村、广西16个村、云南2个村参与该项目。其中，云南2个村主要是试验使用青贮木薯块根和叶片作为猪饲料。在第二阶段的农民参与式项目中，中国农民共参与127个品比试验、4个施肥试验、33个水土保持试验、59个青贮饲料养猪试验。1995—2004年的10年，在海南和广西举办了3次农民参与式国际培训班，共培训159名参与的农民及地方推广技术员。除着重通过农民参与式示范试验，广泛推广应用木薯新品种、新技术外，还在研究机构内继续开展新品种选育、化肥和农家肥施用、高效水土保持措施等试验研究。第二阶段项目快结束时，中国农民已基本采纳了那些简便易用且又增产增收的参与式新科技，部分新科技已成为主栽品种和主流化的新技术，如种植高产良种、使用化学除草剂和配方施肥等，由于许多水土保持措施既费工，又不能为农民提供快速回报，因此，还难以普及木薯地等高线绿篱等水土保持技术。有意思的是，海南省白沙县孔八村的参与农民从参试的木薯品系中，通过农民群众的自我组织评价优选，推选了一个品系，继而在农民中自发大力推广，之后这一品系被审定为非常有名的“华南5号”木薯新品种，随后，继续在海南和广西的5个地区进行华南5号的生产试验并加以大力推广，比常规的传统木薯老品种华南205增产鲜薯约50%，最终，华南5号成为海南省的主栽品种。类似地，虽然南植199、GR891和GR911等木薯新品种不能完全取代常规品种华南205，但也均已成为广西壮族自治区的主栽木薯品种。此外，在东南亚许多国家表现显著增产并改变当地品种格局的泰国选育品种KU50，由于难以超越华南205而不能成为中国的主栽木薯品种。根据世界粮农组织的统计，中国木薯单产得到逐年提高，2014年每公顷鲜薯平均产量达到16.3吨，但实际上，中国本土的统计数字显得更高，中国在2006年就已达到每公顷鲜薯平均产量20.7吨，此后，因价格较低及需求减少而略有下降。

当第二阶段项目结束，2004 年后，中国的木薯研究能力持续得到加强，有更多的研究机构和研究人员纷纷参与到木薯项目中，除常规的木薯选育种和栽培技术外，还新增遗传改良和生物技术等基础研究，以及创新的综合利用研究方法。

该书努力总结中国木薯栽培研究的实践与理论，目的是告知下一代的木薯研究者目前已取得的成就以及未来的努力方向。我们相信，未来的中国木薯，将会更加美好！

浩 勒

国际热带农业中心退休农学家

2017 年 2 月

PREFACE

It is a great honor to be asked by Huang Jie to write a Preface for his latest book on Nutrition and Fertilization Research with Practice on Cassava. He calls me his cassava "teacher", which is an honor indeed because he has been one of the most active and productive of my many cassava "students".

Having a Chinese wife, I have always been very interested in China. I was fortunate to have had opportunities to travel widely, especially in the southern cassava growing provinces. My first visit to China was in October 1987, when a delegation from CIAT and IFPRI, including Dr. Kazuo Kawano, the CIAT cassava breeder in Asia, and myself as agronomist, visited Guangxi and Guangdong provinces (Hainan was then still a part of Guangdong province). In those days, cassava was mainly grown in small plots by "peasant" farmers, as well as in large fields by State Farms. Farmers planted mainly two bitter varieties, SC 201 in areas with poor soils, mainly in the north, and SC 205 for more tropical areas in the south. Both were used for feeding animals and for starch production, while the "bread" variety (SC 101 or Malaihong) was planted for human consumption. Most farmers did not use chemical fertilizers on cassava, but applied only "burned soil", a mixture of soil and plant residues, slowly burned together in a large pile. The average yield for the country was estimated at 14. 3 t/hm^2, one of the highest yields in Asia at the time. After discussions with the directors and cassava scientists of the major cassava research institutions, including the South China Academy of Tropical Agricultural Crops (SCATC), later renamed Chinese Academy of Tropical Agricultural Sciences (CATAS), and the Guangxi Subtropical Crops Research Institute (GSCRI) in Nanning, Guangxi, we decided to start a collaborative research program on cassava breeding, led by Dr. Kawano, and on agronomy and soil management, led by myself.

Thus, during my next trip in early 1988, I traveled with Dr. Kawano to Nanning, Guangxi to visit GSCRI and discussed in more detail various collaborative projects. Accompanied by Chen Weihong and Ye Kaifu, I then set out on a 4-day trip by car from Nanning to Hai'an in the southern tip of Luichow peninsula of Guangdong province, stopping at many farmers' fields and state farms to see and learn about cassava production. In Hai'an I took the ferry boat to Haikou on Hainan island. Being the only foreigner on the boat with hundreds of Chinese travelers, this was quite an adventure. In Haikou I met up with Mr. Zhang Weite of SCATC and we discussed the first of many future trials on erosion control, soil fertility maintenance and intercropping. Most cassava in Hainan is grown in the mountainous areas of the south-central part of the island. A visit to Zhi Feng town, where the trials were to be conducted, ended with a lunch of turtle soup and dog meat at a small local restaurant. Chinese hospitality is surely unsurpassed and their ability to serve you all sorts of exquisite delights is quite extraordinary.

And so started almost 30 years of close collaboration between CIAT and the cassava research institutes in Guangxi, Guangdong and Hainan provinces. Initially these were mainly on-station breeding trials conducted in Hainan by Mr. Lin Xiong and Li Kaimian with Dr. Kawano, in Guangxi with Mr. Tian Yinong, and in Guangdong with Mr. Fang Baiping of the Upland Crops Research Institute (UCRI) in Guangzhou; and soil fertility and erosion control trials in Hainan by Mr. Zhang Weite, Huang Jie and Ye Jianqiu, in Guangxi with Mr. Tian Yinong and Li Yun, and in Guangdong with Mr. Fang Baiping. Most of these trials were conducted for several years at the research institutes. For instance, a long-term NPK trial was conducted at UCRI in Guangzhou for four years showing significant responses to all three nutrients; in GSCRI in Nanning for eight years with highly significant responses to N and with some response to P and K; and in CATAS in Hainan for 16 years with highly significant responses to N and K and some response to P. Similarly, erosion control trials were established in GSCRI in Nanning as well as in CATAS in Hainan and were continued for many years. Details of many of these trials are included in the current book.

In 1994 some major changes occurred when CIAT obtained funding from the Nippon Foundation in Japan for a 5-year project on "Enhancing the Adoption of More Sustainable Cassava Production Practices" by using a Farmer Participatory Research (FPR) approach. The basic FPR methodology had been developed by agricultural sociologists at CIAT in Colombia, but these needed to be simplified and adapted to the different institutional and socio-economic conditions in the various countries in Asia. From 1994 to 1999 the modified methodology was tested by working with farmers in 2-3 villages each in China, Indonesia, Thailand and Vietnam. Researchers and extension workers helped farmers conduct simple FPR trials on their own fields for testing new varieties, rates and types of fertilizers, erosion control methods or any other topic of interest. In mid-1994, Dr. Guy Henry, a

CIAT economist, and myself, together with our Chinese colleagues of UCRI, GSCRI and CATAS, respectively, traveled for three weeks through the cassava growing areas of Guangdong, Guangxi and Hainan provinces to conduct a Rapid Rural Appraisal (RRA). We talked to district officials and groups of farmers in many villages about their cassava production practices and the utilization of the roots, as well as their problems and expectations. Having a better understanding of how cassava is grown and utilized, each collaborating institution set up demonstration plots with various management options and conducted a farmer training course. We then helped farmers in 2–3 selected villages conduct simple FPR trials on various topics on their own fields.

The first 5-year phase of the project was considered very promising, so the Nippon Foundation allowed a second 5-year phase with the objective of scaling up to more villages and work with many more farmers. During the second phase, from 1999 to 2004 the project worked in 14 villages in Hainan, 16 villages in Guangxi and 2 villages in Yunnan province. In the latter two villages, farmers tested the use of silage of cassava roots and leaves for pig feeding. During this second 5-year period farmers in China conducted 127 FPR variety trials, 4 fertilizer trials, 33 erosion control trials and 59 pig feeding trials. From 1995 to 2004 three FPR training courses were conducted in Hainan and Guangxi, with participation of 159 farmers and local extensionists. While most of the emphasis was on the conducting of FPR trials to enhance adoption of new technologies, on-station research also continued on developing new varieties, as well as on fertilizer and manure use and more effective erosion control practices. By the end of the second phase of the project it became clear that farmers in China had mainly adopted those practices that were simple and clearly increased their yields and income, such as the planting of higher yielding varieties and the use of fertilizers and herbicides, while soil conservation was considered rather labor intensive and did not provide immediate benefits to the farmer. For that reason, erosion control through the planting of contour hedgerows was not widely adopted. Interestingly, one of the tested varieties, which had been selected by participating farmers in Kongba village of Baisha county in Hainan, was later released as a new variety, named SC 5. This variety tested in five locations in Hainan and Guangxi provinces increased yields nearly 50% over the commonly used local variety SC 205. It later became one of the main cassava varieties planted in Hainan. Similarly, the new varieties GR 891, GR 911 and Nanzhi 199 became important varieties in Guangxi province, although they never completely replaced the local variety SC 205. On the other hand, the Thai variety KU 50, which markedly increased yields and transformed the cassava sector in so many other countries in SE Asia, did not outperform SC 205 in China, and was therefore never widely accepted by farmers. Cassava yields in China increased over the years, reaching 16. 3 t/hm^2 in 2014 according to FAO data, but were actually much higher according to local data sources, reaching 20. 7 t/hm^2 in 2006, after which yields declined slightly due to lower prices and decreasing demand.

After the end of the second phase of the Nippon Foundation project in 2004, China continued to strengthen its cassava research capacity, with many more researchers and several additional institutions getting involved in cassava research. Besides breeding and crop management, this now includes basic research on genetic modification and biotechnology, as well as new methods of cassava utilization.

This current book is an effort to summarize in Chinese much of the cassava research conducted in China, with the objective to inform a new generation of researchers about what has been achieved in the past and to prepare the best way forward into the future…… a bright future indeed for cassava in China!

Howeler

CIAT emeritus

February 2017

目　　录

第一章　木薯生产概况

第一节　世界木薯种植现状

世界木薯栽培已有近 5 000 年历史，木薯块根在粮食、饲料、淀粉和酒精生产等方面均占据重要地位，受到全世界的广泛关注。据联合国粮食及农业组织（FAO）数据库统计，2013 年共有 102 个国家和地区种植木薯。其中非洲种植面积最大，亚洲次之，美洲第三。

一、收获面积

2004—2013 年，世界木薯收获面积呈现稳定增长态势，2004 年为 1 846. 16 万 hm^2，2013 年增长到 2 073. 22 万 hm^2，10 年间增幅为 12. 30%（见表 1-1）。2013 年非洲、亚洲、美洲三大木薯主产洲的收获面积分别为 1 417. 73 万 hm^2、418. 18 万 hm^2、235. 17 万 hm^2，分别占世界总收获面积的 68. 38%、20. 17%、11. 34%，三大洲占世界总收获面积的 99. 89%。2013 年，世界木薯收获面积排名前六的国家依次为尼日利亚、刚果（金）、巴西、泰国、安哥拉、印度尼西亚，6 个国家的木薯收获面积总计占世界的 54. 00%。

尼日利亚、刚果（金）和泰国的木薯产业较为稳定，近 10 年木薯收获面积呈现出稳定增长趋势。2013 年，尼日利亚的收获面积为 385. 00 万 hm^2，占非洲收获总面积的 27. 16%，占世界的 18. 57%；泰国收获面积为 138. 51

万 hm^2，占亚洲收获总面积的 33. 12%，占世界的 6. 68%；刚果（金）收获面积为 220. 00 万 hm^2，占非洲收获总面积的 15. 52%，占世界的 10. 61%。安哥拉收获面积一直呈现较快的增长趋势，10 年间增长了 70. 85%。巴西作为美洲最大的木薯主产国，由于政府鼓励生产更多的甘蔗酒精（李苗等，2013），致使木薯收获面积出现一定程度的缩减，2013 年收获面积为 152. 50 万 hm^2，占美洲收获总面积的 64. 85%，占世界的 7. 36%。印度尼西亚近 10 年收获面积略有降低。中国近 10 年木薯收获面积呈现缓慢增长趋势，2013 年为 28. 56 万 hm^2，占亚洲收获总面积的 6. 83%，占世界的 1. 38%。

表 1-1　2004—2013 年世界木薯收获面积（单位：万 hm^2）

Table 1-1　The harvested area of cassava in the world during 2004-2013（Unit：10^4 hm^2）

年份 Year	世界 World	非洲 Africa			亚洲 Asia			美洲 America
		尼日利亚 Nigeria	刚果（金） Congo	安哥拉 Angola	泰国 Thailand	印度尼西亚 Indonesia	中国 China	巴西 Brazil
2004	1 846. 16	353. 10	184. 26	68. 36	105. 73	125. 58	24. 58	175. 49
2005	1 850. 50	378. 20	184. 55	74. 86	98. 59	121. 35	26. 08	190. 15
2006	1 876. 24	381. 00	187. 74	77. 11	107. 08	122. 75	26. 57	189. 65
2007	1 906. 97	387. 50	184. 92	84. 33	117. 42	120. 15	26. 86	189. 45
2008	1 910. 21	377. 80	185. 11	67. 92	118. 35	119. 33	27. 04	188. 89
2009	1 931. 72	312. 90	185. 29	84. 53	132. 67	117. 57	27. 53	176. 06
2010	1 954. 90	348. 19	185. 48	88. 96	116. 85	118. 30	27. 87	178. 98
2011	2 046. 23	373. 71	217. 12	107. 25	113. 54	118. 26	27. 56	173. 35
2012	2 082. 10	385. 00	220. 00	106. 29	136. 21	112. 97	28. 06	169. 30
2013	2 073. 22	385. 00	220. 00	116. 79	138. 51	106. 58	28. 56	152. 50

资料来源：FAOSTAT

Source：FAOSTAT

二、鲜薯单产

2004—2013 年世界鲜薯平均单产呈现出缓慢增长趋势，10 年间提高了

20.71%，2013年最高，为13.35 t/hm²（见表1-2）。2013年，亚洲鲜薯平均单产为21.20 t/hm²，约为世界平均水平的1.59倍，其中，以印度尼西亚等国提高得较快；虽然非洲的尼日利亚、安哥拉以及南美洲的巴西等木薯生产大国比世界鲜薯平均单产略高，但由于洲内其他国家的木薯单产水平较低，导致非洲、美洲鲜薯平均单产分别为11.14、12.86 t/hm²，均低于世界平均水平。总体来看，2013年六大木薯主产国中，除刚果（金）鲜薯单产仅为世界平均水平的56.18%外，其他五大主产国的鲜薯平均单产均高于世界平均水平。可见，在非洲和南美洲的许多国家，鲜薯单产还有很大的提高潜力。

表1-2　2004—2013年世界木薯鲜薯单产（单位：t/hm²）

Table 1-2　The fresh root yield in the world during 2004-2013（Unit：t/hm²）

年份 Year	世界 World	非洲 Africa			亚洲 Asia			美洲 America
		尼日利亚 Nigeria	刚果（金） Congo	安哥拉 Angola	泰国 Thailand	印度尼西亚 Indonesia	中国 China	巴西 Brazil
2004	11.06	11.00	8.11	12.56	20.28	15.47	15.53	13.63
2005	11.14	11.00	8.11	11.76	17.18	15.92	15.40	13.61
2006	11.90	12.00	7.98	11.72	21.09	16.28	16.24	14.05
2007	11.95	11.20	8.11	11.54	22.92	16.64	16.24	14.01
2008	12.22	11.80	8.11	14.81	21.25	18.10	16.30	14.14
2009	12.29	11.77	8.12	15.18	22.68	18.75	16.37	13.86
2010	12.43	12.22	8.09	15.58	18.83	20.22	16.38	13.95
2011	12.79	14.02	6.92	13.36	19.30	20.30	16.38	14.62
2012	12.93	14.03	7.27	10.00	21.91	21.40	16.30	13.61
2013	13.35	14.03	7.50	14.05	21.82	22.46	16.10	13.91

资料来源：FAOSTAT

Source：FAOSTAT

就鲜薯单产而言，10 年间，印度尼西亚的鲜薯单产呈现出快速提升趋势，从 2004 年的 15.47 t/hm^2，增长到 2013 年的 22.46 t/hm^2，提高了 45.18%；尼日利亚和安哥拉有较大提高，中国和巴西略有提高，泰国基本波动在 20.00 t/hm^2 上下。2004 年，中国鲜薯单产与泰国有较大差距，略高于印度尼西亚和巴西，远高于尼日利亚和安哥拉；但到 2013 年，印度尼西亚和泰国的鲜薯单产分别比中国高出 39.50%、35.52%，中国鲜薯单产被印度尼西亚快速赶超。中国近邻的新兴木薯生产国老挝和柬埔寨，由于积极从泰国、越南等周边国家引进高产木薯新品种以及先进的种植管理技术（卢赛清等，2014），鲜薯单产得以快速增长，2004 年，老挝和柬埔寨的鲜薯单产分别为 6.81 t/hm^2、16.09 t/hm^2，到 2013 年分别增长到 25.17 t/hm^2、22.86 t/hm^2，10 年间分别提高了 269.60%、42.08%。2013 年，老挝、柬埔寨、印度尼西亚和泰国的鲜薯单产比中国高出 35.52%~56.34%。虽然近年中国部分木薯主产区遭受到严重的台风、干旱和寒潮等自然灾害，对鲜薯单产有一定的影响，但比较其他国家鲜薯单产的快速提高，中国鲜薯单产停滞不前的困境值得深思。

三、鲜薯总产量

2004—2013 年世界鲜薯总产量持续较快增长，2004 年为 20 412.80 万 t，2013 年增长到 27 672.16 万 t，总体增长了 35.56%（见表 1-3）。2013 年，非洲、亚洲、美洲三大木薯主产洲的鲜薯总产量分别为 15 798.72万 t、8 822.06万 t、3 025.02 万 t，分别占世界鲜薯总产量的 57.10%、31.88%、10.93%，三大洲鲜薯总产量总计占世界的 99.91%；世界鲜薯总产量排名前六的国家依次为尼日利亚、泰国、印度尼西亚、巴西、刚果（金）、安哥拉，六大主产国鲜薯总产量总计占世界的 58.65%。

表 1-3　2004—2013 年世界木薯鲜薯总产量（单位：万 t）

Table 1-3　The fresh root production in the world during 2004-2013（Unit：10^4 t）

年份 Year	世界 World	非洲 Africa			亚洲 Asia			美洲 America
		尼日利亚 Nigeria	刚果（金） Congo	安哥拉 Angola	泰国 Thailand	印度尼西亚 Indonesia	中国 China	巴西 Brazil
2004	2 0412. 80	3 884. 50	1 495. 05	858. 69	2 144. 05	1 942. 47	381. 57	2 392. 66
2005	2 0616. 82	4 156. 50	1 497. 45	880. 62	1 693. 82	1 932. 12	401. 56	2 587. 20
2006	2 2319. 94	4 572. 10	1 498. 94	903. 70	2 258. 44	1 998. 66	431. 33	2 663. 90
2007	2 2779. 65	4 341. 00	1 500. 44	973. 03	2 691. 55	1 998. 81	436. 16	2 654. 12
2008	2 3350. 14	4 458. 20	1 501. 35	1 005. 74	2 515. 58	2 159. 31	440. 91	2 670. 30
2009	2 3743. 63	3 682. 23	1 505. 45	1 282. 76	3 008. 80	2 203. 91	450. 64	2 440. 40
2010	2 4305. 25	4 253. 32	1 501. 37	1 385. 87	2 200. 57	2 391. 81	456. 53	2 496. 71
2011	2 6176. 87	5 240. 35	1 502. 42	1 433. 35	2 191. 24	2 400. 96	451. 37	2 534. 95
2012	2 6912. 60	5 400. 00	1 600. 00	1 063. 40	2 984. 80	2 417. 74	457. 45	2 304. 46
2013	2 7672. 16	5 400. 00	1 650. 00	1 641. 17	3 022. 80	2 393. 69	459. 85	2 122. 59

资料来源：FAOSTAT

Source：FAOSTAT

10 年间，巴西木薯生产受国内市场影响，收获面积略有减少，导致其鲜薯总产量略有降低。而其他五大主产国的鲜薯总产量均呈现较快增长趋势。其中，安哥拉 2013 年鲜薯总产量比 2004 年增长近 1 倍；10 年间，泰国鲜薯总产量增长了 41.00%，2013 年为 3 022.80 万 t，占亚洲鲜薯总产量的 34.26%，占世界鲜薯总产量的 10.92%；尼日利亚鲜薯总产量增长了 39.00%，2013 年增长到 5 400.00 万 t，占非洲鲜薯总产量的 34.18%，占世界鲜薯总产量的 19.51%；印度尼西亚鲜薯总产量增长了 23.22%，2013 年为 2 393.69 万 t，占亚洲鲜薯总产量的 27.13%，占世界鲜薯总产量的 8.65%；刚果（金）的收获面积虽有较大增加，但受鲜薯单产下降的影响，2013 年鲜薯总产量为 1 650.00 万 t，仅占非洲的 10.44%。2004 年中国鲜薯总产量为381.57万t，2013年上升到459.85万t，总体增长了20.52%，2013年的鲜薯总产量分别占亚洲和世界的5.21%、1.66%。

第二节　世界木薯贸易发展

木薯的进出口产品主要包括木薯干、木薯淀粉、木薯粉、鲜木薯。其中木薯干、木薯淀粉和木薯粉是较大宗的国际贸易产品，世界鲜木薯进出口量极少。黄文强等曾以FAO 1991—2013年数据为基础，对木薯干、木薯淀粉、木薯粉的世界贸易发展趋势进行了分析（黄文强等，2015）。

一、木薯干

世界木薯干的进口量起伏不定，进口量最大的年份是1990年，约1 141万t；进口量最小的年份是1995年，约341万t，总体呈现较大波动中略微下降的趋势。世界木薯的出口量起伏不定，出口量最大的年份是1989年，约1 188万t；出口量最小的年份是2002年，约361万t，总体呈现波动下降的趋势。

世界木薯前20位主产国为：尼日利亚、泰国、巴西、印度尼西亚、刚果（金）、加纳、安哥拉、印度、越南、坦桑尼亚、中国、莫桑比克、马达加斯加、巴拉圭、马拉维、贝宁、喀麦隆、科特迪瓦、乌干达、柬埔寨。其中，泰国、印度尼西亚、越南和中国长年进行大量的木薯干贸易活动；安哥拉、马达加斯加、巴拉圭、喀麦隆、加纳、贝宁和马拉维长年进行少量的木薯干贸易活动；其余国家基本上不进行木薯干的贸易活动。

泰国是世界上最大的木薯干出口国，其出口量占世界木薯干总出口量的78.86%。泰国木薯干的出口量起伏不定，出口量最大的年份是1989年，约

931 万 t；出口量最小的年份是 2002 年，约 290 万 t，总体呈现略微下降的趋势。泰国 2002 年才开始进行少量的木薯干进口活动，最大的年份不超过 1 万 t。印度尼西亚是世界木薯干出口的第二大国，其出口量起伏不定，最大的年份是 1990 年，约 127 万 t；最小的年份是 2003 年，约 2 万 t，总体呈现波动下降趋势。印度尼西亚木薯干的进口量不大，仅 1987 年、1988 年和 1992 年超过 1 万 t，其余年份都小于 1 万 t。越南是世界木薯干出口的第三大国，其出口量约占世界木薯干总出口量的 4.71%，其出口量起伏不定，最小的年份是 1991 年，约 0.03 t；最大的年份是 2007 年，约 131 万 t，总体呈现波动上升趋势；越南的木薯干进口量几乎为零。20 年间，中国木薯干的进出口量出现了大逆转，1993 年之前出口量在 10 万 t 以上，1994 年后其出口量急剧下降，均未超过千吨，但中国木薯干的进口量急剧上升，从 1985 年的 27 万 t 上升到 2007 年 461.9 万 t。虽然中国曾是世界木薯干出口的第四大国，但目前，中国已成为世界上最大的木薯干进口国，2012 年进口总量为 713.8 万 t。

二、木薯淀粉

世界木薯淀粉的进口量从 1985 年的 6 万 t 上升到 2011 年的 157 万 t，总体呈现急剧攀升趋势；出口量波动较大、起伏不定，总体呈现波动上升趋势。世界木薯出口量最大的年份是 2006 年，约 209 万 t；出口量最小的年份是 1987 年，约 19 万 t。20 个主产国中，泰国、巴西、印度尼西亚长年进行大量的木薯淀粉贸易活动，坦桑尼亚、莫桑比克、加纳、柬埔寨、喀麦隆、马达加斯加、巴拉圭长年进行少量的木薯淀粉贸易活动，其余国家基本上不进行木薯淀粉贸易活动。

泰国是世界上最大的木薯淀粉出口国，其出口量占世界木薯淀粉总出口量的 88.38%，从 1985 年的 5 万 t 上升到 2007 年的 142 万 t，总体呈大幅上升趋势；1999 年后才进口少量的木薯淀粉，最大年份不超过 200 t。印度尼西亚木薯淀粉出口量约占世界木薯淀粉总出口量的 1.45%，1989 年开始进行木薯淀粉的进出口贸易，其出口量起伏不定，最大的年份 2004 年约 18.5 万 t，最小的年份 1989 年约 0.2 万 t；印度尼西亚木薯淀粉的进口量起伏不定，最大年份 2007 年约 30 万 t，最小年份 1990 年约 2 t；1989 年、1990 年、1993 年、1996 年、1998 年和 1999 年印度尼西亚的木薯淀粉进出口量处于顺差，其余年份均处于逆差，逆差最大的 2006 年约 30 万 t。巴西木薯淀粉出口量约占世界木薯淀粉总出口量的 0.82%，其出口量起伏不定，最大的年份 2002 年约 2 万 t，最小的年份 1989 年约 0.03 万 t；2000 年后才开始大量进口木薯淀粉，最大年份 2004 年约 6 万 t；1989 年、2003 年、2005 年和 2007 年巴西的木薯淀粉进出口量处于逆差，其余年份均处于顺差。

三、木薯粉

世界木薯粉的进口量起伏不定，最大的年份 1997 年约 7.5 万 t，最小年份 1989 年约 2.7 万 t；出口量最大的年份 1993 年约 14.9 万 t，最小的年份 1986 年约 1.4 万 t。20 个主产国中，泰国、印度尼西亚、中国长年进行大量的木薯粉贸易活动，尼日利亚、印度、巴西、安哥拉、喀麦隆、贝宁、莫桑比克和加纳进行少量的木薯粉贸易活动，而其他国家基本上不进行木薯粉的贸易活动。

泰国是世界上最大的木薯粉出口国，其出口量约占世界木薯粉总出口量的 44.4%，从 1985 年的 42.5 万 t 下降到 2007 年的 5.6 万 t，总体呈现快速持续的下降趋势；泰国的木薯粉进口量从 1985 年的 0.7 万 t 上升到 2007 年的 2.5 万 t，总体呈现快速持续的上升趋势；泰国的木薯粉进出口量长年处于顺差趋势，其顺差从 1985 年的 41.8 万 t 下降到 2007 年的 3 万 t，总体呈现快速持续的下降趋势。印度尼西亚是世界上第二大木薯粉出口国，其出口量约占世界木薯粉总出口量的 20.7%，其出口量起伏不定，出口量最大的年份 1999 年约 4.8 万 t，最小的年份 1994 年仅 88 t；印度尼西亚木薯粉进口量非常少，长年处于顺差的趋势。中国是世界木薯粉出口的第三大国，其出口量约占世界木薯粉出口总量的 11.8%，中国的木薯粉进出口量在 1989 年前处于顺差，顺差最大的年份 1989 年约 0.18 万 t；1989 年之后除 2007 年（顺差 0.01 万 t）外，其余年份均为逆差，逆差最大的年份 2006 年约 0.7 万 t，最小的年份 1990 年约 0.06 万 t。

第三节　中国木薯种植现状

一、收获面积

2004—2013 年，中国木薯收获面积总体呈现缓慢减少趋势，10 年间减少了 8.74%（见表 1-4）。广西收获面积变化趋势及幅度与全国相似，总计减少了 8.62%；广东和海南的收获面积均较快减少，分别减少了 23.28%、21.66%；云南的木薯收获面积先快速增长，后有较大回落，总体增长了 41.06%；福建收获面积略有减少；江西和湖南收获面积虽成倍增加，但总量较少，且在 2010—2013 年没有扩增趋势。中国木薯种植面积呈现传统主产区有不同程度的缩减，而新产区有一定扩张趋势。2014—2016 年，由于各地的木薯种植成本普遍较快提高，而鲜薯收购价停滞不提，甚至有些地方出现较大幅度下降，加上部分加工企业的环保不达标及亏损等影响而停产，剩余的部分企业则严控鲜薯淀粉含量，刻意打压一些鲜薯淀粉含量较低的常规品种，造成各地普遍存在鲜薯销售难的问题。总体来看，木薯种植效益大幅下降和薯难卖的双重困境，已导致全国的木薯种植和收获面积存在进一步快速下降趋势。

表 1-4 2004—2013 年中国木薯收获面积（单位：万 hm^2）

Table 1-4 The harvested area of cassava in China during 2004—2013（Unit：10^4 hm^2）

年份 Year	全国 China	广西 GX	广东 GD	海南 HN	云南 YN	福建 FJ	江西 JX	湖南 HUN
2004	40. 73	25. 06	10. 78	3. 37	1. 51	—	0. 06	—
2005	43. 46	26. 95	10. 38	3. 36	1. 48	1. 28	0. 06	0. 02
2006	44. 07	27. 30	9. 91	3. 20	2. 28	1. 35	0. 06	0. 04
2007	42. 93	26. 47	9. 45	2. 84	2. 76	1. 36	0. 20	0. 05
2008	38. 94	22. 26	8. 60	3. 23	3. 56	1. 21	0. 75	0. 07
2009	38. 81	23. 21	8. 38	3. 59	2. 35	1. 11	0. 80	0. 17
2010	38. 96	23. 62	8. 38	3. 02	2. 71	1. 12	0. 82	0. 11
2011	38. 39	23. 87	8. 33	2. 88	2. 13	1. 12	0. 85	0. 11
2012	37. 72	23. 40	8. 21	2. 83	2. 05	1. 12	0. 85	0. 12
2013	37. 17	22. 90	8. 27	2. 64	2. 13	1. 12	0. 86	0. 12

资料来源：农业部南亚办，无贵州省的统计数据。GX 表示广西壮族自治区（以下简称“广西”，全书同），GD 表示广东省，HN 表示海南省，YN 表示云南省，FJ 表示福建省，JX 表示江西省，HUN 表示湖南省。下同。

Source：Office of Tropical and Sub-tropical in South China，Ministry of Agriculture，the P. R China，without statistical data of Guizhou province. GX means Guangxi province，GD means Guangdong province，HN means Hainan province，YN means Yunnan province，FJ means Fujian province，JX means Jiangxi province，HUN means Hunan province. The same as below.

二、鲜薯单产

2004—2013 年，中国鲜薯平均单产较快提升，10 年间提升了 25. 41%（见表 1-5）。广西和海南的鲜薯单产变化趋势及幅度和全国相似，分别提升了 32. 00%、25. 00%；广东鲜薯单产缓慢提升，总计提升了 10. 28%，逐渐落后于全国平均水平；云南鲜薯单产较快提升，10 年间总体提升了 72. 74%，已接近全国平均水平；福建鲜薯单产略有降低，江西鲜薯单产提高了

10.00%；湖南鲜薯单产提高了1.20倍，近年来均已高于全国平均水平，显示出中国热带北缘地区木薯有较大的增产潜力。

表1-5 2004—2013年中国木薯鲜薯单产（单位：t/hm²）

Table 1-5 The fresh root yield in China during 2004-2013（Unit：t/hm²）

年份 Year	全国 China	广西 GX	广东 GD	海南 HN	云南 YN	福建 FJ	江西 JX	湖南 HUN
2004	15.78	15.21	17.51	16.80	10.60	—	22.50	—
2005	16.46	16.11	17.49	15.88	13.43	18.15	22.50	11.50
2006	20.68	22.91	17.97	17.06	12.61	17.87	22.50	15.00
2007	21.33	23.48	18.10	16.72	16.78	20.93	22.50	14.93
2008	20.39	23.13	18.46	18.51	10.28	17.58	23.25	23.64
2009	21.39	23.57	18.54	18.37	13.72	18.94	23.70	27.42
2010	16.12	17.90	13.83	14.17	11.21	12.72	24.00	18.25
2011	17.87	18.88	14.14	19.66	18.31	17.06	24.00	24.50
2012	18.71	19.55	15.96	20.49	18.21	17.06	24.45	25.58
2013	19.79	20.07	19.31	21.01	17.88	17.09	24.75	25.33

三、鲜薯总产量

2004—2013年，全国鲜薯总产量波动增长，波动幅度达45.76%，10年间增长了14.49%（见表1-6）。广西鲜薯总产量变化趋势和全国相似，但波动幅度更大，达64.07%，10年间增长了20.76%；广东鲜薯总产量先缓慢下降38.58%后又快速回升37.82%，但总产量仍低于2004—2007年；海南鲜薯总产量略有降低；云南鲜薯总产量呈现快速增长趋势，从2004年的16.01万t增长到2013年的38.05万t，总体增长了137.66%；福建鲜薯总产量缓慢降低；江西和湖南鲜薯总产量增长了约15倍，但湖南鲜薯总产量仅占全国的0.41%。总体来看，广西和广东鲜薯总产量合计占全国的85%左右，10年间的波动幅度非常大，给木薯加工业带来较多的不稳定因素；云南、福建和江西呈现较大的发展潜力，值得重视扶持。据淀粉世界网统计，2010—

2015 年，鲜薯价格波动幅度较大，以广西为例，当地鲜薯价格从 2010 年的 750 元/t，下降到 2015 年的 500~550 元/t，下降了 26.7%~33.3%；2016 年的鲜薯收购价进一步下降，称之为“雪上加霜”也毫不为过，部分地区的鲜薯收购价仅为 300 多元/t，明显是收不抵支。由于处于纯买方市场，部分企业干脆拒收部分低粉品种的鲜薯，鲜薯收购价的大幅波动及持续走低，加上劳动力价格和农资成本的大幅上涨，对木薯种植业的稳定发展已造成极大的影响，值得高度重视和解决。

表 1-6 2004—2013 年中国木薯鲜薯总产量（单位：万 t）

Table 1-6 The fresh root production in China during 2004-2013（Unit：10^4 t）

年份 Year	全国 China	广西 GX	广东 GD	海南 HN	云南 YN	福建 FJ	江西 JX	湖南 HUN
2004	642.56	381.12	188.76	56.67	16.01	—	1.35	—
2005	715.16	434.03	184.54	53.33	19.87	23.19	1.35	0.20
2006	911.32	625.30	178.07	54.42	28.73	24.20	1.35	0.60
2007	915.56	621.43	171.17	47.41	46.25	28.50	4.50	0.80
2008	793.94	515.58	158.89	59.90	36.66	21.30	17.44	1.60
2009	830.26	547.07	155.37	65.93	32.28	21.08	18.96	4.61
2010	628.11	422.70	115.93	42.80	30.38	14.23	19.68	2.08
2011	686.16	450.83	117.88	56.65	38.94	19.07	20.40	2.79
2012	705.91	457.55	131.03	57.93	37.33	19.07	20.78	3.00
2013	735.68	460.23	159.78	55.49	38.05	19.13	21.29	3.00

第四节 中国木薯加工业现状

一、木薯淀粉市场

据统计，2010—2013 年中国各领域应用淀粉的总量年均递增 7%以上，极大促进了淀粉行业的发展（古碧等，2013）。虽然中国每年约有70%的木薯用来加工淀粉（黄日波等，2010），但木薯淀粉的总产量及其市场份额却不增反减。据中国淀粉工业协会统计（中国淀粉工业协会 http：//www. siacn. org/），2005—2012年，全国淀粉总产量（见表1-7）增加了103. 57%。其中，玉米、马铃薯、甘薯淀粉的产量分别增加了108. 8%、181. 0%、743. 5%，呈现出飞跃的发展，但木薯淀粉产量却增幅不大，仅为25. 4%。2012年，玉米淀粉市场占有率达到94. 2%，8年间市场份额提高了2. 3个百分比；而木薯淀粉的市场占有率却从2005年的4. 9%下降到2012年的3. 0%，呈现出萎缩的趋势。中国的木薯淀粉竞争力较弱，主要是由于木薯淀粉行业的原料不足、企业规模小、高价值新产品少、经济效益低、环境污染等综合问题导致的。

表1-7　2005—2012年中国多种淀粉产量

Table 1-7　The production of various starch in China during 2005-2012

年份 Year	淀粉产量（万t）Starch production（10^4 t）						占比 Rate（%）	
	玉米 Corn	木薯 Cassava	马铃薯 Potato	甘薯 Sweet potato	小麦 Wheat	总产量 Total	玉米 Corn	木薯 Cassava
2005	1 016. 6	54. 4	13. 7	2. 3	19. 5	1 106. 6	91. 9	4. 9
2006	1 206. 8	67. 9	18. 8	0. 5	5. 1	1 299. 1	92. 9	5. 2
2007	1 530. 0	79. 1	34. 3	3. 0	4. 5	1 650. 6	92. 7	4. 8
2008	1 685. 2	89. 5	32. 1	7. 2	4. 3	1 818. 4	92. 7	4. 9
2009	1 725. 5	76. 0	16. 7	9. 0	4. 0	1 831. 3	94. 2	4. 2
2010	1 902. 0	67. 0	22. 8	8. 5	5. 0	2 005. 2	94. 9	3. 3
2011	2 082. 3	90. 1	57. 9	10. 5	4. 5	2 245. 7	92. 7	4. 1
2012	2 122. 4	68. 2	38. 5	19. 4	3. 9	2 252. 7	94. 2	3. 0

注：占比指各种淀粉产量占总淀粉产量的比例

Note：Rate means the proportion of various starch production to total starch production

2014—2015年榨季，中国各产区鲜木薯和鲜木薯淀粉情况见表1-8，原料不足是限制中国木薯淀粉行业发展的关键问题。由于气候因素影响，就算在正常年份，中国木薯淀粉的榨季也限于3~5个月内，主要是在种植木薯当年的10月至次年2月（余婉丽等，2013），而越南、泰国等东盟国家木薯原料丰富，加工期长达8个月甚至全年（文玉萍，2014）。长期以来，中国约98%的木薯淀粉加工企业以鲜木薯为原料，仅约2%企业在鲜薯收获期后以木薯干片为原料；21世纪初，中国淀粉加工企业大幅扩张产能，更加拉大了原料供应与产能的差距，导致了中国木薯淀粉加工企业的加工期越来越缩短，加剧了产能过剩，使多数设备长期处于闲置状态，甚至有部分淀粉加工厂的榨季不足1个月，严重降低了利润空间，甚至亏本，导致淀粉加工企业由2005年的232家减少到2012年的145家（古碧等，2013）。近年来，由于原料供应不足、效益下降及环保不达标等问题，各地的一些小淀粉厂已加快关闭停产。

表1-8　2014—2015年榨季中国各省区鲜薯和木薯淀粉情况

Table 1-8　The cassava fresh root and starch during 2014-2015 grinding season in various province of China

省　份 Province	鲜薯产量（万t） Production of fresh root（10^4 t）	鲜薯价格（元/t） Price of fresh root（Yuan/t）	淀粉产量（万t） Starch production（10^4 t）
广西 GX	455~465	480~580	28.5~29.5
广东 GD	38~40	480~580	2.4~2.8
云南 YN	40~42	550~620	5.3~5.5
海南 HN	35~38	480~550	3.7~3.8
其他 Other	25~32	500~600	2.4~3.4

木薯淀粉加工企业规模小是制约中国木薯淀粉行业发展的重要因素。理论上木薯淀粉的年生产规模不应低于5万t（余婉丽等，2013），泰国的木薯淀粉企业年产量基本达到了5万t~15万t（周宏春，2011），而中国的木薯淀粉企业生产规模较小，大多数日产能力为120 t，年产量不到1万t（文玉

萍，2014）。由于中国木薯淀粉企业的规模经济效益远不如国外大企业，也导致其国际竞争力稍逊一筹。

据业内人士分析，理论上木薯淀粉与玉米淀粉的价格差在300~400元/t时，人们就会选用性能相对较好的木薯淀粉，但事实上两者价差在200元/t以内时，木薯淀粉才有可能代替玉米淀粉（魏桥，2015）。目前，由于木薯淀粉的价格相对偏高，如2015年的木薯淀粉价格为3 450元/t，而玉米淀粉价格仅为3 080 ~ 3 100元/t，两者价差达到了350~370元/t（淀粉世界网www. df001. cn)，使许多下游生产厂家更愿意选择玉米淀粉作为加工原料，挤压了木薯淀粉的销售空间及其效益提升通道。可见，中国木薯淀粉行业迫切需要降低成本和提高品质，唯有降低成本，才能降低销售价格，进而扩大销量并提高利润空间，最终进入良性循环的上升通道。目前，应特别重视开拓木薯新产品，如开发食用木薯产品、高附加值的淀粉新产品等，唯有适销对路的高新产品才能提高产品价格，从而提高单位木薯产品的利润率，才有希望闯出木薯的新前途。

此外，生产木薯淀粉会产生大量的木薯渣及高浓度有机废水，处理不当会占用大量土地，破坏生态环境（覃定浩，2010），当企业迫于环保政策而大力治理废弃物时，巨大的环保投入又会大幅提高成本，降低利润空间，削弱竞争力，最终，部分厂家迫于无利可图而关门停产。

二、木薯酒精市场

中国生产酒精的原料主要有粮食类、薯类和糖蜜（陈立胜等，2007）。2010—2013年，中国酒精生产总量（见表1-9）保持平稳发展态势，其中玉米酒精占据了绝大部分的酒精市场，但所占比例不断下降，从2010年的70. 1%下降到2013年的64. 6%；薯类酒精所占比例虽从2010年的25. 5%增加到2013年的29. 7%，但市场占有率仍较低。据统计，2012年，生产1 t木薯酒精的原料成本约为 5 328 元，加工成本约 1 200 元，销售价格约 6 900 元，利润仅为 300~400 元（李清林等，2012），加之原料不足的影响，已导致一些木薯酒精企业亏损停产或改用其他原料生产。近几年，由于政策调整，乙醇和其他变性乙醇的进口关税由 30%降低至 5%；自 2012 年 1 月 1 日起中国进口自东盟的乙醇均免关税（在此之前关税为 5%）（文玉萍，2014），使得国内酒精市场受到巨大冲击；加之下游行业的酒精用量明显下降，2012 年全国酒精下游行业酒精用量同比下降 5.7%，2013 年中国酒精下游需求持续萎缩（文玉萍，2014）；此外，国家补贴也由早期的每吨 2 000 多元降至几百元，使得中国木薯燃料乙醇行业受到了更大的冲击，且近年的石油价格持续低迷，以及汽车用户对混合乙醇汽油的一些看法，更加压制木薯能源酒精的价格及其应用前景。值得注意的是，由于近年的国际石油价格持续低迷不振，导致汽油等价格长期处于较低水平，可再生能源的鼓励优惠政策已不同程度地被压减，这已严重地持续压制能源酒精的活路。总之，由于木薯原料不足、经济效益较低、政策调整以及下游行业的酒精用量下降等，极大地削弱了木薯酒精的市场竞争力。

表 1-9　2010—2013 年中国各类酒精产量（单位：万 t）

Table 1-9　Production of various alcohol of China during 2010-2013（Unit：10^4 t）

年份 Year	玉米酒精 Corn alcohol	薯类酒精 Potato alcohol	糖蜜酒精 Molasses alcohol	合成乙醇 Synthetic ethanol	合计 Total
2010	810	295	50	—	1 155
2011	805	315	55	—	1 175
2012	750	330	40	—	1 120
2013	740	340	40	25	1 145

资料来源：中国木薯淀粉酒精网（www.cncassava.com）

Source：www.cncassava.com

第五节　中国木薯贸易现状

木薯作为中国重要的工业原料，供需不平衡现象严重。中国的木薯产业正逐渐从初级阶段向快速发展阶段转变，木薯加工业原料需求量不断扩大，但目前中国的原料供给仍然存在着巨大的缺口，木薯的供需矛盾可谓是冰火两重天，对国际市场的薯干进口依赖性大，但国内的鲜薯供给严重不足，且存在严重的卖薯难怪象，值得深思解决。中国木薯原料大部分依赖进口，木薯贸易对世界依存度已高达 70%（姬卿等，2014）。自 1980 年以来，中国木薯类产品均是进口量大于出口量，并且进出口量的逆差不断扩大。

一、热作产品进口情况

2014 年中国热作产品进出口情况见表 1-10，相比于天然橡胶、棕榈油等热作产品，木薯的进口量连续几年位居第一，2014 年进口量、进口金额分别为 1 055. 60 万 t 和 186. 0 亿元，同比增长 19. 80%和 22. 3%，占热作进口总量的 47%（邓婷鹤，2014）。由于木薯的进口量及进口金额在热作产品中的占比均过高，必须努力加以改变，特别是要重视发展木薯种植业，要加快全程木薯机械化生产步伐，并扩大规模化生产的进程，从而降低种植成本，提高鲜薯产量，提高种植效益及其综合竞争力。

表 1-10　2014 年中国热作产品进出口情况

Table 1-10　Import and export of tropical crop products of China in 2014

产品 Products	进口 Import		出口 Export	
	数量（万 t）Quantity（10^4 t）	金额（亿元）Amount of money（10^8 Yuan）	数量（万 t）Quantity（10^4 t）	金额（亿元）Amount of money（10^8 Yuan）
木薯 Cassava	1 055. 60	186. 0	0. 20	0. 10

（续表）

产品 Products	进口 Import		出口 Export	
	数量（万 t）Quantity（10^4 t）	金额（亿元）Amount of money（10^8 Yuan）	数量（万 t）Quantity（10^4 t）	金额（亿元）Amount of money（10^8 Yuan）
天然橡胶 Rubber	261. 10	309. 6	1. 80	2. 20
棕榈油 Palm oil	582. 50	309. 3	0. 13	0. 09
热带水果 Tropical fruits	298. 30	181. 4	9. 20	9. 50
咖啡 Coffee	8. 80	21. 9	10. 40	21. 40
可可 Cocoa	11. 20	24. 2	3. 40	8. 70
南药香料类 Herbal medicine & spice	0. 52	3. 0	3. 80	5. 50
柑橘 Citrus	26. 30	25. 6	130. 10	94. 70
总计 Total	2 244. 32	1 061. 0	159. 03	142. 09

二、木薯产品进口情况

中国进口的木薯类产品中，80%为木薯干片，其次是木薯淀粉和少量鲜薯（王莉等，2015）。如表 1-11 所示，据姬卿等（2014）统计，2000—2012 年，中国木薯干片和木薯淀粉的进口量快速增长，其中木薯干片进口量、进口金额分别增长了 26. 8 倍和 79. 8 倍，木薯淀粉进口量、进口金额分别增长了 8. 9 倍和 21. 1 倍，进口木薯类产品的外汇增长速度是进口量的 2 倍多，出现了进口贸易额畸高现象。

表 1-11　2000—2012 年中国木薯干片与木薯淀粉的进口量和进口金额

Table 1-11　Quantity and amount of money of import dry chips and starch of cassava in China during 2000-2012

年份 Year	木薯干片 Dried slice of cassava		木薯淀粉 Cassava starch	
	数量（万 t）Quantity（10^4 t）	金额（万美元）Amount of money（10^4 US $）	数量（万 t）Quantity（10^4 t）	金额（万美元）Amount of money（10^4 US $）
2000	25. 66	2 206. 51	10. 50	2 113. 27

（续表）

年份 Year	木薯干片 Dried slice of cassava		木薯淀粉 Cassava starch	
	数量（万 t） Quantity（10^4 t）	金额（万美元） Amount of money （10^4 US $）	数量（万 t） Quantity（10^4 t）	金额（万美元） Amount of money （10^4 US $）
2001	195.00	15 330.07	17.87	3 217.43
2002	176.03	14 296.42	32.90	6 268.85
2003	236.83	19 467.25	53.99	9 713.80
2004	344.21	34 380.32	72.47	14 231.98
2005	333.54	42 082.56	46.73	11 767.90
2006	495.04	62 044.54	77.29	17 644.75
2007	461.91	65 921.77	62.48	17 387.19
2008	197.63	39 065.13	46.29	17 246.18
2009	610.72	88 875.78	83.20	23 848.27
2010	576.27	120 477.60	73.46	33 073.02
2011	502.62	138 801.68	86.78	45 129.35
2012	713.77	178 308.89	103.58	46 764.64

此外，中国木薯贸易还存在进口渠道单一问题。2012 年，中国木薯干片进口量为 713.77 万 t，其中，从泰国、越南的进口量分别占总进口量的 68.12%、30.95%，合计占总进口量的 99.07%；木薯淀粉进口量 103.58 万 t。其中，从泰国、越南的进口量分别占总进口量的 57.43%、41.35%，合计占总进口量的 98.78%（姬卿等，2014）。进口渠道单一可能是中国木薯进口价格及原料成本居高难降的主要原因，要注意拓展进口渠道，分散风险，降低从泰国和越南进口原料的依赖度，可从科技研发和推广等方面大力扶持老挝、缅甸等邻近国家的木薯基地，以增加和扩大木薯进口来源。

第六节　中国木薯发展对策

木薯作为中国重要的淀粉和能源作物，在粮食和饲料领域中也发挥着越来越重要的作用，在热区产业中的地位日益提高，但目前面临着收获面积低、鲜薯总产量低、鲜薯单产停滞不前、投入低、粗放管理、零星种植、鲜薯淀粉含量低、机械化程度低、种植成本高、鲜薯价格低、供需不平衡等问题。反观一些木薯主产国，近年来通过加强产业扶持（濮文辉，2007a）、以市场为导向（齐平，2013）、重视提高鲜薯单产（郑华等，2013）、加快机械化生产（黄晖等，2012）等手段，较为全面地提高其木薯全产业链的国际竞争力，最终压低中国木薯的竞争力，严重影响到中国木薯产业的健康发展。因此，分析中国木薯产业的制约因素，借鉴国外的先进发展理念和成功技术，采用“引进来”和“走出去”相结合的发展道路，对发展壮大中国的木薯产业和提高木薯国际竞争力具有重要意义。

一、加强政策扶持力度

尼日利亚的木薯收获面积和鲜薯单产能稳步提高，且稳居木薯第一大国的位置，与该国对木薯产业的高度重视是分不开的。2004 年尼日利亚政府成立了总统木薯生产与出口促进委员会，以提高木薯产量、改进加工及包装技术，实现木薯年出口金额达 5 亿美元的目标，开发市场信息系统（www. Cassava biz. org），为木薯贸易提供网络平台（濮文辉，2007a）；2005 年尼日利亚实行了“面包必须包含 10%木薯粉”的政策，之后建立了 500 多个木薯加工中心（濮文辉，2007b），与农民签署合作联盟协议等（黄艳，2014）；2012 年尼日利亚又出台禁止木薯粉进口、减免木薯相关产业的税收等政策，大力扶持本国的木薯产业（赵学新，2012），为尼日利亚木薯产业的快速发展提供了保障。中国应出台相关政策，加强扶持力度，保护和促进木薯产业的发展，特别的是，可考虑出台促进木薯粮饲化的优惠支持政策，扭转木薯作为单纯加工淀粉和酒精的狭窄用途，从而提高木薯的经济效益，拓展木薯的发展空间。

虽然中国政府在“十一五”和“十二五”规划中建立了现代木薯产业技术体系，还通过“973”等项目加大对木薯科技的支持力度，确立木薯作为中国南方非粮生物质能源作物的首选，通过“燃料乙醇”补贴来鼓励发展能源酒精和木薯种植业，且广西等木薯主产省区也出台了一些支持木薯产业发展的优惠政策，但由于木薯种植业产值低、加工效益不高以及进口木薯原料和产品冲击大等原因，许多地方政府和农民减少木薯种植面积，逐渐调整原有的木薯产业结构，转向更加高效的作物，这已对木薯种植业和加工业造成了巨大的下行压力。为了稳定和促进中国木薯产业的发展，各级政府应出台相应的产业扶持政策，通过政府主导木薯产业发展，相应减免部分税收或部分退税，适当限制木薯产品进口，建立产业联盟和“互联网+”平台，提升木薯育种、栽培、植保和加工的科技支撑能力，建立高产优质、节本高效的木薯种植示范基地，加大培训和科技服务力度，大力推广木薯良种良法。

二、以市场需求为导向，提升木薯深加工水平

在泰国木薯产品中，中国是最大的进口国。近年来，泰国为了保持木薯出口市场的竞争力，重视出口对接“中国需求”，努力提高木薯干的洁净度，保证木薯干的淀粉含量处在较高水平（李妍，2011）；同时，努力提升木薯深加工技术，针对中国市场需求开发出直链多糖淀粉等深加工产品（齐平，2013）；还制定木薯出口政策和产业发展方向，欲打造堪与大米媲美的木薯品牌（李妍，2011）。以上举措有力提升了泰国木薯的国际竞争力，促进木薯产品出口，从而提高了泰国木薯种植利润，调动了农民的生产积极性，最终促使泰国木薯的国际地位不断提升。中国应针对国际木薯市场动向，以市场需求为导向，提升木薯深加工水平，提高木薯产品效益和国际竞争力，从而带动木薯种植业的良性发展。

据早期调研统计，中国70%以上的木薯用来生产淀粉，其余的用作生产

工业酒精、少量的食用和饲用，木薯淀粉在中国具有巨大的潜在市场。“十一五”规划中，中国提出要扩大木薯淀粉市场份额，替代部分玉米淀粉。但据中国淀粉工业协会统计（中国淀粉工业协会 http://www. siacn. org/），2006 年中国玉米淀粉、木薯淀粉总量分别为 1 206. 8万 t、67. 9 万 t，分别占全国淀粉总产量的 92. 9%、5. 2%；到 2012 年二者总量分别为 2 122. 4万 t、68. 2 万 t，分别占全国淀粉总量的 94. 2%、3. 0%，6 年间，玉米淀粉增产了 75. 87%，市场份额进一步提高，相反，虽然木薯淀粉产量不降，但其市场份额进一步缩减。究其原因，是由于中国木薯淀粉工业存在木薯干洁净度低、加工企业规模小、木薯深加工技术相对落后、木薯综合利用率低、淀粉回收率低等问题（李明等，2008），使得中国木薯类加工产品多为初中级加工产品，而直链多糖淀粉等高附加值产品落后于国际先进水平，最终导致中国木薯淀粉产品竞争力低，综合效益较低（詹玲等，2010），致使木薯产品和鲜薯销售时均被压价或很难提价，造成木薯种植业利润空间被逐年压缩，打击了种植木薯的积极性。可见，中国要充分考虑国内外的市场需求，学习引进泰国等国家的先进木薯深加工技术，通过消化吸收和自我创新，研发出国际先进水平的高附加值木薯产品，打造国际高端知名品牌，同时，努力提升中国木薯的综合利用率和淀粉回收率，解决环境污染及废弃物处理成本高的难题，全面提高木薯全产业链的综合效益，从而反哺和壮大木薯种植业，为木薯产业的良性发展提供原料保障。

三、加强良种良法的研究与推广

据考察，印度尼西亚鲜薯单产得以快速提升的两大成功因素是不断推出木薯新品种和提升施肥技术，每年推出新品种的产量和品质比老品种都有较大提升，且大部分新品种为符合食用要求的甜木薯（郑华等，2013），经济效益高，促进了当地农民种植木薯。老挝和柬埔寨大力引进国外高产木薯新品种以及先进的种植管理技术（卢赛清等，2014），鲜薯单产也快速提高。可见，引进国外木薯新品种新技术也是一条捷径。

近年来，虽然中国选育出一些高产优质木薯新品种（何晶，2012），以及华南9号等甜木薯品种，还从泰国引进KU50等新品种（李军等，2005），同期，推广了一批高产优质木薯栽培新技术。但在现实木薯生产中，仍然存在木薯品种退化严重，良种普及率低，主栽品种仍为华南205（朱艳强，2013）等困难。虽然中国各育种单位陆续审定推广了不少木薯新品种，但大部分是中晚熟高产品种，缺乏可以大面积普及推广和取代老品种的早熟、高产、高粉、抗性强、稳定性好的新品种，特别是鲜薯淀粉含量较低的问题未得到较好的解决，普遍存在不能较好多抗高抗病虫害、植株高大不抗风、耐肥耐瘠性差、耐旱耐寒性差、株型和薯型难以适应机械化耕作要求，栽培条件要求较高，当遇上不良的气候或粗放栽培措施时，其鲜薯产量及淀粉含量就会受到较大的影响而出现不稳定状况，容易减产劣质，其中部分木薯新品种在多年多点的推广试种中出现较大波动，导致许多种植户选择弃新返旧，重新种回老品种，还有木薯的淀粉品质难跟上加工业的发展新要求，等等。在未来的发展战略上，要加快选育早熟、高产、高淀粉、淀粉品质多样化特用化、耐旱、耐湿、耐寒、抗风、高抗多抗病虫害、矮化宜密植、薯型粗短均匀且整齐集中适宜机械化的新品种。特别是要选育质优价高的食用木薯新品种，同时，建议政府和企业支持木薯良种良苗的快速繁育推广，鼓励加工企业提高良种木薯的收购价格，从而加快良种的普及率。

在栽培方面，管理粗放，多采用低投入的种植管理方式；施肥不合理，大多数农户随意施肥，施肥时期、施肥量、肥料配比缺乏科学依据，肥料利用率低，难以起到高产高效的作用。因此，要研发轻简节本、高产高效栽培新技术，充分发挥木薯示范基地的模范带头作用，由点到面带动周边地区推广良种良法。

四、提高规模化和机械化程度

巴西作为木薯发源地，木薯生产机械的发展处于世界领先水平（覃双眉等，2011）；哥伦比亚、尼日利亚、泰国等国一直致力于改进巴西生产的木薯收获机械，以适应本国需要（黄晖等，2012）；由于以上国家及许多木薯主产国的土地广阔平缓，容易实现大规模的机械化生产作业，在规模化、集约化和机械化的现代农业基础上，大幅降低了种植成本，极大地提高了种植业的生产效率和效益，从而极大地增强其国际竞争力。反观中国，木薯种植的规模化程度低，大多数地区都是散户零星种植，且多处偏远、地力较差的地块；机械化程度低，木薯种植和收获器械的研究相对落后，尚处在研发、示范、推广的起步阶段，难以满足产业发展需要。目前，中国推广使用了部分机型的木薯种植机，基本达到种植要求，但不同类型木薯收获机的明薯率均较低，因收获损失大而难以推广应用；此外，种植机、中耕机和收获机未能做到合理配套和统一标准，必须综合考虑种、管、收全程机械化的农艺和农机结合，对种、管、收机械进行一体化设计，才能方便全程机械化操作及提高收获机的明薯率。近几年，中国农业劳动力严重缺乏且劳务价格上涨过快，许多地方的劳力价格已涨幅 1 倍甚至更高，但因基本是留守的老弱劳动者而导致劳动效率较低；农资价格也不断上涨，与前几年比较，中国部分地区的木薯生产成本已上涨了 1 倍甚至更高，但鲜薯收购价格下跌了近一半，已陷入微利甚至无利可图的困境，导致部分木薯地缺乏投入和疏于管理，甚至弃种木薯，使中国木薯种植业愈加低产低效，暂时步入发展低潮期。因此，中国必须加快木薯种植、管理、收获机械的研究与推广应用，引进国外的先进农机技术，结合国内木薯生产地的实际情况，因地制宜改进农艺参数，强化农艺农机结合，重点研究分析机械工作机理，对影响工作性能的运动和结构参数等进行优化（黄晖等，2012），努力研制出适宜中国国情的全程机械化木薯农机；同时，大力鼓励适度的规模化种植，从而提高木薯机械化的使用率，使中国木薯种植业逐渐向规模化、集约化和机械化方向发展，大幅减少繁重用工，有效提高生产效率，降低生产成本，提升种植业效益。只有不断缩小与先进木薯主产国的种植成本与效益差距，才能有力保障中国木薯产业的良性发展。

五、调整布局，推广先进种植和管理模式

（一）调整区域布局

鉴于广西和广东等传统木薯产区种植面积出现较大的波动下滑趋势，而热带北缘的云南、福建和江西具有较大的发展潜力，云南的红河、文山和保山等州气候非常适宜木薯种植，且呈现较大的增产潜力（姬卿等，2014）；另外，随着气候日益变暖，木薯北移的发展潜力随之增强，且江西、湖南等热带北缘地区的气候、土壤条件也较适宜种植木薯（欧文军等，2014）。因此，值得重视发展云南、江西、福建、湖南等地的木薯产业，在优势产业布局及政策等方面加以扶持。

（二）推广先进的种植和管理模式

广西武鸣县政府率先成立中国第一个木薯产业发展办公室，每年安排资金引进推广良种，开展技术培训；在武鸣县太平镇，当地政府大力推广地膜种植和深耕等技术，使当地木薯的平均鲜薯单产达到 44.78 t/hm^2，最高可达 74.63 t/hm^2；在政府的大力扶持下，有多家淀粉厂落地该镇，使该镇成为木薯产业的发展强镇（朱艳强，2013）。此外，梧州市的藤县、蒙山县、苍梧县等地大力引进南植 199 等木薯新品种，平均鲜薯单产为 35.7~62.4 t/hm^2，比当地的老品种增产 83%~220%，提升效益 1.3 倍（易小明，2009）。可见，广西的武鸣县、梧州市和平南县等地作为国内木薯种植业的先进典型，在木薯种植管理、品种引进和产业化政策扶持等方面，都值得全国学习推广。

六、兼并整合、推广先进加工技术

（一）兼并整合

淘汰生产规模小、技术落后和环保不达标的落后企业；培育龙头企业，实现全产业链的大联合，壮大企业规模，发展多元化经营，稳定提高产品质量，依靠协同优势、规模效益和产品竞争力，拓展市场占有率。

（二）推广先进加工技术

中国在木薯淀粉和酒精加工领域均有比较先进的技术，像加工木薯淀粉的中低温蒸、差压蒸馏、糟液回流等节能技术，节约蒸气普遍达到40%左右，还有固定化酵母技术能极大提高发酵效率（文玉萍，2014）；木薯酒精生产技术中的同步糖化连续发酵、三塔差压蒸馏、分子筛脱水等先进工艺（姬卿等，2015），兼具降低生产成本、提高生产效率、经济效益和环境效益等作用。此外，要加快食用木薯的加工技术研究，提供食用木薯规模化生产的技术及装备。在木薯全行业推广普及以上先进加工技术，将能起到高效综合利用资源，全面提高经济效益的作用。

七、扩大国际合作，促进贸易多元化

加快实施“走出去”的木薯发展战略，扩大“一带一路”国家及地区的国际合作，增加贸易国家，促进贸易多元化，从而降低进口价格和贸易金额，缩减市场波动，缓解加工企业的成本压力。近些年，中国与东南亚国家有较多合作，主要是以国家项目资助和企业投资为主的木薯基地建设（王玉春，2014），但贸易合作相对较少。由于东南亚国家毗邻中国，有明显的地理优势，既方便贸易又能降低进口成本，也便利中国在当地投资建设生产基地以及提供技术支撑，因此，东南亚国家是首选的“走出去”发展木薯的理想国家。另外，要进一步加强与非洲国家的合作，由于非洲有40多个国家广泛种植木薯，人少地多，土壤气候非常适宜木薯的生长，但种植管理水平、鲜薯单产、种植效益和加工水平都较低，近年来，中国政府和全社会都高度重视“中非合作”，因此，加大对非洲木薯的投资、贸易和技术传播，将为中国在非洲投资兴建木薯基地、加工厂以及原料的贸易进口等方面提供更有利的条件。南美洲的巴西、哥伦比亚等国家除拥有丰富的木薯种质资源外，种植业的机械化程度以及食用、饲用、酒精等加工水平都较高，也值得加强合作，引进木薯新品种及其栽培和加工新技术。

第二章　木薯生物学特性

在植物分类上，木薯属于植物界（Plantae）种子植物门（Spermatophyta）被子植物亚门（Angiospermae）双子叶植物纲（Dicotyledoneae）蔷薇亚纲（Rosidae）大戟目（Euphorbiales）大戟科（Euphorbiaceae）木薯属（*Manihot* Miller），拉丁学名为 *Manihot esculenta* Crantz。木薯属内有98个种，其中木薯为唯一的栽培种，属 C_3 植物，但也兼具 C_4 植物的特点。木薯是多年生植物，在生产上多为一年生栽培，多数品种能在一年内完成从发根出芽、茎叶生长至开花结果的生长发育过程。木薯栽培种常为灌木状，而野生种也有小乔木甚至匍匐生长的性状，全株的嫩根、茎、叶、花、果被折断或刮伤时均有乳汁。

第一节　形态特征及功能

一、根

木薯的根系稀疏，但深生、穿透性强，有忍耐长期干旱的能力，并有积累淀粉的功能。木薯的根分为吸收根、块根和粗根3类（如图2-1）。块根俗称薯块或薯；粗根是未能膨大形成块根的较粗吸收根或纤维根，在良好的生长条件下，一般不产生粗根，故在图中未标注。

用种子繁殖的木薯植株，根从胚轴发生，有主根和侧根。用种茎繁殖

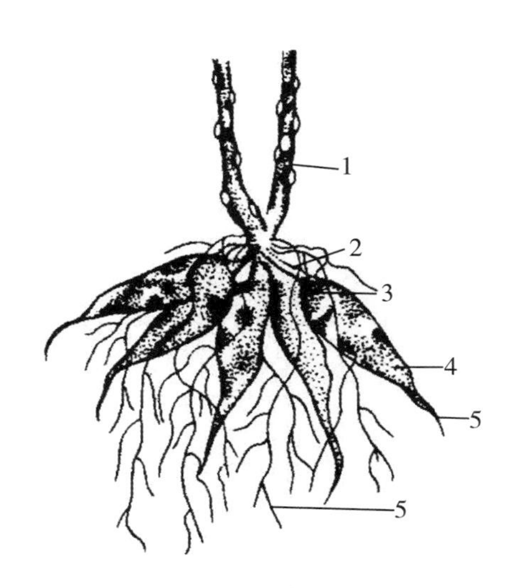

图 2-1　木薯的根系

Figure 2-1　Roots of cassava

1. 茎 Stem　2. 薯柄 Root stalk　3. 根颈 Root neck

4. 块根（薯）Starch root　5. 吸收根 Absorption root

时，根从种茎基部切口处的皮层或从托叶痕两旁长出，称不定根，通常有20~60条，无主次之分；在特定条件下，也可见从种茎的其他部位长根。在不定根未形成块根以前，以及在块根形成之后乃至整个生长期间，从块根和粗根上长出的细根都被称为吸收根，是粗细相似的纤维根，常为白色，具有根毛，是木薯植株吸收水分和养料的主要器官。

一般在种植45 d以后，木薯根部开始出现次生结构，分化形成块根和粗根。木薯块根的内部构造如图2-2所示。块根通称为薯，肉质、肥大、富含淀粉，是已经分化了的吸收根，其特点是出现了形成层，产生了次生结构，原来的初生木质部和初生韧皮部的交错排列被破坏，形成层不断分裂出大量细胞，使次生木质部薄壁细胞不断增加，根部不断增粗膨大，且大量积累淀粉。木薯粗根是由不定根在分化膨大形成块根的过程中受不良条件的抑制，使根部停止增粗膨大而形成。粗根也是已经分化的吸收根，有次生结构，次生木质部高度木质化，但导管很多，具有输导作用。在特定条件下，部分薯块会出现缢痕和粗根节，薯上可见生长粗根和小球薯。

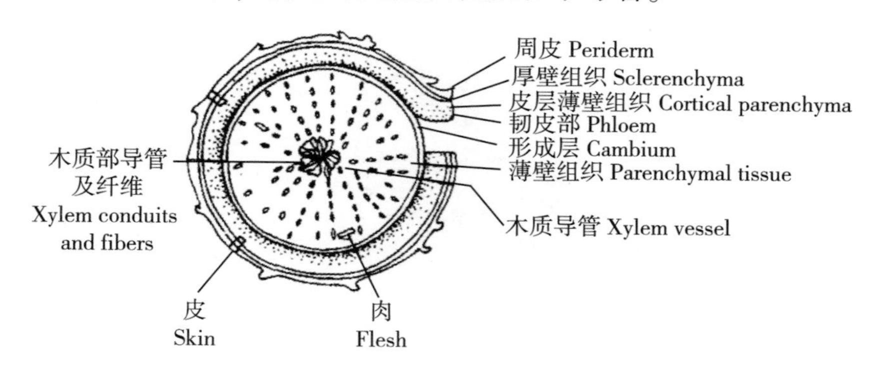

图 2-2　木薯块根的内部构造

Figure 2-2　Internal structure of cassava starch root

木薯块根内部横切面分成明显的环，明显看到薯心（初生木质部）、薯肉（次生木质部）、薯内皮（初生韧皮部）和薯外皮（木栓层）四部分。块根各部分的质量，因品种和块根的大小而异，一般表皮占1%~2%，内皮占10%~14%，薯肉占80%~90%。

薯心是由初生木质部的维管束组成，贯穿整个薯的中心，白色、坚韧、木质化。薯肉由初生木质部分化而成，白色、黄色、橙色、紫色都有，肥大，有大量贮藏淀粉的薄壁细胞，富含淀粉，导管和纤维少，是块根的主要部分。薯内皮较厚而柔软，平滑，白色、乳黄色或紫红色。外皮木栓化，薄而致密，光滑或有明显皱纹，褐色、白色或浅黄色。

木薯块根的薯形有圆锥形、圆柱形和纺锤形等；薯长多为30 cm左右，最长可达100 cm以上；鲜薯直径5 cm左右，甚至粗达10 cm以上。一般水平生长的块根长而粗，向下生长较深的块根短而小。

木薯的块根没有潜伏芽眼，不能繁殖新植株。

二、茎

木薯种茎是无性繁殖的种植材料。茎上的叶腋下有腋芽，可萌发出新枝条。种植后的腋芽可萌发成新植株，种子的胚轴也可长成新植株。木薯的茎秆由节和节间组成，茎长（高）1.0~4.0 m、茎径1.0~6.0 cm，因此木薯植株常呈灌木状，多年生的野生木薯可长成较高大的木薯树。株形分为直立(不分叉)、伞形、紧凑、分散和圆柱形，一般为伞形。

木薯主茎有顶端分枝和侧分枝。顶端分枝也叫生殖分枝，是由于主茎顶端生长点退化，顶端侧芽萌生而成；顶端分枝常呈三叉状，但也有二叉和四叉状分枝；顶端分枝部位的高低因品种和环境的不同而异；分枝次数多为2~4次，分枝的长度随着分枝次数的增加而缩短；目前的选育种及高产高效栽培技术，均要求木薯良种最好是不分枝或高位分枝，以方便密植、间套作和机械化操作。侧分枝由主茎腋芽萌生而成（此时主茎仍在继续生长），多数品种无侧分枝；在高温高湿的条件下，容易诱发侧分枝；容易滋生侧分枝的品种也不利密植、间套作和机械化操作，且萌发较多侧分枝的主茎难以用作种茎。

木薯嫩茎一般为五棱形，肉质；老茎一般为圆形，木质。外皮灰白色、银绿色、淡褐色、深褐色、赤黄色或暗红色，有蜡质；内皮多为绿色、浅绿色或紫红色等。

木薯茎秆的横切面由外到里分为表皮、皮层、木质部、髓部四部分。表皮薄，光滑具有蜡质；皮层厚而质软，呈绿色，含有叶绿素并具有乳管、含有白色乳汁；木质部纤维化；髓部白色，无横隔膜，海绵状，富含水分。

三、叶

(一) 叶片分布与形态

木薯叶片很少有毛，有些品种的嫩叶有茸毛。叶片为单叶互生，掌状深裂几达基部，裂片5~13片，一般为7~9片，裂片的形状如图2-3所示。裂叶全缘渐尖，具有羽状网脉，叶脉绿色或红色。叶柄细长，25 cm左右，常呈紫红色、绿色、乳黄色或带紫色条纹的绿色，基部多具有凹沟；老叶脱落后，在茎秆上留有明显的叶痕，呈帽状、马蹄状、碟状或平顶状。

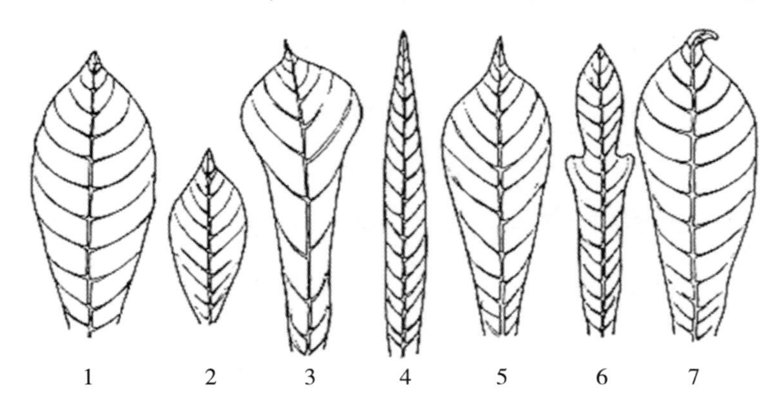

图 2-3　木薯叶的裂片

Figure 2-3　lobes of cassava leaves

1. 倒卵形 Obovate　2. 椭圆形 Oval　3. 披针形 Lanceolate　4. 线形 Linear

5. 倒卵披针形 Obovate-lanceolate　6. 提琴形 Panduriform　7. 拱形 Arched

（二）叶片的生长

木薯叶片的生长和叶面积的大小受环境条件影响。除极端高温外，高温能促进木薯叶的生长，24～30 ℃条件下，木薯叶片的形成只需 2 周；15～22 ℃的低温下，需 3～5 周。木薯叶片的寿命受株龄、品种、环境的影响，一般为 40～120 d，有时能达 200 d；高温、低温、干旱、涝湿、病虫害和荫蔽等不利条件都会缩短叶片寿命。

分枝多、株龄小的木薯叶片生长速度快。植后 4～5 个月，木薯叶片面积达最大，此后又变小。在恶劣的环境条件下，如营养差、干旱和低温时，叶片生长速度慢，叶面积变小，容易落叶。

（三）叶片的光合作用

木薯叶片的光合作用效率主要取决于品种、土壤水分情况、空气湿度、太阳辐射强度和温度等。木薯的光合产量与叶面积指数、生长速率和辐射利用率等有关。叶面积指数大、叶片寿命长、光合作用利用率高，则生物产量也大，容易获得高产。

叶面积指数是指单位面积上叶片面积与所占土地面积的比值，是衡量植株茎叶生长好坏的最重要指标之一。在木薯生长期间，叶面积指数呈周期性变化。木薯生长前期，因叶片数量增多及面积的增大，叶面积指数呈上升趋势，一般在植后4~6个月达到一个高峰期；此后叶片生长速度变慢，叶片变小，部分叶片脱落，导致叶面积指数下降。

尽管木薯是典型的C_3植物，但有关研究表明，在木薯体内同时存在C_3和C_4两种酶的作用体系，其光合途径主要取决于温度。当温度低时为C_3途径，温度高时为C_4途径，但木薯的C_4酶活性比典型C_4植物玉米的低。木薯表现为C_3植物时，光合效率比普通植物高；表现为C_4植物时，在高光照下，光合作用不会出现饱和，增产潜力大。

（四）木薯的营养分配

在生长过程中，木薯与其他作物的营养分配方式不同。比如，水稻、玉米等有明显的营养生长期和生殖生长期，前期以根、茎、叶的营养生长为主，后期出现了籽粒和果实等生殖器官以后，则以生殖生长为主，因此，这些作物的营养器官和生殖器官的相互竞争较小。

而木薯的块根形成与茎叶生长是同步进行的，因此，当木薯吸收的营养成分要运输到块根和茎叶时，两者间存在较强的营养竞争。木薯的产量构成，不仅决定于干物质积累的多少，还取决于营养运输到植株各个部分的分配模式。

一般来说，木薯的苗期以营养生长为强势；开花结果后，则生殖生长得到加强，但此时仍很难确定是以营养生长为主还是以生殖生长为主。

经研究表明，木薯地上部植株与块根之间的干物质积累一般呈正相关的关系，即木薯的营养生长与生殖生长是同步的，地上部分生长快，地下部分积累也快。这可以解释在通常情况下，正常生长的木薯植株，当看到地上部的茎叶生长粗壮茂盛，则可判断地下部的块根粗大高产，当然，土壤过肥、施过多氮肥、过度密植、过多雨水、高温高湿等造成的茎叶徒长因素应除外。

四、花

木薯是短日照作物，在低纬度地带开花的品种和开花的数量比高纬度地带多。木薯为异花授粉植物，雌雄同序异花（图 2-4）；圆锥花序，着生于顶端分叉，花梗疏散。每个花序常有雄花数十朵乃至百朵以上，雌花 3~10 朵，雌雄花均无花冠。雌花着生于花序基部，浅黄色或带紫红色，柱头三裂，子房三室，绿色；雄花着生于花序上部，吊钟状。

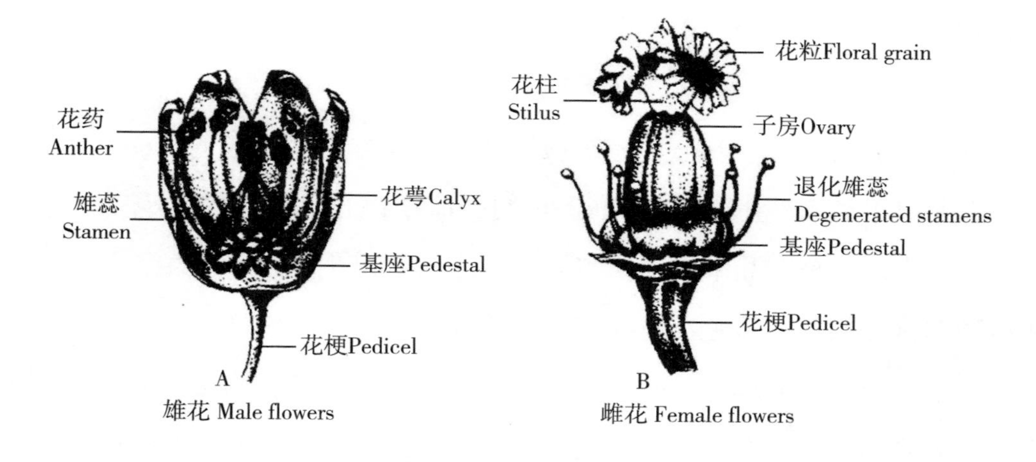

图 2-4　木薯花

Figure 2-4　Cassava flowers

一般在植后 3~5 个月，出现顶端分枝时开始开花。除不分枝或高位分枝品种外，热带地区的木薯一般可不断地分枝和开花。中国多数品种在 8 月底至 9 月初开始开花，海南岛在 9 月中旬至 11 月上旬为盛花期，此后，气温下降，停止开花。目前，随着气候变暖，中国的广东、广西、云南等地也可见木薯自然开花。此外，通过使用化学药剂刺激和一些特殊的栽培手段，也可在热带北缘地区实现木薯开花，从而能进行催花、授粉和育种。

同一花序的花，雌花位于花序基部先开，雄花位于花序上部后开，前后相差 7~10 d。开花时间一般在上午 10 h 至下午 4 h，开放 3~5 h 后逐渐关闭；低温阴天，开花和闭花的时间推迟。雌花开放后的 24 h 内有授粉能力。

五、朔果和种子

木薯果实为朔果，矩圆形，内含种子 3 粒。成熟时果实自行爆裂，弹出种子。种子扁长，似肾状，种皮坚硬，褐色或灰褐色，光滑带黑色斑纹。中国海南全省及广东、广西的中南部地区木薯均可自然结果成熟；其他热带北缘地区木薯也偶见结果，但由于霜冻来得早因而生长时间短的原因，果实大多不够成熟，难以用于育种；热带北缘地区通过催花技术，可实现木薯的早开花、早结果、早成熟，从而可以正常播种生长，达到育种目的。

第二节　生长发育特点

一、苗期

在气温 21 ℃以上时，木薯种茎植后 7~10 d 可发芽出土；15 ℃条件下，会延长到半个月甚至更长时间才能出芽。木薯植后 60 d 内为幼苗期。种茎出苗的特点是先萌芽后发根，根从种茎切口或叶腋两侧抽出，常有 20~60 条，是生育过程中幼根生长最盛期。这一时期植株生长缓慢，生物量少；初期根芽生长所需要的养料主要靠种茎贮藏养分供应。因此，种茎质量与苗期的根芽生长关系很大，种茎新鲜而健壮，则发根多，芽壮。

根系发达可促进苗期生长和增产。但多根不一定结薯多，结薯数量的多少取决于块根形成期的营养和湿度等生长条件。因此，增大种茎切口面积或采用生长剂增加出根数，未必能增加结薯数量。

虽然木薯大多种植在环境条件差的地方，是抗逆性很强的作物，但木薯苗期的吸收水肥能力还较弱，抗旱耐瘠性也较差。因此，要注意加强苗期的水肥管理，为中后期的茁壮成长、增强抗逆性打好增产基础。

二、块根形成期

植后 60~100 d 为块根形成期，其中 70~90 d 为结薯盛期；植后 90 d 左右，块根的数量和长度基本稳定，每株通常有 5~9 条块根，少有 10 条以上。块根形成的早晚和数量与品种、水肥和土壤环境的关系都很密切。在土壤疏松、湿润和养料充足的条件下，块根形成早且数量多；如果土壤板结，或严重干旱缺肥，有些膨大的块根会停止增粗，变成纤维化的粗根，则减少结薯数量，降低产量；在极端干旱、缺肥、板结等条件下，甚至见有莲藕状或弯曲变形的薯块。

三、块根膨大期

块根形成后至收获前的生长过程，称为块根膨大期，约在植后 70~300 d。在此阶段，块根的体积和重量迅速增加，块根的干物质总量和淀粉含量不断提高。一般地，中国在 7—9 月木薯生长最快；此后，因降温少雨，木薯开始落叶；10 月以后，叶片加快脱落，块根膨大减慢；到 11 月下旬，中国大部分地区进一步低温干旱，造成叶片大量脱落，块根基本停止增粗，块根生长以增重和提高淀粉含量为主。

正常情况下，块根与茎叶增长成正相关。在块根膨大期，茎叶的生长最盛，因此，块根的膨大也最快；但是，如果茎叶过于茂盛，则营养生长过旺，也会抑制块根增长。因此，应在块根膨大期加强水肥管理，使木薯块根膨大快，茎叶茂盛但不徒长，延长叶片寿命，增大叶面积指数，提高光合效率，发挥最大的增产潜力。

四、块根成熟期

木薯块根属于营养体，在生理特性上无明显的成熟期。中国木薯植区，一般在植后 8 个月左右块根已充分膨大，地上部分生长趋缓，叶片陆续脱落，块根也基本停止增粗。这时，块根的含水量降低，淀粉含量和干物质含量提高，块根产量和淀粉含量均临近最高值的稳定时期，即为农艺上的块根成熟期，可开始收获。

早熟品种，植后 6~8 个月收获；中熟品种，植后 9 个月收获；迟熟品种，植后 10 个月以上收获。一般不建议收获跨年生，即生长期超过 12 个月的木薯，既不高产，鲜薯淀粉含量也低，且块根纤维量高，含水量高，薯块粗大硬实，不但难于加工，食味也差。

不同木薯品种、不同年份气候影响以及水肥管理都对当年木薯产量和淀粉含量产生较大影响，尤以温度、水分和光照影响最明显。在正常木薯生长地区，中国华南地区一般以 11 月至翌年 2 月为木薯的适宜收获期。若再往北引种木薯，除干热河谷盆地或沿海地区可以较迟收获外，绝大部分热带北缘地区受到陡然降温的霜冻威胁，在较短的时间内，木薯就从旺盛生长时期突然转为落叶停滞生长而不得不提早收获木薯；再加上热带北缘地区春天气温较低，种植时间本就较迟，而收获时间又不得不较早，那么，木薯生长期可能仅有 6 个月左右，导致薯块缺乏足够生长时间实现增粗膨大和积累淀粉，木薯未达到成熟就收获，最终造成木薯产量和鲜薯淀粉含量都较低，不能充分发挥木薯的高产高淀粉潜力。所以，北移试种木薯虽能正常生长，但难以达到预期的成熟及产量目标，应慎重考虑北移的局限性。当然，如果在热带北缘地区种植木薯，不追求较高的鲜薯产量及其淀粉含量，只要求食用品质及较高的生物量，那么可以考虑用作粮饲作物。

第三节　环境条件要求

一、温度

木薯喜高温而忌寒冷，要求年平均温度 18 ℃以上，且具有 8 个月以上无霜期。木薯发芽出苗的最低温度为 14～16 ℃；18～20 ℃可正常生长，最适生长温度为 25～29 ℃，在 14 ℃时生长缓慢，10 ℃以下停止生长，并受寒害。茎叶生长以 25～28 ℃为最适宜，块根膨大以 22～25 ℃为适宜，开花期的适温为 21～31 ℃。光合作用的极限温度为最低 14 ℃，最高 40 ℃。

二、光照

木薯生长需要充足阳光，不耐荫蔽，对光照强度和长度的反应都很敏感。阳光充足促进增产；在阳光不足甚至荫蔽的地方，茎叶徒长，叶序稀疏，节间伸长，茎枝细弱，块根细小，且容易引起叶片脱落，造成低产劣质。

木薯是短日照热带作物，短日照利于块根形成，结薯早，增重快。当日照长度在 10～12 h 的条件下，块根分化的数量多，产量高，茎叶长得慢；长日照则长茎叶快，长薯慢。通常在日长 13.5 h 以下，木薯才开花。

三、水分

年降雨量在 600～6 000 mm 均可生长；以年降雨量在 1 000～2 000 mm，雨量分布均匀，且经常保持湿润最适宜。雨多，阴天多，光照不足，影响光合作用，块根产量低，鲜薯淀粉含量低；同时，多雨易造成积水，引起块根腐烂。据研究，木薯在浸水 1 d 的条件下，减产 10%鲜薯，淀粉含量降低 0.6

个百分点。

年降雨量低于500 mm，会导致木薯产量低，块根趋于木质化。种植时，严重干旱导致缺苗多，幼苗长势弱，根系稀少，累及中后期生长，减产幅度较大；块根形成期遭受长期干旱，会使正在伸长膨大的块根停止发育而纤维化，变为粗根或薯柄纤维化，导致结薯少，薯块短小，也会导致较大幅度减产；块根膨大期的过度干旱，会引起大量落叶，降低光合作用，造成块根膨大慢，纤维和氢氰酸含量增加，造成严重减产和品质差。

四、土壤

木薯适应性强，对土地条件要求不严。不论是山区或平原、熟地和荒地，也不论是黏土、壤土和砂地，只要是不过分贫瘠、不过多石砾、不过分漏水和积水的土地，均可种植。一般以排水良好，土层深厚湿润，土质疏松、有机质和钾质丰富，肥力中等以上的砂壤土为最适宜。由花岗岩风化而成的砖红壤，富含钾素，最适宜木薯生长，块根产量和淀粉含量高，氢氰酸含量低，品质好。在土壤pH值4.0~8.0均能生长木薯，以pH值4.5~7.0较为适宜。

五、风

木薯忌台风，宜选择避风地段、抗风品种和采用抗风栽培技术。微风利于木薯生长，但许多高产木薯品种的植株高大，易被台风吹毁叶片，吹断枝条或茎秆，或造成倒伏，使块根断裂而腐烂于土中，导致减产。抗风木薯品种应注意选育矮秆、硬秆、直立、紧凑的株型，以及早结薯、薯块膨大快、薯块均匀分布且入土略深的薯构型。

第四节 生物学优势

一、耐瘠薄、抗旱、抗病虫害、抗风

木薯对土壤养分和水分利用率高，能在其他作物难以生长和难有收获的贫瘠土壤上较好生长，具有度过苛刻干旱期后，在雨季迅速恢复生长发育的遗传特性。因此，木薯在恶劣环境条件下，只要加强苗期的水肥管理，促进幼苗茁壮生长，则中后期较少管理，也可在恶劣条件下顽强成长，获得较高产量和回报。所以，在其他作物产量不高的差地旱地，可选择种植木薯，这也是在农业技术水平低的贫穷落后地区农民喜欢种植木薯的原因。当原来贫穷的农民提高了种植技术，也有一定的经济实力投入农业，且有较好的产品销路等基础后，农民自然就会放弃粗种薄收的木薯，改种其他精耕细作、投入高但产值也高的作物。如此看来，当中国经济得到良好发展后，我们应更多关注国际上的贫穷落后发展中国家，那里有广阔的未开垦土地，也有许多强烈追求脱贫致富的广大农民群众，可以鼓动其发展木薯种植业和加工业，在此，要鼓励中国的研究推广人员、企业和种植户等勇于"走出去"，通过多途径的国际合作来拓展中国木薯产业的生存空间。

过去零星粗放种植木薯时，木薯很少病虫害，表现较强的抗病虫害性。但随着木薯产业化的发展，由于缺乏严格检疫的串换引种，加上连年连片的规模化栽培，推广茎秆粉碎还田，近年来，各地木薯的细菌性枯萎病和朱砂叶螨（红蜘蛛）等病虫害越来越严重，且很难防治，已造成不同程度的减产降质，社会各界必须高度关注防控，要严格检疫引种、种茎处理和土壤处理，注意使用高抗品种、轮作、间套作、喷药防治等必要防控措施。

一般木薯品种能抗 8 级台风，抗风品种和抗风栽培可抗 9 级台风，只要块根无裂伤、折断和腐烂，则对产量影响不太大。目前，中国的抗风品种较少，限制了沿海地区的木薯种植，应加快抗风新品种的选育研究和推广。

二、光、热、水、肥利用率高

木薯单位面积的生物产量高过许多栽培作物，木薯收获系数为 0.5 左右。据国外试验推算，在风调雨顺的年份和高水肥管理下，10 个月生长期的最高理论潜力可达到鲜薯 90 t/hm^2，鲜薯干物质含量为 40%左右，鲜薯淀粉含量 30%左右，即相当于每公顷土地生产 36 t 薯干或 27 t 淀粉。在中等肥力土壤，只要加强水肥管理，10 个月生长期的木薯，大面积达到鲜薯 30 t/hm^2 以上不难，小面积达到鲜薯 45 t/hm^2 甚至 60 t/hm^2 也是可以做到的。但要注意试验和大面积实际生产的产量区别，不要被极少数的单株超大木薯或小面积超高产木薯所蒙蔽，应切实考虑当地土壤条件及管理技术所能达到的产量潜力。

在新开荒或疏植的肥地边行，遇上好的气候条件，当生长时间超过 12 个月，常见有单株 50 kg 左右的非常大块头的薯块，作为“无限”膨大型的薯类作物不稀奇。但值得注意，如此大薯块的单株难得且一般鲜薯淀粉含量会较低，由于薯块过于粗长，在挖掘和加工中都非常不方便，不受农民和企业喜爱，仅限于趣闻而已。

单位面积产量靠的是单位面积总株数与单株鲜薯质量的乘积，且还要考虑鲜薯淀粉含量高低的品质。为了获得较高的单株质量而不得不疏植时，自然会降低总株数，如此，疏植的单位面积产量不一定会高过单株薯块匀称的密植产量。

在实际生产中，正常的木薯株行距本就较宽，如果追求更为宽广的疏植，就会遇到非常艰难的田间管理问题。一是疏于管理而容易缺株，一旦缺株，则易招致草荒，造成较大减产；二是难于防控杂草，容易导致严重草害；三是如果除草过于干净，既容易发生旱害，也易引发严重水土流失；四是疏植的木薯自然分枝多，茎叶徒长，高大招风易倒；五是茎叶徒长的木薯会影响到结薯数和薯块膨大，部分单株会出现薯数少、薯块不够大的现象；六是鲜薯的淀粉含量低、纤维素含量高，常出现纤维化的较粗较硬薯柄。在各地的疏植木薯经验中，常因疏于管理或管理不一致而导致参差不齐的单株表现，除极少数单株出现大块头薯块外，大多数的单株一般仅比密植的略大略重，少见所有单株都又大又重的现象。不同种植密度试验（黄洁等，2009）表明，在0.6~1.4 m的株行距范围内，虽然疏植的单株鲜薯质量有较大提高，但密植比疏植更有利于增产和提高鲜薯淀粉含量，所以，在实际生产中，应主要看品种、地力和水肥管理条件等因素来决定具体的种植密度，不要盲目使用疏植大薯的技术，应推荐合理密植、管理一致、单株薯块大小均匀、便于管控的高产高淀粉栽培技术。此外，从方便管理、机械化生产和间套作等因素考虑，一般推荐宽窄行的种植模式，宽行之间有利于机械化种植、管理和收获的轮胎行走，以及保证宽行间有更充足的间套作空间。

第三章　木薯营养诊断

除了病害、虫害、干旱、遮荫或低温等不利条件外，营养缺乏或是营养过剩产生毒害，都可能导致植物的长势不佳和低产。在采取有效的补救措施之前，必须要进行营养诊断。木薯的营养诊断可以通过植株症状诊断、土壤诊断法和植物组织分析法来进行，但最好是采用几种方法综合诊断。具体诊断分析方法如下。

第一节　缺素/毒害症状及解决措施

木薯韧皮部养分的移动性相对较慢，因此，营养物质不易从植株下部根系转运到上部叶片。当某些营养元素缺乏时，植物通过减缓生长速度来调控，表现为叶片尺寸缩小、叶片数量减少，有时也会出现节间变短的现象；叶片的寿命也相应地缩短。因为木薯植株内氮、磷、钾营养元素不易移动到生长点，所以缺素症通常出现在下部叶片。但是与其他作物相比，木薯的缺素症状不太明显，因此，在生产中，农民可能不容易注意到木薯的各种缺素症。但目视观察还是被认为是营养诊断最简单、快速、易行的办法。通常，植株缺素症和毒害症的初步诊断结果还需要土壤、植物组织分析或是试验来进行验证。

植物所需的各种营养元素在韧皮部的移动性不同：氮、磷、钾、镁、钠和氯的移动性相对较强，当出现营养元素缺乏时，植株会将这些营养元素从底部转移到上部的生长点，这就导致缺素症状主要出现在下部叶片；相反，钙和硼的移动性相对较差，不易转移到植物的上部，这就导致了钙、硼的缺乏症主要表现在芽和根的生长点；硫、铜、铁、锰和锌的移动性居中，所以它们的缺素症可能会出现在植株的多个不同部位或是整个植株。

木薯缺氮时，植株矮小，比正常植株长势弱；严重时，叶色淡绿，先底叶、后全株叶片均褪绿。缺磷时，植株矮小长势弱，茎秆纤细，叶片窄小；严重时，底叶变橙色或稍微暗绿色，其后坏死并脱落。缺钾时，植株矮小分枝多；严重时，顶部茎趋向早熟且长势曲折，呈“Z”字形，顶叶细小淡绿，底叶的边缘、叶尖变黄或坏死，甚至叶柄和茎组织也会坏死；在干旱又缺钾时，叶片扭曲变形。缺钙时，植株弱小，块根纤维很少发育；严重时，底叶的叶缘变黄，嫩叶的叶缘和叶尖扭曲褶皱，块根因生长慢而变得粗短，施用生石灰 1.0 t/hm^2 可解决该问题。缺镁时，叶脉间缺绿似网状，底叶的叶缘明显变黄甚至部分褪绿；严重时，植株矮小，底叶完全变黄且叶缘坏死，每公顷施用含镁 20~40 kg的镁肥可解决该问题。缺硫时，植株顶叶均匀变黄，类似缺氮症状，通常整株叶片变细，叶色褪绿均匀，每公顷施用含硫 50 kg 的硫肥可解决该问题。

缺锌时，植株嫩叶上有不规则的褪绿色点或线，叶脉间出现白色斑点或斑块，似白点病症状；严重时，全株变灰绿直至白色，裂叶变小趋向一簇，底叶有坏死斑点，施用硫酸锌 10~20 kg/hm^2 可解决该问题。缺铜时，植株低矮，顶叶褪绿扭曲，叶尖坏死，底叶的叶柄长而下垂，施用硫酸铜 2.5~3.5 kg/hm^2可解决该问题。缺铁时，顶叶形态正常，但叶片缩小变淡绿到黄色甚至白色；严重时，顶叶的叶柄变白，但叶片不畸形，用 5.0%的硫酸铁溶液浸种 15 min，或用 1.0%~2.0%的硫酸铁溶液喷叶，可解决该问题。缺锰时，植株顶部和中部叶片不规则褪绿，似鱼骨状，类似缺镁症状；严重时，全部叶片均匀变黄，植株长势弱，顶叶缩小但不畸形，施用硫酸锰25 kg/hm^2可解决该问题。缺硼时，植株矮，中部或底部叶片有细小褪绿斑点，生长点畸形，节间和叶柄缩短，叶片暗绿并有微小变形，有时叶柄或茎秆渗出褐色胶状物，后成褐色病变，块根变粗短，施用硼砂 1.0~2.0 kg/hm^2，可解决该问题。

相对于木薯缺素症来说，木薯毒害较少见，主要有铝、硼、锰毒害及盐毒害。铝毒害仅发生在强酸性的矿质土壤中，主要表现为抑制木薯芽和根的生长，严重时会导致叶黄化；硼毒害仅发生在硼施用过量时，下部叶片会出现坏死斑点，尤其是叶片边缘；锰毒害主要发生在酸性土壤中和植物生长停滞时，叶脉处出现紫褐色斑点，同时下部叶片黄化甚至脱落；盐毒害仅发生在盐渍土及碱性土中，会导致木薯叶片从植株底部开始均匀变黄，并逐渐扩散至全株，症状和铁缺素症相似，严重时，会导致叶片下部坏死，植株生长不良，甚至导致幼苗死亡。

第二节　土壤诊断法

土壤诊断法的优势是可以检测到作物种植前的土壤问题，从而可以在种植作物前施用化肥（含微肥）等来解决某些土壤问题。土壤诊断对于检测磷、钾、钙、镁和锌的缺乏是非常有用的，对土壤 pH 的分析可以用来指示铝、锰毒害或用来预测可能发生的微量元素缺乏症；要注意的是，通过对有机质含量的分析来进行氮诊断是不太可靠的。

取样时，为保证土壤样品的代表性，取样点必须选在植株长势和前期管理方面均大致相近的地块。整个区域采用锯齿形状的取点方式选取 10~20 个样本点。将这些样本点的土壤充分混合到一起，然后取 300~500 g 土样风干，或是在 65 ℃的烘箱中烘干，再将这些混合样磨细、过筛，然后送到实验室分析。

土壤诊断可确定土壤中有效养分或可交换性养分的含量，因为这部分土壤养分与植物吸收的相关性最好。不同检测方法可以使用不同的提取剂，因为没有一种方法适合于所有土壤类型，所以，不同检测方法得出的结果可能不同。因此，在解释检测结果时，必须说明所用的测定方法。

如图 3-1 所示的土壤养分诊断方法，通过对比土壤诊断结果和已公布的相关研究数据，根据各养分的临界水平，可以确定特定条件下植株各种养分的含量范围。

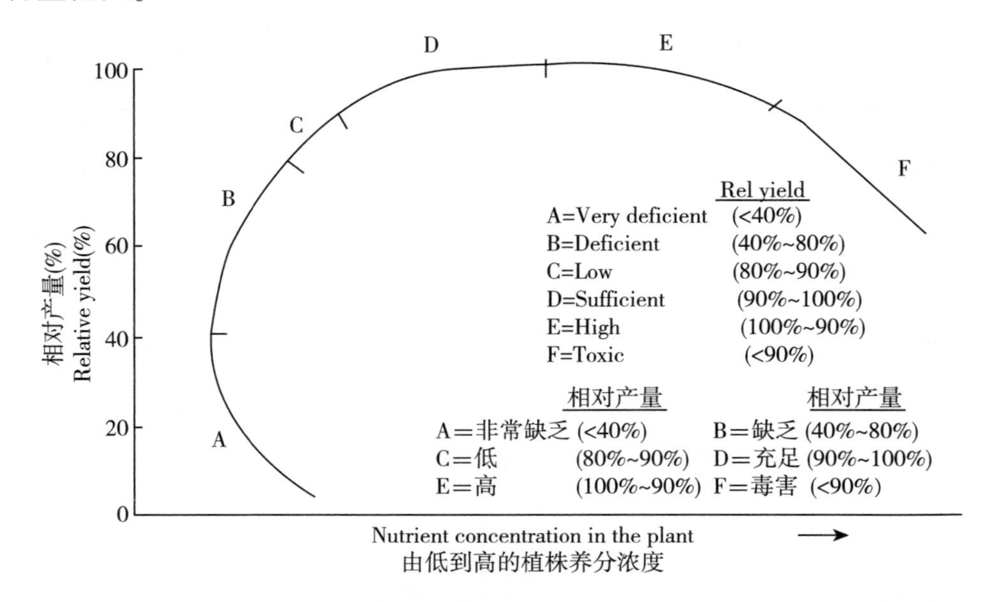

图 3-1　作物的相对产量或是干物质量与土壤或植物组织中限制性养分浓度的关系曲线

（曲线被划分为“非常缺乏”至“毒害”共 6 类养分状况）

Figure 3-1　Relation between the relative yield or dry matter production of the plant and the concentration of the limiting nutrient in the soil or plant tissue. The curve is divided into six defined nutritional states, ranging from very deficient to toxic

资料来源：Howeler，1998

Source：Howeler，1998

表 3-1 和表 3-2 的资料来源于哥伦比亚和亚洲各国进行的多个肥料试验的测定值以及相应的文献报道。养分含量范围或是临界值数据是根据缺乏某种营养元素时木薯的相对产量和土壤中相应的速效养分含量计算得出的。

表 3-1 中，根据木薯地的土壤养分需求，划分各项土壤指标的阈值范围。在哥伦比亚国际热带农业中心的试验发现，木薯地土壤有效磷和交换性钾的临界值分别为 4.00 mg/kg 和 66.47 mg/kg；印度土壤有效磷、交换性钾临界值分别为 8.23 mg/kg、43.50 mg/kg；Howeler 总结出的土壤有机质、有效磷、

交换性钾临界值分别为 3. 1%、7. 00 mg/kg 和 54. 74 mg/kg（Howeler，1996a）。

表 3-1　木薯地各项土壤指标的阈值范围

Table 3-1　Value rang of soil chemical properties of cassava

土壤参数 Soil parameter	非常低 Very low	低 Low	中等 Medium	高 High	非常高 Very high
OM（%）	<1. 0	1. 0~2. 0	2. 0~4. 0	4. 0~8. 0	>8
P（mg/kg）	<2	2~4	4. 0~15. 0	>15	—
K（mg/kg）	<39	39~58. 5	58. 5~97. 5	>97. 5	—
Ca（mg/kg）	<100	100~400	400~2 000	>2 000	—
Mg（mg/kg）	<48	48~96	96~240	>240	—
S（mg/kg）	<20	20~40	40~70	>70	—
B（mg/kg）	<0. 2	0. 2~0. 5	0. 5~1. 0	1~2	>2
Cu（mg/kg）	<0. 1	0. 1~0. 3	0. 3~1. 0	1~5	>5
Fe（mg/kg）	<1	1~10	10~100	>100	—
Mn（mg/kg）	<5	5~10	10~100	100~250	>250
Zn（mg/kg）	<0. 5	0. 5~1. 0	1. 0~5. 0	5~50	>50

注：OM 表示有机质

资料来源：Howeler，1996a

Note：OM means Organic Matter

Source：Howeler，1996a

研究发现，木薯地土壤养分临界水平为有机质 3. 2%、有效磷 7 mg/kg（用 Bray II 方法测定），交换性钾为 54. 74 mg/kg。其中，有效磷和交换性钾的临界水平接近表 3-2 中的文献报道值。表 3-2 中，文献报道的土壤中有效磷的临界值为 4~10 mg/kg，远低于大多数作物 10~18 mg/kg。可见木薯有效磷含量很低，或是其他作物会产生缺磷胁迫的土壤上仍可以生长良好，这是因为土壤中的木薯根系和 VA 菌根存在有效关联，可以提高木薯对磷的吸收能力。这也是木薯耐低磷土壤及可少施磷肥的主因之一。

木薯交换性钾的临界值为 31. 28~70. 38 mg/kg，同样低于马铃薯、甘蔗、菜豆等大多数作物的 62.56～199.41 mg/kg。这说明，尽管木薯的需钾量相对较高，但仍可在中等钾含量水平的土壤上生长良好。值得注意的是，氮反应和土壤有机质含量之间几乎没有相关性。1950—1983 年，在巴西进行的 56 组氮磷钾肥料试验表明，当地有机质的临界水平仅为 1.3%，远低于亚洲的 3.1%。

表 3-2 不同土壤分析方法得出的木薯及其他作物的土壤养分临界值[1)]

Table 3-2 Critical levels[1)] of nutrients for cassava and other crops according to various methods of soil analysis, as reported in the literature

土壤参数 Soil parameter	分析方法[3)] Method[3)]	作物 Crop	临界值 Critical level	文献来源 Source
有机质 OM（%）	Walkley and Black	木薯 Cassava	3.1	Howeler，1998
P（mg/kg）	Bray I	木薯 Cassava	7	Howeler，1978
			8	Kang *et al*，1980
			4.2[2)]	Cadavid，1988
			7	Howeler，1989
		玉米 Maize	14	Kang *et al*，1980
		大豆 Soybean	15	Kang *et al*，1980
	Bray II	木薯 Cassava	8	CIAT，1982
			4	Howeler，1985a
			6	CIAT，1985a
			5.8[2)]	Cadavid，1988
			10	Howeler，1989
			10	Hagens & Sittibusaya，1990
			4	Howeler & Cadavid，1990
			4.5	Howeler，1995
			7	Howeler，1998
		菜豆 Common bean	10～15	Howeler & Medina，1978
	Olsen-EDTA	木薯 Cassava	3	Zaag van der，1979
			7.5[2)]	Cadavid，1988
			8	Howeler，1989
	North Carolina	木薯 Cassava	5.0[2)]	Cadavid，1988
			9	Howeler，1989
		菜豆 Common bean	18	Goepfert，1972

（续表）

土壤参数 Soil parameter	分析方法[3] Method[3]	作物 Crop	临界值 Critical level	文献来源 Source
K（mg/kg）	NH_4-acetate	木薯 Cassava	35.2~58.7	Obigbesan，1977
			<58.7	Kang，1984
			<58.7	Kang & Okeke，1984
			70.4	Howeler，1985b
			68.4[2]	Cadavid，1988
			58.7	Howeler，1989
			70.4	Howeler & Cadavid，1990
			31.3~39.1	Hagens & Sittibusaya，1990
		水稻 Rice	82.1	Jones *et al*，1982
		马铃薯 Potatoes	78.2~391.0	Roberts & McDole，1985
		甘蔗 Sugarcane	62.6~199.4	Orlando Filho，1985
	Bray II North Carolina	木薯 Cassava	58.7	CIAT，1985a
			66.5	Howeler，1985b
			62.6	CIAT，1988b
			68.4	Cadavid，1988
			66.5	Howeler & Cadavid，1990
			46.9	Howeler，1995
			54.7	Howeler，1998
			58.7	Howeler，1989
Ca（mg/kg）	NH_4-acetate	木薯 Cassava	50.1	CIAT，1979
		菜豆 Common bean	901.8	Howeler & Medina，1978
Mg（mg/kg）	NH_4-acetate	木薯 Cassava	<24.3	Kang，1984
pH	1：1 in water	木薯 Cassava	4.6、7.8	CIAT，1977，1979
		菜豆 Common bean	4.9	Abruña *et al*，1974
铝饱和度（%） Al-saturation	KCl	木薯 Cassava	80	CIAT，1979
		菜豆 Common bean	10~20	Abruña *et al*，1974

说明：1）临界值定义为最高产量的95%；

2）临界值定义为最高产量的90%；

3）分析方法：

Bray I＝0.025 mol/L HCl+0.03 mol/L NH_4F

Bray II＝0.10 mol/L HCl+0.03 mol/L NH_4F

Olsen-EDTA＝0.5 mol/L $NaHCO_3$+0.01 mol/L Na-EDTA

North Carolina = 0.05 mol/L HCl+0.025 mol/L H_2SO_4

NH_4-acetate = 1 mol/L NH_4-acetate at pH 7

4）交换性 K、Ca、Mg、Al 的单位，是从 meq/100 g 转换成 mg/kg，此外，me/100 g 是 meq/100 g 的缩写，且 1 meq/100 g = 1 cmol/kg，据此对全书进行统一的翻译和换算。各元素单位的转换系数如下：

1 meq K/100 g = 391.0 mg K/kg

1 meq Ca/100 g = 200.4 mg Ca/kg

1 meq Mg/100 g = 121.6 mg Mg/kg

1 meq Al/100 g = 89.9 mg Al/kg

Note：1）Critical level defined as 95% of maximum yield

2）Critical level defined as 90% of maximum yield

3）Methods：

Bray I = 0.025 mol/L HCl+0.03 mol/L NH_4F

Bray II = 0.10 mol/L HCl+0.03 mol/L NH_4F

Olsen-EDTA = 0.5 mol/L $NaHCO_3$+0.01 mol/L Na-EDTA

North Carolina = 0.05 mol/L HCl+0.025 mol/L H_2SO_4

NH_4-acetate = 1 mol/L NH_4-acetate at pH 7

4）Below is the change coefficient from meq/100 g to mg/kg of Exchangeable K，Ca，Mg and Al. meq/100 g can be shortened to me/100 g. 1 meq/100 g = 1 cmol/kg. The same in this book.

1 meq K/100 g = 391.0 mg K/kg

1 meq Ca/100 g = 200.4 mg Ca/kg

1 meq Mg/100 g = 121.6 mg Mg/kg

1 meq Al/100 g = 89.9 mg Al/kg

在亚洲 4 个国家的 9 个试验点，木薯的相对产量与土壤有机质、有效磷及交换性钾的关系如图 3-2 所示，向下的箭头所示位置为土壤有机质、有效磷、交换性钾的临界值。将试验值拟合成曲线来估测土壤参数的临界值。

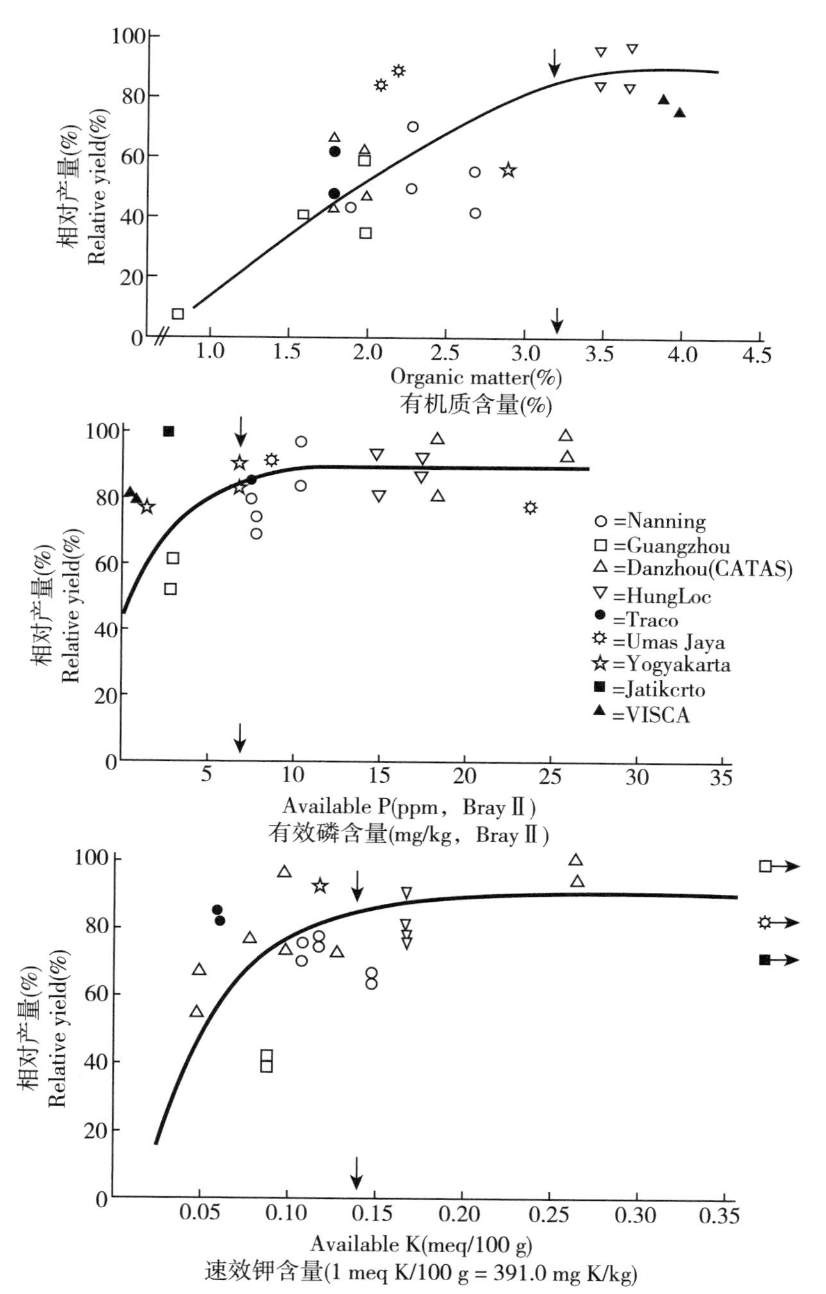

图 3-2 1993—1996 年，在亚洲的 9 个长期定位氮、磷、钾肥试验中，木薯的相对产量与土壤有机质、有效磷及交换性钾的关系

Figure 3-2 Relation between the relative yield of cassava and the OM，available P and exchangeable K contents of the soil in nine long-term NPK trials conducted in Asia from 1993-1996

资料来源：Howeler，1998

Source：Howeler，1998

第三节　国外木薯组织分析研究

植物组织分析可反映植物在采样时的实际营养状况。不同试验中得到的植株中各营养成分的含量相似。植物组织分析法对于诊断氮和中微量营养元素的缺乏是非常有效的。

在哥伦比亚的 Carimagua 地区，分别在施肥和不施肥条件下，植后 3~4 个月的不同木薯部位的营养元素含量如表 3-3-A、表 3-3-B、表 3-3-C、表 3-3-D 所示，考虑到植物不同组织以及不同部位的养分含量不同，需要找到一个养分浓度与木薯的长势和产量相关性最好的“指示”组织。木薯植株营养状况一般以植后 3~4 个月的第一片完全展开叶（YFEL，最嫩完全展开叶）为“指示”组织，注意由于叶柄和叶片组织中的养分浓度不同，不能用混合样分析。

表 3-3-A　不施肥条件下，木薯不同部位的大、中量元素含量

Table 3-3-A　Macro and secondary element nutrient concentration in various plant parts of unfertilized cassava

部位 Parts		N（%）	P（%）	K（%）	Ca（%）	Mg（%）	S（%）
叶片 Leaf blades	上部 Upper	4. 57	0. 34	1. 29	0. 68	0. 25	0. 29
	中部 Middle	3. 66	0. 25	1. 18	1. 08	0. 27	0. 25
	下部 Lower	3. 31	0. 21	1. 09	1. 48	0. 25	0. 25
	落叶 Fallen	2. 31	0. 13	0. 50	1. 69	0. 25	0. 22
叶柄 Petioles	上部 Upper	1. 50	0. 17	1. 60	1. 32	0. 37	0. 10
	中部 Middle	0. 70	0. 10	1. 32	2. 20	0. 43	0. 10
	下部 Lower	0. 63	0. 09	1. 35	2. 69	0. 45	0. 13
	落叶 Fallen	0. 54	0. 05	0. 54	3. 52	0. 41	0. 13
茎 Stems	上部 Upper	1. 64	0. 20	1. 22	1. 53	0. 32	0. 19
	中部 Middle	1. 03	0. 18	0. 87	1. 45	0. 30	0. 16
	下部 Lower	0. 78	0. 21	0. 81	1. 19	0. 32	0. 16

（续表）

部位 Parts		N（%）	P（%）	K（%）	Ca（%）	Mg（%）	S（%）
根 Roots	须根 Rootlets	1.52	0.15	1.02	0.77	0.38	0.16
	块根 Thick roots	0.42	0.10	0.71	0.13	0.06	0.05

注：落叶和须根可能被土壤中的微量元素污染

资料来源：Howeler，1985a

Note：Fallen leaves and rootlets were probably contaminated with micronutrients from the soil

Source：Howeler，1985a

表 3-3-B　施肥条件下，木薯不同部位大、中量元素含量

Table 3-3-B　Macro and secondary element nutrient concentration in various plant parts of fertilized cassava

部位 Parts		N（%）	P（%）	K（%）	Ca（%）	Mg（%）	S（%）
叶片 Leaf blades	上部 Upper	5.19	0.38	1.61	0.76	0.28	0.30
	中部 Middle	4.00	0.28	1.36	1.08	0.27	0.26
	下部 Lower	3.55	0.24	1.30	1.40	0.22	0.23
	落叶 Fallen	1.11	0.14	0.54	1.88	0.23	0.19
叶柄 Petioles	上部 Upper	1.49	0.17	2.18	1.58	0.36	0.10
	中部 Middle	0.84	0.09	1.84	2.58	0.41	0.07
	下部 Lower	0.78	0.09	1.69	3.54	0.42	0.07
	落叶 Fallen	0.69	0.06	0.82	3.74	0.20	0.08
茎 Stems	上部 Upper	2.13	0.23	2.09	2.09	0.47	0.14
	中部 Middle	1.57	0.21	1.26	1.30	0.26	0.11
	下部 Lower	1.37	0.28	1.14	1.31	0.23	0.09
根 Roots	须根 Rootlets	1.71	0.19	1.03	0.71	0.33	0.20
	块根 Thick roots	0.88	0.14	1.05	0.16	0.06	0.05

注：落叶和须根可能被土壤中的微量元素污染

资料来源：Howeler，1985a

Note：Fallen leaves and rootlets were probably contaminated with micronutrients from the soil

Source：Howeler，1985a

表 3-3-C　不施肥条件下，木薯不同部位微量元素含量

Table 3-3-C　Micro element nutrient concentration in various plant parts of unfertilized cassava

部位 Parts		Fe (mg/kg)	Mn (mg/kg)	Zn (mg/kg)	Cu (mg/kg)	B (mg/kg)
叶片 Leaf blades	上部 Upper	198	128	49	9. 9	26
	中部 Middle	267	185	66	8. 7	37
	下部 Lower	335	191	89	7. 6	42
	落叶 Fallen	4 850	209	121	9. 4	39
叶柄 Petioles	上部 Upper	79	172	40	4. 4	16
	中部 Middle	76	304	72	2. 9	15
	下部 Lower	92	361	110	2. 8	15
	落叶 Fallen	271	429	94	2. 5	18
茎 Stems	上部 Upper	133	115	36	9. 7	14
	中部 Middle	74	103	39	8. 9	13
	下部 Lower	184	95	54	7. 9	10
根 Roots	须根 Rootlets	5 985	191	165	—	10
	块根 Thick roots	127	10	16	3. 0	4

注：落叶和须根可能被土壤中的微量元素污染

资料来源：Howeler，1985a

Note：Fallen leaves and rootlets were probably contaminated with micronutrients from the soil

Source：Howeler，1985a

表 3-3-D　施肥条件下，木薯不同部位微量元素含量

Table 3-3-D　Micro element nutrient concentration in various plant parts of fertilized cassava

部位 Parts		Fe (mg/kg)	Mn (mg/kg)	Zn (mg/kg)	Cu (mg/kg)	B (mg/kg)
叶片 Leaf blades	上部 Upper	298	177	47	10. 6	26
	中部 Middle	430	207	63	9. 6	30
	下部 Lower	402	220	77	8. 5	37
	落叶 Fallen	3 333	247	120	8. 9	38
叶柄 Petioles	上部 Upper	87	238	33	4. 9	17
	中部 Middle	88	359	49	3. 0	14
	下部 Lower	95	417	70	3. 2	15
	落叶 Fallen	294	471	155	3. 1	17

（续表）

部位 Parts		Fe (mg/kg)	Mn (mg/kg)	Zn (mg/kg)	Cu (mg/kg)	B (mg/kg)
茎 Stems	上部 Upper	94	140	37	9.8	14
	中部 Middle	110	120	46	10.8	12
	下部 Lower	210	99	36	10.0	10
根 Roots	须根 Rootlets	3 780	368	136	—	10
	块根 Thick roots	127	15	15	3.9	4

注：落叶和须根可能被土壤中的微量元素污染

资料来源：Howeler，1985a

Note：Fallen leaves and rootlets were probably contaminated with micronutrients from the soil

Source：Howeler，1985a

如图 3-3 所示，据 CIAT（CIAT，1985a）及 Howeler 等（Howeler *et al*，1983）研究发现，不同生长周期，植物生长速率不同，养分浓度也会发生变化。因为当木薯生长到 3~4 个月的时候，大部分营养元素含量趋于稳定，所以，应在植后 3~4 个月取叶样，但不能在严重干旱或低温植株生长缓慢的情况下取样，如碰到这种情况，可以在木薯叶片恢复生长 2~3 个月后再取样。

据 Howeler（2002）研究，种植 3~4 个月后，木薯最嫩完全展开叶（YFEL）中的氮、磷、钾、钙、镁、硫、硼、铜、铁、锰、锌的阈值范围如表 3-4 所示。临界值为土壤或植株的养分浓度超过某个值时，作物增产效果不明显或下降，此时的土壤或植株的养分含量就称为临界值。Howeler 定义的临界值为 90%~95%最大产量时的养分含量，YFEL 中氮、磷、钾元素临界值分别为 4.6%~5.7%、0.33%~0.41%和 1.1%~1.9%（Howeler，2002）。在哥伦比亚开展的相关试验得出，YFEL 的氮、磷、钾养分临界值分别为 5.6%、0.41%、1.42%（Howeler *et al*，1990）。这与黄洁等在中国的研究有所不同，黄洁等（1999）研究表明，华南 205 木薯诊断叶的营养缺乏指标为

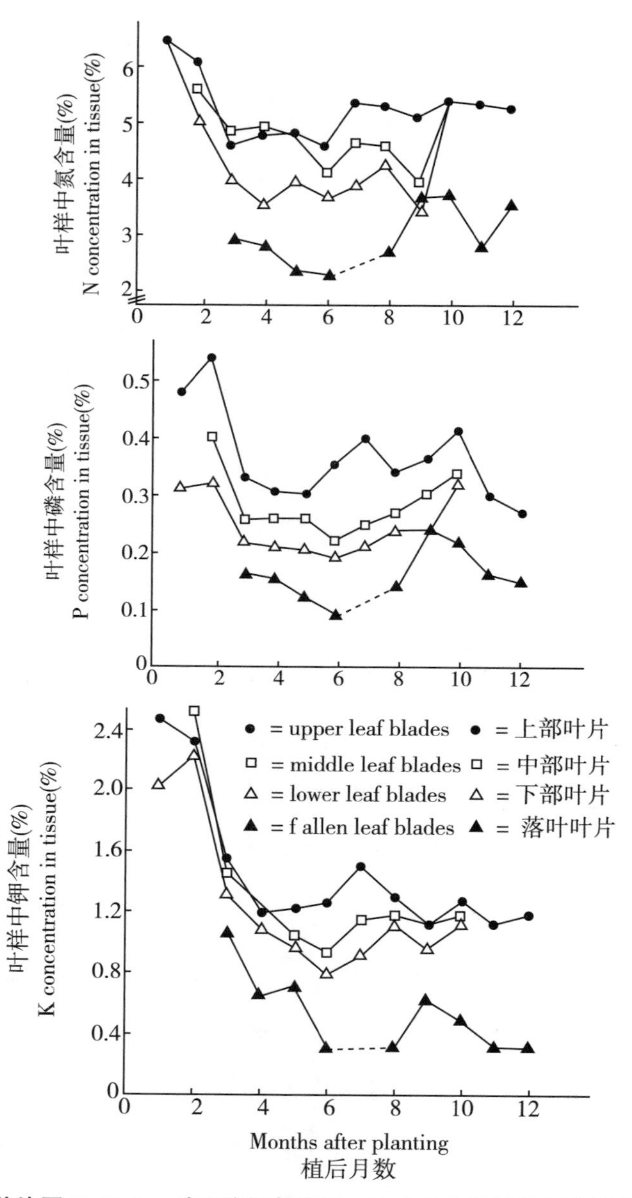

图 3-3　哥伦比亚 Quilichao 地区施肥条件下，12 个月生长期的木薯品种 MCol 22，其上部、中部、下部叶片以及落叶叶片中氮、磷、钾含量

Figure 3-3　Concentration of N，P and K in leaf blades from the upper，middle and lower part of the plant，as well as from fallen leaves of fertilized cassava cv. MCol 22 during a 12-month growth cycle in Quilichao，Colombia

资料来源：Centro Internacional de Agricultura Tropical（CIAT），1985b

Source：Centro Internacional de Agricultura Tropical（CIAT），1985b

全氮 4.1%、全磷 0.84%和全钾 1.0%；当全氮、全磷和全钾含量分别超过 6.89%、1.01%和 1.64%时，增产不显著，甚至有可能减产。

表 3-4 木薯叶中养分阈值范围

Table 3-4 Value range of leaf nutrient concentration in cassava

养分元素 Nutrient	养分水平 Nutritional status					
	非常缺乏 Very deficient	缺乏 Deficient	低 Low	满足 Sufficient	高 High	毒害 Toxic
N (%)	<4.0	4.1~4.8	4.8~5.1	5.1~5.8	>5.8	—
P (%)	<0.25	0.25~0.36	0.36~0.38	0.38~0.50	>0.50	—
K (%)	<0.85	0.85~1.26	1.26~1.42	1.42~1.88	1.88~2.40	>2.40
Ca (%)	<0.25	0.25~0.41	0.41~0.50	0.50~0.72	0.72~0.88	>0.88
Mg (%)	<0.15	0.15~0.22	0.22~0.24	0.24~0.29	>0.29	—
S (%)	<0.20	0.20~0.27	0.27~0.30	0.30~0.36	>0.36	—
B (mg/kg)	<7	7~15	15~18	18~28	28~64	>64
Cu (mg/kg)	<1.5	1.5~4.8	4.8~6.0	6~10	10~15	>15
Fe (mg/kg)	<100	100~110	110~120	120~140	140~200	>200
Mn (mg/kg)	<30	30~40	40~50	50~150	150~250	>250
Zn (mg/kg)	<25	25~32	32~35	35~57	57~120	>120

注：非常缺乏指<40%最大产量；缺乏指 40%~80%最大产量；低指 80%~90%最大产量；满足指 90%~100%最大产量；高指达到 100%~90%最大产量；毒害指<90%最大产量

资料来源：Howeler，1996a，1996b

Note：Very deficient means<40% maximum yields；deficient means 40%~80% maximum yields；low means 80%~90% maximum yields；sufficient means 90%~100% maximum yields；high means 100%~90% maximum yields；toxic means<90% maximum yield when yields are below maximum due to excess of the nutrient

Source：Howeler，1996a，1996b

各文献报道的木薯养分缺乏或毒害的临界水平如表 3-5 所示，Howeler 等（1983）研究发现不同的品种、土壤和气候条件下，木薯的养分临界值不同，可以将表3-5中的数据作为植物组织分析的参照。在不同地区、土壤、气候和品种条件进行应用时，必须先分析当地当时该品种的植物组织营养水平并找出临界值，才能有效指导当地的木薯施肥管理。

表3-5 文献报道的木薯养分缺乏或毒害的临界值

Table 3-5 Critical nutrient concentrations for deficiencies and toxicities in cassava plant tissue，as reported in the literature

缺素症 Nutrition deficiency	试验方法 Method	植株部位 Plant tissue	临界水平 Critical level	来源 Source
氮缺乏 N deficiency	田间试验 Field	最嫩完全展开叶 YFEL blades	5.1%	Fox *et al*，1975
			5.7%	Howeler，1978
			4.6%	Howeler，1995
			5.7%	Howeler，1998
	营养液培养 Nutrient solution	芽 Shoots	4.2%	Forno，1977
磷缺乏 P deficiency	田间试验 Field	最嫩完全展开叶 YFEL blades	0.41%	CIAT，1985a
			0.33%~0.35%	Nair *et al*，1988
	营养液培养 Nutrient solution	芽 Shoots	0.47%~0.66%	Jintakanon *et al*，1982
钾缺乏 K deficiency	营养液培养 Nutrient solution	最嫩完全展开叶 YFEL blades	1.1%	Spear *et al*，1978
	田间试验 Field	最嫩完全展开叶 YFEL blades	1.2%	Howeler，1978
			1.4%	CIAT，1982
			1.5%	CIAT，1982
			<1.1%	Kang，1984
			1.5%	CIAT，1985a
			1.7%	Howeler，1995
			1.9%	Nayar *et al*，1995
			1.9%	Howeler，1998
	营养液培养 Nutrient solution	叶柄 Petioles	0.8%	Spear *et al*，1978
	田间试验 Field	叶柄 Petioles	2.5%	Howeler，1978
	营养液培养 Nutrient solution	茎 Stems	0.6%	Spear *et al*，1978
		芽和根 Shoots and roots	0.8%	Spear *et al*，1978

（续表）

缺素症 Nutrition deficiency	试验方法 Method	植株部位 Plant tissue	临界水平 Critical level	来源 Source
钙缺乏 Ca deficiency	营养液培养 Nutrient solution	最嫩完全展开叶 YFEL blades	0.46%	CIAT，1985a
	田间试验 Field	最嫩完全展开叶 YFEL blades	0.60%～0.64%	CIAT，1985a
	营养液培养 Nutrient solution	芽 Shoots	0.4%	Forno，1977
镁缺乏 Mg deficiency	营养液培养 Nutrient solution	最嫩完全展开叶 YFEL blades	0.29%	Edwards and Asher，1979
	田间试验 Field	最嫩完全展开叶 YFEL blades	<0.33% 0.29%	Kang，1984 Howeler，1985a
	营养液培养 Nutrient solution	最嫩完全展开叶 YFEL blades	0.24%	CIAT，1985a
		根 Shoots	0.26%	Edwards and Asher，1979
硫缺乏 S deficiency	田间试验 Field	最嫩完全展开叶 YFEL blades	0.32%	Howeler，1978
	营养液培养 Nutrient solution	最嫩完全展开叶 YFEL blades	0.27%	CIAT，1982
	田间试验 Field	最嫩完全展开叶 YFEL blades	0.27%～0.33%	Howeler，unpublished
锌缺乏 Zn deficiency	田间试验 Field	最嫩完全展开叶 YFEL blades	37～51 mg/kg	CIAT，1978
	营养液培养 Nutrient solution	最嫩完全展开叶 YFEL blades	43～60 mg/kg 30 mg/kg	Edwards and Asher，1979 Howeler *et al*，1982
	田间试验 Field	最嫩完全展开叶 YFEL blades	33 mg/kg	CIAT，1985a
锌毒害 Zn toxicity	营养液培养 Nutrient solution	最嫩完全展开叶 YFEL blades	120 mg/kg	Howeler *et al*，1982
硼缺乏 B deficiency	营养液培养 Nutrient solution	最嫩完全展开叶 YFEL blades	35 mg/kg	Howeler *et al*，1982
		芽 Shoots	17 mg/kg	Forno，1977
硼毒害 B toxicity	营养液培养 Nutrient solution	最嫩完全展开叶 YFEL blades	100 mg/kg	Howeler *et al*，1982
		芽 Shoots	140 mg/kg	Forno，1977
铜缺乏 Cu deficiency	营养液培养 Nutrient solution	最嫩完全展开叶 YFEL blades	6 mg/kg	Howeler *et al*，1982

（续表）

缺素症 Nutrition deficiency	试验方法 Method	植株部位 Plant tissue	临界水平 Critical level	来源 Source
铜毒害 Cu toxicity	营养液培养 Nutrient solution	最嫩完全展开叶 YFEL blades	15 mg/kg	Howeler *et al*，1982
锰缺乏 Mn deficiency	营养液培养 Nutrient solution	最嫩完全展开叶 YFEL blades	50 mg/kg	Howeler *et al*，1982
		芽 Shoots	100~120 mg/kg	Edwards and Asher，1979
锰毒害 Mn toxicity	营养液培养 Nutrient solution	最嫩完全展开叶 YFEL blades	250 mg/kg	Howeler *et al*，1982
		芽 Shoots	250~1450 mg/kg	Edwards and Asher，1979
铝毒害 Al toxicity	营养液培养 Nutrient solution	芽 Shoots	70~97 mg/kg	Gunatilaka，1977
		根 Roots	2 000~14 000 mg/kg	Gunatilaka，1977

注：表中的临界水平范围为不同品种的测定值

资料来源：Howeler *et al*，1983

Note：Range corresponds to values obtained in different varieties

Source：Howeler *et al*，1983

第四节　国内木薯组织分析研究

黄洁等（1999）在中国热带农业科学院农牧所（现为品资所）试验基地通过对木薯华南 205 的营养诊断分析表明，在限定区间内，鲜薯产量随植后 4 个月的最嫩完全展开叶的全氮、全磷、全钾含量的提高而增产，并达极显著相关。在一定的氮、磷、钾肥施用量内，叶片的全氮、全磷、全钾含量随施肥量增加而相应提高，并达显著或极显著。根据施肥对叶片全氮、全磷、全钾含量进而对鲜薯产量的影响，得出华南 205 的营养临界指标为：最嫩完全展开叶全氮 4.1%、全磷 0.84%和全钾 1.0%。

一、木薯的营养诊断指标

对华南 205 叶片的全氮、全磷、全钾含量与氮、磷、钾肥施用量的关系进行分析，叶的全氮、全磷、全钾含量都随施肥量的增加而增加；只在叶片的全氮、全磷、全钾含量增加而显著增产的养分浓度范围内进行回归分析，结果表明，当氮（N）、磷（P_2O_5）、钾（K_2O）肥的施用量分别在45 kg/hm^{2}以下，叶的全氮、全磷含量随氮、磷施用量增加而显著提高，叶的全钾含量则随施钾肥的增加而极显著提高，但每公顷施氮超过45 kg、施钾超过30 kg，叶的全氮、全磷、全钾含量的上升趋于平缓，即当叶的全氮、全磷、全钾含量在对应的施肥转折点，分别为5.93%、0.85%和1.46%时，再增加施肥对提高叶的全氮、全磷、全钾含量及对增产的效果减弱。

当叶的全氮量在（4.14%，6.89%）时，鲜薯产量随叶全氮量的增加而极显著增加；当叶全氮量高于6.89%时，相关不显著，且有明显减产的趋势；当叶的全磷量在（0.64%，1.01%）时，鲜薯产量随叶全磷量增加而极显著增加，当叶全磷量高于1.01%时，相关不显著，且产量低于30 t/hm^2；叶全钾量在（1.04%，1.60%）时，鲜薯产量随叶全钾量增加而极显著增加，当叶全钾量高于1.63%时，相关不显著，且产量低于30 t/hm^2。

当叶的全氮量、全钾量分别在（4.14%，8.86%）、（1.04%，2.31%）的范围内逐渐提高，则鲜薯淀粉含量呈下降趋势，尤其是叶的全氮量提高（增施氮肥会显著提高叶的全氮量）会明显降低鲜薯淀粉含量，但只要叶的全氮量不超过7.04%、叶的全钾量不超过1.66%，鲜薯淀粉含量都会保持在28%以上，而华南205的正常淀粉含量是在28%~30%。所以，增施氮、钾肥从而提高叶的全氮、全钾量对淀粉含量影响不大，而叶的全磷量和鲜薯淀粉含量相关不显著。

在一定范围内，叶的全氮、全磷、全钾含量随氮、磷、钾肥的增施而显著提高，而叶的全氮、全磷、全钾含量的显著提高，又极显著提高鲜薯产量，虽然鲜薯淀粉含量随叶的全氮、全钾量提高而下降，但只要叶的全氮、全钾含量分别不超过 7.04%、1.66%，则华南 205 的鲜薯淀粉含量保持在 28%以上的正常范围内。

当时全国木薯的平均鲜薯产量仅为 12 t/hm^2，以鲜薯产量达到 23~33 t/hm^2 为目标，达到目标为营养充足，低于 23 t/hm^2 视为营养缺乏。另外，叶的全氮、全磷和全钾含量超过 6.89%、1.01%和 1.64%时（相应鲜薯产量为 33~36 t/hm^2），则增产不显著，甚至有可能减产。总结华南 205 在植后 4 个月的最嫩完全展开叶的营养诊断指标见表 3-6。

表 3-6　华南 205 的营养诊断指标

Table 3-6　Nutrition diagnosis index of SC205

最嫩完全展开叶 Youngest spreading leaves	缺乏 Deficient	充足 Sufficient	过剩 Excess
全氮（%）Total nitrogen	<4.10	4.10~6.89	>6.89
全磷（%）Total phosphorus	<0.84	0.84~1.01	>1.01
全钾（%）Total potassium	<1.00	1.00~1.64	>1.64

二、经济效益分析及推荐施肥

分析增产增收效益，3 年的施肥都比对照增产，但增产幅度逐年下降，这与 1995 年和 1996 年有台风影响引起减产有关，台风是影响木薯施肥增产的一个主要障碍，如 1996 年各施肥处理虽都比对照增产，但只有 $N_{0-90}P_{0-60}K_{0-90}$的 3 个处理的少量施肥有少量盈利，且所有施肥都比对照盈利少甚至亏本，而施肥越多，成本越高，亏本越多，可见，台风对施肥增产增收的影响较大，在台风多发地区，应注意氮、磷、钾肥的配合施用，避免过多施肥和偏施氮肥。少施肥增产增收，多施肥虽可增产，但增产幅度有限，且过多施肥也有减产可能，并且越多肥，盈利越少，遇上台风引起严重减产，还有亏本可能。

综上所述，增产施肥以 N：P_2O_5：K_2O 不超过 90：60：90（kg/hm^2）为适宜，若想获得增产又增收的最佳收益，最好是施 45：30：45（kg/hm^2）左右为佳。

通过华南 205 的最嫩完全展开叶干样的全氮、全磷、全钾含量与施肥量、鲜薯产量及淀粉含量的相关回归分析，基本可通过叶的营养诊断分析预测鲜薯产量和鲜薯淀粉含量，并由此结合预定的目标产量和土壤营养分析进行及时追肥。用最嫩完全展开叶干样的全氮、全磷、全钾含量临界水平分别为 4.1%、0.84%和 1.0%作判断，低于此临界水平，则应适当施肥。

注意：上述结论是在当时海南省的中等肥力土壤上获得的，连作年份不长，土壤基础较好，但目前中国的耕地基本是长期连作，地力较贫瘠，土壤基础较差，因此，必须适当考虑提高施肥量。

第四章　木薯养分需求

第一节　不同作物的养分需求比较

木薯的块根中水分约占60%~70%，其次是淀粉、纤维、氮（2%~3%的蛋白质），其他营养元素的含量均较少。文献报道的木薯和其他几种作物的产量及养分含量情况如表4-1所示。尽管木薯的产量很高，但收获产品所带走的氮、磷的量低于大多数作物，而带走的钾量却高于大多数作物，与烟草、甘蔗、甘薯带走的量相似。从表4-1中也可看出，每生产1 t干物质，木薯带走的氮、磷、钾都比其他作物少。

表4-1　收获木薯和其他作物所带走的平均养分量

Table 4-1　Average nutrient removal in the harvested products of cassava and various other crops

作物/部位 Crop/plant part	产量 (t/hm^2) Yield		带走的养分量 (kg/hm^2) Nutrient removal			干物质带走的养分量 (kg/t) Nutrient removal from DM produced		
	鲜重 Fresh	干重 Dry	N	P	K	N	P	K
木薯/鲜薯 Cassava/fresh roots	35.7	13.53	55	13.2	112	4.5	0.83	6.6
甘薯/鲜薯 Sweet potato/fresh roots	25.2	5.05	61	13.3	97	12.0	2.63	19.2
玉米/干粒 Maize/dry grain	6.5	5.56	96	17.4	26	17.3	3.13	4.7

（续表）

作物/部位 Crop/plant part	产量（t/hm²）Yield		带走的养分量（kg/hm²）Nutrient removal			干物质带走的养分量（kg/t）Nutrient removal from DM produced		
	鲜重 Fresh	干重 Dry	N	P	K	N	P	K
水稻/干谷 Rice/dry grain	4.6	3.97	60	7.5	13	17.1	2.40	4.1
小麦/干粒 Wheat/dry grain	2.7	2.32	56	12.0	13	24.1	5.17	5.6
高粱/干粒 Sorghum/dry grain	3.6	3.10	134	29.0	29	43.3	9.40	9.4
豆/干豆 Beans/dry grain	1.1	0.94	37	3.6	22	39.6	3.83	23.4
大豆/干豆 Soya/dry grain	1.0	0.86	60	15.3	67	69.8	17.79	77.9
花生/干荚 Groundnut/dry pod	1.5	1.29	105	6.5	35	81.4	5.04	27.1
甘蔗/鲜茎 Sugarcane/fresh cane	75.2	19.55	43	20.2	96	2.3	0.91	4.4
烟叶/干叶 Tobacco/dry leaves	2.5	2.10	52	6.1	105	24.8	2.90	50.0

注：估算各作物的干物质率为木薯38%，粮食作物86%，甘薯20%，甘蔗26%，干烟叶84%

Note：Assuming cassava to have 38% DM，grain 86%，sweet potato 20%，sugarcane 26%，dry tobacco leaves 84%

资料来源：Howeler，1991

Source：Howeler，1991

Amarasiri等（1975）也得出了相似的结论（表4-2）。木薯的鲜薯单产达到45 t/hm² 时，块根及整个植株对养分的吸收量非常大，木薯块根中氮、磷含量与其他作物相似，但块根中钾的含量远高于其他作物。因此，收获木薯块根时，带走的氮、磷量较低，带走的钾量远高于其他作物。

表 4-2 不同作物在斯里兰卡的淋溶土上的产量和养分吸收量

Table 4-2 Yield and nutrient removal of several crops grown on an Alfisol in Sri Lanka

作物 Crop	生长天数 Duration in days	植株部位 Plant part	产量 (t/hm²) Yield	养分吸收量 (t/hm²) Nutrients absorbed					
				N	P	K	Ca	Mg	S
木薯 Cassava	180	鲜薯 Fresh roots	45	62	10	164	12	22	3
		全株 Total plant		202	32	286	131	108	15
甘薯 Sweet potato	100	鲜薯 Fresh roots	15	31	6	51	10	4	3
		全株 Total plant		89	17	187	44	26	14
水稻 Rice	130	籽粒 Grain	5	58	12	10	2	7	3
		全株 Total plant		100	18	151	27	23	9
高粱 Sorghum	100	籽粒 Grain	4	68	8	16	3	6	2
		全株 Total plant		101	13	108	17	14	5
玉米 Maize	105	籽粒 Grain	4	64	7	13	2	2	6
		全株 Total plant		118	11	155	32	25	13
棉花 Cotton	90	籽粒 Grain	1.9	40	6	7	6	5	2
		全株 Total plant		77	14	68	34	21	19
豇豆 Cowpea	90	籽粒 Grain	1.5	50	4	19	3	2	2
		全株 Total plant		60	5	36	11	6	4
花生 Groundnut	100	籽粒 Grain	1.8	88	5	12	1	3	2
		全株 Total plant		101	6	34	12	8	4
大豆 Soybean	90	籽粒 Grain	1.2	103	10	34	6	4	3
		全株 Total plant		118	11	47	16	9	5

资料来源：Amarasiri *et al*，1975

Source：Amarasiri *et al*，1975

1989—1991 年的两年间，在泰国的 Sri Racha 试验站，7 种作物均种植 22 个月，研究其干物质总量和养分吸收量见表 4-3（A）、带走的养分量见表4-3（B）、归还到土壤中的干物质和养分量见表 4-3（C）。以木薯块根为例，每公顷的总养分吸收量和玉米、高粱、花生、绿豆及菠萝相近，带走钾和钙的量和其他作物相近，但远低于菠萝（Putthacharoen *et al*，1998）。然而，当种植木薯用作饲料时，会经常砍去其顶部，带走的养分量就会高于其他作物，虽然该模式具有很高的生产效率，但也需要投入大量的化肥来防止土壤养分耗竭（Martwanna *et al*，2009）。

表 4-3（A） 1989—1991 年，在泰国的 Sri Racha 试验站，

7 种作物均种植 22 个月，植株总干物质量和养分吸收量

Table 4-3（A） Total dry matter（DM）production and nutrient uptake of seven crops grown during 22 months in Sri Racha Research Station，Sri Racha，Thailand，from 1989 to 1991

作物 Crop	植株总干物质量（kg/hm^2）DM	养分吸收量（kg/hm^2）Nutrient uptake				
		N	P	K	Ca	Mg
木薯：收获鲜薯 Cassava for roots	14 920	284	39	192	167	42
木薯：鲜茎叶用作饲料 Cassava for forage	17 186	380	47	256	186	67
玉米 Maize	21 538	219	57	357	40	39
高粱 Sorghum	22 222	225	52	355	61	46
花生 Peanut	13 489	347	31	236	93	36
绿豆 Mungbean	5 990	171	21	128	60	25
菠萝 Pineapple	26 761	243	46	465	136	43
F 检验 F-test	**	**	**	**	**	**
变异系数 *CV*（%）	12.24	11.21	19.10	14.69	15.66	12.20
LSD（$P<0.01$）	5.081	72.5	19.4	100.6	39.4	11.9

资料来源：Putthacharoen *et al*，1998

Source：Putthacharoen *et al*，1998

表 4-3（B） 1989—1991 年，在泰国的 Sri Racha 试验站，

7 种作物均种植 22 个月，作物收获后从土壤中带走的养分量

Table 4-3（B） Nutrients removed from soil of seven crops grown during 22 months in Sri Racha Research Station，Sri Racha，Thailand，from 1989 to 1991

作物 Crop	收获干物质量（kg/hm^2）DM	带走的养分量（kg/hm^2）Removed nutrients				
		N	P	K	Ca	Mg
木薯：收获鲜薯 Cassava for roots	5 185	48	7	60	14	6

（续表）

作物 Crop	收获干物质量（kg/hm^2）DM	带走的养分量（kg/hm^2）Removed nutrients				
		N	P	K	Ca	Mg
木薯：鲜茎叶用作饲料 Cassava for forage	15 695	363	43	240	162	62
玉米 Maize	8 782	118	44	87	6	11
高粱 Sorghum	5 097	79	25	51	10	9
花生 Peanut	4 899	213	19	53	6	8
绿豆 Mungbean	2 878	117	15	62	9	11
菠萝 Pineapple	7 582	83	15	190	51	19

资料来源：Putthacharoen *et al*，1998

Source：Putthacharoen *et al*，1998

表 4-3（C）　1989—1991 年，在泰国的 Sri Racha 试验站，

7 种作物均种植 22 个月，作物收获后返还到土壤中的干物质和养分量

Table 4-3（C）　DM and nutrients returned to the soil of seven crops grown during 22 months in Sri Racha Research Station，Sri Racha，Thailand，from 1989 to 1991

作物 Crop	干物质量（kg/hm^2）DM	还田养分量（kg/hm^2）Returned nutrients				
		N	P	K	Ca	Mg
木薯：收获鲜薯 Cassava for roots	9 735	236	46	132	154	35
木薯：鲜茎叶用作饲料 Cassava for forage	1 491	17	4	16	24	5
玉米 Maize	12 756	101	13	269	34	28
高粱 Sorghum	17 125	147	27	304	51	37
花生 Peanut	8 590	133	12	183	87	28
绿豆 Mungbean	3 112	54	7	66	51	14
菠萝 Pineapple	19 179	160	31	176	85	24

资料来源：Putthacharoen *et al*，1998

Source：Putthacharoen *et al*，1998

第二节　木薯不同部位的养分含量

在木薯收获期，约60%的干物质集中在块根中，但大多数氮、磷、钙、镁、硫和微量营养元素都累积在叶片和茎中，这些营养元素通常都会返还到土壤中，收获时植株上部和落叶返还土壤的量分别为60%、40%左右。如果作物茎叶被用作饲料或燃料，那么作物带走的养分量就会大幅增加，尤其是叶中的氮和茎中的钙、镁。目前，中国在收获木薯后，除少部分地块粉碎茎枝叶还田外，大多数地块会清除残余的鲜茎枝，这就会带走较多的养分，需要重视补充施肥。

如表4-4所示，当给以施肥管理及提供优越的生长环境，收获木薯后带走的养分会呈现逐渐增加，鲜薯单产从6 t/hm^2 到65 t/hm^2 均有分布；1980年后的试验中，木薯收获后从土壤中带走的养分量高于1980年前木薯收获带走的养分量。

表4-4　文献报道的块根及全株鲜、干产量以及收获时的块根及全株的养分含量

Table 4-4　Fresh and dry yield, as well as nutrient content in cassava roots and in the whole plant at time of harvest, as reported in the literature

作物部位 Plant part	产量（t/hm^2）Yield		养分含量（kg/hm^2）Nutrient content					数据来源 Source
	鲜重 Fresh	干重 Dry	N	P	K	Ca	Mg	
块根 Roots	6.0	1.52	18	2.2	15	5	2	Putthacharoen *et al*, 1998 1989/90 Rayong 1
全株 Whole plant	—	4.37	91	12.2	55	46	15	
块根 Roots	8.7	2.68	13	0.9	4	3	2	Sittibusaya, 1993 unfertilized Rayong 1
全株 Whole plant	—	4.23	39	3.2	10	21	8	
块根 Roots	9.0	3.24	37	1.5	23	4	2	Paula *et al*, 1983 unfertilized Branca St. Cat.
全株 Whole plant	—	6.54	93	4.0	40	30	9	

（续表）

作物部位 Plant part	产量（t/hm²）Yield		养分含量（kg/hm²）Nutrient content					数据来源 Source
	鲜重 Fresh	干重 Dry	N	P	K	Ca	Mg	
块根 Roots	15.9	5.58	66	2.7	17	8	5	Paula *et al*, 1983 unfertilized Riqueza
全株 Whole plant	—	10.62	197	8.1	61	100	20	
块根 Roots	16.1	3.64	30	4.7	45	9	5	Putthacharoen *et al*, 1998 1990/91 Rayong 1
全株 Whole plant	—	10.55	193	27.0	137	122	27	
块根 Roots	18.3	5.52	32	3.6	35	5	4	Sittibusaya, 1993 fertilized Rayong 1
全株 Whole plant	—	9.01	95	9.9	65	37	15	
块根 Roots	21.0	—	21	9.2	44	8	10	Kanapathy, 1974 Malaysia, peat soil
全株 Whole plant	—	—	86	37.2	135	45	34	
块根 Roots	26.0	10.75	30	8.0	55	5	7	Howeler, 1985b unfertilized MVen 77
全株 Whole plant	—	17.41	123	16.0	92	67	27	
块根 Roots	26.6	12.81	91	11.3	47	5	6	Cadavid, 1988 unfertilized CM523-7
全株 Whole plant	—	19.10	167	19.1	76	32	19	
块根 Roots	28.5	10.28	100	8.7	107	15	13	Paula *et al*, 1983 fertilized Riqueza
全株 Whole plant	—	19.56	353	24.8	174	133	37	
块根 Roots	31.0	—	31	18.9	47	—	—	Sittibusaya & Kurmarohita, 1978
全株 Whole plant	—	—	73	31.9	72	—	—	
块根 Roots	32.3	15.39	127	19.1	71	6	5	Cadavid, 1988 fertilized CM523-7
全株 Whole plant	—	25.04	243	34.4	147	56	25	
块根 Roots	36.0	12.60	161	10.0	53	16	12	Paula *et al*, 1983 fertilized Branca St. Cat.
全株 Whole plant	—	20.92	330	20.5	100	88	30	
块根 Roots	37.5	13.97	67	17.0	102	16	8	Howeler, 1985b unfertilized MCol 22
全株 Whole plant	—	22.74	198	31.0	184	102	28	
块根 Roots	45.0	—	62	10.0	164	12	22	Amarisisi, Pereira, 1975 Sri Lanka
全株 Whole plant	—	—	202	32.0	286	131	108	
块根 Roots	50.0	—	153	17.0	185	25	6	Cours *et al*, 1953 Madagascar
全株 Whole plant	—	—	253	28.0	250	42	29	
块根 Roots	52.7	25.21	38	27.9	268	34	19	Nijholt, 1935 cv. Manggi
全株 Whole plant	111.1	44.65	132	48.5	476	161	52	
块根 Roots	59.0	21.67	152	22.0	163	20	11	Howeler & Cadavid, 1983 fertilized MCol 22
全株 Whole plant	—	30.08	315	37.0	238	77	32	

（续表）

作物部位 Plant part	产量（t/hm²）Yield		养分含量（kg/hm²）Nutrient content					数据来源 Source
	鲜重 Fresh	干重 Dry	N	P	K	Ca	Mg	
块根 Roots	64.7	26.59	45	28.2	317	51	18	Nijholt，1935
全株 Whole plant	110.6	39.99	124	45.3	487	155	43	cv. Sao Pedro Preto
块根 Roots	30.8	—	67.0	11.7	92.7	—	—	19 组数据均值
全株 Whole plant	—	—	174.0	24.7	162.4	—	—	Average 19 sources

资料来源：Howeler *et al*，2001

Source：Howeler *et al*，2001

从表4-4 中整理出 15 组数据见表 4-5，分析得出，平均鲜薯单产为 28.9 t/hm² 时，每公顷块根带走的氮、磷、钾的量分别为 67.1 kg/hm²、11.2 kg/hm²、88.1 kg/hm²，而全株带走的养分量分别为 179.5 kg/hm²、22.7 kg/hm²、156.1 kg/hm²。表4-5 中还显示了生产 1 t 鲜薯或薯干所带走的养分量。

表 4-5 文献统计的鲜薯、薯干产量均值以及木薯收获时块根和全株带走的养分量

Table 4-5 Average fresh and dry root yield, as well as the amount of nutrients removed when cassava roots or the whole plant are harvested, based on data from the literature

作物部位 Plant part	产量（t/hm²）Yield		带走养分量 Nutrient removal				
	鲜重 Fresh	干重 Dry	N	P	K	Ca	Mg
每公顷木薯带走的养分量（kg）Nutrient removal in 1hm²							
块根 Roots	28.87	11.43	67.1	11.2	88.1	13.5	7.9
全株 Whole plant		18.99	179.5	22.7	156.1	81.8	25.8
生产 1 t 鲜薯带走的养分量（kg）Nutrient removal of 1t fresh root							
块根 Roots	28.87	11.43	2.32	0.39	3.05	0.47	0.27
全株 Whole plant		18.99	6.22	0.79	5.41	2.83	0.89
生产 1 t 薯干带走的养分量（kg）Nutrient removal of 1t dry root							
块根 Roots	28.87	11.43	5.87	0.98	7.71	1.18	0.69
全株 Whole plant		18.99	15.70	1.99	13.66	7.16	2.26

注：数据是表 4-4 中有薯干产量的 15 组数据的平均值

Note：Data are average of 15 data sets which have yields reported in dry weight in Table 4-4

资料来源：Howeler *et al*，2001

Source：Howeler *et al*，2001

将表 4-4 中鲜薯单产与木薯块根带走的氮、磷、钾的量作图分析（图 4-1），发现两者并不呈线性关系，原因是试验地的生长条件较为优越，当木薯产量提高，植株组织中的养分含量会逐渐增加，从而导致鲜薯单产和带走的养分量呈曲线关系。当鲜薯单产为 15 t/hm^2 时，块根带走的氮、磷、钾的

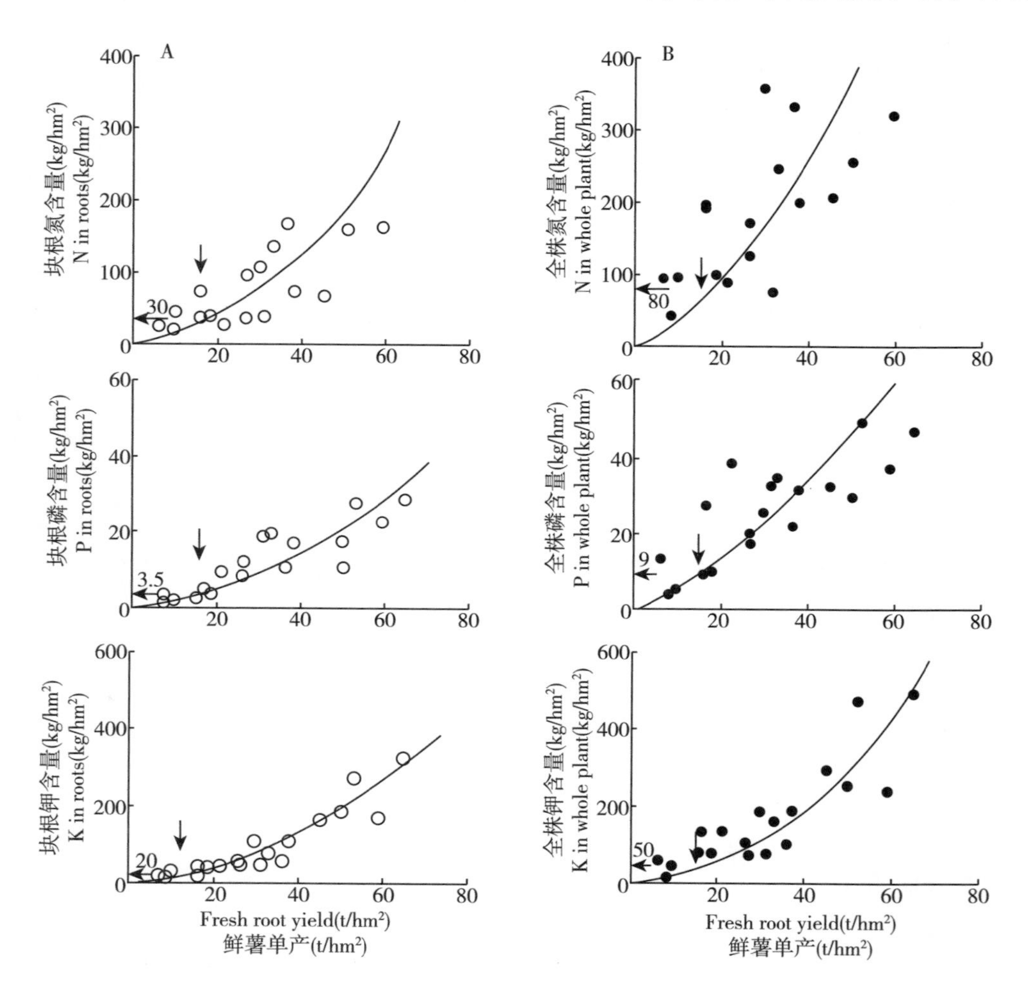

图 4-1 根据不同文献的统计分析，木薯块根（A）或全株（B）中氮、磷、钾含量与鲜薯单产的关系。图中的箭头表示鲜薯单产为 15 t/hm^2 时，对应的营养元素大致含量

Figure 4-1 Relation between the amounts of N, P and K in cassava roots (A) or in the whole plant (B) and the fresh root yield, as reported by various sources in the literature. Arrows indicate the approximate nutrient contents corresponding to a fresh root yield of 15 t/hm^2

资料来源：Howeler，2002，2004

Source：Howeler，2002，2004

量分别为 30.0 kg/hm^2、3.5 kg/hm^2、20.0 kg/hm^2，而不是表 4-6 中的预测均值（氮 34.8 kg/hm^2，磷 5.9 kg/hm^2，钾 45.8 kg/hm^2）。当木薯产量相对较低时，植株收获时获得的养分含量、块根收获时带走的养分量，以及作物残茬返还到土壤中的养分量，尤其是其中磷的量均较低。因此，为了提升鲜薯单产，农民可根据土壤肥力，合理施用化肥和有机肥。

第三节　土壤盐度、碱度、pH 对木薯生长的影响

Islam 等（1980）研究结果（如图 4-2 所示）表明，木薯生长的适宜 pH 为 5.5~7.0，能耐较低 pH 的酸性条件，但对强盐、强碱和高 pH 非常敏感，当 pH 值高于 7.5，木薯生长明显减缓。在自然土壤中，高 pH 通常伴随着高盐含量（盐度）、高钠含量（碱度）、排水条件差、微量元素缺乏等现象，作物会受到综合因素的影响，很难将单因素分离出来进行研究和应用。

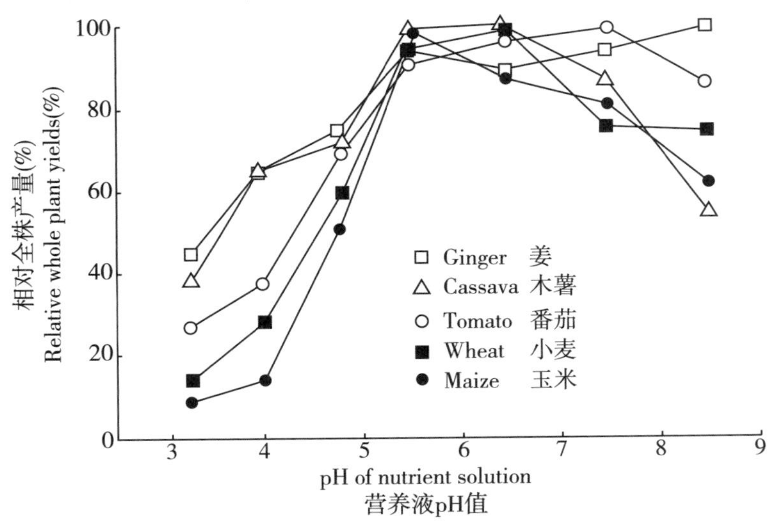

图 4-2　不同作物在恒定的系列 pH 流动营养液中的生长反应

Figure 4-2　Relative growth response of various plant species to a series of constant pH values maintained in flowing nutrient solutions

资料来源：Islam *et al*，1980

Source：Islam *et al*，1980

如图 4-3 所示，鲜薯单产与土壤 pH、钠饱和度和土壤溶液电导率有关。3 个品种间鲜薯单产存在明显差异，当 pH 高于 8.0、钠饱和度高于 2.5%、土壤溶液电导率高于 0.5 mmhos/cm 时，鲜薯单产明显降低（CIAT，1985b）。解决土壤盐碱性的费用非常高，虽然可以施用一定量的硫或硫酸来提高作物产量（CIAT，1985b），但花费较大，不划算，也不易操作，使用耐盐品种可能是最好的解决方案。

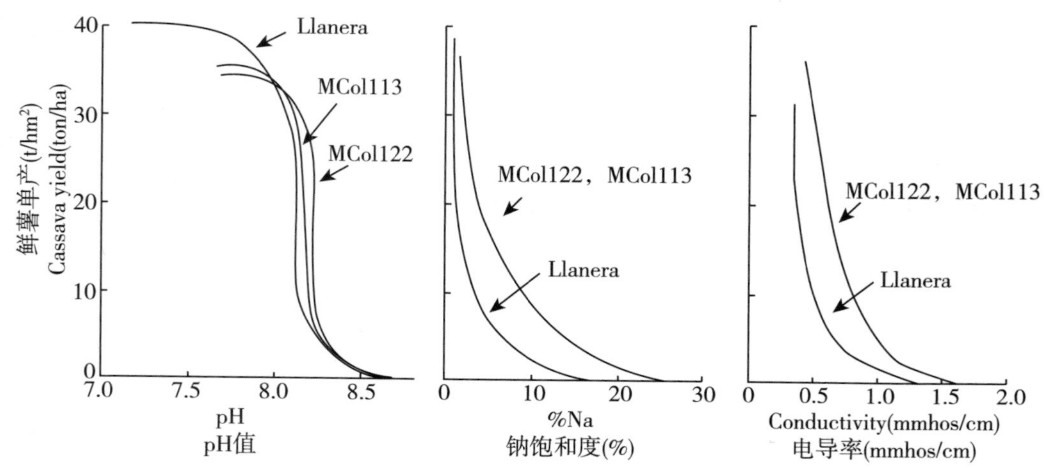

图 4-3　在哥伦比亚的盐碱土上，3 个木薯品种的鲜薯单产与土壤 pH、钠饱和度、土壤溶液电导率间的关系

Figure 4-3　Relation between the root yield of three cassava varieties and soil pH, percent Na-saturation and soil solution conductivity in a saline-alkaline soil in CIAT-Colombia

资料来源：CIAT，1985b

Source：CIAT，1985b

第四节　木薯对大量元素的需求

氮在三大营养元素中对木薯产量影响最大，适量供应氮素，可以显著提高木薯产量。当氮素供应不足时，木薯植株生长缓慢，从下部叶开始均匀褪绿变黄，然后扩展到全株（Howeler，2002）；随着施氮量增加，茎枝叶与根系干重都有一定的提高，但茎枝叶总干重的增幅比根系总干重大，导致根冠比降低（Howeler，2002）；当植株氮含量超过一定量时，会产生负效应（黄洁等，2000），特别是生长旺盛的品种（Howeler，2002），会导致地上部分过度生长而地下部分生长受到抑制，导致收获指数降低，使鲜薯单产降低。氮素营养平衡直接影响叶片光合速率，进而影响植株碳固定（Howeler，2002）。减少氮供应，将导致碳在不同组织的分配能力及在不同代谢途径（如淀粉合成、蔗糖合成、糖酵解）的分配发生改变（Rao *et al*，2000）。增加氮营养，木薯株高、茎径、功能叶和冠层宽度随之提高；地上部分干重的增加幅度比根系大，根冠比降低（Howeler，2002）。同时，氮供应水平影响木薯氮代谢过程，随着硝态氮提高，植株中总氮、铵态氮、氨基酸态氮、可还原性氮、难溶性氮均直线上升，水解性蛋白质也呈曲线上升；但可溶性氮与施氮量无关（Cruz *et al*，2004）。随着施氮量提高，植株中含氮化合物含量提高，块根中淀粉含量下降，氰化氢含量升高，不利于优质木薯形成（Howeler，2002）。可见，虽然氮是木薯的重要营养元素，但切忌过高施氮，否则，可能会导致严重的鲜薯减产及品质降低的后果。

随着木薯磷水平的提高，单株块根的数量、粗度、长度及产量均有一定提高（黄洁等，2004）。据报道（房伯平等，1994），施磷可显著提高木薯产量。但也有报道认为，在土壤磷水平较高的条件下，施磷肥对木薯产量、淀粉含量影响不大（黄洁等，2000）。土壤有效磷含量显著影响木薯施磷效应，在越南北部强淋溶土壤进行的 9 年大田试验表明，随着种植年份的延长，施磷效应逐渐减弱，从第 3 年起，已无施磷效应，因为随着每年施用一定量的磷，土壤中有效磷含量逐渐增加，导致施磷肥效应逐年降低（Nguyen *et al*，2002）。施磷效应的差异原因在于木薯适应低磷的忍耐性，木薯的可利用磷临界值（4 ~ 10 mg/kg）显著低于大部分作物（10 ~ 18 mg/kg）（Howeler，2002）。可见，虽然磷也是木薯的重要养分，但木薯具有高效利用低磷土壤中磷养分的耐低磷能力，加上连作木薯的持续施磷或其他前茬作物施磷的残留，一般土壤都能保证木薯对磷营养的需求，所以，要特别注意木薯的施磷指标，不要盲目过量施磷而造成环境污染。

木薯植株钾营养水平与株高、茎粗、功能叶片数正相关（John *et al*, 2005），叶面积指数（*LAI*）随着氯化钾的施用量呈比例增加；但根冠比和收获指数与氯化钾施用量呈负相关（Park *et al*, 2005）。缺钾处理下木薯的长势与产量均比缺氮、缺磷处理差，仅不施钾的产量与完全不施肥处理没有差异（Carsky *et al*, 2005）；在同一块地上连续种植木薯，若不施用适量钾肥，钾将成为主要产量限制因子（Howeler, 2002），并且钾效应随着种植时间延长而显著增强（Howeler *et al*, 1990）。连续 5 年不施钾，土壤交换性钾含量在最初的 2~3 年间由 0.2 cmol/kg 降低到 0.1 cmol/kg，并在接下来的几年中保持 0.1 cmol/kg 的含量；若每公顷施 150 kg K_2O，土壤交换性钾就能一直保持在 0.2 cmol/kg（Howeler, 2002）。长期肥料试验表明，木薯连续种植 3 年，鲜薯产量与土壤中交换性钾含量显著相关，每降低 0.01 cmol/kg 土壤交换性钾，鲜薯产量降低 0.66 t/hm^2（Carsky *et al*, 2005）。大量研究表明，改善木薯钾素营养状况可显著提高木薯产量（黄洁等，2000）。

提高植株钾营养不仅可提高木薯产量，还能促进淀粉形成，提高淀粉含量，改善块根品质，同时土壤中钾含量也影响块根氰化氢含量，增施钾肥能降低块根中氰化氢的含量（Park *et al*, 2005）。也有报道认为：每公顷施用 80~100 kg K_2O 时，块根淀粉含量随钾施用量增加而提高；当钾用量再增加时，淀粉含量又开始下降（黄洁等，2000）。可见，合理施用钾肥，将能起到较好的增产提质作用。

2015 年，Jean Mianikpo Sogbedji 等（2015）在西非对比了 3 个木薯品种及不同梯度的钾肥水平，以筛选最优的品种和钾肥施用量。试验设置了 3 个钾肥梯度，分别为 0 kg/hm^2、50 kg/hm^2、100 kg/hm^2 K_2O，均配合施用 60 kg/hm^2 N、60 kg/hm^2 P_2O_5，3 个木薯品种分别为 Gbazekoute（V_1）、KH（V_2）

和 Moya（V_3）。测定指标包括鲜薯单产、茎叶产量及收获指数。

如表 4-6 所示，试验地土壤呈弱酸性，pH 为 6.48，总碳和总氮的含量非常低，分别为 0.75%、0.07%，该试验地为沙壤土，20 cm 表土层的总含沙量为 80%，土壤的排水状况较好。但是土壤中磷和钾的含量相对较低，分别为 10.86 mg/kg、76.80 mg/kg，土壤中的阳离子交换量较低，为 2.52 cmol/kg，交换性钙、交换性镁、交换性钠及交换性钾含量分别为 30.75 cmol/kg、7.12 cmol/kg、5.00 cmol/kg、3.38 cmol/kg。

表 4-6 在西非铁铝土试验地的土壤基础养分状况

Table 4-6 Soil properties at the onset of the experiment on West African Ferralsols

参数 Parameter	值 Value
pH（H_2O）	6.48
总碳（%）Total C	0.75
总氮（%）Total N	0.07
硝态氮（mg/kg）NO_3-N	3.30
有效磷（mg/kg）Available P	10.86
有效钾（mg/kg）Available K	76.80
交换性钙（cmol/kg）Exchangeable Ca^{++}	30.75
交换性镁（cmol/kg）Exchangeable Mg^{++}	7.12
交换性钠（cmol/kg）Exchangeable Na^{+}	5.00
交换性钾（cmol/kg）Exchangeable K^{+}	3.38
总阳离子交换量（cmol/kg）Total CEC	2.52
含砂量（%）Sand content	80.00
粉粒含量（%）Silt content	7.00
黏粒含量（%）Clay content	13.00

资料来源：Jean Mianikpo Sogbedji *et al*，2015

Source：Jean Mianikpo Sogbedji *et al*，2015

如表 4-7 所示，在钾肥施用量相同条件下，Gbazekoute（V_1）品种的单产分别比 KH（V_2）和 Moya（V_3）增长了 68.4%、44.3%，可见，3 个木薯品种中，Gbazekoute（V_1）的产量潜力最高。第一年的试验中，不同施钾水平的3个木薯品种的鲜薯单产差异不大，可能是由于土壤中的钾肥较为充足，掩盖了施用钾肥对木薯产量的影响。

第二年的试验中，3个木薯品种施用不同水平的钾肥，鲜薯单产出现了显著差异。对于Gbazekoute（V_1）品种，施K_2O量为50 kg/hm^{2}时，鲜薯单产比不施钾肥提高18.2%；施K_2O量为100 kg/hm^{2}时，鲜薯单产比不施钾肥提高2.9%；施K_2O量为100 kg/hm^{2}的鲜薯单产比施钾量50 kg/hm^{2}减少了12.9%。对于KH（V_2）品种，施K_2O量为50 kg/hm^{2}时，鲜薯单产比不施钾肥提高48.1%；施K_2O量为100 kg/hm^{2}时，鲜薯单产比不施钾肥提高28.83%；施K_2O量为100 kg/hm^{2}的鲜薯单产比施钾量50 kg/hm^{2}减少了7.2%。对于Moya（V_3），施K_2O量为50 kg/hm^{2}时，鲜薯单产比不施钾肥提高25.5%；施K_2O量为100 kg/hm^{2}时，鲜薯单产比不施钾肥提高34.7%；施K_2O量为100 kg/hm^{2}时，鲜薯单产比施K_2O量为50 kg/hm^{2}时提高7.3%。从上述分析中可以看出，3个木薯品种对施用钾肥最敏感的为KH（V_2），其次为Moya（V_3）、Gbazekoute（V_1）。但这3个品种仅在施用50 kg/hm^2 K_2O和不施肥时单产差异显著，其余钾肥梯度差异均不显著。当木薯缺钾时，可以施用50~100 kg/hm^{2}的K_2O，但过量施钾未必能增产，甚至可能会减产，因此，钾肥的具体施用量要根据当地的土壤肥力及木薯品种等因素而定。

在K_2O施用量相同条件下，Gbazekoute（V_1）品种的茎叶产量分别比KH（V_2）和Moya（V_3）降低了12.6%、18.7%，第一年的试验，3个木薯品种在不同的钾肥施用量水平下，茎叶产量差异不显著。第二年的试验充分表明，3个木薯品种吸收钾肥主要是用来生产块根，对地上部茎秆的生长促进作用不明显。对于KH（V_2）品种，K_2O施用量为50 kg/hm^{2}时，茎叶产量显著高于不施肥植株，但当K_2O施用量达到100 kg/hm^{2}时，茎叶产量不增反减，这和前人（S. Agyenim Boateng *et al*，2010）的研究结果相似，K_2O 施用量达到 90 kg/hm² 时，茎叶产量开始下降。可见，对于不同木薯品种而言，是否施钾及施钾量多少，对木薯茎叶产量的影响会有较大的差别，施钾不一定有较好的增产作用，且过量施钾还可能造成减产，因此，如何合理施钾应因品种及土壤肥力等因素而定。

表 4-7　在西非铁铝土上，鲜薯及茎叶的平均单产及其收获指数

Table 4-7　Average cassava yield of fresh root，stem and leaves also harvest index on West African Ferralsols

处理 Treatment	块根产量（t/hm²） Tuber yield			茎叶产量（t/hm²） Stover yield			收获指数（%） Harvest index		
	第一年 Year 1	第二年 Year 2	均值 Average	第一年 Year 1	第二年 Year 2	均值 Average	第一年 Year 1	第二年 Year 2	均值 Average
V_1T_1	68. 0a	58. 1a	63. 1a	45. 3a	58. 1a	51. 7a	60. 0a	50. 0a	55. 0a
V_1T_2	71. 3a	68. 7b	70. 0b	47. 2a	59. 2a	53. 2a	60. 0a	53. 7a	56. 9a
V_1T_3	67. 1a	59. 8a	63. 4a	47. 5a	55. 9a	51. 7a	58. 5a	51. 7a	55. 1a
平均 Average	68. 8	62. 2	65. 5	46. 7	57. 7	52. 2	59. 6	51. 8	55. 7
V_2T_1	49. 6b	23. 5c	36. 6c	64. 0b	46. 1b	55. 0a	43. 7b	33. 8b	40. 0b
V_2T_2	47. 2b	34. 8d	41. 0d	68. 4b	57. 0a	62. 7b	40. 8b	37. 9b	39. 4b
V_2T_3	46. 0b	32. 3d	39. 2cd	65. 7b	56. 7a	61. 2b	41. 2b	36. 3b	38. 7b
平均 Average	47. 6	30. 2	38. 9	66. 0	53. 3	59. 7	41. 9	36. 0	39. 5
V_3T_1	48. 5b	33. 7d	41. 1d	76. 8c	55. 2a	66. 0b	38. 7b	37. 9b	38. 3b
V_3T_2	56. 7c	42. 3e	49. 5e	72. 1c	67. 1c	69. 6b	44. 0b	38. 7b	41. 6b
V_3T_3	46. 6b	45. 4e	45. 5d	60. 5d	53. 5a	57. 0a	43. 5b	45. 4a	44. 4b
平均 Average	50. 6	40. 1	45. 4	69. 8	58. 6	64. 2	42. 1	40. 6	41. 4

注：V_1 表示 Gbazekoute 品种，V_2 表示 KH 品种，V_3表示 Moya 品种；T_1 表示施用 0 kg/hm² K_2O，T_2 表示施用 50 kg/hm² K_2O，T_3表示施用 100 kg/hm² K_2O

同列数据后不同小写字母表示差异显著（$P<0.05$）

资料来源：Jean Mianikpo Sogbedji *et al*，2015

Note：V_1 means Gbazekoute（variety name），V_2 means KH，V_3 means Moya；T_1 means 0 kg/hm² K_2O，T_2 means 50 kg/hm² K_2O，T_3 means 100 kg/hm² K_2O

Different lowercases means signifcant difference at the same column

Source：Jean Mianikpo Sogbedji *et al*，2015

木薯的收获指数分布在39%~60%范围内，Gbazekoute（V_1）品种的收获指数分别比KH（V_2）和Moya（V_3）提高41.0%、34.5%，KH（V_2）的收获指数比Moya（V_3）低4.6%。施钾水平对3个品种的收获指数影响不显著，说明3个品种收获指数和钾肥利用率间关系不大。

在西非铁铝土上进行的钾肥优化试验表明，在非洲东部的沙壤土上要想获得高产木薯，需要综合考虑品种和施肥量两种因素。不同木薯品种肥料利用率不同，对于上述3个品种来说，钾肥施用量50 kg/hm^{2}较为适宜，其中，Gbazekoute（V_1）品种的块根产量和收获指数最高，但茎叶产量最低，可见，此品种是以收获块根为主。由于不同的施钾量对不同木薯品种的不同植株部位的产量有着不同的影响，因此，在今后的木薯生产中，应根据不同的木薯生产目的，选择合适的品种和施肥量，以收获块根为主的木薯，可适当提高钾肥施用量。

第五节　木薯对中微量元素的需求

木薯具有很强的耐酸性，大田生产中很少观察到石灰［$Ca(OH)_2$］施用效应，但在酸性很强且交换性钙水平较低的土壤中，木薯有施钙（Ca）增产效应（Howeler，2002）。过量施用石灰会导致锌含量降低，从而使土壤出现诱导性缺锌，导致木薯减产（Howeler，2002）。有机质含量较低的土壤中，特别是在仅施用氮、磷、钾肥情况下，会经常出现缺镁（Mg）症状，条施硫酸镁或磷酸镁20~40 kg/hm^2，可以消除缺镁症状，从而提高产量（Carsky *et al*，2004）。在石灰性土壤中，常观察到铁（Fe）、锌（Zn）缺乏现象，用2.0%的$ZnSO_4 \cdot 7H_2O$溶液浸泡种茎15 min，或用1.0%$ZnSO_4 \cdot 7H_2O$溶液喷叶，或条施硫酸锌10 kg/hm^2，均可有效防治缺锌症状（Carsky *et al*，2004）。一般施铁肥的效果不明显，可用4% $FeSO_4 \cdot 7H_2O$溶液蘸种茎或喷施叶片，以解决缺铁症状（Carsky *et al*，2004）。施用硫肥（S）可以提高块根淀粉含量，降低氰化氢含量；施用微量元素硼（B）、钼（Mo）等也能显著增产（Wargiono *et al*，2001）。

研究表明（谭宏伟等，1994），木薯所吸收的 Zn 养分主要累积在茎中，Ca、Mg 养分主要累积在叶片和茎中，B 养分主要累积在叶片中。Ca 含量从苗期至块根膨大初期呈逐渐降低趋势，可能原因是钙属不易转移的营养元素，块根膨大初期后，当田间基本密闭、老叶片开始脱落时，叶片制造的碳水化合物及养分大多往块根转移，因而功能叶片的钙含量又有逐渐提高的趋势；Mg、Zn 的累积量到块根膨大中期已占其吸收总量的 80.1%~97.4%，说明木薯对上述营养元素的吸收利用较早，需在块根膨大前尽早满足其需求。Zn 需求亦在块根膨大期有明显的吸收高峰，而 B 在木薯块根膨大期间有明显的吸收强度低谷，说明木薯块根膨大期间需要较多的 Zn，而对 B 的需求量不高。随着木薯生长进程，在块根膨大时可能需要较多的 Ca、Mg、Zn 养分供给，而对 B 的需求量不高。施肥均可提高木薯的养分吸收量，但钾、锌、硼肥会抑制镁的吸收。

研究发现（黄洁等，2011），当土壤交换性镁处于极低营养水平（12.2 mg/kg）时，施用镁肥的鲜薯产量和淀粉产量分别比不施肥增产 14.3%及 10.6%；当土壤交换性钙（130.6 mg/kg）、有效锌（0.74 mg/kg）和有效铜（0.11 mg/kg）处于低营养水平时，施用钙、锌和铜肥不起增产作用。综合近期研究结果，海南和广西木薯主产区的大部分土壤交换性镁含量处于极低营养水平，必须重视施用镁肥；广西和海南的部分木薯土壤的钙、锌、锰、铜和硼含量处于极低或低营养水平，应注意施用相应中微肥。

解决木薯的中微量元素缺乏症状的办法是，通过合理施肥、种茎处理和喷叶处理等技术，可有效缓解甚至解决中微量元素的缺素问题，从而有利于木薯的增产提质。

第六节 木薯全生长期的养分积累进程

木薯一般通过种茎繁殖，种茎中含有丰富的碳水化合物以及基本的矿质养分元素，保证木薯生根发芽以及早期根系、叶片的形成（Molina *et al*, 1995）。种茎中的氮（N）、磷（P）和钾（K）含量会影响木薯发芽速率和根系形成（El-Sharkawy, 2004）。木薯全生育期对氮吸收最多，其次依次是钾（K）、钙（Ca）、磷（P）、镁（Mg）和硫（S）（Howeler, 2002）。氮在植后2个月内累积缓慢，植后3~4个月达到最高峰，植后5~6个月降低到较低值；磷和钾在植后2个月吸收缓慢，之后保持较稳定的累积速率；钙在全生育期吸收累积基本保持稳定（Howeler, 1981）。氮素吸收主要在生育早期并积累在叶片里；钾素开始累积在茎叶中，种植4个月后，钾素开始向根部转移，块根逐渐成为钾素贮藏库（漆智平等，1999）。9个月龄的木薯植株中，叶片养分含量呈现氮>钾>钙>磷>镁的趋势；茎秆中为氮>钾>钙>镁>磷；块根中为钾>氮>钙>磷≥镁（漆智平等，1999）。木薯整个生育期从土壤中带走养分的比例为 N：P_2O_5：K_2O：Ca：Mg = 1.00：0.10：0.65：0.41：0.19，其中，块根的比例为 N：P_2O_5：K_2O：Ca：Mg = 1.0：0.2：1.9：0.3：0.2（漆智平等，1999）。地上部分的生长对氮、钾的需求量均较大，而块根生长对钾需求最大。因此，相对于氮和磷，木薯块根从土壤中带走的钾更多，但养分吸收比例随着产量变化而改变，产量提高时植株和块根中钾含量的增加幅度比氮大（Howeler, 2002）。Howeler（2002）通过分析15个田间试验的产量数据，总结块根产量与植株营养含量之间的关系，总的趋势是：产量低时，植株中养分含量低；产量高时，植株中养分含量高。在实际生产中，当鲜薯产量在较低范围时，带走养分较少。平均鲜薯产量为 15 t/hm^2 时，带走养分为 30 kg/hm^2 N、3.5 kg/hm^2 P_2O_5、20 kg/hm^2 K_2O，其中磷和钾的量都比理论计算值低；若收获全株，将带走 80 kg/hm^{2}N、9 kg/hm^2 P_2O_5、50 g/hm^2 K_2O（Howeler，2002）。如果预期鲜薯产量为 15 t/hm^2，为了维持土壤养分水平，需追加 60 kg/hm^2 N、10~20 kg/hm^2 P_2O_5、50 kg/hm^2 K_2O，并且所有地上部分应归还土壤；若连地上部分一起收获，所需施肥量至少应当加倍（Howeler，2002）。据估计，木薯不施肥能形成 3.4 t/hm^2 的凋落物，施氮、磷、钾肥可提高到 4.1 t/hm^2（Carsky *et al*，2004）。且木薯凋落物易被矿化，可返还土壤大量营养，供木薯循环利用（Fermont *et al*，2008）。如果能做到木薯叶片和茎秆归还土壤，同时施用适量化学肥料，可进一步提高木薯产量，改善土壤理化特性。

木薯在整个生育期中，不同时期养分积累部位不同。生长较差的木薯，定植后 3 个月时块根干物质积累就会占优势，种植后 6 个月时块根部干物质积累仅占收获时块根产量的 1/2；而生长茂盛的木薯，在定植后 8 个月根部干物质积累才开始占优势，当然，植株体内的养分因组织部位和株龄的不同而存在差异（Howeler，2002）。研究报道（Howeler，2002），木薯定植后最初的 2 个月内，干物质积累十分缓慢，之后积累速度加快，至块根成熟期积累速度又转慢，至收获（植后 12 个月）时绝大部分干物质都积累在块根中。木薯定植 2 个月后，植株体内的各种养分含量都几乎达到高峰，之后逐渐降低，其中锰含量特别高，而铁大多集中在根部，硼和铜在植株各部位的分布则较均匀。在木薯生长初期各种养分大多集中在叶片和茎秆部位，至生长后期多数养分转移到根，只有钙和镁含量多于根部。

如表 4-8 所示，木薯生长对气候条件主要是温度、降雨及土壤肥力的依赖度较高，虽然木薯可在低肥力土壤中生长，但在这些条件下，作物对施肥具有高度的响应性。在哥伦比亚 2 个试验站进行的 4 个试验中，施肥比不施肥木薯鲜薯单产平均增加了 56%。施肥对干物质总量、块根、茎、落叶中干物质量及大、中量元素的吸收等均有较大影响。施肥植株不同组织中各养分

表 4-8　在 5 个试验的收获期，木薯不同部位干物质和养分积累量的总结和比较

Table 4-8　Summary and comparison of the most pertinent data from five experiments on the dry matter and nutrient accumulation in different plant parts at time of harvest of cassava

指标 Parameters	品种 Varieties		Quilichao 试验站				Carimagua 试验站			
			1978/79[1]		1982/83[2]		1983/84[3]		1984/85[4]	
	Mangi	SPP	F_0[5]	F_1[5]	F_0	F_1	F_0	F_1	F_0	F_1
鲜薯单产（t/hm²）Fresh root yield	53	65	34	52	17	22	24	32	11	23
干物质总量（g/株）Total DM production（g/Plant）	3 773	3 384	1 167	1 925	631	865	1 115	1 456	521	1 164
根干物质总量（g/株）Total DM in roots（g/Plant）	2 132	2 250	811	1 387	439	561	688	894	282	585
落叶干物质总量（g/株）Total DM in fallen leaves（g/Plant）	—	—	—	—	94	135	99	119	86	159
干物质总量（t/hm²）Total DM production	44.6	40.0	18.2	30.1	9.9	13.5	17.4	22.7	8.1	18.2
根干物质总量（t/hm²）Total DM in roots	25.2	26.6	12.7	21.6	6.8	8.8	10.8	14.0	4.4	9.1
茎干物质总量（t/hm²）Total DM in stems	18.4	12.6	4.7	7.2	1.4	2.4	4.5	5.8	2.0	6.1
叶干物质总量（t/hm²）Total DM in leaves	1.0	0.8	0.9	1.2	0.1	0.2	0.7	1.1	0.4	0.5
叶干物率（%）DM content of leaves	21.8	22.0	37.3	31.7	—	—	—	—	—	—
茎干物率（%）DM content of stems	30.5	26.3	25.5	23.9	—	—	—	—	—	—
根干物率（%）DM content of roots	41.0	34.8	30.8	41.6	—	—	—	—	—	—
氮总吸收量（kg/hm²）Total absorption of N	132	124	209	315	124	164	123	197	66	140
磷总吸收量（kg/hm²）Total absorption of P	48	45	18	37	8	14	16	30	8	23
钾总吸收量（kg/hm²）Total absorption of K	477	487	144	237	48	67	92	184	48	122
钙总吸收量（kg/hm²）Total absorption of Ca	166	155	71	77	46	67	67	102	29	63

（续表）

指标 Parameters	品种 Varieties		Quilichao 试验站				Carimagua 试验站			
			1978/79[1]		1982/83[2]		1983/84[3]		1984/85[4]	
	Mangi	SPP	F_0[5]	F_1[5]	F_0	F_1	F_0	F_1	F_0	F_1
镁总吸收量（kg/hm^2）Total absorption of Mg	53	43	25	32	17	21	27	28	9	19
根中氮总量（kg/hm^2）Total N in roots	38	45	101	152	67	70	30	67	14	33
根中磷总量（kg/hm^2）Total P in roots	28	28	10	22	5	8	8	17	4	11
根中钾总量（kg/hm^2）Total K in roots	268	317	90	162	33	42	55	102	25	66
根中钙总量（kg/hm^2）Total Ca in roots	34	51	24	20	10	18	5	15	2	7
根中镁总量（kg/hm^2）Total Mg in roots	20	18	9	11	6	6	6	8	5	3
植后 2~4 个月顶部叶的氮浓度 N conc. in upper leaves at 2-4 MAP	—	—	5.06	5.73	4.87	5.12	4.57	5.19	4.47	4.74
植后 2~4 个月顶部叶的磷浓度 P conc. in upper leaves at 2-4 MAP	—	—	0.31	0.38	0.35	0.39	0.34	0.38	0.30	0.34
植后 2~4 个月顶部叶的钾浓度 K conc. in upper leaves at 2-4 MAP	—	—	1.72	1.85	1.59	1.68	1.29	1.61	1.08	1.06
植后 2~4 个月顶部叶的钙浓度 Ca conc. in upper leaves at 2-4 MAP	—	—	0.59	0.57	0.80	0.83	0.68	0.76	0.50	0.52
植后 2~4 个月顶部叶的镁浓度 Mg conc. in upper leaves at 2-4 MAP	—	—	0.31	0.31	0.31	0.34	0.25	0.28	0.25	0.28
植后 2~4 个月顶部叶的硫浓度 S conc. in upper leaves at 2-4 MAP	—	—	0.30	0.31	0.37	0.37	0.29	0.30	0.29	0.26
收获期的叶中氮浓度 N concentration in leaves at harvest	2.56	2.34	—	—	—	—	—	—	—	—
收获期的茎中氮浓度 N concentration in stems at harvest	0.37	0.48		—		—	—		—	—

(续表)

指标 Parameters	品种 Varieties		Quilichao 试验站				Carimagua 试验站			
			1978/79[1)]		1982/83[2)]		1983/84[3)]		1984/85[4)]	
	Mangi	SPP	F_0[5)]	F_1[5)]	F_0	F_1	F_0	F_1	F_0	F_1
收获期的根中氮浓度 N concentration in roots at harvest	0.15	0.17	—	—	—	—	—	—	—	—
收获期的叶中磷浓度 P concentration in leaves at harvest	0.24	0.23	—	—	—	—	—	—	—	—
收获期的茎中磷浓度 P concentration in stems at harvest	0.10	0.12	—	—	—	—	—	—	—	—
收获期的根中磷浓度 P concentration in roots at harvest	0.11	0.11	—	—	—	—	—	—	—	—
收获期的叶中钾浓度 K concentration in leaves at harvest	1.59	1.33	—	—	—	—	—	—	—	—
收获期的茎中钾浓度 K concentration in stems at harvest	1.05	1.26	—	—	—	—	—	—	—	—
收获期的根中钾浓度 K concentration in roots at harvest	1.06	1.19	—	—	—	—	—	—	—	—

注：Quilichao、Carimagua 试验站都是指 MCol 22 品种的数据。1）不包括落叶的数据。2）包括落叶的数据。3）未灌溉小区的数据。4）有象草防风篱小区的数据。5）F_0 = 不施肥；F_1 = 施肥

资料来源：Howeler，2002

Note：Data for MCol 22 in the Quilichao and Carimagua. 1）Data without fallen leaves. 2）Data include fallen leaves. 3）Data from plots without irrigation. 4）Data from plots with elephant grass wind breaks. 5）F_0 = unfertilized；F_1 = fertilized

Source：Howerler，2002

含量均高于未施肥植株，即使肥料中不包含这些养分。不同部位养分含量差异明显，植株地上部（上部、中部和下部）养分含量随植株生长时间的延长呈降低趋势。植株不同部位养分含量和气候条件密切相关，旱季养分含量呈降低趋势，雨季尤其是植株长新叶及快速生长期，养分含量呈上升趋势。确

定植株组织和取样时间对于进行木薯的营养诊断非常重要。对木薯来说，最好的诊断组织是植后3~4个月的最嫩完全展开叶，如果遇到长期极端干旱天气，最好等到下一个雨季，并在雨季开始后的2~3个月采样，测定的木薯指示组织中的养分含量可与其相应的养分临界值进行比较，或与相应植株特有的营养状态的养分浓度进行比较。正确的营养诊断是确定最佳施肥方式和施肥量以维持木薯高产的第一步，也是最重要的一步。

综合上述分析发现，木薯具有很强的吸收水肥能力，能从土壤中吸收并带走大量养分，如果连作木薯但不施肥，会导致土壤肥力下降，造成严重减产。据分析，除钾和钙养分外，每生产1 t木薯干物质所需的氮、磷、镁养分量均比大豆、玉米和水稻等作物要少得多。木薯生长前期需要的氮、磷养分较多，而需钾养分较少；生长中后期需钾养分较多，而需要的氮、磷养分较少。其中，幼苗期对养分的需求相对较少，块根形成期逐渐增加，块根膨大期的养分需求量最大，之后有所下降，并稳定在一定的水平上。据研究，木薯苗期需肥量较少，氮、磷、钾的吸收量分别占全生育期吸收量的18%~20%、7%~8%和5%~6%，但苗期养分丰缺对产量形成关系重大；块根膨大期对氮素比较敏感，过量施氮会导致植株徒长，不利于块根发育膨大和淀粉的积累，施氮不足则植株早衰，影响产量。木薯块根的含钾量很高，其次是氮，而磷、钙、镁和硫含量相对较低，氮、磷、钾、钙、镁养分需求比例约为5：1：6：2：1。木薯叶片和茎秆中的氮含量约占全株总氮量的65%，只要在收获后把地上部茎叶还田，就能满足下一茬木薯对氮养分的需求。

注意氮、磷、钾、钙、镁养分需求比例约为5：1：6：2：1的结论是一个理论计算值，不是生产推广值，但却被许多国人误解并引用推荐到生产中，在此加以解释纠正。实际上，在国内外长期木薯生产实践的研究中，氮和钾的施肥需求比例没有那么高（详见后面章节），主要原因：第一，前茬木薯的茎叶和杂草等还田、热带地区土地容易风化释出养分，还有打雷下雨等因素，都会给土壤回归大量的氮素及其他大、中、微量养分；第二，对前茬木薯注重施肥也会为下一茬木薯残留较多的肥料，据土壤调查分析表明，在广西区武鸣县木薯主产区的大部分连作木薯地，由于当地农民重视施肥，特别是重视间套作水肥管理的原因，许多土壤里的养分已能满足木薯的正常营养需求，甚至超过木薯的营养需求，再增加施肥不但不利于增产甚至可能导致徒长减产；第三，随着时间变迁和科技进步，新选育木薯品种的营养需求、施肥习惯、土壤地力变化、高效施肥技术等因素都对营养诊断施肥提出更高的要求。在近 20 年的国内外施肥研究中，已发现不同地区、不同年份、不同品种都有较大的营养需求差异和相应的合理施肥配比（详见后面章节），所以，必须持续针对不同地区、土壤、品种等要素进行分析诊断；此外，不同生长期、不同的施肥方法及不同的肥料类型，都会导致较大差异的木薯肥料养分利用率。因此，要根据综合系统的营养需求和施肥研究，才能提出符合某地、某木薯品种、某种栽培模式的最优施肥建议，最终达到高产、优质、高效、低污染的目的。

第七节　肥料养分

传统上，木薯一直是贫穷落后国家和地区的一种主要粮食作物，农民试图通过刀耕火种以及施用动物粪便、火烧土、土杂肥等方法来维持土壤生产力。目前，在非洲和东南亚的许多地方，刀耕火种的农业耕作方式仍然被人们沿用，特别是在山区和一些偏远地区更为普遍，但在许多地区已不复存在刀耕火种的落后农业模式。

当亚洲木薯成为越来越重要的工业原料作物时，为了满足巨大的木薯块根需求，农民通过种植高产的新品种及施用化肥来获得较高的产量，并从中获利。遗憾的是，许多薯农甚至技术员在施肥时较少考虑氮磷钾肥的营养配比及其适宜施用量，难以充分发挥增产增收的施肥潜力，甚至会有适得其反的不良效果。在此扼要介绍常用肥料的一些特性，方便参考使用。

一、有机肥

如表 4-9 所示，通常情况下，一袋标记为 15：15：15 的 50 kg 复合肥的 NPK 养分含量约相当于 1 t 畜禽肥料，大部分化肥的 NPK 养分含量是大多数农家有机肥的 10~20 倍，当然，购买经过干燥后的商品有机肥，其养分含量会较高。值得重视的是，有机肥含有较高的有机质，能够改善土壤结构，提高土壤的保水保肥能力，而且有机肥含有少量的中微量元素，非常有助于补充木薯生长所需的中微量元素营养，弥补因缺乏中微量营养元素而导致的产量和品质问题。由于不同来源的有机肥养分含量存在较大差异，所以，薯农们应根据实际情况适量施用。

表 4-9 1 t 湿粪肥或堆肥与 50 kg 复合肥（15-15-15）的平均养分含量比较

Table 4-9 Average nutrient content of one ton of various types of wet manure and compost as compared to 50 kg of 15-15-15 compound fertilizers

肥料种类 Fertilizer type	干物率（%）Dry matter	N（kg）	P（kg）	K（kg）
1 t 牛粪 Cattle manure	32	5.9	2.6	5.4
1 t 猪粪 Pig manure	40	8.2	5.5	5.5
1 t 鸡粪 Chicken manure	57	16.6	7.8	8.8
1 t 羊粪 Sheep manure	35	10.5	2.2	9.4
1 t 城市垃圾肥 City garbage compost	71	6.9	3.3	6.1
50 kg 15-15-15 复合肥 Compound fertilizer	100	7.5	3.3	6.2

资料来源：Howeler，2004

Source：Howeler，2004

过去，世界上的木薯多种在新垦荒地，在木薯种植初期，土壤较肥沃，生产中较少施用有机肥，一般施用少量的化肥，木薯施肥研究也以无机肥为主。但是，随着木薯种植时间逐年增加，虽然施用较多化肥，还是会导致土壤肥力大幅下降，人们又把视线越来越多地转向肥效时间长、可改良土壤的有机肥。2004—2005年，广西大学试验表明，施用600~750 kg/hm^{2}生物有机肥（有机质≥25%，W（N）+W（P_2O_5）+W（K_2O）≥6%，有效活菌数量≥0.2亿个/g）比不施肥提高鲜薯单产57.3%~74.8%，提高鲜薯淀粉含量0.9~1.2个百分点（罗兴录等，2008）。但许瑞丽等人通过对市场上常见的3种生物有机肥开展试验发现，与施用等值复合肥或清水为对照均表现明显减产，鲜薯产量仅为对照的49.7%~87.8%，薯干产量仅为对照的50.0%~87.1%，淀粉产量仅为对照的50.8%~87.0%（许瑞丽等，2012）。值得注意，在长期肥料试验及一些生产试验中，虽然火烧土、部分生物肥和土壤改良剂有利于木薯的生长，特别是有利于旺长茎叶，但不一定能增产鲜薯和提高鲜薯淀粉含量。据市场抽查，商品有机肥的质量合格率只有40%，远低于复混肥料质量，市场上的有机肥产品质量总体不高，参差不齐（罗文贱等，2011）。就目前木薯生产的实际情况，可考虑施用有机肥以改良土壤，同时重视施用化肥来提高产量和品质；此外，要加强对木薯生物有机肥的研究和质量监管力度，尽快推出高产高效的木薯专用有机肥。

二、化肥

商品化肥的营养成分配比是固定的，通常表示成传统的N、P_2O_5、K_2O百分含量，现在，一些国家通常表示成N、P、K元素的百分含量。因此，像尿素这样的肥料被标记为46∶0∶0，因为它含有46%的N，不含P和K；重过磷酸钙被标记为0∶46∶0，因为它含有46%的P_2O_5，不含N和K_2O；氯化钾被标记为0∶0∶60，因为它含有60%的K_2O，不含N和P。这些肥料被称为单元素肥料，因为它们只含有3种大量元素的其中1种。那些包含2种或3种大量元素的肥料称为复合肥。因此，当一种肥料被标记为15∶15∶

15 时，表示它含有 15%的 N、15%的 P_2O_5和 15%的 K_2O，这等同于 15%的 N，6.5%的 P 和 12.5 %的 K。当农民购买单元素肥料时，他们需要把 2 种或 3 种单元素肥料混合成为复混肥，这样才能满足特定土壤上特定作物的营养需求。

过去，我们一般通过混合单元素肥料，从而获得理想的 N、P_2O_5、K_2O 配比，但混合肥料比较麻烦费工，且由于掺混反应、肥料颗粒大小和吸湿挥发等物理化学因素影响，其营养配比及质量都难以稳定，实际施用到土壤时，易出现较大波动，如混合后不能及时施用还会出现不耐贮藏等问题。特别的是，由于木薯是长期作物，需要长效的肥料以持续供应养分，但单元素肥料易挥发和淋失等，肥效不理想，难以满足木薯的营养需求特点，因此，一般建议对木薯施用复合肥为主，配以单元素肥料为辅。目前，我们可以购买特定配比的复合肥，再辅加少量的单元素肥料，其 N、P_2O_5和 K_2O 的平衡配比能够基本满足特定土壤和木薯的营养需求，不必麻烦混合各种单元素肥料。与畜禽肥料和堆肥相比，施用复合肥可以降低运输成本和减少工作量。

1991—1992 年，广西土肥所等单位在来宾县的试验表明，在同等的氮磷肥条件下，增施 K_2O 75 kg/hm^2，提高鲜薯单产 29.8%；增施 K_2O 150 kg/hm^2，则鲜薯单产提高 47.2%；特别是在 1992 年的重旱条件下，增施 K_2O 75 kg/hm^2，鲜薯单产提高 109.5%，显示了钾肥有较好的抗旱作用；在同等氮磷钾肥情况下，增施 MgO 40.5 kg/hm^2，提高鲜薯单产 12.3%；说明钾镁肥有较好的增产作用（谭宏伟等，1994）。广西来宾县农业局的施肥试验表明，在同等氮和磷肥情况下，每公顷增施含 135 kg K_2O 的氯化钾或硫酸钾镁肥，鲜薯单产提高 23.6%~33.9%（韦家幸等，1998），说明在土壤的钾、镁和硫含量较低条件下，钾、镁和硫肥有较好的增产鲜薯作用。

三、控缓释肥料

控缓释肥通过减缓肥料释放速率，提高肥料利用率，减少因过量施用肥料对环境造成的污染，达到省工、省力、降低环境污染的目的，符合当前绿色施肥的要求。研究表明，控释肥的氮、磷、钾利用率分别可提高到55%～80%、35%～50%、60%～70%（陈建生等，2005）。曹升等（2014）研究发现，控缓释肥（2：1：3）和普通肥料按照1/3～1/2的比例混合施用，比施用等值无机肥增产木薯29.3%。控缓释肥的应用为木薯高产施肥技术推广提供了广阔前景，例如将普通肥料与控缓释肥料复配成一定配比的控释BB肥，将有可能成为木薯控缓释肥料应用的重要途径（谷佳林等，2008）。

四、木薯专用肥

随着木薯施肥意识的提高，木薯专用肥成为木薯肥料研究的新课题。国家木薯产业技术体系土壤和肥料岗对木薯专用肥开展质量和肥效监测，收集国内5种标注为木薯专用肥的肥料进行化验分析，并布置木薯专用肥肥效比较试验。如表4-10所示，5种木薯专用肥的营养成分均达不到包装标出的含量。说明中国木薯专用肥的市场管理较混乱，需加强对木薯专用肥的质量监控。

表4-10　5种木薯专用肥质量抽检结果

Table 4-10　Quality spot-checking results of 5 special fertilizer for cassava

肥料 Fertilizer	规格（kg/包）Specifications（kg/package）	价格（元/包）Price（yuan/package）	含量 Content［W（N）：W（P_2O_5）：W（K_2O）］	
			标量 Scalar	测试结果 Test result
“禾中王”木薯壮根膨大复混肥	50	95	10：5：10	11.8：3.8：2.4
木薯专用肥	50	90	8：4：13	6.6：7.0：11.7
“南风”复混肥料	50	85	8：4：13	6.5：5.1：12.6
“绿先機”木薯专用肥	40	117	13：4：10	12.5：6.0：8.3
“桂绿”木薯专用肥	50	85	10：6：9	7.4：4.1：8.7

5种木薯专用肥对木薯产量和淀粉含量的影响如表4-11所示，其中，2种专用肥表现出较好增产鲜薯和淀粉的作用，以 W（N）：W（P_2O_5）：W（K_2O）=（10~13）：（4~6）：（9~10）的配比效果较好，此外，有2种专用肥虽能增产淀粉但效果不明显，还有一种专用肥出现明显降低淀粉含量而导致淀粉减产的现象。目前市场上出现的木薯专用肥肥料标量虽接近推荐施肥配比，但与实际养分含量相差较大，即标示的是推荐施肥配比，但实际的配比不符合推荐配比，最终导致增产鲜薯和淀粉效果较差。

表4-11　5种木薯专用肥对木薯产量和淀粉含量的影响

Table 4-11　Effect of 5 special fertilizer on yield and starch content of cassava

肥料 Fertilizer	鲜薯单产 Fresh root yield（t/hm^2）	鲜薯增产率 Increasing rate of fresh root（%）	鲜薯淀粉含量 Starch content of fresh root（%）	鲜薯淀粉产量（kg/hm^2） Starch yield	淀粉增产率 Increasing rate of starch（%）
"禾中王"木薯壮根膨大复混肥	28.7	14.4	22.9	6 543	-1.8
木薯专用肥	28.6	14.2	25.0	7 156	7.4
"南风"复混肥料	26.4	5.3	26.7	7 030	5.5
"绿先機"木薯专用肥	30.6	22.1	24.7	7 570	13.6
"桂绿"木薯专用肥	31.4	25.2	24.8	7 782	16.8
不施肥对照	25.1	—	26.6	6 665	—

第八节　施肥方法

一、施肥时间

1988年，品资所不同施肥时间结合不同施肥次数的试验表明，早施肥比迟施肥单株结薯数多，鲜薯单产高，虽然多次施肥处理的鲜薯单产最高，但比植后 30 d 一次性施肥的单产增加甚微（黄洁等，2004）；多次施肥不但实施难、成本高，且增产意义不大，所以，一般以植后一次追施完所有肥料最为理想（张伟特，1990）。

1997—1998 年，广西大学的类似试验结果表明，早期重施肥有利于提高鲜薯单产和鲜薯淀粉含量，且收获的单株结薯数、薯长、薯径和鲜薯产量均明显提高。把施肥量分配为 25%基肥、50%苗肥和 25%薯肥，比 25%基肥、25%苗肥和 50%薯肥的鲜薯单产提高 40. 4%，鲜薯淀粉含量提高 13. 1%（罗兴录等，2000）。

无论如何，对于木薯来说，越早施肥越有利于增产鲜薯和提高淀粉含量。

二、施肥方式

施肥方式与肥料的吸收速度及利用率密切相关，就木薯而言，施肥分为基施和追施，主要有穴施、撒施、沟施 3 种方式。施肥方式的不同，主要和肥料种类，当地的生产习惯、地形、地势等因素有关。

穴施是将养分集中施用于木薯根部，相比于撒施和沟施，该施肥方式的肥料利用效率较高，是早期研究和应用较多的一种施肥方式。采用穴施时，应精确把握施肥的位置和深度，一般离种茎基部 15~30 cm 处穴施肥料的效果较好（黄洁等，2010），以施肥深度 0~9 cm 的效果较好，尤以 6 cm 的施肥深度为最优（郑玉等，2011）。

沟施又称条施，在木薯行旁边开一条施肥沟，均匀施入肥料并覆土。沟施是与木薯种植机械化结合最密切的一种施肥方式，目前国内的木薯种植机多装有施肥器，在种植过程中能同时完成施肥和覆土（杨怡等，2015）。目前，部分种植机械操作是先开沟施肥，接着覆浅土，再在上方摆放种茎，最后盖土，把开沟、施肥、覆土、放种、盖土融为一体，完成机械化的一体化种植。

撒施肥料可省时省工。为求省工节支，近年来，农民在生产中常采用雨后撒施，但撒施的追肥易损失氮肥，且磷、钾肥的移动渗透能力差，在土表上难被作物根系吸收利用。

三、施肥位置

国内外对木薯的营养需求、平衡施肥、施肥量和不同时期施肥等研究较多，少见施肥位置对木薯产量效应的研究报道。传统施肥一般是在靠近木薯种茎 15~20 cm 处挖穴或开沟施肥，但肥料靠近种茎的那个附近位置带有一定的随机性。黄洁等（2010）在中国热带农业科学院热带作物品种资源研究所试验基地，通过定点施肥于木薯种茎的不同位置，研究其对木薯产量和生长的影响。

试验采用裂区设计，主处理为 2 个品种，副处理为 5 个施肥位置。每个处理 4 次重复，小区随机区组排列，小区面积 18 m^2，均种植 4 行×7 株，株行距 0. 8 m×0. 8 m。施肥量统一为挪威产复合肥（16∶16∶16）150 kg/hm^2、海南产尿素（含 N 量 46%）50 kg/hm^2 和俄罗斯产氯化钾（含 K_2O 量为 60%）50 kg/hm^2。按小区面积称量肥料，混匀后施肥。5 个施肥位置见表 4-12。

表 4-12　5 种不同的种茎施肥位置

Table 4-12　5 different fertilization positions nearby cassava stake

处理 Treatments	施肥沟位置 Fertilization site
1. 茎侧（CK）North side of stake	均距离种茎 15~20 cm 的北侧
2. 茎侧中间 Between of stake side	2 个种茎的横向距离中间，施肥沟中线距离两侧种茎均为 40 cm

（续表）

处理 Treatments	施肥沟位置 Fertilization site
3. 茎基 Nearby root end	距种茎基部 15~20 cm
4. 茎顶 Nearby bud end	距种茎顶部 15~20 cm
5. 茎基顶中间 Between of root end and bud end	2 个种茎的竖向距离中间，施肥沟中线距离茎基和茎顶均为 30 cm

不同施肥位置对木薯产量和生长的影响均没有达到显著性差异，在茎基部、茎基顶中间和茎侧中间施肥的效果较好，鲜薯产量比茎侧施肥（CK）提高 10.2%~17.3%，鲜薯淀粉含量比 CK 提高 0.5~0.9 个百分点，鲜薯淀粉产量比 CK 提高 12.7%~19.0%，单株结薯数比 CK 提高 9.2%~12.6%。说明在同样的施肥配比和施肥量情况下，采用高效的施肥位置，可获得明显的增产效益，在茎基顶中间和茎侧中间施肥，比在每株茎侧都施肥可节省 1/2 用工成本。

进一步分析不同施肥位置对种茎四周结薯的影响表明，茎基部集中 70.4%~75.9%的结薯率，种茎两侧各有 10%左右的结薯率，茎顶结薯率小于 10%。可见，在种茎基部、茎基顶中间和茎侧中间施肥，都有利于单株中的大多数薯块均匀吸收利用肥料养分。综合考虑，宜在木薯种茎基部至茎基顶中间之间，即离茎基部 15~30 cm 处定点施基肥，在追肥时，可在木薯茎基顶中间或茎侧中间施肥。

四、叶施与土施

2011 年，在泰国的壤质土上进行试验（Uthaiwan Kanto *et al*, 2011）表明，比较了猪粪水溶液叶面肥、土施猪粪、土施猪粪并喷施猪粪叶面肥，对木薯植株内的大量及微量元素吸收分布的影响。具体试验如下。

木薯种茎的种植深度为 15~20 cm，种植密度为 1 m×1 m。施用的肥料：

①250 kg/hm^2 的复合肥，N：P_2O_5：K_2O 配比为 21：10：10，即每公顷用量分别为 52. 50 kg N、25. 00 kg P_2O_5、25. 00 kg K_2O；②猪粪水溶液叶面肥，每公顷 N、P_2O_5、K_2O 的折算施用量分别为 2. 50、0. 50、3. 96 kg；③土施猪粪，每公顷 N、P_2O_5、K_2O 的折算施用量分别为 17. 81、3. 56、26. 69 kg；④叶面肥和土壤改良剂混施，每公顷 N、P_2O_5、K_2O 的折算施用量分别为 20. 25、4. 06、30. 38 kg。其中，叶面肥（浓缩猪粪便提取物）的化学性质和养分含量如表 4-13 所示。复合肥是在植后 45 d 施用，叶面肥和土壤改良剂是在植后 45~245 d 施用，每 30 d 施一次。

表 4-13 浓缩猪粪液的化学性质和养分含量

Table 4-13 Chemical properties and average nutrient content of the concentrated swine manure extract

化学性质 Chemical properties	干猪粪与水的比例 Dry swine manure to water（1：10）
pH	6. 8
土壤电导率 EC（dS/m）	9. 85
N（mg/g）	1
P（mg/g）	0. 25
K（mg/g）	1. 5
Ca（mg/kg）	115. 37
Mg（mg/kg）	119. 73
S（mg/kg）	—
Fe（mg/kg）	1. 36
Cu（mg/kg）	14. 06
Mn（mg/kg）	1. 73
Zn（mg/kg）	0. 43
Na（mg/kg）	303

资料来源：Uthaiwan Kanto *et al*，2011

Source：Uthaiwan Kanto *et al*，2011

如表 4-14（A）、4-14（B）、4-14（C）、4-14（D）所示，4 种施肥方法中，鲜薯单产和干物质产量无显著差异，但施用叶面肥、土施猪粪、土施猪粪并且叶施猪粪水肥这 3 种施肥方法中，鲜薯、干薯、茎、叶产量均高于施用复合肥的木薯。尤其是土施猪粪配合叶施猪粪水肥条件下，干薯产量、茎重、叶重及总干物质量分别比仅施用复合肥处理的木薯提高 41.99%、38.63%、8.65%、8.52%。可见，土施猪粪配合叶施猪粪水肥的增产效果最优。

表 4-14（A） 4 种施肥方法对木薯鲜薯和薯干产量的影响

Table 4-14（A） Dry matter and fresh yield of cassava root grown with 4 kinds of fertilization methods

施肥方法 Fertilization method	块根产量（t/hm²）Root yield	
	鲜薯 Fresh root	薯干 Dry root
土施复合肥 NPK	59.93	22.31
叶施猪粪水肥 FSME	61.13	21.81
土施猪粪 SSME	72.47	27.27
土施猪粪+叶施猪粪水肥 FNSSME	77.23	31.68
Pr>F	0.190 3	0.166 8

注：NPK＝施用复合肥；FSME＝叶施猪粪水肥；SSME＝土施猪粪；FNSSME＝土施猪粪配合叶施猪粪水肥。下同

资料来源：Uthaiwan Kanto *et al*，2011

Note：NPK＝Conventional fertilizer；FSME＝Foliar application of swine manure extract；SSME＝Soil application of swine manure extract；FNSSME＝Foliar and soil application of swine manure extract. The same as below

Source：Uthaiwan Kanto *et al*，2011

表 4-14（B） 4 种施肥方法对木薯茎秆鲜重和干重的影响

Table 4-14（B） Dry matter and fresh yield of cassava stem grown with 4 kinds of fertilization methods

施肥方法 Fertilization method	茎秆产量（t/hm²）Stem yield	
	鲜重 Fresh	干重 Dry
土施复合肥 NPK	31.53	9.99

（续表）

施肥方法 Fertilization method	茎秆产量（t/hm²）Stem yield	
	鲜重 Fresh	干重 Dry
叶施猪粪水肥 FSME	32.90	9.79
土施猪粪 SSME	31.03	9.88
土施猪粪+叶施猪粪水肥 FNSSME	38.30	13.85
Pr>F	0.608 9	0.231 3

资料来源：Uthaiwan Kanto *et al*，2011

Source：Uthaiwan Kanto *et al*，2011

表 4-14（C） 4 种施肥方法对木薯叶片鲜重和干重的影响

Table 4-14（C） Dry matter and fresh yield of cassava leaf grown with 4 kinds of fertilization methods

施肥方法 Fertilization method	叶片产量（t/hm²）Leaf yield	
	鲜重 Fresh	干重 Dry
土施复合肥 NPK	9.20	2.66
叶施猪粪水肥 FSME	9.40	2.32
土施猪粪 SSME	11.23	3.05
土施猪粪+叶施猪粪水肥 FNSSME	10.80	2.89
Pr>F	0.311 4	0.189 2

资料来源：Uthaiwan Kanto *et al*，2011

Source：Uthaiwan Kanto *et al*，2011

4 种施肥方式下，木薯收获期，植株不同组织的大中量元素吸收分配情况如表 4-15（A）、表 4-15（B）、表 4-15（C）、表 4-15（D）所示。4 种施肥方法下，鲜薯块根、茎、叶及整个植株中 N、P、K、Mg 元素的吸收量

表 4-14（D） 4 种施肥方法对木薯植株总鲜重和总干重的影响

Table 4-14（D） Total dry matter and fresh yield of cassava grown with 4 kinds of fertilization methods

施肥方法 Fertilization method	总产量（t/hm^2）Total yield	
	鲜重 Fresh	干重 Dry
土施复合肥 NPK	100. 67	34. 96
叶施猪粪水肥 FSME	103. 43	33. 92
土施猪粪 SSME	114. 73	40. 21
土施猪粪+叶施猪粪水肥 FNSSME	126. 33	48. 43
Pr>F	0. 243 5	0. 109 3

资料来源：Uthaiwan Kanto *et al*，2011

Source：Uthaiwan Kanto *et al*，2011

差异均不显著，仅 Ca 和 S 吸收量差异达到了显著水平。4 种施肥方式下，植株中不同大量元素的吸收总量分别为 296. 31 ~ 363. 69 kg N/hm^2、34. 41 ~ 48. 86 kg P/hm^2、300. 82 ~ 384. 74 kg K/hm^2、184. 38 ~ 281. 01 kg Ca/hm^2、54. 08 ~ 90. 94 kg Mg/hm^2、94. 41 ~ 142. 94 kg S/hm^2。土施猪粪配合叶施猪粪水肥，木薯植株中 N、P、K、Ca、Mg 和 S 的吸收量均高于其余 3 种施肥方法。木薯从土壤中带走的钾元素高于玉米、水稻、甘薯等作物，这也导致种植木薯的地块需要施用更多的钾肥。而且，研究发现木薯产量越高，植株中各种养分含量也越高。

表 4-15（A） 4 种施肥方法对木薯收获期的块根大中量元素吸收量的影响

Table 4-15（A） Macronutrient uptake of cassava root at harvest time of cassava grown with 4 kinds of fertilization methods

施肥方法 Fertilization method	块根大中量元素吸收量（kg/hm^2）Macronutrient uptake					
	N	P	K	Ca	Mg	S
土施复合肥 NPK	121. 92	18. 26	181. 19	42. 16	26. 23	60. 65
叶施猪粪水肥 FSME	120. 13	18. 46	210. 05	38. 61	31. 42	62. 49

（续表）

施肥方法 Fertilization method	块根大中量元素吸收量（kg/hm²）Macronutrient uptake					
	N	P	K	Ca	Mg	S
土施猪粪 SSME	114. 38	21. 64	257. 49	45. 37	35. 55	59. 14
土施猪粪+叶施猪粪水肥 FNSSME	148. 22	26. 66	257. 59	54. 40	39. 48	67. 99
Pr>F	0. 644 3	0. 325 9	0. 796 9	0. 288 5	0. 558 0	0. 940 0

资料来源：Uthaiwan Kanto *et al*，2011

Source：Uthaiwan Kanto *et al*，2011

表 4-15（B） 木薯收获期的茎秆大中量元素的吸收量

Table 4-15（B） Macronutrient uptake of cassava stem at harvest time

施肥方法 Fertilization method	茎秆大中量元素吸收量（kg/hm²）Macronutrient uptake					
	N	P	K	Ca	Mg	S
土施复合肥 NPK	63. 64	10. 85	90. 21	100. 87	17. 02	21. 09
叶施猪粪水肥 FSME	72. 42	10. 36	107. 52	89. 10	31. 51	27. 99
土施猪粪 SSME	51. 92	10. 26	77. 14	103. 10	34. 28	36. 16
土施猪粪+叶施猪粪水肥 FNSSME	84. 62	15. 49	102. 89	141. 13	40. 43	62. 14
Pr>F	0. 371 7	0. 141 6	0. 794 9	0. 052 2	0. 199 9	0. 054 2

资料来源：Uthaiwan Kanto *et al*，2011

Source：Uthaiwan Kanto *et al*，2011

表 4-15（C） 木薯收获期的叶片大中量元素的吸收量

Table 4-15（C） Macronutrient uptake of cassava leaf at harvest time

施肥方法 Fertilization method	叶片大中量元素吸收量（kg/hm²）Macronutrient uptake					
	N	P	K	Ca	Mg	S
土施复合肥 NPK	110. 75	6. 27	29. 41	79. 74 a	10. 83	12. 68 a
叶施猪粪水肥 FSME	101. 38	5. 59	28. 67	56. 67 b	10. 33	9. 45 b

（续表）

施肥方法 Fertilization method	叶片大中量元素吸收量（kg/hm²）Macronutrient uptake					
	N	P	K	Ca	Mg	S
土施猪粪 SSME	132.09	7.77	28.10	89.31 a	15.31	13.53 a
土施猪粪+叶施猪粪水肥 FNSSME	130.85	6.71	24.27	85.48 a	11.04	12.82 a
Pr>F	0.081 5	0.138 5	0.563 2	0.012 6	0.083 9	0.005 9

注：依据 Duncan（$n=4$）检验法，同列数据后不同小写字母表示差异显著（$P<0.05$）

资料来源：Uthaiwan Kanto *et al*，2011

Note：Different letters in a column within each plant component grouping indicate significantly different means at $P<0.05$ according to Duncan's multiple range test（$n=4$）

Source：Uthaiwan Kanto *et al*，2011

表 4-15（D） 木薯收获期的全株大中量元素吸收量

Table 4-15（D） Total macronutrient uptake of cassava at harvest time

施肥方法 Fertilization method	全株大中量元素吸收量（kg/hm²）Total macronutrient uptake					
	N	P	K	Ca	Mg	S
土施复合肥 NPK	296.31	35.38	300.82	222.78 ab	54.08	94.41
叶施猪粪水肥 FSME	297.93	34.41	346.24	184.38 b	73.27	99.93
土施猪粪 SSME	298.39	39.67	362.73	237.79 ab	85.15	108.83
土施猪粪+叶施猪粪水肥 FNSSME	363.69	48.86	384.74	281.01 a	90.94	142.94
Pr>F	0.330 7	0.200 0	0.928 5	0.024 6	0.313 8	0.276 0

注：依据 Duncan（$n=4$）检验法，同列数据后不同小写字母表示差异显著（$P<0.05$）

资料来源：Uthaiwan Kanto *et al*，2011

Note：Different letters in a column within each plant component grouping indicate significantly different means at $P<0.05$ according to Duncan's multiple range test（$n=4$）

Source：Uthaiwan Kanto *et al*，2011

4 种施肥方式下，木薯收获期的不同植株部位微量元素吸收量如表 4-16（A）、表 4-16（B）、表 4-16（C）、表 4-16（D）所示。4 种施肥方式下，木薯块根、茎、叶和整个植株中 Cu、Mn、Zn 元素的吸收量差异均不显著，仅 Fe 元素吸收量达到了差异显著水平。收获期，4 种施肥方法下，Fe 元素在木薯植株内的分布情况均不同。土壤施猪粪配合叶施猪粪水肥情况下，Fe 元素多累积在块根中，说明成熟期 Fe 元素多分布在贮存器官中，且该施肥条件下木薯不仅能从土壤中吸收一定量的微量元素，更能从猪粪中获取大量的微量元素。4 种施肥条件下，植株中不同微量元素的吸收总量分别为 4.12～7.11 kg Fe/hm^2、0.12～0.21 kg Cu/hm^2、0.45～0.93 kg Mn/hm^2、0.33～0.55 kg Zn/hm^2。

表 4-16（A）　木薯收获期的块根微量元素吸收量

Table 4-16（A）　Micronutrient uptake of cassava root at harvest time

施肥方法 Fertilization method	块根微量元素吸收量（kg/hm^2）Micronutrient uptake			
	Fe	Cu	Mn	Zn
土施复合肥 NPK	0.14	0.03	0.04	0.20
叶施猪粪水肥 FSME	0.24	0.01	0.04	0.15
土施猪粪 SSME	0.20	0.03	0.06	0.25
土施猪粪+叶施猪粪水肥 FNSSME	0.31	0.05	0.09	0.28
Pr>F	0.138 0	0.086 8	0.595 0	0.193 9

资料来源：Uthaiwan Kanto *et al*，2011

Source：Uthaiwan Kanto *et al*，2011

表 4-16（B）　木薯收获期的茎秆微量元素吸收量

Table 4-16（B）　Micronutrient uptake of cassava stem at harvest time

施肥方法 Fertilization method	茎秆微量元素吸收量（kg/hm^2）Micronutrient uptake			
	Fe	Cu	Mn	Zn
土施复合肥 NPK	3.81	0.08	0.25	0.13
叶施猪粪水肥 FSME	3.59	0.09	0.21	0.11

（续表）

施肥方法 Fertilization method	茎秆微量元素吸收量（kg/hm²）Micronutrient uptake			
	Fe	Cu	Mn	Zn
土施猪粪 SSME	3. 70	0. 10	0. 22	0. 14
土施猪粪+叶施猪粪水肥 FNSSME	6. 63	0. 14	0. 47	0. 17
Pr>F	0. 252 6	0. 218 0	0. 493 6	0. 435 0

资料来源：Uthaiwan Kanto *et al*，2011

Source：Uthaiwan Kanto *et al*，2011

表 4-16（C）　木薯收获期的叶片微量元素吸收量

Table 4-16（C）　Micronutrient uptake of cassava leaf at harvest time

施肥方法 Fertilization method	叶片微量元素吸收量（kg/hm²）Micronutrient uptake			
	Fe	Cu	Mn	Zn
土施复合肥 NPK	0. 42	0. 02	0. 26	0. 10
叶施猪粪水肥 FSME	0. 29	0. 02	0. 20	0. 07
土施猪粪 SSME	0. 24	0. 02	0. 30	0. 11
土施猪粪+叶施猪粪水肥 FNSSME	0. 17	0. 02	0. 37	0. 10
Pr>F	0. 064 8	0. 225 5	0. 766 9	0. 323 0

资料来源：Uthaiwan Kanto *et al*，2011

Source：Uthaiwan Kanto *et al*，2011

表 4-16（D）　木薯收获期的全株微量元素吸收总量

Table 4-16（D）　Total micronutrient uptake of cassava at harvest time

施肥方法 Fertilization method	微量元素吸收总量（kg/hm²）Total micronutrient uptake			
	Fe	Cu	Mn	Zn
土施复合肥 NPK	4. 37	0. 12	0. 55	0. 42
叶施猪粪水肥 FSME	4. 12	0. 12	0. 45	0. 33

（续表）

施肥方法 Fertilization method	微量元素吸收总量（kg/hm²）Total micronutrient uptake			
	Fe	Cu	Mn	Zn
土施猪粪 SSME	4.13	0.15	0.58	0.49
土施猪粪+叶施猪粪水肥 FNSSME	7.11	0.21	0.93	0.55
Pr>F	0.2531	0.1501	0.6220	0.2408

资料来源：Uthaiwan Kanto *et al*，2011

Source：Uthaiwan Kanto *et al*，2011

通过上述分析发现，木薯植后 10 个月收获时，叶面肥和土壤改良剂混施可提高植株中干物质和块根产量，提升大量和微量元素的吸收利用。只施用叶面肥或复合肥对植株中总干物质量、鲜薯产量及茎中的养分累积无显著影响。

猪粪不仅可以供给木薯生长所需的氮、磷、钾肥，更能提供充足的中微量元素，因木薯植株从土壤中吸收的微量元素的量有限，那么，叶施猪粪水肥就恰好弥补了这一不足，增加了植株对微量元素的吸收量，从而使木薯可以获得更高的产量和干物质量。因此，在较为肥沃的土壤上，可多施猪粪提取物以达到增产目的。

虽然上述试验是比较繁琐的施肥方法，但可从中说明除施用大量元素肥料外，必须注意配合施用中微量元素肥料，才能对木薯起到促进吸收养分、提高肥效、增产增收的作用。同时，也说明在施肥方法中，除采用土壤施肥外，还可以通过喷施叶面肥等途径来提高肥效及增产增收。

第五章　木薯养分吸收与分配

第一节　施肥对哥伦比亚木薯养分吸收与分配的影响

虽然木薯生长对气候和土壤条件要求不高，但木薯的生长环境、土壤条件、种植管理等因素决定了其长势，也影响了木薯的养分吸收速率、分布以及收获时植株从土壤中带走的各种养分的量。明确木薯地土壤中的养分消耗速率及其需要补充的营养元素，有助于维持木薯和农业的可持续发展。

为进一步阐明木薯生长周期内干物质和养分的累积、分布情况以及气候条件和土壤肥力对其累积、分布的影响，1978—1984 年，CIAT（国际热带农业中心）在哥伦比亚的 2 个试验站进行了 4 个试验。前 2 个试验分别于 1978—1979 年和 1982—1983 年在 CIAT 的 Quilichao 试验站进行，该试验站海拔近 1 000 m，地处北纬 4°；后 2 个试验分别于 1983—1984 年和 1984—1985 年在哥伦比亚东部平原的 Carimagna 试验站进行，该试验站海拔近 300 m，土壤呈强酸性，且非常贫瘠。Quilichao 试验站降雨量呈双峰分布，而 Carimagna 试验站的降雨呈单峰分布，从 11—12 月至次年的 3—4 月为重旱季。这 2 个试验站的土壤条件如表 5-1（A）、5-1（B）所示。Quilichao 试验站土壤酸度较大，有机质含量较高，有效磷含量低，钙、镁和钾含量较少。Carimagna 试验站的土壤呈强酸性，有机质含量处于中等水平，磷、钙、镁和钾的含量非常低，但铝饱和度较高，若要在该土壤条件下正常生长，大多数作物需施用 6 t/hm^2 的石灰，而木薯仅需要施用 0.5~2.0 t/hm^2 的石灰。说明木薯能耐较低 pH 的酸性土壤，且对钙有较好的利用效率。

表 5-1（A）　CIAT 于 1978—1979 年和 1982—1983 年在哥伦比亚的 Quilichao 试验站，1983—1984 年和 1984—1985 年在哥伦比亚的 Carimagne 试验站的土壤 pH、有机质及大中量元素含量

Table 5-1（A）　pH，OM and Macro element and secondary element nutrient concentration of soils where cassava experiments were conducted in CIAT-Quilichao in 1978/79 and 1982/83，and in Carimagne in 1983/84 and 1984/85

试验地 Site	日期 Date	pH	OM (%)	P (mg/kg)	Ca (mg/kg)	Mg (mg/kg)	K (mg/kg)
1	1978-05-05	4.6	8.5	2.3	184.37	70.53	160.31
2	1978-06-09	4.4	—	5.5	258.52	126.46	144.67
3	1982-10-03	4.2	7.4	6.5	200.40	40.13	86.02
4	1982-10-03	4.1	7.8	3.5	184.37	36.48	82.11
5	—	4.3	5.0	3.0	100.20	36.48	31.28
6	—	5.0	2.6	1.3	44.09	7.30	15.64

注：试验地点及土壤条件，1. Quilichao 试验地，施用石灰前；2. Quilichao 试验地，施用石灰后；3. Quilichao 试验地，有肥料残留；4. Quilichao 试验地，无肥料残留；5. Carimagua 试验地，新垦地；6. Carimagua 试验地，新垦地

资料来源：CIAT，1985b

Note：experiments site and soil condition. 1 Quilichao，before liming. 2 Quilichao，after liming. 3 Quilichao，residual effect+F. 4 Quilichao，residual effect-F. 5 Carimagua-Agronomy，virgin soil. 6 Carimagua-Yopare，virgin soil

Source：CIAT，1985b

表 5-1（B） CIAT 于 1978—1979 年和 1982—1983 年在 Quilichao 试验站，1983—984 和 1984—1985 年在 Carimagne 试验站的土壤微量元素含量

Table 5-1（B） Micro element nutrient concentration of soils where cassava experiments were conducted in CIAT-Quilichao in 1978/79 and 1982/83，and in Carimagne in 1983/84 and 1984/85

试验地 Site	日期 Date	Al (%)	铝饱和度(%) Al sat.	B (mg/kg)	Zn (mg/kg)	Mn (mg/kg)
1	1978-05-05	3. 1	62	0. 14	1. 4	26
2	1978-06-09	2. 3	46	0. 09	2. 2	48
3	1982-10-03	4. 6	75	0. 22	3. 7	—
4	1982-10-03	4. 8	77	0. 14	1. 2	—
5	—	3. 5	80	—	—	—
6	—	2. 1	87	—	1. 4	—

注：试验地点及土壤条件，1. Quilichao 试验地，施用石灰前；2. Quilichao 试验地，施用石灰后；3. Quilichao 试验地，有肥料残留；4. Quilichao 试验地，无肥料残留；5. Carimagua 试验地，新垦地；6. Carimagua 试验地，新垦地

资料来源：CIAT，1985b

Note：experiments site and soil condition. 1 Quilichao，before liming. 2 Quilichao，after liming. 3 Quilichao，residual effect+F. 4 Quilichao，residual effect−F. 5 Carimagua-Agronomy，virgin soil. 6 Carimagua-Yopare，virgin soil

Source：CIAT，1985b

一、1978—1979 年在 Quilichao 试验站，施肥对木薯养分吸收和分配的影响

试验采用 MCol 22、MMex 59 两个品种，施肥、不施肥 2 种条件，共设置 4 个处理。所有地块均施用 500 kg/hm^2 的高镁石灰，施肥地块种植前施用 10：30：10 的复合肥 1 000 kg/hm^2 、纯硫 20 kg/hm^2、纯锌 10 kg/hm^2、纯硼 1 kg/hm^2 作基肥。行株距为 80 cm×80 cm，种植密度为 15 625 株/hm^2。每个

小区每月取 2 株木薯进行测定。

（一）干物质生产和分配

试验地的降雨分布及木薯 12 个月的生长周期中，施肥与不施肥条件下，不同木薯品种的干物质在块根和全株中的累积规律如图 5-1 所示。前 2 个月，植株生长均较缓慢，MCol 22 品种干物质累积量在植后第 2 到 12 月以恒速快速增长，MMex 59 品种在施肥条件下干物质累积速率波动较大，不施肥条件下，最后 4 个月干物质呈下降趋势。MCol 22 植株较高产，施肥起到了明显的增产作用。

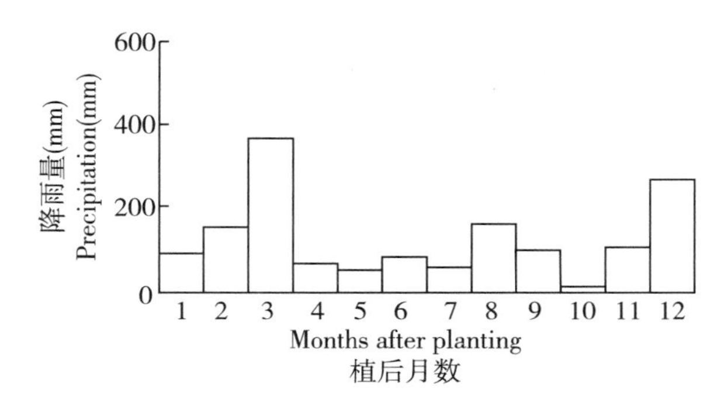

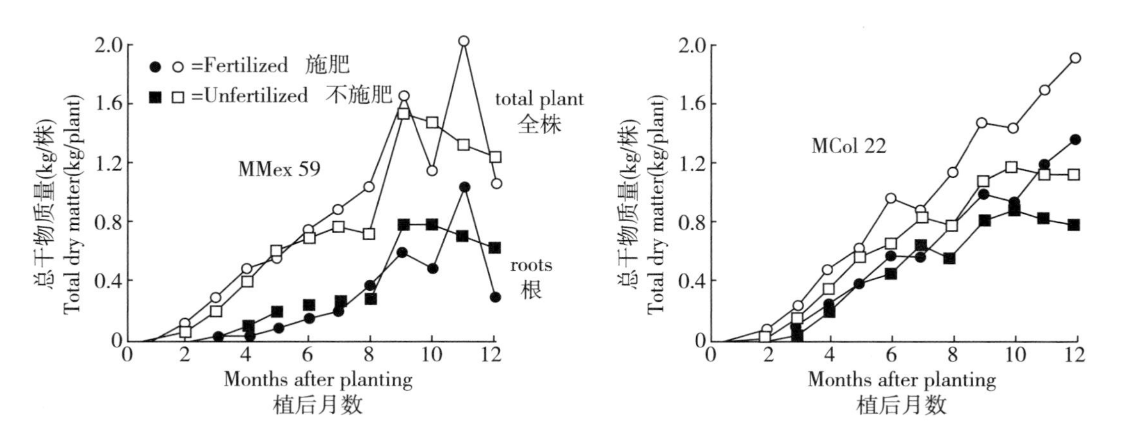

图 5-1 在 Quilichao 试验站，1978—1979 年的月降雨量以及在施肥和不施肥条件下 12 个月生长期的 MMex 59 和 MCol 22 两个木薯品种全株和根中干物质累积量

Figure 5-1 Monthly precipitation and accumulative dry matter production of total plant and of roots of cv. MMex 59 and MCol 22 grown with and without fertilizers during a 12-month growth cycle in Quilichao in 1978/79

资料来源：Howeler *et al*，1983

Source：Howeler *et al*，1983

不施肥条件下，MMex 59 和 MCol 22 两个木薯品种干物质量在根、茎、叶和叶柄中的分布情况如图 5-2 所示。可见，不同木薯品种的干物质在植株中的累积规律存在较大差异，必须针对不同木薯品种开展试验，待总结不同木薯品种的营养需求规律后，才能做到精准施肥。

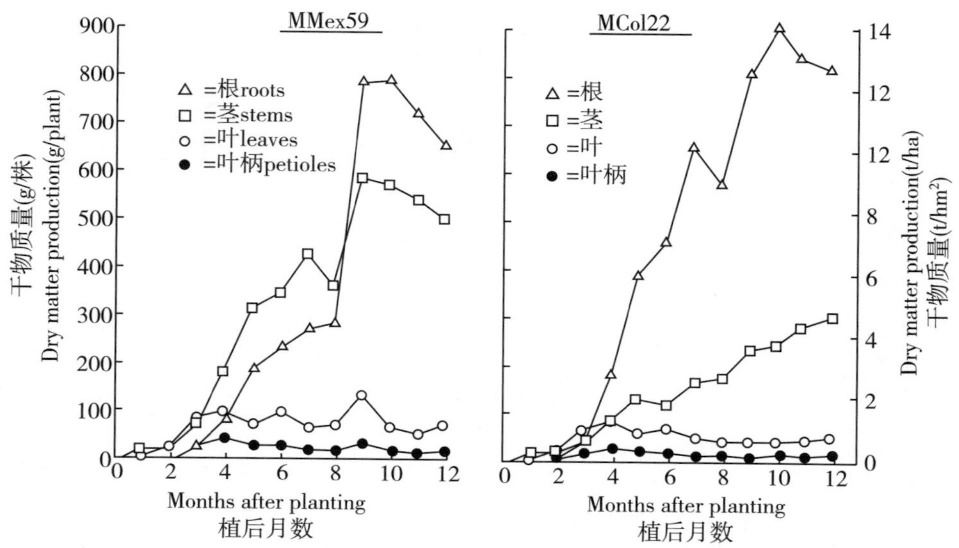

图 5-2　在 Quilichao 试验站的不施肥条件下，1978—1979 年的 12 个月生长期的 MMex 59 和 MCol 22 木薯品种，根、茎、叶及叶柄中的干物质分配

Figure 5-2　Distribution of dry matter among roots, stems, leaves and petioles of cassava, MMex 59 and MCol 22, during a 12-month growth cycle without applied fertilizers in Quilichao in 1978/79

资料来源：Howeler *et al*, 1983

Source：Howeler *et al*, 1983

施肥和不施肥条件下，MCol 22 品种的干物质分布如表 5-2（A）、5-2（B）所示。植后第 3 个月后，干物质主要累积在根中，其次累积在茎、叶和叶柄中。由于在试验的第 4 个月时出现严重干旱导致的落叶，致使叶片和叶柄中的干物质量下降。MCol 22 品种在施肥条件下，总干物质量增长了 65%，根中干物质量增长了 71%。

表 5-2（A）　在哥伦比亚 Quilichao 试验站的不施肥条件下，1978—1979 年的 12 个月生长期的 MCol 22 木薯品种不同植株部位的干物质分配（g/株）

Table 5-2（A）　Dry matter distribution（g/plant）among various plant parts of unfertilized MCol 22, during a 12-month growth cycle in Quilichao Colombia in 1978/79

植后月数 Months after planting	叶片 Leaf blades	叶柄 Petioles	茎 Stems	根 Roots	总计 Total
1	1. 5	0. 2	13. 2	0. 2	15. 1
2	10. 4	1. 9	16. 0	1. 4	29. 8
3	51. 0	13. 6	37. 1	43. 7	145. 4
4	77. 3	25. 6	79. 4	178. 0	360. 3
5	54. 9	18. 4	128. 3	380. 1	581. 6
6	66. 3	17. 1	114. 1	448. 5	646. 1
8	32. 9	5. 9	173. 8	572. 4	784. 9
10	37. 5	6. 9	239. 5	896. 3	1180. 1
12	48. 5	7. 5	300. 1	811. 3	1167. 4

资料来源：Howeler *et al*，1983

Source：Howeler *et al*，1983

表 5-2（B）　在哥伦比亚 Quilichao 试验站的施肥条件下，1978—1979 年的 12 个月生长期的 MCol 22 木薯品种不同植株部位的干物质分配（g/株）

Table 5-2（B）　Dry matter distribution（g/plant）among various plant parts of fertilized MCol 22, during a 12-month growth cycle in Quilichao Colombia in 1978/79

植后月数 Months after planting	叶片 Leaf blades	叶柄 Petioles	茎 Stems	根 Roots	总计 Total
1	1. 8	0. 2	14. 1	0. 1	16. 2
2	22. 7	4. 9	29. 1	7. 1	63. 8
3	76. 0	21. 5	58. 9	80. 5	236. 9
4	100. 6	38. 2	125. 2	229. 6	493. 7
5	56. 2	19. 0	182. 1	360. 0	617. 3
6	100. 2	27. 4	269. 1	571. 9	968. 6
8	50. 5	8. 6	302. 7	782. 6	1144. 4
10	58. 7	12. 1	428. 6	942. 4	1441. 8
12	67. 0	11. 5	459. 9	1387. 0	1925. 4

资料来源：Howeler *et al*，1983

Source：Howeler *et al*，1983

施肥和不施肥条件下，MCol 22 品种不同部位的干物质量，如表 5-3（A）、5-3（B）所示，随着种植时间延长，各部位干物质量均有提升，尤其是根中干物质量提升最快，但叶片和叶柄中干物质量仅略微提升。施肥对其干物质量的影响不明显，到第 12 个月，即收获时期，施肥条件下，MCol 22 品种鲜薯单产为 52.1 t/hm^2，比不施肥的鲜薯单产 34.0 t/hm^2 增产 53%。

表 5-3（A） 在哥伦比亚 Quilichao 试验站的施肥条件下，1978—1979 年的 12 个月生长期的 MCol 22 品种叶片、叶柄、茎和根中的干物质量（%）

Table 5-3（A） Dry matter content（%）of leaf blades，petioles，stems and roots of fertilized MCol 22 during a 12-month growth cycle in Quilichao，Colombia in 1978/79

植后月数 Months after planting	叶片 Leaf blades	叶柄 Petioles	茎 Stems	根 Roots
1	27.0	9.7	19.4	8.7
2	29.0	12.6	14.6	12.4
3	24.2	11.8	11.9	15.3
4	24.7	16.3	20.0	22.8
5	24.5	18.5	20.8	30.4
6	28.2	16.1	21.5	31.1
8	29.9	15.6	24.7	35.5
10	31.3	20.2	28.5	37.1
12	31.7	18.1	23.9	41.6

资料来源：Howeler *et al*，1983

Source：Howeler *et al*，1983

表 5-3（B） 在哥伦比亚 Quilichao 试验站的不施肥条件下，1978—1979 年的 12 个月生长期的 MCol 22 品种叶片、叶柄、茎和根中的干物质量（%）

Table 5-3（B） Dry matter content（%）of leaf blades，petioles，stems and roots of unfertilized MCol 22 during a 12-month growth cycle in Quilichao，Colombia in 1978/79

植后月数 Months after planting	叶片 Leaf blades	叶柄 Petioles	茎 Stems	根 Roots
1	27.9	10.0	19.3	8.0
2	29.7	15.3	15.8	13.6

（续表）

植后月数 Months after planting	叶片 Leaf blades	叶柄 Petioles	茎 Stems	根 Roots
3	29.7	13.2	13.1	13.4
4	27.8	18.7	20.1	25.1
5	27.4	18.6	22.3	29.7
6	29.3	16.6	18.8	31.4
8	32.5	18.4	23.2	35.5
10	33.0	21.3	27.1	39.4
12	30.8	16.0	25.5	37.3

资料来源：Howeler *et al*，1983

Source：Howeler *et al*，1983

（二）植物组织中的养分浓度

气候条件、土壤肥力或施肥都会对植物组织中的养分浓度造成影响。MCol 22 品种在植后 2~4 个月，施肥和不施肥条件下，不同植物组织中的平均养分浓度如表 5-4（A）、5-4（B）、5-4（C）、5-4（D）所示，此阶段为木薯生长最快，养分需求量最大的时期，因此，建议在该时期取样进行诊断。肥料提供了木薯所需的各种养分，使得鲜薯单产达到 52.1 t/hm^2，表 5-4（C）、5-4（D）中施肥植株的养分浓度接近最佳水平，且上部叶片中的养分浓度高于文献报道的最嫩完全展开叶的临界水平（Howeler，2002）。由于土壤中锰含量很高，导致植株中锰含量也很高。未施肥植株的磷和硼含量均较低，施肥通常会提高植株组织中氮、磷、硼、锰和锌的含量，提高叶片中钾含量，对叶中钙、镁、硫的浓度影响不大，降低铁（尤其是上部和中部叶片）和铜的浓度。计算施肥导致的植物组织中养分浓度变化量时发现，叶片对肥料的敏感程度高于叶柄、茎和根，且底部叶片的敏感程度要高于上部和中部叶片。然而，随着植后月数增多，与上部叶片相比，底部叶片中的养分浓度波动较大，因此，底部叶片不适宜用作营养诊断。

如表 5-4（A）、5-4（B）、5-4（C）、5-4（D）所示，氮、磷、硫元

素在叶片中含量最高，其次为茎，叶柄和根，表现为从植株上部到下部显著下降；茎或叶柄中钾、钙和镁的浓度高于叶片，根中最低。钾含量从植株上部到下部显著下降，但根中钾含量相对较高；钙、镁浓度在下部叶片和叶柄中最高，中部茎也较高，但块根中的含量则较低。对微量元素而言，铁、锰含量通常是在下部叶片和叶柄中较高，但在本研究中，根中铁含量较高，可能是由于根被土壤污染导致的。研究发现，叶柄中锰、铁浓度远低于其在相应叶片中的浓度。叶片和叶柄中养分浓度差异较大，尤其是氮、磷、钾、硫和铁元素，所以，在进行营养诊断时，必须将叶片和叶柄分开分析，不能用混合样分析。

整个植株中，除了茎，硼浓度在各部位的变化差异不大，从植株上部到下部总体呈降低趋势；茎中铜浓度最高，其次为叶片、根和叶柄；下部叶柄中锌浓度高于上部叶柄，植株其余部位的锌含量分布较为均匀。

表 5-4（A）　在哥伦比亚 Quilichao 试验站的不施肥条件下，1978—1979 年，MCol 22 木薯品种在植后 2，3，4 个月植株不同部位的大中量元素含量均值

Table 5-4（A）　Macro element and secondary element nutrient concentration in various plant parts of unfertilized cassava. Data are average of samples of MCol 22 taken at 2, 3 and 4 months in Quilichao, Colombia in 1978/79

部位 Parts		N（%）	P（%）	K（%）	Ca（%）	Mg（%）	S（%）
叶片 Leaf blades	上部 Upper	5. 06	0. 31	1. 72	0. 59	0. 31	0. 30
	中部 Middle	4. 08	0. 21	1. 53	0. 85	0. 36	0. 29
	下部 Lower	3. 50	0. 16	1. 38	1. 21	0. 49	0. 25
叶柄 Petioles	上部 Upper	2. 23	0. 19	3. 26	1. 00	0. 41	0. 08
	中部 Middle	2. 07	0. 09	2. 45	1. 40	0. 49	0. 03
	下部 Lower	1. 39	0. 08	2. 02	1. 98	0. 66	0. 02
茎 Stems	上部 Upper	3. 24	0. 27	3. 44	0. 96	0. 42	0. 23
	中部 Middle	3. 55	0. 23	2. 08	1. 21	0. 48	0. 26
	下部 Lower	1. 27	0. 12	0. 69	0. 83	0. 35	0. 10
块根 Tuberous roots		1. 35	0. 13	1. 58	0. 26	0. 13	0. 03

资料来源：Howeler *et al*，1983

Source：Howeler *et al*，1983

表 5-4（B） 在哥伦比亚 Quilichao 试验站的不施肥条件下，1978—1979 年，MCol 22 木薯品种在植后 2，3，4 个月植株不同部位的微量元素含量均值

Table 5-4（B） Micro element nutrient concentration in various plant parts of unfertilized cassava. Data are average of samples of MCol 22 taken at 2, 3 and 4 months in Quilichao，Colombia in 1978/79

部位 Parts		B (mg/kg)	Cu (mg/kg)	Fe (mg/kg)	Mn (mg/kg)	Zn (mg/kg)
叶片 Leaf blades	上部 Upper	6. 4	12. 7	154	288	79
	中部 Middle	7. 1	11. 5	243	356	75
	下部 Lower	7. 3	9. 1	422	444	75
叶柄 Petioles	上部 Upper	8. 6	11. 0	105	496	77
	中部 Middle	6. 8	7. 2	55	934	118
	下部 Lower	8. 2	6. 1	192	1 731	148
茎 Stems	上部 Upper	8. 3	20. 1	148	321	73
	中部 Middle	7. 6	29. 7	122	374	110
	下部 Lower	6. 5	24. 6	247	132	54
块根 Tuberous roots		4. 9	13. 1	509	162	59

资料来源：Howeler *et al*，1983

Source：Howeler *et al*，1983

表 5-4（C） 在哥伦比亚 Quilichao 试验站的施肥条件下，1978—1979 年，MCol 22 木薯品种在植后 2，3，4 个月植株不同部位的大中量元素含量均值

Table 5-4（C） Macro element and secondary element nutrient concentration in various plant parts of fertilized cassava. Data are average of samples of MCol 22 taken at 2, 3 and 4 months in Quilichao，Colombia in 1978/79

部位 Parts		N（%）	P（%）	K（%）	Ca（%）	Mg（%）	S（%）
叶片 Leaf blades	上部 Upper	5. 73	0. 38	1. 85	0. 57	0. 31	0. 31
	中部 Middle	5. 32	0. 26	1. 75	0. 84	0. 35	0. 28
	下部 Lower	4. 82	0. 22	1. 60	1. 14	0. 42	0. 26

（续表）

部位 Parts		N（%）	P（%）	K（%）	Ca（%）	Mg（%）	S（%）
叶柄 Petioles	上部 Upper	2.62	0.20	2.98	0.88	0.35	0.06
	中部 Middle	1.63	0.14	2.58	1.11	0.38	0.03
	下部 Lower	1.58	0.11	2.28	1.61	0.53	0.02
茎 Stems	上部 Upper	3.11	0.31	3.10	0.88	0.37	0.17
	中部 Middle	2.79	0.35	2.35	1.06	0.44	0.13
	下部 Lower	1.34	0.20	0.80	0.71	0.35	0.06
块根 Tuberous roots		1.36	0.17	1.51	0.19	0.11	0.03

资料来源：Howeler *et al*，1983

Source：Howeler and *et al*，1983

表 5-4（D）　在哥伦比亚 Quilichao 试验站的施肥条件下，1978—1979 年，MCol 22 木薯品种在植后 2，3，4 个月植株不同部位的微量元素含量均值

Table 5-4（D）　Micro element nutrient concentration in various plant parts of fertilized cassava. Data are average of samples of MCol 22 taken at 2，3 and 4 months in Quilichao，Colombia in 1978/79

部位 Parts		B（mg/kg）	Cu（mg/kg）	Fe（mg/kg）	Mn（mg/kg）	Zn（mg/kg）
叶片 Leaf blades	上部 Upper	13.3	11.0	220	437	109
	中部 Middle	13.3	10.7	288	566	116
	下部 Lower	14.0	11.3	413	740	141
叶柄 Petioles	上部 Upper	13.1	6.7	55	782	102
	中部 Middle	13.3	7.2	66	1060	150
	下部 Lower	14.5	6.5	104	1941	249
茎 Stems	上部 Upper	13.5	14.8	116	451	109
	中部 Middle	11.2	22.0	128	505	157
	下部 Lower	6.6	18.2	195	169	133
块根 Tuberous roots		6.5	8.8	306	107	58

资料来源：Howeler *et al*，1983

Source：Howeler *et al*，1983

在 12 个月的木薯生长周期中，不同木薯植株组织的养分浓度变化如图 5-3和图 5-4 所示，由于大多数木薯植株组织在施肥和不施肥条件下的养分含量差异仅为 10%～20%，养分分布也相似，因此图 5-3 和图 5-4 中的养分浓度为施肥和不施肥两种处理的均值。

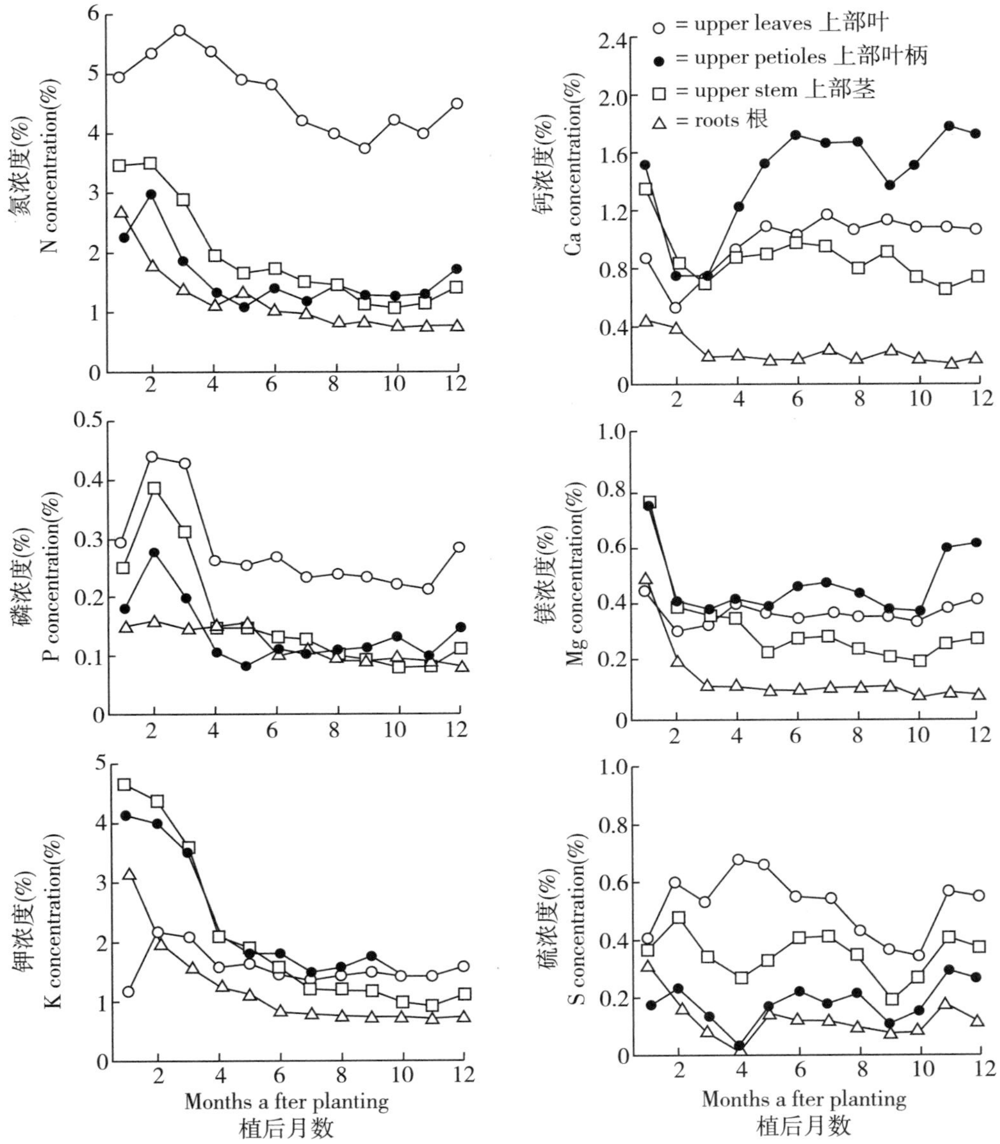

图 5-3 在施肥和不施肥条件下，12 个月生长期的木薯上部叶片、叶柄、茎和根中大量元素含量。数据为 MCol 22 和 MMex 59 两个木薯品种养分含量均值

Figure 5-3 Concentration of macro nutrients in upper leaves, petioles and stem as well as in the roots during a 12-month growth cycle. Data are the average of fertilized and unfertilized plants of MCol 22 and MMex 59

资料来源：Howeler *et al*，1983

Source：Howeler *et al*，1983

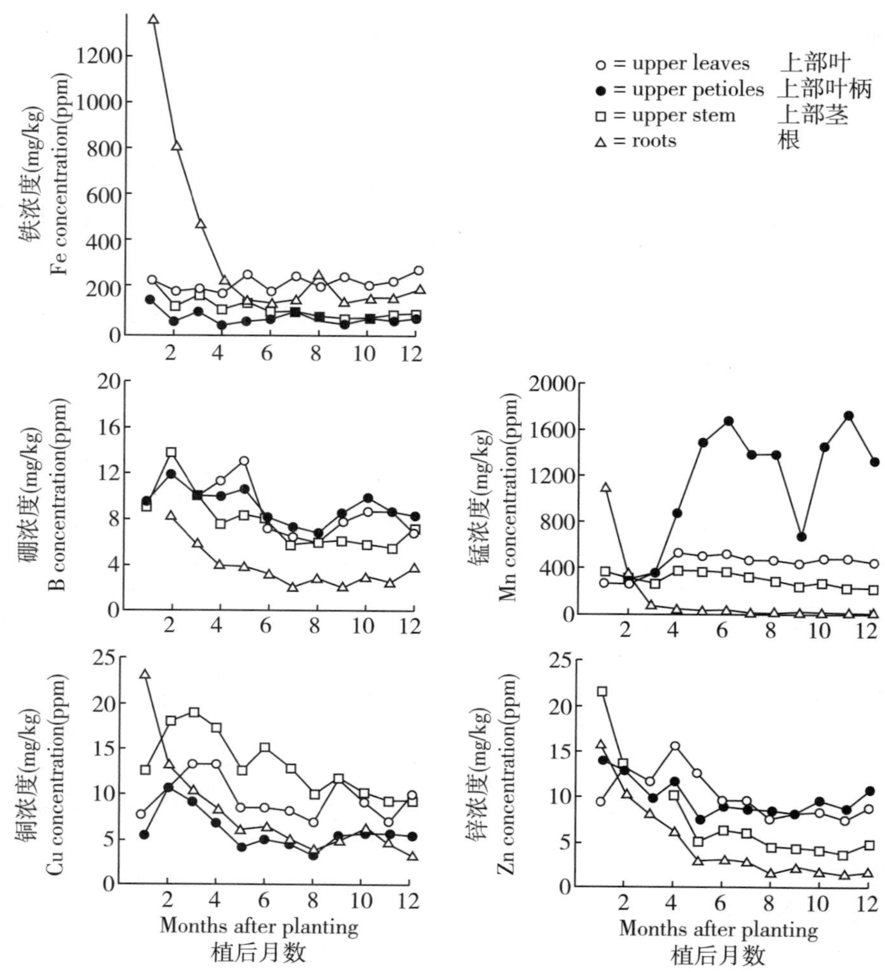

图 5-4　在 Quilichao 试验站的施肥和不施肥条件下，1978—1979 年的 12 个月生长期的木薯上部叶片、叶柄、茎和根的微量元素含量。数据为 MCol 22 和 MMex 59 两个木薯品种养分含量均值

Figure 5-4　Concentration of micro nutrients in upper leaves, petioles and stems as well as in the roots during a 12-month growth cycle in Quilichao in 1978/79. Data are the average of fertilized and unfertilized plants of MCol 22 and MMex 59

资料来源：Howeler *et al*，1983

Source：Howeler *et al*，1983

植后 2~3 个月，上部叶片中除了钙和镁，其余养分含量均有提升，此后开始下降，随着种植时间延长，氮、磷、钾、硫、硼、铜和锌浓度下降最为明显，铁和锰含量变化不大。与其他养分不同，植后 2 个月，上部叶中钙和镁含量呈下降趋势，此后开始提高，4~6个月达到最大值。叶柄中的锰含量在植后的前6个月显著增加，浓度较高，一直持续到第12个月，上部叶柄和叶片中的其余养分浓度变化趋势大体相同。随着种植时间延长，尤其是在植后的前6个月，上部茎组织中养分浓度明显减少，因此上部茎组织不适宜用作营养诊断。相反，因叶片中养分相对含量随时间推移较为恒定且采样对其破坏性较小，所以，一般建议以叶片作为养分诊断组织。随着时间推移，根中淀粉不断积累，而其他养分含量则持续下降，其中，以磷和钙元素含量下降最明显，其次为铁、锰、铜和锌元素。

上述分析中，仅硼和锌在施肥和不施肥2种条件下含量差异显著，因此，单独分析了MCol 22和MMex 59两个品种上部叶片中的2种养分含量。如图5-5所示，施肥条件下植株上部叶片中锌含量高于不施肥植株，但施肥和不施肥条件下的锌含量变化趋势相同。施肥条件下，上部叶片中硼含量比不施肥条件下至少高出2倍，且与不施肥相比，全生育期硼含量波动更大。然而，即使施硼肥的植株，上部叶片中硼含量仍远低于养分诊断临界值35 mg/kg（Howeler *et al*，1982）。但早期在Quilichao试验站对MCol 1684木薯品种的研究中发现，植株上部叶片中硼含量也很低，但木薯却可达到53 ~ 60 t/hm^{2}的高产，可见产量和硼浓度相关性不大（CIAT，1980）。

（三）养分吸收与分配

MCol 22在施肥和不施肥条件下干物质和养分的总积累量如表5-5所示。施肥植株比不施肥植株吸收了更多养分，导致植株中的干物质量更高，施肥植株吸收的养分不可能全部来源于肥料，由于施肥植株的根系会更为发达，从而增强施肥植株的吸收肥料能力，可见，施肥还有提高木薯吸肥能力的作用。施肥显著增加了锌、磷和硼的吸收，而氮和钾吸收量的增加基本是因干物质累积量增加导致的，除植后第2个月，施肥也增加了植株中氮和钾的含

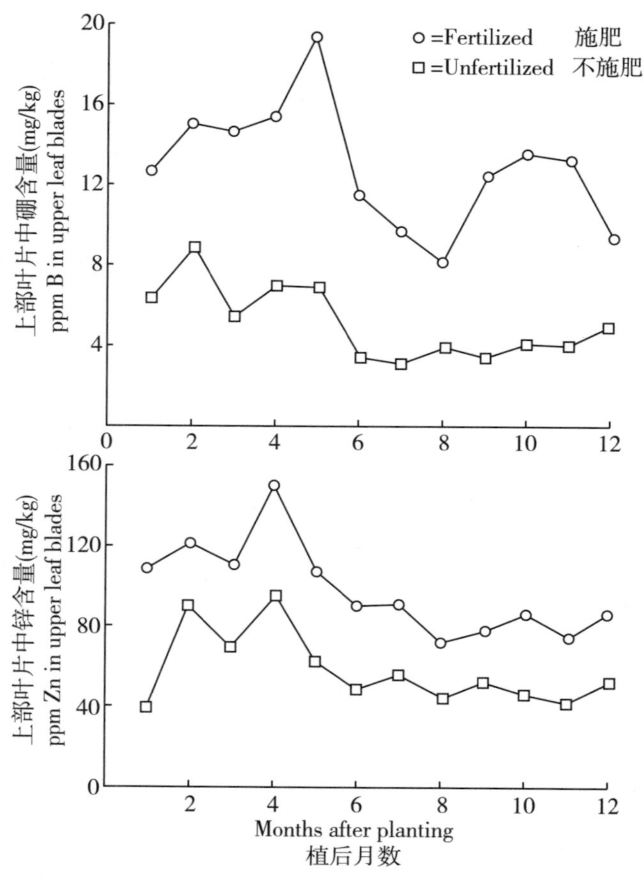

图 5-5　在施肥和不施肥条件下，12 个月生长期的木薯上部叶片中硼和锌含量。数据为 MCol 22 和 MMex 59 两个品种的养分量均值

Figure 5-5　Concentration of B and Zn in upper leaf blades of fertilized and unfertilized cassava during a 12-month growth cycle. Data are averages for MCol 22 and MMex 59

资料来源：Howeler *et al*，1983

Source：Howeler *et al*，1983

量。施肥（包括硫肥）增加了硫含量，但其增长速度仍低于干物质，可见，施肥植株中硫含量总体低于未施肥植株。

在整个生育期中，植后 2~4 个月的干物质和养分累积速率最快。植后 6 个月后，大部分养分的吸收速率下降，锰和锌的含量几乎为零。然而，其余养分含量在整个生长周期中仍持续增长。

表 5-5 在哥伦比亚 Quilichao 试验站的施肥和不施肥条件下，1978—1979 年的12 个月生长期的 MCol 22 木薯品种的总干物质量（g/株）和养分累积量（mg/株）

Table 5-5 Total dry matter（g/plant） and nutrient contents（mg/plant） of fertilized and unfertilized MCol 22 during a 12-month growth cycle in Quilichao，Colombia，in 1978/79

养分 Nutrient	处理 Treats	植后月数 Months after planting								
		1	2	3	4	5	6	8	10	12
DM	F_1	16	64	237	494	617	969	1 144	1 442	1 925
	F_0	15	30	145	360	581	646	785	1 180	1 167
N	F_1	212	1 913	6 825	9 956	10 353	15 051	14 102	18 292	20 196
	F_0	156	752	3 428	6 903	10 285	9 674	10 179	8 695	13 410
P	F_1	42	164	611	811	1 087	1 372	1 489	1 582	2 345
	F_0	25	52	257	424	702	626	746	803	1 141
K	F_1	96	834	4 127	7 012	7 611	9 176	9 322	11 130	15 231
	F_0	76	324	2 443	5 072	7 153	6 552	6 557	8 676	9 216
Ca	F_1	236	490	1 393	2 501	2 265	3 895	3 475	4 536	4 953
	F_0	214	247	908	1 977	2 570	2 809	2 844	4 369	4 517
Mg	F_1	106	224	614	1 184	946	1 393	1 512	1 594	2 071
	F_0	96	115	388	896	936	978	1 118	1 396	1 596
S	F_1	18	88	280	436	643	841	861	715	1 389
	F_0	18	43	191	395	636	693	572	752	1 082
B	F_1	0. 11	0. 64	2. 25	4. 14	4. 23	4. 67	5. 11	6. 15	8. 15
	F_0	0. 09	0. 25	0. 71	1. 59	2. 24	2. 23	2. 40	4. 13	5. 45
Cu	F_1	0. 42	0. 88	2. 85	5. 60	4. 67	7. 19	5. 26	10. 56	11. 24
	F_0	0. 70	0. 64	2. 25	4. 20	5. 15	5. 31	4. 97	8. 79	7. 06
Fe	F_1	3. 1	12. 2	64. 2	70. 5	63. 8	120. 8	228. 5	183. 1	297. 1
	F_0	3. 0	7. 0	43. 1	46. 8	59. 4	57. 0	175. 0	193. 7	226. 0
Mn	F_1	1. 5	20. 9	79. 2	171. 5	128. 9	223. 4	135. 2	195. 2	182. 1
	F_0	1. 5	6. 4	33. 3	94. 5	102. 1	108. 3	75. 5	106. 0	110. 4
Zn	F_1	4. 6	8. 3	22. 4	44. 6	29. 0	42. 8	36. 2	45. 6	49. 2
	F_0	0. 5	3. 4	8. 3	21. 8	16. 3	17. 4	14. 7	17. 3	19. 7

注：DM 为干物质，F_1 表示施肥，F_0 表示不施肥

资料来源：Howeler *et al*，1983

Note：DM means Dry matter，F_1 means Fertilized，F_0 means Unfertilized

Source：Howeler *et al*，1983

如表5-6所示，氮、磷、钾主要累积在根部，因此，木薯在收获时会带走大量的氮、磷、钾。铜、铁和硼主要累积在根部。钙、镁、锰、硫和锌主要累积在茎部。收获时，叶片和叶柄中养分累积量很少能达到全株的10%和15%，且这些养分不是转运到植株的其他部位就是落叶时归还到土壤中。

表5-6 在哥伦比亚Quilicho试验站的施肥条件下，1978—1979年12个月生长期的MCol 22品种的不同植株部位干物质量（g/株）和养分累积量（mg/株）

Table 5-6 Dry matter（g/plant）and nutrient content（mg/plant）in various parts of fertilized MCol 22，during a 12-month growth cycle in Quilicho，Colombia，in 1978/79

养分 Nutrient	部位 Parts	植后月数 Months after planting								
		1	2	3	4	5	6	8	10	12
DM	叶片 Leaves	1.8	22.7	76.0	100.6	56.2	100.2	50.5	58.7	67.0
	叶柄 Petioles	0.2	4.9	21.5	38.2	19.0	27.4	8.6	12.1	11.5
	茎 Stems	14.1	29.1	58.9	125.2	182.1	269.1	302.7	428.6	459.9
	根 Roots	0.1	7.1	80.5	229.6	360.0	571.9	782.6	942.4	1 387.0
	总计 Total	16.2	63.8	236.9	493.7	617.3	968.6	1 144.4	1 441.8	1 925.4
N	叶片 Leaves	89	1 231	4 230	5 300	2 703	4 877	2 206	2 702	3 350
	叶柄 Petioles	6	134	368	485	202	378	144	182	207
	茎 Stems	117	422	1 146	1 919	3 022	4 191	4 707	5 984	6 930
	根 Roots	—	125	1 078	2 250	4 428	5 605	7 043	9 424	9 709
	总计 Total	212	1 912	6 824	9 954	10 355	15 051	14 100	18 292	20 196
P	叶片 Leaves	5	71	267	227	137	288	136	147	174
	叶柄 Petioles	—	10	35	34	16	31	10	20	18
	茎 Stems	37	71	157	205	358	422	482	378	766
	根 Roots	—	11	153	344	576	629	861	1 036	1 387
	总计 Total	42	163	612	810	1 087	1370	1 489	1 581	2 345
K	叶片 Leaves	24	337	1 408	1 716	507	1 564	712	817	945
	叶柄 Petioles	9	161	598	744	347	561	159	201	207
	茎 Stems	58	213	872	1 681	2 581	2 588	2 817	3 233	3 676
	根 Roots	5	123	1 248	2 870	4 176	4 463	5 635	6 879	10 402
	总计 Total	96	834	4 126	7 011	7 611	9 176	9 323	11 130	15 230

（续表）

养分 Nutrient	部位 Parts	植后月数 Months after planting								
		1	2	3	4	5	6	8	10	12
Ca	叶片 Leaves	15	157	583	924	525	857	424	452	435
	叶柄 Petioles	4	68	212	393	248	420	125	165	186
	茎 Stems	216	244	485	864	1 061	1 704	1 986	2 412	3 083
	根 Roots	1	20	113	321	432	915	939	1 508	1 248
	总计 Total	236	489	1 393	2 502	2 266	3 895	3 474	4 537	4 952
Mg	叶片 Leaves	9	67	248	411	166	276	146	146	174
	叶柄 Petioles	2	23	77	142	68	130	32	41	56
	茎 Stems	93	125	216	401	424	586	707	746	1 147
	根 Roots	—	9	72	230	288	400	626	660	693
	总计 Total	104	224	613	1 184	946	1 392	1 511	1 593	2 070
S	叶片 Leaves	2	61	203	335	185	256	101	88	241
	叶柄 Petioles	—	4	5	—	14	30	7	7	14
	茎 Stems	15	19	63	101	227	383	360	337	578
	根 Roots	—	5	8	—	216	171	391	283	555
	总计 Total	17	89	279	436	642	840	859	715	1 388
B	叶片 Leaves	0. 02	0. 29	0. 98	1. 44	1. 02	1. 00	0. 40	0. 73	0. 62
	叶柄 Petioles	—	0. 0	0. 29	0. 52	0. 32	0. 32	0. 08	0. 17	0. 13
	茎 Stems	0. 09	0. 22	0. 48	0. 99	1. 31	1. 89	2. 07	2. 42	3. 52
	根 Roots	—	0. 06	0. 50	1. 19	1. 58	1. 37	2. 50	2. 83	3. 88
	总计 Total	0. 11	0. 64	2. 25	4. 14	4. 23	4. 67	5. 11	6. 15	8. 15
Cu	叶片 Leaves	0. 02	0. 20	0. 89	1. 22	0. 44	0. 89	0. 37	0. 58	0. 71
	叶柄 Petioles	—	0. 03	0. 18	0. 22	0. 07	0. 13	0. 03	0. 08	0. 07
	茎 Stems	0. 40	0. 59	1. 09	2. 14	2. 04	2. 74	2. 36	3. 87	3. 80
	根 Roots	—	—	0. 69	2. 02	2. 12	3. 43	2. 50	6. 03	6. 66
	总计 Total	0. 42	0. 82	2. 85	5. 60	4. 67	7. 19	5. 26	10. 56	11. 24
Fe	叶片 Leaves	0. 6	4. 3	32. 4	22. 3	14. 6	20. 6	10. 2	12. 9	11. 7
	叶柄 Petioles	—	0. 3	2. 1	1. 7	1. 1	1. 4	0. 5	1. 0	0. 8
	茎 Stems	2. 4	3. 2	15. 0	17. 8	15. 7	38. 7	52. 7	43. 8	141. 7
	根 Roots	—	4. 3	14. 6	28. 7	32. 4	60. 0	165. 1	125. 3	142. 9
	总计 Total	3. 0	12. 1	64. 1	70. 5	63. 8	120. 7	228. 5	183. 0	297. 1
Mn	叶片 Leaves	0. 4	10. 7	38. 3	66. 6	27. 5	67. 5	25. 2	31. 5	26. 4
	叶柄 Petioles	0. 1	5. 2	19. 5	52. 4	37. 8	64. 6	15. 5	21. 2	21. 0
	茎 Stems	0. 8	3. 4	16. 9	40. 7	46. 3	67. 8	74. 1	106. 7	108. 4
	根 Roots	0. 2	1. 5	4. 5	11. 7	17. 3	23. 4	20. 3	35. 8	26. 3
	总计 Total	1. 5	20. 8	79. 2	171. 4	128. 9	223. 3	135. 1	195. 2	182. 1

（续表）

养分 Nutrient	部位 Parts	植后月数 Months after planting								
		1	2	3	4	5	6	8	10	12
Zn	叶片 Leaves	0. 19	2. 75	7. 37	13. 56	5. 39	8. 23	3. 54	4. 29	4. 76
	叶柄 Petioles	0. 04	0. 86	3. 09	5. 15	1. 64	2. 61	0. 86	1. 33	1. 50
	茎 Stems	4. 34	4. 17	8. 19	15. 06	12. 93	17. 67	17. 74	23. 94	26. 27
	根 Roots	0. 02	0. 52	3. 78	10. 79	9. 00	14. 30	14. 09	16. 02	16. 64
	总计 Total	4. 59	8. 30	22. 43	44. 56	28. 96	42. 81	36. 23	45. 58	49. 17

资料来源：Howeler *et al*，1983

Source：Howeler *et al*，1983

如表 5-7 所示，在施肥条件下，不同植后月数的块根中养分占全株的百分比表明，块根中大多数养分的累积量不足其全株的 50%，说明，如果茎、叶回归到土壤后，可补充土壤养分的损耗，但全株的 68%钾即约 2/3 的钾累积在根中，在收获时被带走 162 kg/hm^2，必须重视补充施用钾肥。

即使木薯叶、茎中大部分养分会归还到土壤中，块根收获时仍会有 9. 7 g/株或 152 kg/hm^2 的氮被带走，收获块根时，氮与钾的损耗量相近，但由于土壤具有更高的供氮能力及植株的固氮能力，使得生产实际中的缺氮现象并不严重。所有长期肥料试验中，连作木薯 3 年后，植株并无明显的氮响应，即使在不施氮肥的情况下，叶中氮含量仍可维持较高水平，另外，连作木薯 3 年后，施用钾肥明显增加了叶的钾含量，鲜薯产量也增加了近 1 倍。根中也含有一定量的磷，但木薯从土壤中带走的磷量远低于钾，因为土壤中只有小部分磷被木薯吸收，剩余部分被土壤固定。本试验中，仅有 16%的磷被木薯吸收。

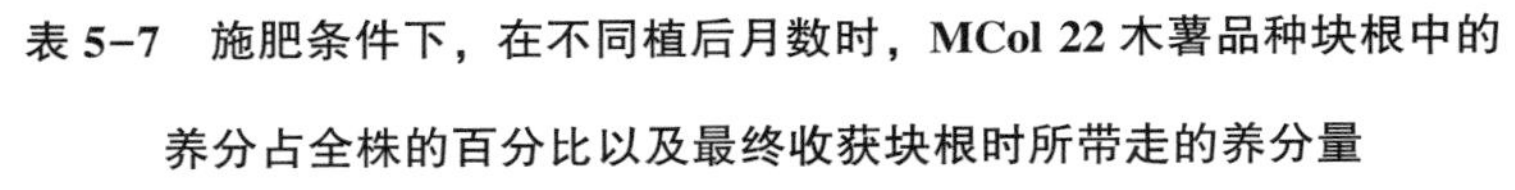

表 5-7 施肥条件下，在不同植后月数时，MCol 22 木薯品种块根中的养分占全株的百分比以及最终收获块根时所带走的养分量

Table 5-7 Percent of total nutrients present in the roots of fertilized MCol 22 during the growth cycle

养分 Nutrient	不同植后月数的木薯块根中养分占全株的百分比 Percent of roots nutrients within whole plant in different months after planting (%)									收获块根时带走的养分量 Removed in the final harvest root (kg/hm^2)
	1	2	3	4	5	6	8	10	12	
N	—	7	16	23	43	37	50	52	48	152
P	—	7	25	42	53	46	58	65	59	22
K	5	15	30	41	55	49	60	62	68	162
Ca	—	4	8	13	19	23	27	33	25	20
Mg	—	4	12	19	30	29	41	41	23	11
S	—	6	3	—	34	20	45	40	40	9
B	—	1	22	29	37	29	49	46	48	0. 06
Cu	—	—	24	36	45	48	48	57	59	0. 10
Fe	—	36	23	41	51	50	72	68	48	2. 2
Mn	13	7	6	7	13	10	15	18	14	0. 41
Zn	—	6	17	24	31	33	39	35	34	0. 26

资料来源：Howeler *et al*，1983

Source：Howeler *et al*，1983

(四) 土壤特性变化

1978—1979 年在哥伦比亚的 Quilichoa 试验站每月采集一次土壤样本进行测定，数据如表 5-8 所示，土壤 pH、交换性铝、交换性钙和交换性镁含量均有变化。20 cm 和 40 cm 深度的土壤样本特性无明显差异，土壤 pH 均值为 4.0，变幅为 3.7～4.2；交换性铝含量均值为 278.81 mg/kg，变幅为 161.89～341.77 mg/kg，在木薯全生育期内，交换性铝含量从 251.83 mg/kg 增长到 305.80 mg/kg，升幅较大；交换性钙含量均值为 400.80 mg/kg，变化较小；交换性镁含量从 172.67 mg/kg 下降到 121.6 mg/kg，降幅较大。

表 5-8 在哥伦比亚的 Quilichoa 试验站的施肥和不施肥条件下，1978—1979 年的 MCol 22 木薯品种在 12 个月生长期中的土壤化学特性变化

Table 5-8 Change in soil chemical characterictics during a 12-month growth cycle of fertilized and unfertilized plants of MCol 22 in Quilichoa, Colombia in 1978—1979

土壤参数 Soil parameter	处理 Treats	植后月数 Months after planting								
		1	2	3	4	5	6	8	10	12
pH	F_1	4. 10	4. 12	3. 82	4. 05	4. 12	4. 00	4. 00	4. 00	3. 80
	F_0	4. 02	3. 97	3. 90	4. 17	4. 22	4. 02	4. 02	4. 07	3. 75
有效磷 (mg/kg) Avail. P	F_1	20. 4	34. 1	22. 8	36. 0	55. 6	33. 9	26. 5	38. 7	26. 0
	F_0	4. 1	3. 6	4. 0	2. 9	4. 1	4. 0	3. 4	4. 2	4. 3
交换性钾 (mg/kg) Exch. K	F_1	234. 6	191. 6	156. 4	148. 6	140. 8	144. 7	125. 1	109. 5	113. 4
	F_0	144. 7	168. 1	117. 3	105. 6	78. 2	101. 7	97. 8	101. 7	93. 8
交换性钙 (mg/kg) Exch. Ca	F_1	511. 0	428. 9	420. 8	452. 9	487. 0	523. 0	364. 7	368. 7	432. 9
	F_0	378. 8	354. 7	350. 7	378. 8	388. 8	402. 8	334. 7	338. 7	332. 7
交换性镁 (mg/kg) Exch. Mg	F_1	193. 3	176. 3	143. 5	142. 3	143. 5	142. 3	114. 3	119. 2	116. 7
	F_0	153. 2	165. 4	124. 0	128. 9	128. 9	131. 3	110. 7	114. 3	114. 3
交换性铝 (mg/kg) Exch. Al	F_1	211. 4	163. 7	321. 1	265. 3	269. 8	238. 3	274. 3	330. 1	301. 3
	F_0	253. 6	224. 9	341. 8	276. 1	289. 6	247. 3	287. 8	314. 8	303. 1
铝饱和度（%）Al-saturation	F_1	33	31	49	44	43	39	50	54	50
	F_0	44	41	55	49	50	45	53	55	54

注：F_1 表示施肥；F_0 表示不施肥

资料来源：Howeler *et al*，1983

Note：F_1 means Fertilized；F_0 means Unfertilized

Source：Howeler *et al*，1983

在木薯生长过程中，施肥和不施肥条件下，土壤中速效磷和交换性钾的

含量变化如图 5-6（Ⅰ）所示。不施肥条件下，土壤速效磷含量（Bray Ⅱ）较为稳定，均值为 4.1 mg/kg；然而，在施肥条件下，土壤速效磷含量波动较大，变幅为 20~55 mg/kg，均值为 33 mg/kg。养分最高值与干旱期相关，越旱则浓度越高；而最低值与雨峰相关，降雨越多浓度越低，分别出现在 3 月、8 月和 12 月，因此不建议在严重干旱或雨水过多时取样。土壤速效磷含量并未因木薯吸收养分产生明显变化，因为木薯对土壤速效磷的吸收量远低于土壤储存固定的磷，尤其是土壤中有机磷的固定。

土壤中交换性钾的含量变化与速效磷含量变化差异较大。如图 5-6（Ⅱ）所示，未施肥条件下，土壤中交换性钾含量从 156.4 mg/kg 下降到 93.8 mg/kg；在施肥条件下，从 234.6 mg/kg 下降到 113.4 mg/kg。可见，施肥和不施肥条件下，即使茎、叶中的钾都归还到土壤中，但由于木薯的吸收利用，土壤中交换性钾含量仍明显降低，钾损失较大。收获时鲜薯单产为 25 t/hm^2 时，相当于消耗 100 kg/hm^2 的钾。除了植物吸收，土壤的钾含量也因淋溶和侵蚀损失，损失量为 62.56 mg/kg。虽然连作的木薯对施钾肥反应较小，但长期肥料试验表明，没有充足的钾肥，会导致木薯严重减产，土壤中钾元素缺乏（CIAT，1981；Chan，1980；Den Doop，1937）。长期肥料定位试验（CIAT，1982）表明，木薯连作 3 年且不施钾肥，土壤中交换性钾含量从 82.1 mg/kg 下降到 35.2 mg/kg，而每年施用 125 kg/hm^2 纯钾，土壤中交换性钾含量下降到 54.7 mg/kg。只有每年施用 250 kg/hm^2 纯钾，才能维持并略微提高土壤中交换性钾含量至 113.4 mg/kg。

因此，在供钾能力低的土壤上，为维持木薯高产，必须每年施用 100~150 kg/hm^2 纯钾，以弥补木薯收获时所造成的土壤钾损失。但是，磷肥的施用不应以作物带走的磷量为依据，而应建立在作物对施用磷肥的反应的基础上，以达到施用最少的磷肥获得最高的经济效益的目标。

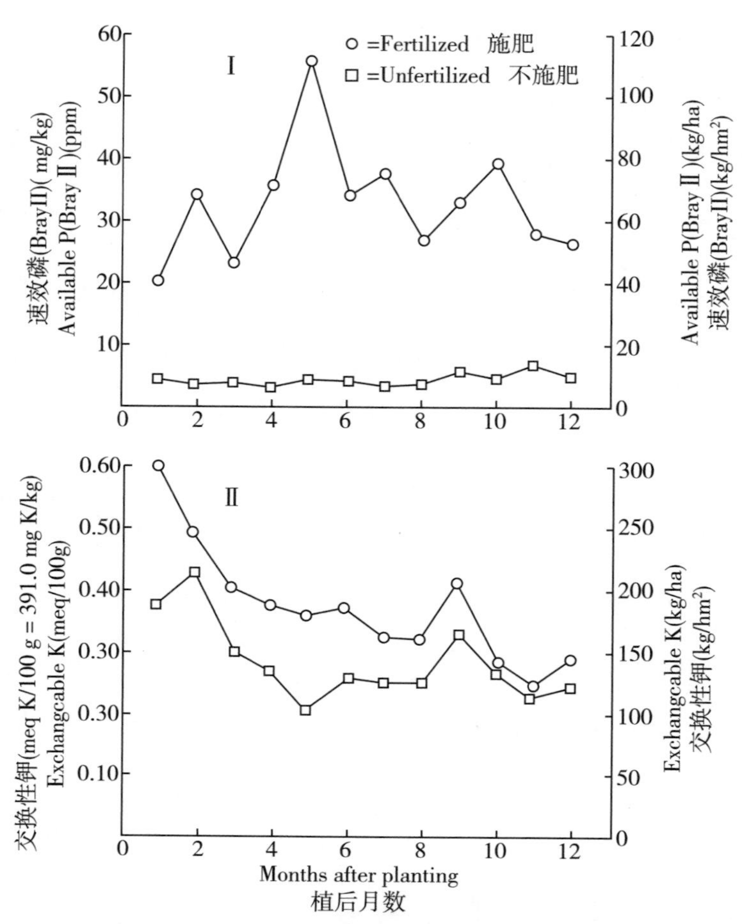

图 5-6 在哥伦比亚 Quilichao 试验站的施肥和不施肥条件下，1978—1979 年的 12 个月生长期木薯的土壤中速效磷和交换性钾含量变化

Figure 5-6 Change in available P and exchangeable K content of soil during a 12-month growth cycle of fertilized and unfertilized cassava in Quilichao，Colombia in 1978/79

资料来源：Howeler *et al*，1983

Source：Howeler *et al*，1983

二、1982—1983 年在哥伦比亚 Quilichao 试验站，施肥对木薯养分吸收和分配的影响

（一）干物质生产和分配

试验地的月降水量及生长周期为 12 个月的 MCol 22 木薯中总干物质量（包括落叶）如图 5-7 所示，施肥条件下，植株中总干物质量明显高于不施

肥植株。

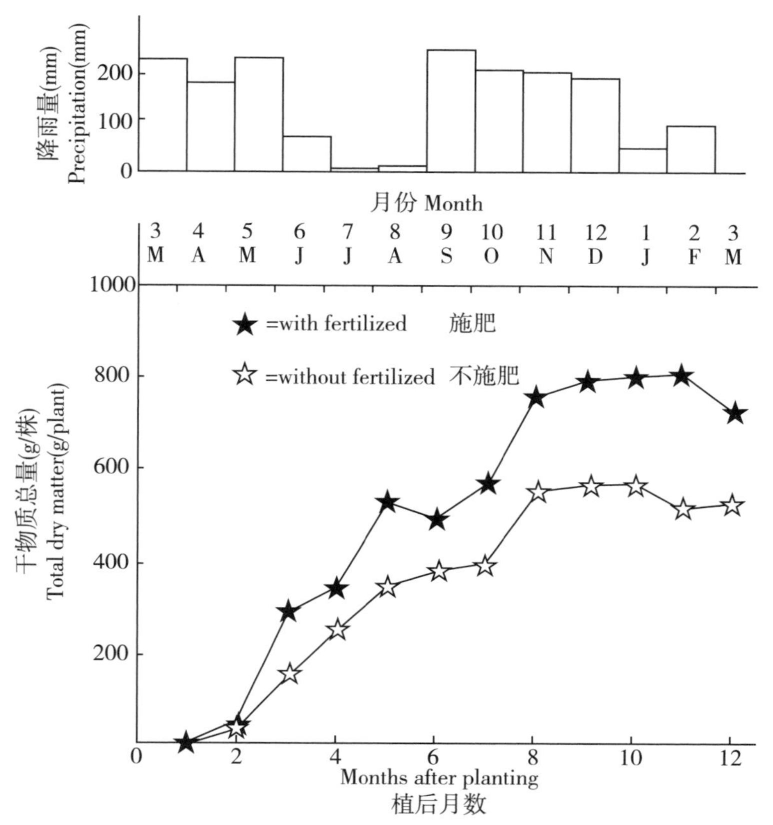

图 5-7 在哥伦比亚 Quilichao 试验站，1982—1983 年的月降水量，以及在施肥和不施肥条件下 12 个月生长期的 MCol 22 木薯品种干物质总量

Figure 5-7 Monthly precipitation and accumulative total dry matter in fertilized and unfertilized cassava，MCol 22，during a 12-month growth cycle in Quilichao in 1982/83

资料来源：CIAT，1985b

Source：CIAT，1985b

干物质在根、植株上部和落叶中的分布如图 5-8 所示。在植后第 2~8 个月，干物质以恒速累积；此后，累积速度减缓。到第 12 个月收获时，施肥植株的干物质累积总量为 865 g/株，其中 561 g 累积在根中、135 g 累积在落叶中；不施肥植株的干物质累积总量为 631 g/株，其中 439 g 累积在根中、94 g 累积在落叶中。

如表 5-9（A）、5-9（B）所示，叶片和叶柄中干物质累积量在植后第

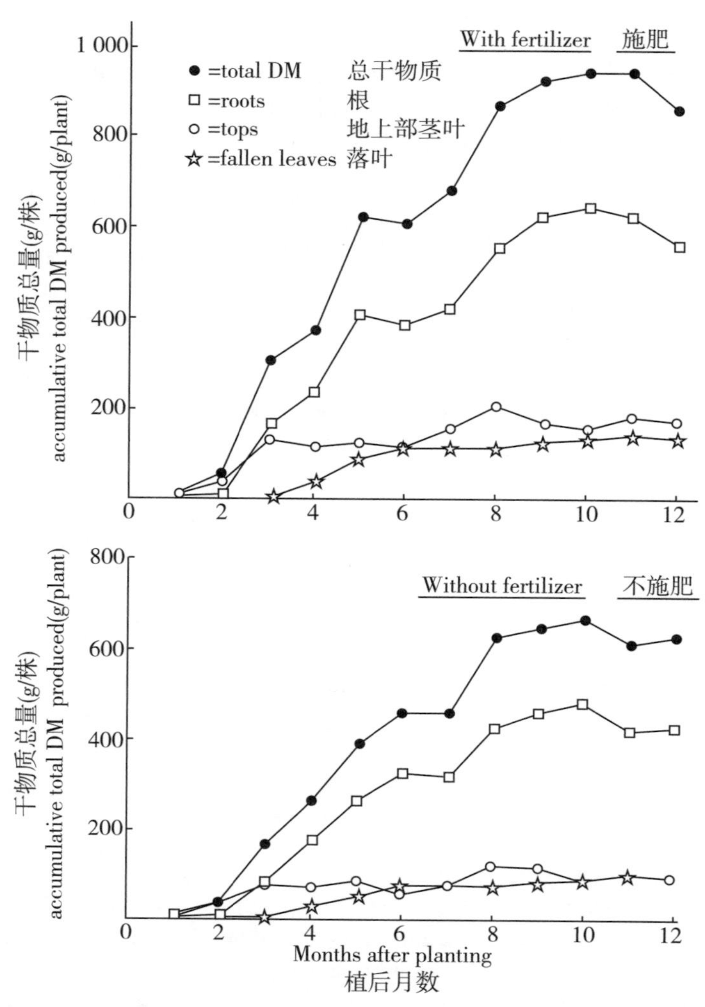

图 5-8　在哥伦比亚 Quilichao 试验站的施肥（上图）和不施肥（下图）条件下，1982—1983 年的 12 个月生长期的 MCol 22 木薯品种干物质总量，以及在植株地上部、根和落叶中的干物质分配

Figure 5-8　Accumulative total dry matter produced, and its distribution between tops, roots and fallen leaves of fertilized (top graph) and non-fertilized (bottom) cassava, MCol 22, during a 12-month growth cycle in Quilichao in 1982/83

资料来源：CIAT，1985b

Source：CIAT，1985b

2~3 个月快速上升；在植后第 4~6 个月由于干旱，累积速度明显下降；在第 7~8 个月再次快速累积，随后的 4 个月中，由于落叶和气候干旱，干物质总量开始下降。植后第 3 个月开始落叶，植后第 4~5 个月落叶增多，此后落叶减少，尤其是在最后 2 个月。施肥木薯的鲜薯单产为 22 t/hm^2，未施肥木薯鲜薯单产为 17 t/hm^2，远低于 1978—1979 年的试验产量，可能是由于 1982 年的 7—8 月严重干旱，9—12 月雨水过多导致的。

表 5-9（A）　在哥伦比亚 Quilichao 试验站的不施肥条件下，1982—1983 年的 12 个月生长期的 MCol 22 木薯的不同植株部位的干物质分配（g/株）

Table 5-9（A）　Dry matter distribution（g/plant）among various plant parts of unfertilized MCol 22 during a 12 month growth cycle in Quilichao，Colombia，in 1982/83

植后月数 Months after planting	叶片 Leaf blades	叶柄 Petioles	茎 Stems	根 Roots	落叶[1)] Fallen leaves[1)]	总计 Total
1	3. 2	0. 6	0. 9	0. 5	—	5. 2
2	16. 3	3. 9	6. 7	6. 6	—	33. 5
3	43. 9	9. 6	22. 7	82. 3	3. 2	161. 7
4	35. 7	9. 4	28. 1	174. 2	20. 4	267. 8
5	27. 9	4. 9	47. 9	263. 6	51. 9	396. 2
6	10. 4	2. 4	49. 4	323. 1	75. 3	460. 6
8	39. 1	7. 1	71. 3	434. 2	78. 6	630. 3
10	7. 5	0. 9	81. 3	489. 8	92. 5	672. 0
12	9. 4	1. 3	87. 9	438. 6	93. 6	630. 8

注：1）落叶中干物质累积量

资料来源：CIAT，1985b

Note：1）Cumulative DM in fallen leaves

Source：CIAT，1985b

表 5-9（B）　在哥伦比亚 Quilichao 试验站的施肥条件下，1982—1983 年的 12 个月生长期的 MCol 22 木薯的不同植株部位的干物质分配（g/株）

Table 5-9（B）　Dry matter distribution（g/plant）among various plant parts of fertilized MCol 22 during a 12 month growth cycle in Quilichao，Colombia，in 1982/83

植后月数 Months after planting	叶片 Leaf blades	叶柄 Petioles	茎 Stems	根 Roots	落叶[1)] Fallen leaves[1)]	总计 Total
1	3. 8	0. 9	1. 0	0. 3	—	6. 0
2	20. 6	5. 6	8. 9	11. 9	—	47. 0

（续表）

植后月数 Months after planting	叶片 Leaf blades	叶柄 Petioles	茎 Stems	根 Roots	落叶[1)] Fallen leaves[1)]	总计 Total
3	69.0	14.7	43.0	165.9	8.8	301.4
4	49.8	13.4	48.2	231.9	31.1	374.4
5	37.8	10.7	78.4	410.4	83.1	620.4
6	14.6	3.2	95.2	384.3	112.7	610.0
8	70.1	12.0	126.4	552.6	116.6	877.7
10	10.9	1.5	145.8	649.1	133.5	940.8
12	15.1	2.1	151.1	561.2	135.0	864.5

注：1）落叶中干物质累积量

资料来源：CIAT，1985b

Note：1） Cumulative DM in fallen leaves

Source：CIAT，1985b

（二）植物组织中养分含量

MCol 22 木薯在施肥和不施肥条件下，植后 2~4 个月植株不同部位养分含量均值如表 5-10（A）、5-10（B）、5-10（C）、5-10（D）所示。该时期植株的生长速度最快，对养分的需求量最大。

表 5-10（A） 在哥伦比亚 Quilichao 试验站的不施肥条件下，1982—1983 年 MCol 22 木薯在植后的第 2、3、4 个月植株不同部位大中量元素养分含量均值

Table 5-10（A） Macro element and secondary element nutrient concentration of nutrients in various plant parts of unfertilized cassava. Data are average of samples taken at 2，3 and 4 months of MCol 22 in Quilichao，Colombia，in 1982/83

部位 Parts		N（%）	P（%）	K（%）	Ca（%）	Mg（%）	S（%）
叶片 Leaf blades	上部 Upper	4.87	0.35	1.59	0.80	0.31	0.37
	中部 Middle	4.76	0.27	1.51	1.01	0.36	0.35
	下部 Lower	3.83	0.21	1.40	1.31	0.43	0.31

（续表）

部位 Parts		N（%）	P（%）	K（%）	Ca（%）	Mg（%）	S（%）
叶柄 Petioles	上部 Upper	1. 61	0. 16	2. 30	1. 47	0. 39	0. 11
	中部 Middle	1. 38	0. 12	1. 78	1. 70	0. 47	0. 09
	下部 Lower	1. 10	0. 10	1. 29	1. 85	0. 55	0. 10
茎 Stems	上部 Upper	2. 81	0. 31	2. 46	1. 44	0. 41	0. 32
	中部 Middle	2. 32	0. 20	1. 44	1. 30	0. 44	0. 34
	下部 Lower	1. 86	0. 15	0. 96	0. 94	0. 38	0. 22
须根 Fibrous roots		1. 72	0. 14	1. 62	0. 59	0. 30	0. 35
块根 Tuberous roots		1. 02	0. 12	0. 99	0. 29	0. 10	0. 06
落叶叶片 Fallen leaf blades		2. 44	0. 11	0. 63	1. 52	0. 43	0. 20
落叶叶柄 Fallen petioles		0. 73	0. 04	0. 27	1. 78	0. 49	0. 08

资料来源：CIAT，1985b

Source：CIAT，1985b

表 5-10（B） 在哥伦比亚 Quilichao 试验站的不施肥条件下，1982—1983 年的 MCol 22 木薯植后的第 2、3、4 个月植株不同部位微量元素养分含量均值

Table 5-10（B） Micro element nutrient concentration in various plant parts of unfertilized cassava. Data are average of samples taken at 2，3 and 4 months of MCol 22 in Quilichao，Colombia，in 1982/83

部位 Parts		B（mg/kg）	Cu（mg/kg）	Fe（mg/kg）	Mn（mg/kg）	Zn（mg/kg）
叶片 Leaf blades	上部 Upper	13. 0	11. 3	220	303	89
	中部 Middle	12. 1	9. 9	253	298	101
	下部 Lower	15. 0	9. 7	443	297	109
叶柄 Petioles	上部 Upper	12. 3	6. 9	146	596	81
	中部 Middle	11. 3	4. 8	86	903	135
	下部 Lower	14. 0	4. 8	254	1 054	174
茎 Stems	上部 Upper	16. 3	17. 8	138	321	80
	中部 Middle	11. 0	20. 9	114	312	111
	下部 Lower	9. 3	15. 4	132	180	89
须根 Fibrous roots		—	125. 3	11 797	866	83
块根 Tuberous roots		—	7. 8	1 760	81	45

（续表）

部位 Parts	B (mg/kg)	Cu (mg/kg)	Fe (mg/kg)	Mn (mg/kg)	Zn (mg/kg)
落叶叶片 Fallen leaf blades	—	10. 8	2 459	340	126
落叶叶柄 Fallen petioles	—	3. 8	308	1 417	187

资料来源：CIAT，1985b

Source：CIAT，1985b

表 5-10（C）　在哥伦比亚 Quilichao 试验站的施肥条件下，1982—1983 年 MCol 22 木薯植后的第 2、3、4 个月植株不同部位大中量元素养分含量均值

Table 5-10（C）　Macro element and secondary element nutrient concentration of nutrients in various plant parts of fertilized cassava. Data are average of samples taken at 2，3 and 4 months of MCol 22 in Quilichao，Colombia，in 1982/83

部位 Parts		N（%）	P（%）	K（%）	Ca（%）	Mg（%）	S（%）
叶片 Leaf blades	上部 Upper	5. 12	0. 39	1. 68	0. 83	0. 34	0. 37
	中部 Middle	5. 12	0. 31	1. 73	1. 05	0. 36	0. 33
	下部 Lower	4. 16	0. 25	1. 53	1. 31	0. 42	0. 31
叶柄 Petioles	上部 Upper	1. 58	0. 22	2. 30	1. 40	0. 37	0. 09
	中部 Middle	1. 39	0. 15	1. 83	1. 58	0. 43	0. 06
	下部 Lower	1. 33	0. 13	1. 49	1. 92	0. 53	0. 06
茎 Stems	上部 Upper	2. 69	0. 37	2. 55	1. 34	0. 36	0. 23
	中部 Middle	2. 23	0. 36	1. 88	1. 29	0. 40	0. 22
	下部 Lower	1. 89	0. 25	1. 24	0. 91	0. 32	0. 14
须根 Fibrous roots		—	0. 17	1. 81	0. 57	0. 25	0. 23
块根 Tuberous roots		—	0. 17	1. 21	0. 25	0. 10	0. 06
落叶叶片 Fallen leaf blades		—	0. 16	0. 85	1. 63	0. 45	0. 22
落叶叶柄 Fallen petioles		—	0. 06	0. 43	1. 87	0. 43	0. 05

资料来源：CIAT，1985b

Source：CIAT，1985b

表 5-10（D） 在哥伦比亚 Quilichao 试验站的施肥条件下，1982—1983 年 MCol 22 木薯植后的第 2、3、4 个月植株不同部位微量元素养分含量均值

Table 5-10（D） Micro element nutrient concentration in various plant parts of fertilized cassava. Data are average of samples taken at 2, 3 and 4 months of MCol 22 in Quilichao, Colombia, in 1982/83

部位 Parts		B（mg/kg）	Cu（mg/kg）	Fe（mg/kg）	Mn（mg/kg）	Zn（mg/kg）
叶片 Leaf blades	上部 Upper	21.3	11.7	173	395	78
	中部 Middle	18.3	10.1	227	362	67
	下部 Lower	25.3	10.0	409	452	93
叶柄 Petioles	上部 Upper	18.1	6.4	78	807	71
	中部 Middle	16.0	6.0	100	1 028	95
	下部 Lower	21.0	5.6	149	1 353	149
茎 Stems	上部 Upper	18.1	16.7	114	419	72
	中部 Middle	17.3	19.9	94	386	98
	下部 Lower	11.0	17.0	133	231	65
须根 Fibrous roots		—	65.6	9 892	840	70
块根 Tuberous roots		—	6.4	724	75	32
落叶叶片 Fallen leaf blades		—	11.2	2 184	498	88
落叶叶柄 Fallen petioles		—	4.5	272	1 499	158

资料来源：CIAT，1985b

Source：CIAT，1985b

1982—1983 年在哥伦比亚 Quilichao 试验站，施肥和不施肥条件下，植株各部位的养分含量几乎均低于 1978—1979 年的试验测定值，但两个试验中的养分含量分布规律相似，2 个试验，在施肥和不施肥条件下，上部叶片中的养分含量均高于 Howeler（2002）测定的植后 3~4 个月指示叶片的养分临界值。在 1978—1979 年的试验中，施肥条件下植株地上部各部位锌含量远高于未施肥植株，在 1982—1983 年的试验中却未出现此现象，可能是由于该试验中植株施肥时未施用锌。由于 1978—1979 年进行的试验导致了土壤中磷、硼和锌元素的残留，所以 1982—1983 年的试验未施肥植株中磷、硼和锌元素的含量均高于 1978—1979 年的试验测定值。

1982—1983 年在哥伦比亚 Quilichao 试验站进行的试验中生长周期为 12 个月的木薯植株中，上部、中部、下部叶片及落叶中氮、磷、钾元素含量变化如图 5-9 所示。植后第 3~4 个月，氮、磷、钾元素含量均降低，从上部叶

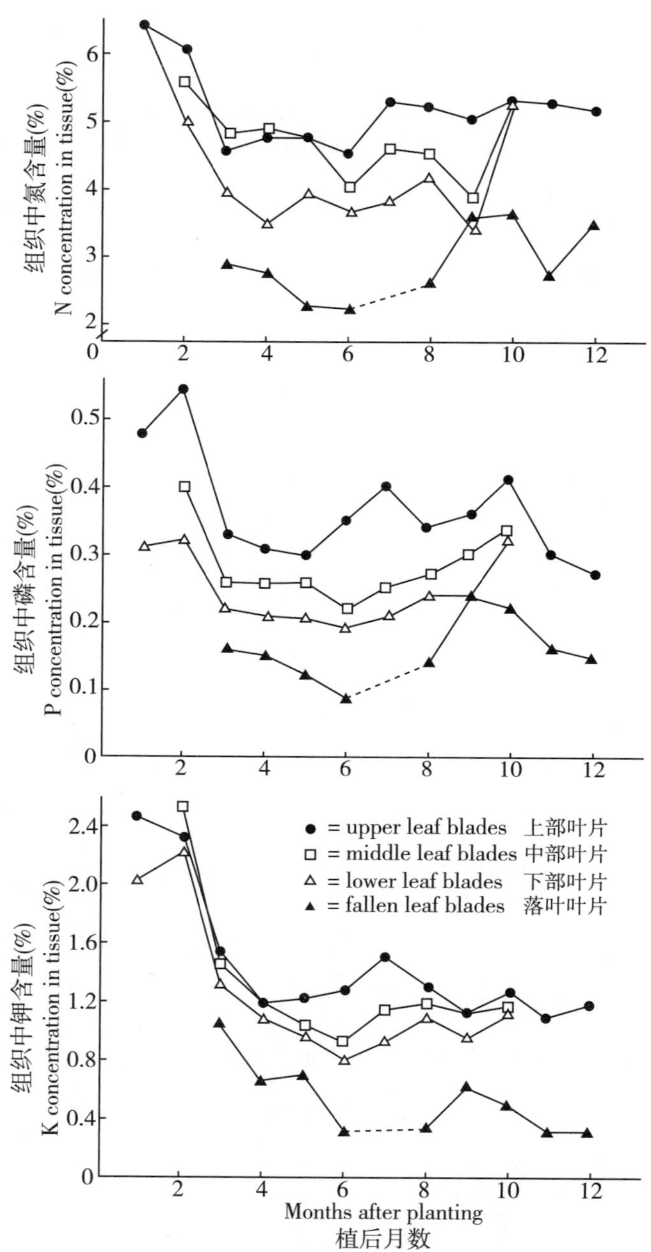

图 5-9 在哥伦比亚 Quilichao 试验站的施肥条件下，1982—1983 年 12 个月生长期的 MCol 22 木薯其上、中、下部叶片及落叶叶片中氮、磷、钾含量

Figure 5-9 Concentration of N, P and K in leaf blades from the upper, middle and lower part of the plant as well as from fallen leaves of fertilized cassava, MCol 22, during a 12-month growth cycle in Quilichao in 1982/83

资料来源：CIAT，1985b

Source：CIAT，1985b

到下部叶养分浓度逐渐降低，落叶中养分含量最低，说明养分从老叶向新叶中运输。落叶中的养分浓度仍然很高，尤其是氮元素，这也意味着这些养分将会归还到土壤中。叶片中硫、硼、铜、铁和锌的含量在植后3~4个月明显降低，钙、镁和锰的含量在整个生育期相对稳定，随着块根中淀粉含量增加，其养分含量逐渐减少。

（三）养分吸收与分配

生长周期为12个月的MCol 22木薯，在施肥和不施肥条件下干物质和养分含量（不包含落叶）如表5-11所示。施肥以及根的生长发育增加了植株对各种养分的吸收。施肥使植株整个生育期中干物质量增加了42%，氮、磷、钾、硼的平均吸收量分别增加了42%、77%、49%、89%，可见，施肥不仅明显增加氮和钾的含量，也增加了大多数组织中磷和硼的含量。

表5-11 在哥伦比亚Quilichao试验站的施肥和不施肥条件下，1982—1983年12个月生长期的MCol 22木薯总干物质量（g/株）和养分累积量（mg/株）（不含落叶）

Table 5-11 Total dry matter（g/plant）and nutrient contents（mg/plant）of fertilized and unfertilized MCol 22 during a 12-month growth cycle in Quilichao，Colombia，in 1982/83（excluding fallen leaves）

养分 Nutrient	处理 Treats	植后月数 Months after planting								
		1	2	3	4	5	6	8	10	12
DM	F_1	6	47	293	343	537	497	761	807	730
	F_0	5	34	158	247	344	385	552	580	537
N	F_1	312	1 833	5 280	5 077	6 725	5 269	8 191	6 191	7 340
	F_0	254	1 308	2 866	3 349	3 940	3 662	6 606	5 127	6 039
P	F_1	21	126	492	502	709	589	867	865	707
	F_0	18	105	227	268	341	304	475	440	406
K	F_1	188	1 229	3 403	2 603	3 659	3 087	4 434	4 322	3 588
	F_0	134	731	2 334	1 718	2 261	2 391	3 048	2 647	2 600
Ca	F_1	67	452	1 490	1 647	2 168	1 164	2 531	2 200	2 507
	F_0	58	347	972	1 083	1 528	893	2 081	1 519	1 578

（续表）

养分 Nutrient	处理 Treats	植后月数 Months after planting								
		1	2	3	4	5	6	8	10	12
Mg	F_1	28	178	518	537	538	518	919	814	891
	F_0	28	143	302	370	370	370	828	612	718
S	F_1	28	133	339	295	260	175	843	171	477
	F_0	23	102	248	259	307	169	828	225	474
B	F_1	0.14	0.94	5.72	2.70	2.29	2.40	5.45	3.74	6.20
	F_0	0.09	0.65	1.43	1.65	1.41	1.73	3.09	2.00	3.61
Cu	F_1	0.10	0.87	2.02	2.34	3.81	2.26	3.78	3.43	3.45
	F_0	0.09	0.73	1.37	1.86	2.71	1.67	3.11	2.51	3.49
Fe	F_1	6.3	58.9	88.5	479.8	73.2	62.7	188.1	165.7	169.0
	F_0	7.7	58.2	65.0	89.8	59.3	54.4	167.1	107.8	124.1
Mn	F_1	2.1	19.1	56.6	64.0	110.8	42.2	84.4	60.1	70.5
	F_0	2.0	11.6	32.2	34.6	63.0	28.5	48.3	34.6	49.1
Zn	F_1	0.5	5.4	8.8	12.4	11.9	9.0	15.2	15.8	16.5
	F_0	0.4	4.9	8.1	7.5	9.7	9.5	12.3	11.8	15.6

注：F_1 表示施肥；F_0 表示不施肥

资料来源：CIAT，1985b

Note：F_1 means Fertilized；F_0 means Unfertilized

Source：CIAT，1985b

MCol 22 木薯在施肥条件下，干物质和养分在植株上部、根和落叶中的累积、分配情况如表 5-12 所示。在生长周期的最后 3 个月，根中氮、磷、钾的累积量占比分别为 43%、61%、63%，但钙和镁的累积量占比仅分别为 25%、29%。约有 31%的氮、17%的磷、14%的钾、43%的钙和 36%的镁存在于落叶中，并最终归还到土壤中。

1982—1983 年在 Quilichao 试验站进行的试验中，木薯植株干物质总量不足 1978—1979 年试验测定值的一半，这也导致了块根收获时，植株从土壤中吸收和带走的养分更少，总养分吸收量（包括落叶）中，氮最高，其次为钾、钙、镁，磷的吸收量相对较低。

表 5-12　在哥伦比亚 Quilichao 试验站的施肥条件下，1982—1983 年 12 个月生长期的 MCol 22，其地上部植株、根和落叶中干物质量（t/hm^2）和养分分配（kg/hm^2）

Table 5-12　Distribution of dry matter（t/hm^2）and nutrients（kg/hm^2）between tops, roots and fallen leaves of fertilized MCol 22 during a 12-month growth cycle in Quilichao, Colombia, in 1982/83

养分 Nutrient	部位 Parts	植后月数 Months after planting								
		1	2	3	4	5	6	8	10	12
DM	地上部 Tops	0.09	0.55	1.98	1.74	1.98	1.77	3.26	2.47	2.63
	根 Roots	0.00	0.18	2.59	3.62	6.41	6.00	8.63	10.14	8.77
	落叶 Fallen leaves	—	—	0.14	0.49	1.30	1.76	1.82	2.09	2.11
	小计 Total	0.09	0.73	4.71	5.85	9.69	9.53	13.71	14.70	13.51
N	地上部 Tops	4.78	24.80	62.59	48.48	50.58	33.39	73.62	33.78	43.55
	根 Roots	0.09	3.84	19.91	30.84	54.50	48.94	54.36	62.95	71.14
	落叶 Fallen leaves	—	—	3.36	11.28	27.44	37.66	39.78	48.06	49.08
	小计 Total	4.87	28.64	85.86	90.60	132.52	119.99	167.76	144.79	163.77
P	地上部 Tops	0.31	2.42	4.83	3.50	4.00	3.31	5.73	3.37	3.16
	根 Roots	0.02	0.48	2.86	4.34	7.08	6.03	7.81	10.14	7.89
	落叶 Fallen leaves	—	—	0.19	0.61	1.44	1.81	1.91	2.42	2.48
	小计 Total	0.33	2.90	7.88	8.45	12.52	11.15	15.45	15.93	13.53
K	地上部 Tops	2.80	15.03	27.91	16.44	18.20	9.70	25.92	17.80	13.92
	根 Roots	0.14	4.17	25.27	24.23	38.97	38.53	43.36	49.73	42.14
	落叶 Fallen leaves	—	—	1.31	3.16	7.73	8.92	9.11	10.41	10.48
	小计 Total	2.94	19.20	54.49	43.83	64.90	57.15	78.39	77.94	66.54
Ca	地上部 Tops	1.03	6.19	19.53	20.02	24.17	12.55	26.26	19.05	21.55
	根 Roots	0.02	0.87	3.75	5.72	9.70	5.64	13.28	15.33	17.62
	落叶 Fallen leaves	—	—	2.37	8.19	16.38	22.45	23.42	27.51	27.89
	小计 Total	1.05	7.06	25.65	33.93	50.25	40.64	62.96	61.89	67.06
Mg	地上部 Tops	0.42	2.42	6.22	5.73	5.05	4.42	9.02	6.61	7.76
	根 Roots	0.02	0.36	1.87	2.66	3.36	3.67	5.34	6.11	6.16
	落叶 Fallen leaves	—	—	0.62	2.11	4.81	6.36	6.55	7.42	7.50
	小计 Total	0.44	2.78	8.71	10.50	13.22	14.45	20.91	20.14	21.42

资料来源：CIAT，1985b

Source：CIAT，1985b

（四）土壤特性变化

如表 5-13 所示，由于土壤肥力退化等原因，1982—1983 年的试验中，MCol 22 木薯的干物质量和鲜薯单产远低于 1978—1979 年在同一试验地的测定值，整个生育周期中，pH 略有提高，从 3.9 提高到 4.2。尽管 1982 年的试验中，施用 500 kg/hm^2 的高镁石灰，但种植前试验地交换性钙、镁的含量仍低于 1978 年的测定值，且在整个生育期中交换性钙、镁含量持续降低，交换性钙含量从 320.6 mg/kg 降低到 140.3 mg/kg，交换性镁含量从 92.4 mg/kg降低到 34.0 mg/kg；但交换性铝含量从 314.79 mg/kg 增长到 377.7 mg/kg，致使铝饱和度从 60%提高到 80%。1983 年第二次试验结束时，土壤中交换性钙、镁含量较低，但仍高于其临界水平，铝饱和度也高于其临界水平。

表 5-13　在 Quilichao 试验站的施肥和不施肥条件下，1982—1983 年 12 个月生长期的 MCol 22 木薯地的土壤化学特性变化

Table 5-13　Change in soil chemical characteristics during a 12-month growth cycle of fertilized and unfertilized plants of MCol 22 in Quilichao, Colombia, in 1982/83

土壤参数 Soil parameter	处理 Treats	植后月数 Months after planting								
		1	2	3	4	5	6	8	10	12
pH	F_1	3.92	4.02	3.92	3.87	4.02	4.12	3.97	4.12	4.27
	F_0	4.02	4.17	4.07	4.02	4.05	4.17	4.07	4.07	4.17
有机质（%）	F_1	8.39	8.77	9.58	8.47	8.64	8.01	8.07	6.55	6.42
OM	F_0	8.79	9.32	9.29	8.71	8.53	8.18	8.25	6.93	6.65
硝态氮、氨态氮（mg/kg）	F_1	105.0	88.0	90.2	79.2	45.5	51.0	52.5	38.7	29.5
NO_3-N+NH_4-N	F_0	56.0	57.0	65.0	57.7	50.2	52.0	46.0	42.0	35.5
有效磷（mg/kg）	F_1	33.1	27.8	36.5	32.1	25.8	25.6	15.2	5.7	4.0
Avail. P	F_0	5.2	4.0	6.2	6.9	3.5	5.6	2.6	2.6	1.4
交换性钾（mg/kg）	F_1	160.3	136.9	132.9	121.2	101.7	86.0	66.5	46.9	50.8
Exch. K	F_0	105.6	93.8	86.0	101.7	89.9	74.3	58.7	39.1	43.0

（续表）

土壤参数 Soil parameter	处理 Treats	植后月数 Months after planting								
		1	2	3	4	5	6	8	10	12
交换性钙（mg/kg）	F_1	334.7	322.6	386.8	374.7	344.7	310.6	286.6	164.3	142.3
Exch. Ca	F_0	304.6	324.6	334.7	374.7	296.6	278.6	252.5	184.4	138.3
交换性镁（mg/kg）	F_1	83.9	73.0	91.2	81.5	71.7	75.4	58.4	29.2	36.5
Exch. Mg	F_0	83.9	85.1	92.4	91.2	73.0	73.0	57.2	35.3	31.6
交换性铝（mg/kg）	F_1	312.1	379.5	332.8	373.3	339.1	325.6	348.1	391.2	355.3
Exch. Al	F_0	328.3	357.1	323.8	359.8	343.6	348.1	357.1	402.0	386.7
铝饱和度（%）	F_1	56	62	55	59	59	60	65	79	78
Al-saturation	F_0	60	61	58	58	62	64	68	77	80

注：F_1 表示施肥；F_0 表示不施肥

资料来源：CIAT，1985b

Note：F_1 means Fertilized；F_0 means Unfertilized

Source：CIAT，1985b

表 5-13 和图 5-10 均表明，1982 年 3 月种植的木薯施用氮、磷、钾肥后，植后 1 个月施肥区土壤中无机氮、速效磷和交换性钾含量均较高，但在整个生育期中施肥和不施肥地块的土壤无机氮、速效磷和交换性钾含量均快速降低。植后第 12 个月收获时，施肥条件下的土壤无机氮略低于不施肥土壤，而速效磷和交换性钾含量均是施肥土壤中略高。施肥地块土壤中速效磷和交换性钾含量均略低于其临界值，而在未施肥地块土壤中其含量远低于临界值。因此，在固磷能力较强、供钾能力较弱的土壤上，为防止土壤肥力下降，维持木薯高产，要增施磷钾肥料和石灰。

（五）小结

随着种植时间延长，尤其是在植后的前 6 个月，木薯上部茎组织中养分浓度明显持续减少，不适宜用作营养诊断。相反，因叶片中养分相对含量随时间推移较为恒定，且采样对其破坏性较小，所以，一般建议以叶片作为养

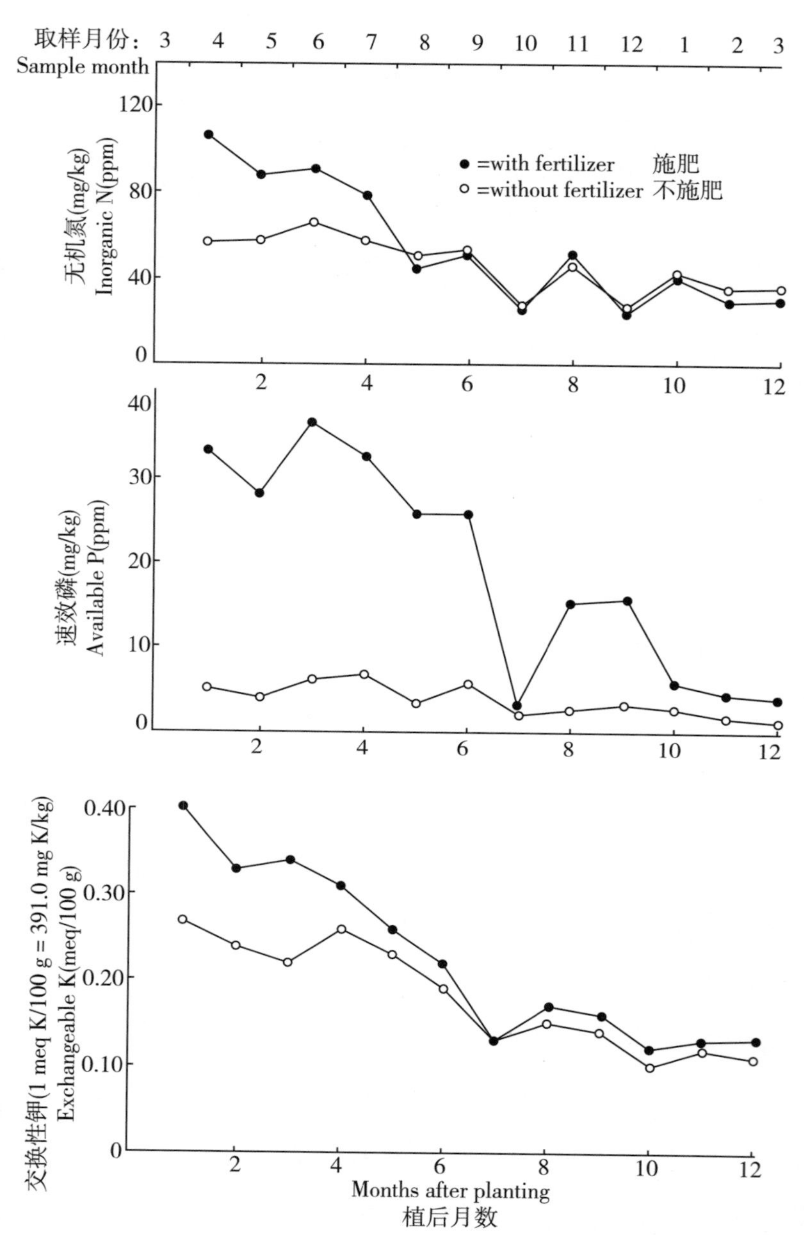

图 5-10 在 Quilichao 试验站的施肥和不施肥条件下，1982—1983 年在 12 个月生长期的 MCol 22 木薯地的土壤中无机氮、速效磷和交换性钾含量变化

Figure 5-10 Change in inorganic N, available P and exchangeable K content of the soil during a 12-month growth cycle of fertilized and unfertilized cassava, MCol 22, in Quilichao, Colombia in 1982/83

资料来源：CIAT，1985b

Source：CIAT，1985b

分诊断组织。植后 2~4 个月为木薯生长最快，养分需求量最大的时期，此时为取样诊断的最佳时期。叶片对肥料的敏感程度高于叶柄、茎和根，且底部叶片的敏感程度要高于上部和中部叶片。然而，随着植后月数延长，与上部叶片相比，底部叶片中的养分浓度波动较大，因此，底部叶片不适宜用作营养诊断。且研究发现，叶片和叶柄中养分浓度差异较大，尤其是氮、磷、钾、硫和铁元素，所以，在进行营养诊断时，必须把叶片和叶柄分开分析，不能用混合样分析。

1. 干物质及养分吸收与分配

哥伦比亚热带气候条件下施肥对木薯养分吸收与分配的试验结果表明，木薯植株干物质主要累积在根中，其次累积在茎、叶和叶柄中；随着种植时间延长，各部位干物质量均有所提升，尤其是根中干物质量提升最快，叶片和叶柄中干物质量仅略微提升。

种植后 2~3 个月，上部叶片中除了钙和镁，其余养分含量均有提升，此后开始下降；随着种植时间延长，上部叶片中的氮、磷、钾、硫、硼、铜和锌浓度下降最为明显，铁和锰含量变化不大。与其他养分不同，植后 2 个月，上部叶片中钙和镁含量呈下降趋势，此后开始增长，4~6 个月达到最大值。叶柄中的锰含量在植后的前 6 个月显著增加，浓度较高，一直持续到第 12 个月，上部叶柄和叶片中的其余养分浓度变化趋势大体相同。随着时间推移，块根中的淀粉不断积累，养分含量持续下降，其中，以磷和钙元素含量下降最明显，其次为铁、锰、铜和锌元素。叶片中硫、硼、铜、铁和锌的含量在植后 3~4 个月明显降低，钙、镁和锰的含量在整个生育期相对稳定，随着块根中淀粉含量的提高，其养分含量逐渐减少。植后第 3~4 个月，从上部叶到下部叶，叶片中的氮、磷、钾元素含量的养分浓度逐渐降低，落叶中养分含量最低，说明养分从老叶向新叶中运输。

氮、磷、硫元素在叶片中含量最高，其次为茎、叶柄和根，表现为从植株上部到下部显著下降；茎或叶柄中钾、钙和镁的浓度高于叶片，根中最低。钾含量从植株上部到下部显著下降，但根中钾含量相对较高；钙、镁浓度在下部叶片和叶柄中最高，中部茎较高，但块根中含量较低。对微量元素而言，铁、锰含量通常是在下部叶片和叶柄中较高；整个植株中，除了茎，硼浓度在各部位的变化差异不大，从植株上部到下部总体呈降低趋势；茎中铜浓度最高，其次为叶片、根和叶柄，下部叶柄中锌浓度高于上部叶柄，植株其余部位的锌含量分布较为均匀。此外，落叶中的养分浓度仍然很高，尤其是氮元素，且试验发现块根中大多数养分的累积量不足其全株总量的50%，进一步说明了木薯茎、叶还田的重要性。

肥料几乎可提供木薯所需的各种养分，施肥植株比不施肥植株吸收了更多养分，吸收的部分养分不是来源于肥料，可能是由于施肥植株的根系更为发达，导致植株中的干物质含量更高。施肥显著增加了锌、磷和硼的吸收，而氮和钾吸收量的增加基本是因干物质累积量增加而导致的，除植后第 2 个月，施肥也增加了植株中氮和钾的含量。施肥（包括硫肥）增加了硫含量，但其增长速度仍低于干物质，可见，施肥植株中硫含量总体低于未施肥植株。

2. 土壤特性变化

在木薯整个生育期中，施肥和不施肥地块的土壤无机氮、速效磷和交换性钾含量均快速降低。植后第 12 个月收获时，施肥条件下的土壤无机氮略低于不施肥土壤，而速效磷和交换性钾含量均是施肥土壤中略高。施肥地块土壤中速效磷和交换性钾含量均略低于其临界值，而在未施肥地块土壤中其含量远低于临界值。施肥和不施肥条件下，即使茎、叶中的钾都归还到土壤中，但由于木薯的吸收利用，土壤中交换性钾含量仍明显降低，钾消耗较大。因此，在固磷能力较强、供钾能力较弱的土壤上，为防止土壤肥力下降，维持木薯高产，要多施肥料和石灰，至少施用 100～150 kg/hm^2 纯钾，才能弥补木薯收获时所造成的土壤钾损失。但是，磷肥的施用不应以作物带走的磷量为依据，而应建立在作物对施用磷肥的反应的基础上，以达到施用最少的磷肥获得最高的经济效益的目标。此外，试验发现木薯能耐较低 pH 的酸性土壤，且对钙有较好的利用效率。

第二节　施肥与灌溉互作对哥伦比亚木薯养分吸收与分配的影响

1983—1984 年在哥伦比亚 Carimagua 试验站，开展施肥与灌溉互作对木薯养分吸收和分配的影响试验。

一、干物质生产和分配

施肥与灌溉对木薯生育期内干物质累积影响如图 5-11 所示。木薯在旱季的前一个月即 11 月上旬种植，12 月至 4 月连续阴雨，但降雨量较少。可见，缺水对木薯生长影响不明显，补充灌溉对木薯生长影响也不大。施肥对木薯生长的影响较为明显，收获时干物质总量增加了 44%，块根中干物质量增加了 47%。然而，由于该试验点前几年施过肥，因此，该试验中施肥对木薯生长影响不明显。干物质累积速率在植后第 1 个月较慢，植后第 2 个月至收获期，几乎以较快的恒定速度增长。

如图 5-12 所示，干物质最开始主要累积在叶和茎中，植后第 3 个月后，干物质主要累积在块根中，其次是累积在茎中，且越来越高直到收获期。由于良好的气候条件和管理措施，灌溉、施肥地块的鲜薯单产高达43 t/hm^2，只灌溉不施肥地块的鲜薯单产为 28 t/hm^2，不灌溉、施肥地块鲜薯单产为 32 t/hm^2，不灌溉、不施肥地块鲜薯单产为 24 t/hm^2。施肥对产量影响显著，但由于气候等因素影响，灌溉对产量影响不显著。

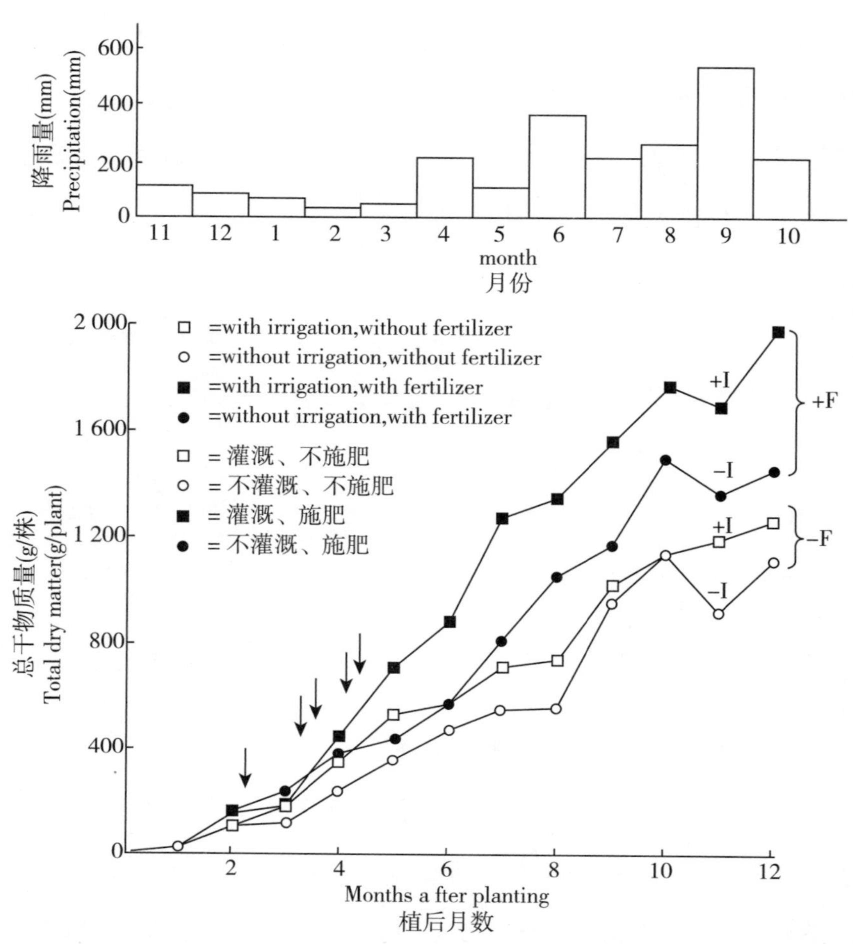

图 5-11　1983—1984 年，在哥伦比亚 Carimagua 试验站，试验地月降雨量及施肥和灌溉对 12 个月生长期的木薯 MVen 77 品种植株中干物质累积量的影响。箭头表示在该时间点实施灌溉

Figure 5-11　Monthly precipitation and accumulative total dry matter of cassava，MVen 77，as affected by fertilization and furrow irrigation during a 12-month growth cycle in Carimagua，in 1983/84. Arrows indicate when irrigation was applied

资料来源：CIAT，1985b

Source：CIAT，1985b

不灌溉条件下，施肥和不施肥的木薯不同组织中干物质累积和分配情况如表 5-14（A）、表 5-14（B）所示。该试验中，施肥使植株中总干物质量及根中干物质量均增加了 30%。收获时，61%~62%的干物质累积在根中，25%累积在茎中，8%~9%累积在落叶中，4%~5%累积在叶片和叶柄中，施肥和不施肥植株中的干物质分配比例大致相同。

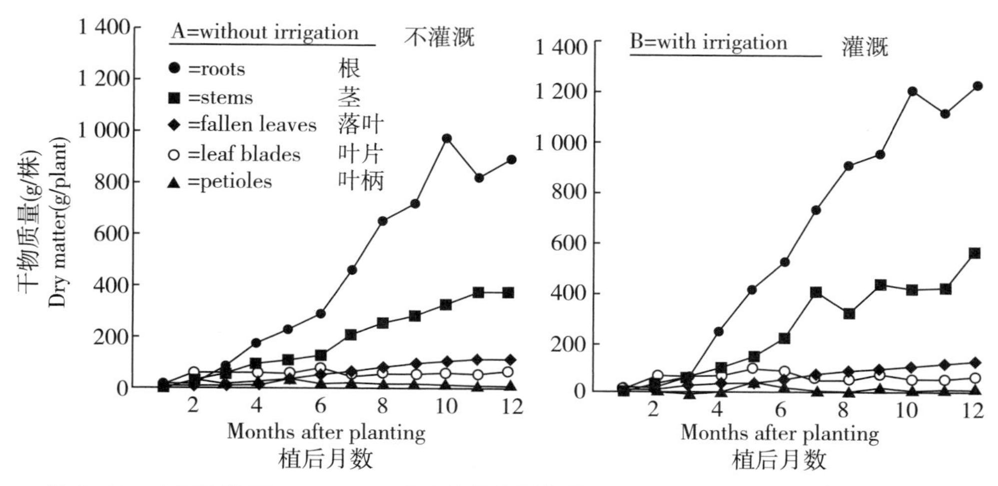

图 5-12　在哥伦比亚 Carimagua 试验站的施肥条件下，不灌溉（A）和灌溉（B）时，12 个月生长期的木薯根、茎、叶片、叶柄及落叶中干物质累积和分配

Figure 5-12　Dry matter distribution among roots，stems，leaf blades，petioles and fallen leaves of fertilized cassava during a 12-month growth cycle in Carimagua，Colombia；with（B）or without（A）irrigation

资料来源：CIAT，1985b

Source：CIAT，1985b

表 5-14（A）　在哥伦比亚 Carimagua 试验站的不灌溉不施肥条件下，1983—1984 年 12 个月生长期的 MVen 77 木薯品种的不同植株组织中干物质累积和分布（g/株）

Table 5-14（A）　Dry matter production and distribution（g/plant）among various plant parts of unfertilized cassava，MVen 77，both without irrigation，during a 12-month growth cycle in Carimagua，Colombia，in 1983/84

植后月数 Months after planting	叶片 Leaf blades	叶柄 Petioles	茎 Stems	根 Roots	累积落叶 Accumulated fallen leaves	总计 Total
1	15. 5	2. 5	2. 6	0. 8	—	11. 5
2	36. 0	21. 3	24. 0	8. 8	—	90. 2
3	40. 8	16. 0	25. 9	31. 7	0. 3	114. 6
4	44. 1	16. 6	50. 7	115. 8	7. 0	234. 2
5	36. 4	11. 8	65. 7	208. 4	26. 7	349. 1
6	39. 4	12. 2	79. 7	295. 9	41. 7	468. 8
8	37. 8	9. 6	109. 9	327. 8	60. 4	545. 6

（续表）

植后月数 Months after planting	叶片 Leaf blades	叶柄 Petioles	茎 Stems	根 Roots	累积落叶 Accumulated fallen leaves	总计 Total
10	40. 5	9. 1	238. 2	744. 3	91. 9	1 124. 0
12	36. 7	8. 3	282. 5	688. 2	99. 4	1 115. 1

资料来源：Howeler，1985a

Source：Howeler，1985a

表 5-14（B） 在哥伦比亚 Carimagua 试验站的施肥但不灌溉条件下，1983—1984 年 12 个月生长期的 MVen 77 木薯品种的不同植株组织中干物质累积和分布（g/株）

Table 5-14（B） Dry matter production and distribution（g/plant）among various plant parts of fertilized cassava，MVen 77，both without irrigation，during a 12-month growth cycle in Carimagua，Colombia，in 1983/84

植后月数 Months after planting	叶片 Leaf blades	叶柄 Petioles	茎 Stems	根 Roots	累积落叶 Accumulated fallen leaves	总计 Total
1	5. 4	2. 7	2. 6	1. 3	—	12. 0
2	60. 2	33. 3	35. 7	22. 7	—	151. 9
3	61. 2	26. 5	55. 6	82. 3	1. 1	226. 7
4	61. 1	25. 4	96. 9	180. 6	11. 2	375. 2
5	56. 8	21. 5	109. 3	225. 5	26. 4	439. 4
6	69. 9	22. 2	124. 8	298. 1	48. 1	563. 2
8	59. 7	15. 2	251. 0	655. 8	74. 8	1 056. 6
10	60. 9	23. 3	326. 8	972. 2	107. 4	1 490. 6
12	58. 5	13. 9	369. 7	894. 1	119. 3	1 455. 5

资料来源：Howeler，1985a

Source：Howeler，1985a

二、植物组织中的养分浓度

植后 3~4 个月，即在木薯快速生长期，植株不同部位养分浓度均值如表

5-15（A）、5-15（B）、5-15（C）、5-15（D）所示。与1982—1983年在Quilichao试验站的研究结果相似，叶片中氮、磷、钾和硫浓度最高，其次为茎、叶柄和块根，且从植株上部到下部养分浓度逐渐降低。相反，叶柄和茎中钙、镁含量最高，其次为叶片和块根，在叶片和叶柄中，钙、镁含量从上部到下部逐渐提高，但在茎中钙含量从上部到下部逐渐降低，镁含量分布较为均匀。落叶和叶柄中钙含量最高，氮、磷、钾含量最低，这是由于与氮、

表5-15（A） 在哥伦比亚Carimagua试验站的不施肥条件下，1983—1984年MVen 77木薯品种的不同植株部位的大中量元素养分含量。数据是在灌溉和不灌溉条件下，植后3个月和4个月大中量元素含量均值

Table 5-15（A） Macro element and secondary element nutrient concentrations in various plant parts of unfertilized cassava，MVen 77，in Carimagua，Colombia，in 1983/84. Data are average values for irrigated and non-irrigated plants at 3 and 4 MAP

部位 Parts		N（%）	P（%）	K（%）	Ca（%）	Mg（%）	S（%）
叶片 Leaf blades	上部 Upper	4.57	0.34	1.29	0.68	0.25	0.29
	中部 Middle	3.66	0.25	1.18	1.08	0.27	0.25
	下部 Lower	3.31	0.21	1.09	1.48	0.25	0.25
	落叶 Fallen	2.31	0.13	0.50	1.69	0.25	0.22
叶柄 Petioles	上部 Upper	1.50	0.17	1.60	1.32	0.37	0.10
	中部 Middle	0.70	0.10	1.32	2.20	0.43	0.10
	下部 Lower	0.63	0.09	1.35	2.69	0.45	0.13
	落叶 Fallen	0.54	0.05	0.54	3.52	0.41	0.13
茎 Stems	上部 Upper	1.64	0.20	1.22	1.53	0.32	0.19
	中部 Middle	1.03	0.18	0.87	1.45	0.30	0.16
	下部 Lower	0.78	0.21	0.81	1.19	0.32	0.16
根 Roots	须根 Fibrous roots	1.52	0.15	1.02	0.77	0.38	0.16
	块根 Tuberous roots	0.42	0.10	0.71	0.13	0.06	0.05

资料来源：Howeler，1985a

Source：Howeler，1985a

磷、钾相比，钙在韧皮部的移动性较低的原因。除了铁浓度过高，上部叶片中的所有养分含量均与 Howeler（2002）提出的第 3~4 个月指示叶片的临界值持平，或略高于其临界值。

表 5-15（B）　在哥伦比亚 Carimagua 试验站的不施肥条件下，1983—1984 年 MVen 77 木薯品种的不同植株部位的微量元素养分含量。数据是在灌溉和不灌溉条件下，植后 3 个月和 4 个月微量元素含量均值

Table 5-15（B）　Micro element nutrient concentrations in various plant parts of unfertilized cassava，MVen 77，in Carimagua，Colombia，in 1983/84. Data are average values for irrigated and non-irrigated plants at 3 and 4 MAP

部位 Parts		Fe (mg/kg)	Mn (mg/kg)	Zn (mg/kg)	Cu (mg/kg)	B (mg/kg)
叶片 Leaf blades	上部 Upper	198	128	49	9.9	26
	中部 Middle	267	185	66	8.7	37
	下部 Lower	335	191	89	7.6	42
	落叶 Fallen	4 850	209	121	9.4	39
叶柄 Petioles	上部 Upper	79	172	40	4.4	16
	中部 Middle	76	304	72	2.9	15
	下部 Lower	92	361	110	2.8	15
	落叶 Fallen	271	429	94	2.5	18
茎 Stems	上部 Upper	133	115	36	9.7	14
	中部 Middle	74	103	39	8.9	13
	下部 Lower	184	95	54	7.9	10
根 Roots	须根 Fibrous roots	5 985	191	165	—	10
	块根 Tuberous roots	127	10	16	3.0	4

资料来源：Howeler，1985a

Source：Howeler，1985a

如图 5-13 所示，灌溉对上部叶片中氮、磷、钾含量影响不大，这表明，土壤水分状况对养分吸收影响不大。然而，无论是灌溉或不灌溉地块，氮、磷、钾含量在2~3月份的旱季明显降低，在频繁下雨的4月份明显提高。5月份后的旱季，由于相对湿度降低，导致植株气孔关闭，蒸腾作用减弱，各养分含量相对恒定，灌溉和不灌溉地块的木薯养分吸收量均明显下降。

表5-15（C） 在哥伦比亚Carimagua试验站的施肥条件下，1983—1984年MVen 77木薯品种的不同植株部位的大中量元素养分含量。数据是在灌溉和不灌溉条件下，植后3个月和4个月大中量元素含量均值

Table 5-15（C） Macro element and secondary element nutrient concentrations in various plant parts of fertilized cassava，MVen 77，in Carimagua，Colombia，in 1983/84. Data are average values for irrigated and non-irrigated plants at 3 and 4 MAP

部位 Parts		N（%）	P（%）	K（%）	Ca（%）	Mg（%）	S（%）
叶片 Leaf blades	上部 Upper	5.19	0.38	1.61	0.76	0.28	0.30
	中部 Middle	4.00	0.28	1.36	1.08	0.27	0.26
	下部 Lower	3.55	0.24	1.30	1.40	0.22	0.23
	落叶 Fallen	1.11	0.14	0.54	1.88	0.23	0.19
叶柄 Petioles	上部 Upper	1.49	0.17	2.18	1.58	0.36	0.10
	中部 Middle	0.84	0.09	1.84	2.58	0.41	0.07
	下部 Lower	0.78	0.09	1.69	3.54	0.42	0.07
	落叶 Fallen	0.69	0.06	0.82	3.74	0.20	0.08
茎 Stems	上部 Upper	2.13	0.23	2.09	2.09	0.47	0.14
	中部 Middle	1.57	0.21	1.26	1.30	0.26	0.11
	下部 Lower	1.37	0.28	1.14	1.31	0.23	0.09
根 Roots	须根 Fibrous roots	1.71	0.19	1.03	0.71	0.33	0.20
	块根 Tuberous roots	0.88	0.14	1.05	0.16	0.06	0.05

资料来源：Howeler，1985a

Source：Howeler，1985a

表 5-15（D） 在哥伦比亚 Carimagua 试验站的施肥条件下，1983—1984 年 MVen 77 木薯品种的不同植株部位的微量元素养分含量。数据是在灌溉和不灌溉条件下，植后 3 个月和 4 个月微量元素含量均值

Table 5-15（D） Micro element nutrient concentrations in various plant parts of fertilized cassava，MVen 77，in Carimagua，Colombia，in 1983/84. Data are average values for irrigated and non-irrigated plants at 3 and 4 MAP

部位 Parts		Fe (mg/kg)	Mn (mg/kg)	Zn (mg/kg)	Cu (mg/kg)	B (mg/kg)
叶片 Leaf blades	上部 Upper	298	177	47	10. 6	26
	中部 Middle	430	207	63	9. 6	30
	下部 Lower	402	220	77	8. 5	37
	落叶 fallen[1)]	3 333	247	120	8. 9	38
叶柄 Petioles	上部 Upper	87	238	33	4. 9	17
	中部 Middle	88	359	49	3. 0	14
	下部 Lower	95	417	70	3. 2	15
	落叶 fallen[1)]	294	471	155	3. 1	17
茎 Stems	上部 Upper	94	140	37	9. 8	14
	中部 Middle	110	120	46	10. 8	12
	下部 Lower	210	99	36	10. 0	10
根 Roots	须根 fibrous roots[1)]	3 780	368	136	—	10
	块根 tuberous roots	127	15	15	3. 9	4

注：落叶和须根可能受到了土壤中微量元素污染

Note：Fallen leaves and rootlets were probably contaminated with micronutrients from the soil

资料来源：Howeler，1985a

Source：Howeler，1985a

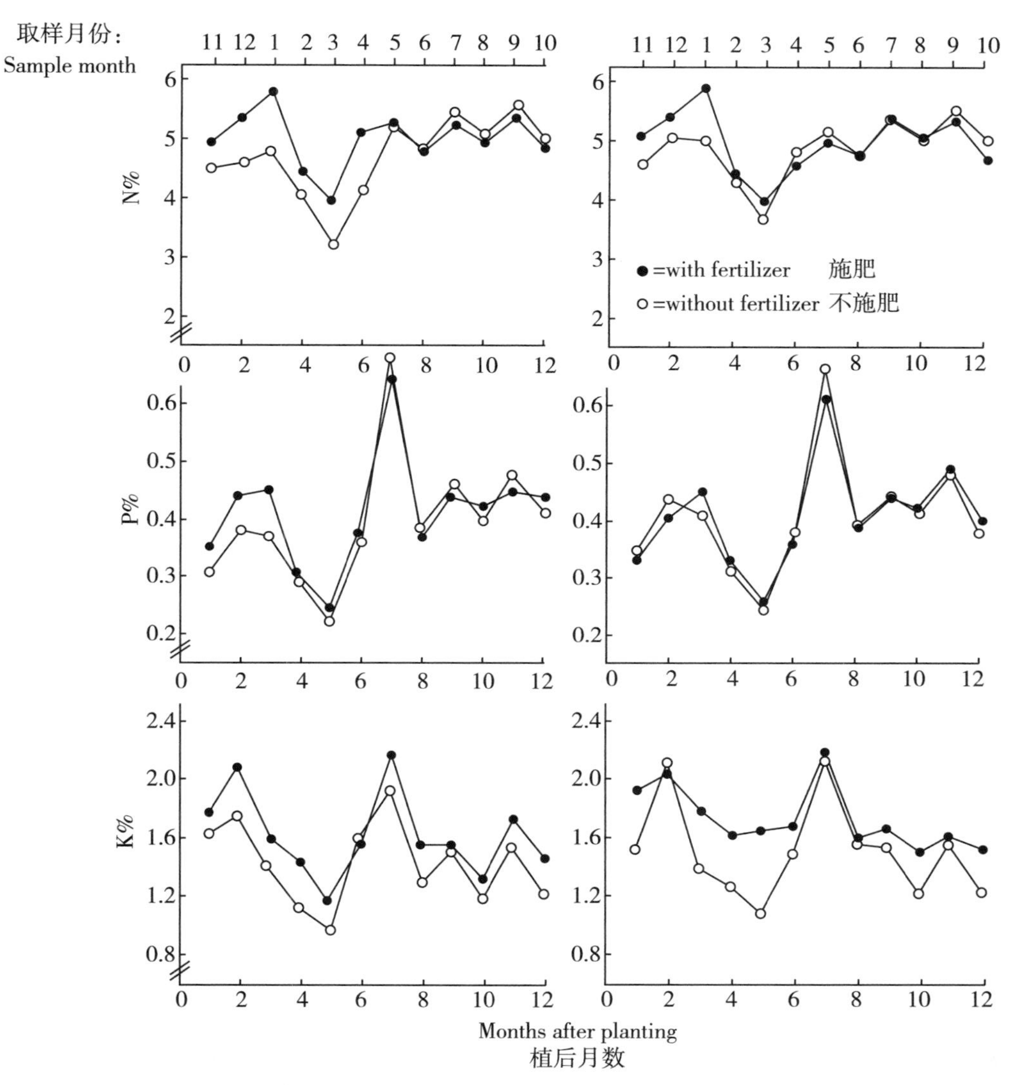

图 5-13 1983—1984 年旱季，在哥伦比亚 Carimagua 试验站的灌溉、不灌溉、施肥、不施肥 4 种条件下，12 个月生长期的 MVen 77 木薯品种的上部叶片中氮、磷、钾含量变化

Figure 5-13 Change in concentration of N，P and K in upper leaf blades during a 12-month growth cycle of fertilized and unfertilized cassava，cv. MVen 77，grown in Carimagua with and without irrigation during the dry season in 1983/84

资料来源：Howeler，1985a

Source：Howeler，1985a

三、养分吸收与分配

在施肥和不施肥条件下，12 个月生长周期的木薯植株中养分累积进程如图 5-14 所示。植后第 2 个月起，施肥植株中养分含量高于未施肥植株，尤

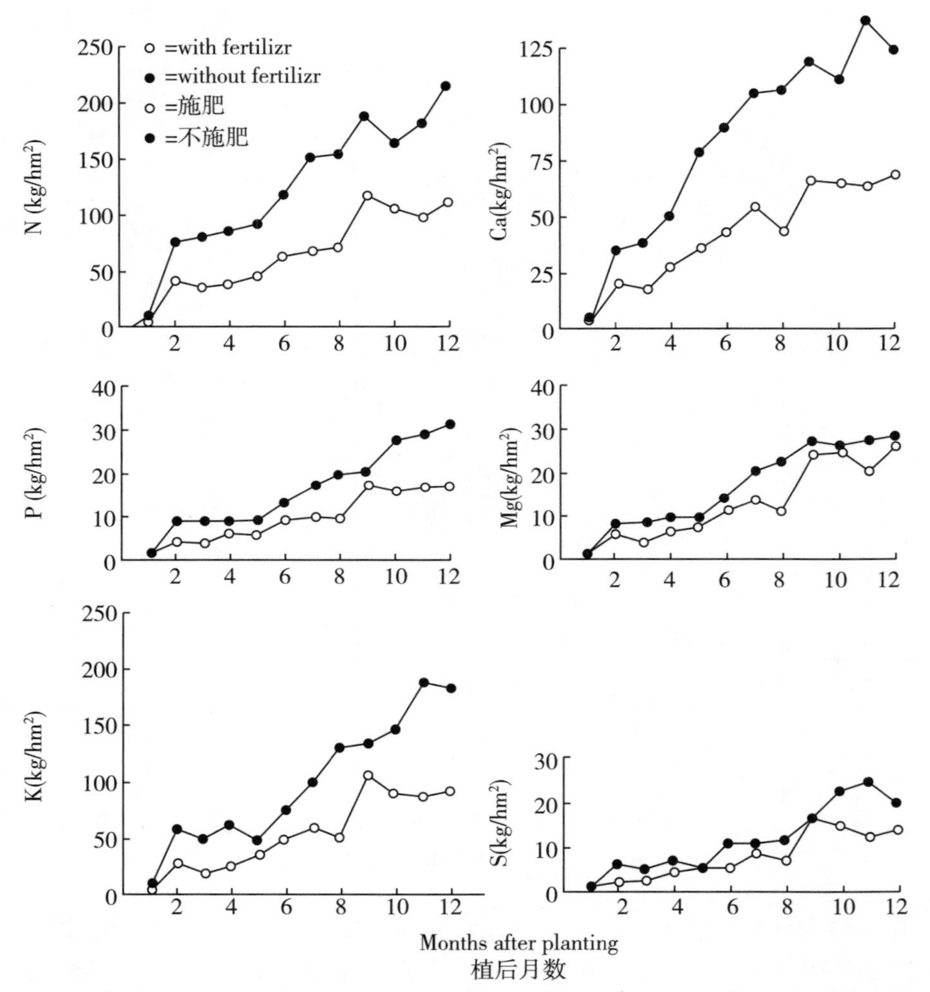

图 5-14 在哥伦比亚的 Carimagua 试验站的不灌溉条件下，1983—1984 年 12 个月生长期的 MVen 77 木薯品种，施肥和不施肥条件下的木薯植株中氮、磷、钾、钙、镁和硫的累积情况

Figure 5-14 Accumulation of N, P, K, Ca, Mg and S in fertilized and unfertilized but non-irrigated cassava, cv. MVen 77, during a 12-month growth cycle in Carimagua, Colombia, in 1983/84

资料来源：Howeler，1985a

Source：Howeler，1985a

其是氮、磷、钾和钙元素；但镁和硫元素的情况相反，在未施肥植株中的含量较高。临近收获期，氮、钙、镁、硫及所有的微量元素主要累积在植株地上部，磷和钾主要累积在根部。

在灌溉、不灌溉、施肥、不施肥4种条件下，木薯植株中总干物质量和养分累积量如表5-16所示。植后3~5个月只进行了5次沟灌，与灌溉相比，施肥对干物质和养分累积量（包括钙、镁、硫）的影响更明显。

表5-16 1983—1984年在哥伦比亚的Carimagua试验站的灌溉、不灌溉、施肥、不施肥4种条件下，12个月生长期的MVen 77木薯品种的干物质总量和养分累积量（g/株）

Table 5-16 Effect of irrigation and fertilizer application on the total dry matter (DM) and nutrient accumulation (g/plant) during a 12-month growth cycle of cassava, MVen 77, in Carimagua Colombia, in 1983/84

养分 Nutrient	处理 Treats	植后月数 Months after planting								
		1	2	3	4	5	6	8	10	12
DM	I_0F_0	11	90	115	234	349	469	546	1 124	1 115
	I_0F_1	12	152	227	375	439	563	1 057	1 491	1 456
	I_1F_0	13	116	166	347	516	560	739	1 121	1 271
	I_1F_1	13	146	199	447	711	889	1 359	1 778	1 986
N	I_0F_0	0. 38	2. 79	2. 34	2. 50	2. 81	4. 04	4. 78	6. 91	7. 88
	I_0F_1	0. 45	5. 34	5. 22	5. 51	5. 91	7. 80	9. 82	10. 59	12. 65
	I_1F_0	0. 42	3. 59	2. 89	4. 03	5. 00	4. 94	5. 27	8. 20	10. 40
	I_1F_1	0. 52	5. 33	4. 76	6. 05	7. 29	8. 98	9. 61	9. 52	14. 71
P	I_0F_0	0. 03	0. 27	0. 24	0. 32	0. 37	0. 59	0. 61	1. 01	1. 05
	I_0F_1	0. 03	0. 57	0. 56	0. 56	0. 55	0. 85	1. 24	1. 75	1. 95
	I_1F_0	0. 03	0. 41	0. 31	0. 46	0. 48	0. 92	0. 97	1. 22	1. 20
	I_1F_1	0. 03	0. 54	0. 54	0. 65	0. 88	1. 10	1. 68	2. 13	2. 53

（续表）

养分 Nutrient	处理 Treats	植后月数 Months after planting								
		1	2	3	4	5	6	8	10	12
K	I_0F_0	0. 29	1. 95	1. 28	1. 76	2. 21	3. 14	3. 37	5. 79	5. 92
	I_0F_1	0. 36	3. 63	3. 26	3. 90	3. 18	4. 85	8. 34	9. 46	11. 75
	I_1F_0	0. 27	2. 73	1. 80	2. 92	2. 93	4. 52	5. 19	6. 67	6. 95
	I_1F_1	0. 41	3. 58	2. 96	5. 14	8. 32	8. 58	13. 67	14. 45	16. 47
Ca	I_0F_0	0. 17	1. 31	1. 11	1. 77	2. 26	2. 79	2. 72	4. 08	4. 32
	I_0F_1	0. 19	2. 27	2. 43	3. 25	4. 98	5. 71	6. 75	7. 55	8. 35
	I_1F_0	0. 19	1. 71	1. 46	2. 19	2. 59	3. 26	3. 28	4. 37	4. 42
	I_1F_1	0. 22	2. 43	2. 02	3. 20	4. 59	5. 29	6. 53	6. 29	8. 24
Mg	I_0F_0	0. 05	0. 39	0. 30	0. 41	0. 48	0. 72	0. 75	1. 57	1. 71
	I_0F_1	0. 04	0. 55	0. 50	0. 59	0. 66	0. 82	1. 25	1. 80	1. 82
	I_1F_0	0. 04	0. 54	0. 36	0. 55	0. 78	0. 90	1. 08	1. 74	1. 81
	I_1F_1	0. 04	0. 51	0. 45	0. 67	0. 99	1. 23	1. 60	1. 83	2. 37
S	I_0F_0	0. 02	0. 17	0. 18	0. 34	0. 31	0. 44	0. 48	0. 92	0. 89
	I_0F_1	0. 02	0. 49	0. 29	0. 44	0. 34	0. 61	0. 67	1. 35	1. 23
	I_1F_0	0. 02	0. 26	0. 18	0. 46	0. 45	0. 52	0. 76	1. 29	1. 24
	I_1F_1	0. 03	0. 24	0. 23	0. 48	0. 68	0. 74	1. 12	1. 57	1. 79

注：I_0 = 不灌溉；I_1 = 灌溉；F_0 = 不施肥；F_1 = 施肥

资料来源：Howeler，1985a

Note：I_0 = without irrigation；I_1 = with irrigation；F_0 = without fertilizer；F_1 = with fertilizer

Source：Howeler，1985a

在不灌溉但施肥条件下，植株地上部、根和落叶中养分分配情况如表5-17（A）、5-17（B）所示。植株地上部、根和落叶中大中量元素累积量均逐渐增长，但增长速度低于灌溉植株。除 Mn 和 Zn 外，植株中其余微量元素累积量在收获时，均略有降低。

表 5-17（A） 在哥伦比亚的 Carimagua 试验站的不灌溉但施肥条件下，1983—1984 年 12 个月生长期的 MVen 77 木薯品种其植株地上部、根和落叶中大中量元素分配情况（g/株）

Table 5-17（A） Macro element and secondary element nutrient distribution between tops，roots and fallen leaves（g/plant） of fertilized but non-irrigated cassava，MVen 77，during a 12-month growth cycle in Carimagua，Colombia，in 1983/84

养分 Nutrient	部位 Parts	植后月数 Months after planting								
		1	2	3	4	5	6	8	10	12
N	地上部 Tops	0.45	5.0	4.4	4.0	3.9	5.3	5.4	6.1	6.4
	根 Roots	0	0.34	0.7	1.3	1.6	1.9	3.2	2.7	4.3
	落叶 Fallen leaves	—	—	0.04	0.18	0.34	0.66	1.13	1.70	1.95
	小计 Total	0.45	5.34	5.22	5.51	5.91	7.80	9.82	10.59	12.65
P	地上部 Tops	0.03	0.53	0.44	0.33	0.28	0.42	0.51	0.67	0.75
	根 Roots	0	0.04	0.11	0.22	0.25	0.39	0.66	0.97	1.07
	落叶 Fallen leaves	—	—	0	0.01	0.02	0.04	0.07	0.11	0.13
	小计 Total	0.03	0.57	0.55	0.56	0.55	0.85	1.24	1.75	1.95
K	地上部 Tops	0.33	3.28	2.35	2.23	1.63	2.61	3.78	3.71	4.76
	根 Roots	0.03	0.35	0.89	1.61	1.45	2.09	4.28	5.35	6.54
	落叶 Fallen leaves	—	—	0	0.05	0.10	0.15	0.27	0.38	0.46
	小计 Total	0.36	3.63	3.26	3.90	3.18	4.85	8.34	9.46	11.75
Ca	地上部 Tops	0.18	2.19	2.31	2.67	2.29	2.53	2.92	3.27	3.52
	根 Roots	0.01	0.08	0.11	0.26	0.21	0.34	0.60	0.59	0.99
	落叶 Fallen leaves	—	—	0.01	0.31	2.47	2.84	3.24	3.16	3.29
	小计 Total	0.19	2.27	2.43	3.25	4.98	5.71	6.75	7.02	7.80
Mg	地上部 Tops	0.03	0.51	0.44	0.46	0.46	0.52	0.70	0.93	0.98
	根 Roots	0.01	0.04	0.06	0.09	0.12	0.15	0.33	0.59	0.54
	落叶 Fallen leaves	—	—	0	0.03	0.08	0.14	0.21	0.28	0.30
	小计 Total	0.04	0.55	0.50	0.58	0.66	0.81	1.24	1.80	1.82
S	地上部 Tops	0.02	0.44	0.25	0.29	0.21	0.31	0.36	0.62	0.61
	根 Roots	0	0.04	0.03	0.13	0.09	0.24	0.20	0.59	0.45
	落叶 Fallen leaves	—	—	0	0.02	0.03	0.06	0.10	0.15	0.17
	小计 Total	0.02	0.48	0.28	0.44	0.34	0.61	0.67	1.35	1.23

资料来源：Howeler，1985a

Source：Howeler，1985a

表 5-17（B） 在哥伦比亚的 Carimagua 试验站的不灌溉但施肥条件下，1983—1984 年 12 个月生长期的 MVen 77 木薯品种其植株地上部、根和落叶中的微量元素分配情况（mg/株）

Table 5-17（B） Micro element nutrient distribution between tops，roots and fallen leaves（mg/plant）of fertilized but non-irrigated cassava，MVen 77，during a 12-month growth cycle in Carimagua，Colombia，in 1983/84

养分 Nutrient	部位 Parts	植后月数 Months after planting								
		1	2	3	4	5	6	8	10	12
B	地上部 Tops	0.2	2.6	2.8	3.3	3.4	3.5	6.8	6.1	5.4
	根 Roots	0	0.3	0.3	0.5	1.1	1.3	1.3	4.8	4.5
	落叶 Fallen leaves	—	—	0	0.8	0.9	1.4	2.0	2.7	3.0
	小计 Total	0.2	2.9	3.2	4.7	5.4	6.3	10.2	13.7	12.8
Cu	地上部 Tops	0.1	1.7	1.5	1.3	1.1	1.5	1.8	2.4	2.2
	根 Roots	0	0.6	0.3	0.8	0.7	0.9	1.2	4.0	1.9
	落叶 Fallen leaves	—	—	0	0	0.1	0.3	0.5	0.8	0.9
	小计 Total	0.1	2.3	1.8	2.2	1.9	2.7	3.5	7.2	5.0
Fe	地上部 Tops	2.0	12.5	14.4	18.8	26.2	42.8	31.7	68.0	29.1
	根 Roots	10.6	16.5	10.9	27.5	25.6	41.6	65.4	58.0	57.5
	落叶 Fallen leaves	—	—	4.1	17.2	30.1	111.3	156.7	230.5	251.3
	小计 Total	12.6	36.7	54.5	75.3	101.3	277.5	345.7	374.1	358.9
Mn	地上部 Tops	1.3	23.2	26.7	31.2	24.7	27.9	30.9	36.2	36.8
	根 Roots	0.6	1.9	1.2	2.6	1.2	2.1	3.6	2.3	3.8
	落叶 Fallen leaves	—	—	0.4	3.9	7.9	13.7	21.1	27.2	29.8
	小计 Total	1.9	25.2	28.1	37.7	33.8	43.7	55.7	65.8	70.3
Zn	地上部 Tops	2.2	6.7	5.7	6.0	5.4	6.6	8.4	13.3	16.5
	根 Roots	0.3	0.8	0.6	2.2	2.0	3.8	3.3	6.3	6.3
	落叶 Fallen leaves	—	—	0	0.9	2.4	4.0	6.4	10.5	11.8
	小计 Total	2.5	7.5	6.3	9.0	9.8	14.5	18.1	30.2	34.6

注：落叶可能被土壤中的 Fe 污染

Note：The fallen leaves were probably contaminated with Fe from the soil

资料来源：Howeler，1985a

Source：Howeler，1985a

如表5-18（A）、5-18（B）所示，植后第12个月即收获期，施肥和不施肥植株的块根干物质量占全株干物质量的比例差别不大，但施肥植株的块根干物质量比不施肥植株高30%，施肥植株块根中氮、磷、钾累积量分别为67.3 kg/hm^2、16.8 kg/hm^2、102.1 kg/hm^2，未施肥植株块根中养分累积量仅约为施肥植株的50%，甚至更低，块根中氮、磷、钾累积量分别为30.3 kg/hm^2、7.5 kg/hm^2、54.9 kg/hm^2。可见，块根收获时带走的养分量与鲜薯单产不成正比，因为合理施肥且高产的木薯，养分大量累积在块根中，块根中养分累积量的增加远高于鲜薯单产的提升。因此，收获时，施肥比不施肥的鲜薯会带走更多的养分，意味着需要更加重视补充施肥，以维持土壤的正常养分水平。

表5-18（A） 在哥伦比亚Carimagua试验站的不灌溉且不施肥条件下，1983—1984年12个月生长期的MVen 77木薯品种的植株内干物质和养分的累积情况

Table 5-18（A） DM and nutrient distribution in 12-month old cassava，MVen 77，grown without fertilization and without irrigation in Carimagua，Colombia，in 1983/84

土壤参数 Soil parameter	地上部 Tops	根 Roots	累积落叶 Accumulated fallen leaves	总计 Total
DM（t/hm^2）	5.11	10.75	1.55	17.41
N（kg/hm^2）	69.10	30.30	23.70	123.10
P（kg/hm^2）	7.40	7.50	1.50	16.40
K（kg/hm^2）	33.60	54.90	4.00	92.50
Ca（kg/hm^2）	37.40	5.40	24.70	67.50
Mg（kg/hm^2）	16.20	6.50	4.00	26.70
S（kg/hm^2）	8.20	3.30	2.50	14.00
B（kg/hm^2）	0.07	0.08	0.04	0.19
Cu（kg/hm^2）	0.03	0.02	0.01	0.06
Fe（kg/hm^2）	0.45	0.38	—	—
Mn（kg/hm^2）	0.33	0.02	0.37	0.72
Zn（kg/hm^2）	0.26	0.10	0.18	0.54

资料来源：Howeler，1985a

Source：Howeler，1985a

表 5-18（B） 在哥伦比亚 Carimagua 试验站的不灌溉但施肥条件下，1983—1984 年 12 个月生长期的 MVen 77 木薯品种的植株内干物质和养分的累积情况

Table 5-18（B） DM and nutrient distribution in 12-month old cassava，MVen 77，grown with fertilization and without irrigation in Carimagua，Colombia，in 1983/84

土壤参数 Soil parameter	地上部 Tops	根 Roots	累积落叶 Accumulated fallen leaves	总计 Total
DM（t/hm^2）	6.91	13.97	1.86	22.74
N（kg/hm^2）	99.90	67.30	30.50	197.70
P（kg/hm^2）	11.70	16.80	2.00	30.50
K（kg/hm^2）	74.30	102.10	7.10	183.50
Ca（kg/hm^2）	55.00	15.50	31.90	102.40
Mg（kg/hm^2）	15.30	8.40	4.70	28.40
S（kg/hm^2）	9.60	7.00	2.60	19.30
B（kg/hm^2）	0.08	0.07	0.05	0.20
Cu（kg/hm^2）	0.03	0.03	0.02	0.08
Fe（kg/hm^2）	0.78	0.90	—	—
Mn（kg/hm^2）	0.57	0.06	0.46	1.09
Zn（kg/hm^2）	0.30	0.17	0.19	0.66

资料来源：Howeler，1985a

Source：Howeler，1985a

四、土壤特性变化

如图 5-15 所示，在木薯生长周期中，土壤无机氮、速效磷、交换性钾含量均逐渐降低。施肥地块的最初养分含量高于未施肥地块，但随着施肥地块中木薯对养分的吸收，两地块间的养分含量差距逐渐减小，施肥植株中氮、磷、钾的累积量分别为 198 kg/hm^2、30 kg/hm^2、183 kg/hm^2。施肥植株块根被收获时，木薯收获时会带走大量钾，从而导致土壤中的钾枯竭。

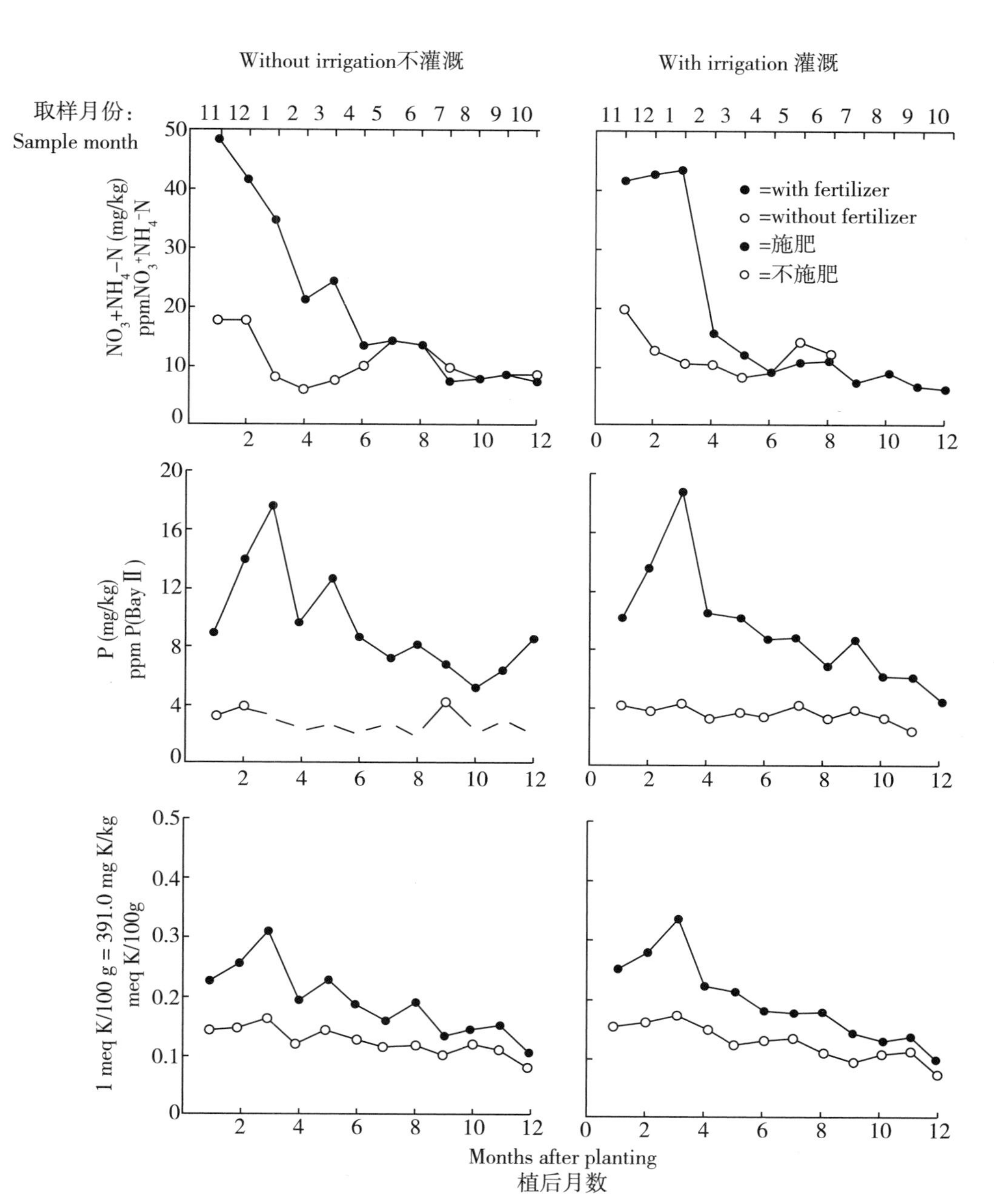

图 5-15　在哥伦比亚 Carimagua 试验站的施肥和不施肥条件下，1983—1984 年 12 个月生长期的 MVen 77 木薯品种的土壤养分含量变化

Figure 5-15　Change in nutrient concentrations of fertilized and unfertilized soil during a 12-month growth cycle of cassava，MVen 77，grown without and with irrigation in Carimagua，Colombia，in 1983/84

资料来源：Howeler，1985a

Source：Howeler，1985a

木薯生育期内，土壤养分参数变化如表 5-19 所示。土壤 pH、交换性钙、交换性铝含量及铝饱和度略有增加；镁含量略有降低；无机氮含量变化不大，仅在植后 4~5 月的旱季略有增加。

表 5-19　在哥伦比亚 Carimagua 试验站的灌溉、不灌溉、施肥、不施肥条件下，1983—1984 年 12 个月生长期的 MVen 77 木薯品种的土壤养分含量变化

Table 5-19　Change in soil characteristics during a 12 months crop cycle of cassava，MVen77，grown with or without irrigation and with or without fertilizers in Carimagua，Colombia，in 1983/84

土壤参数 Soil parameter	处理 Treats	植后月数 Months after planting								
		1	2	3	4	5	6	8	10	12
pH	I_0F_0[1)]	4.8	4.7	4.9	5.0	5.1	4.8	4.7	5.0	4.8
	I_0F_1	4.5	4.4	4.4	4.6	4.6	4.6	4.7	4.9	4.8
	I_1F_0	4.8	5.0	4.8	4.8	4.8	4.8	4.8	5.2	4.9
	I_1F_1	4.6	4.5	4.4	4.8	4.7	4.8	4.9	5.1	5.0
硝态氮、氨态氮（mg/kg）NO_3-N+NH_4-N	I_0F_0	17.5	17.5	8.0	5.7	7.5	9.7	13.4	8.2	8.0
	I_0F_1	48.1	41.8	34.0	20.8	24.1	13.5	13.3	8.2	7.3
	I_1F_0	19.4	12.6	10.4	10.4	8.2	8.1	12.5	9.0	5.5
	I_1F_1	41.1	42.3	43.2	15.0	12.0	8.6	11.0	8.0	6.3
总氮（mg/kg）Total N	I_0F_0	1 204	1 064	1 260	1 372	1 344	1 288	1 123	1 204	1 372
	I_0F_1	1 176	1 176	1 260	1 428	1 316	1 316	1 204	1 204	1 316
	I_1F_0	1 176	1 192	1 204	1 316	1 316	1 232	1 120	1 148	1 232
	I_1F_1	1 204	1 148	1 204	1 232	1 204	1 260	1 064	1 120	1 176
P（mg/kg）	I_0F_0	3.3	3.8	3.3	2.4	2.7	2.4	2.0	2.2	2.5
	I_0F_1	8.9	14.0	17.6	9.7	12.8	8.6	8.4	5.2	8.6
	I_1F_0	4.3	3.8	4.3	3.3	3.6	3.4	3.1	3.1	4.0
	I_1F_1	10.2	13.6	18.8	10.6	10.3	8.8	6.8	6.1	4.3

（续表）

土壤参数 Soil parameter	处理 Treats	植后月数 Months after planting								
		1	2	3	4	5	6	8	10	12
K（mg/kg）	I_0F_0	54.7	54.7	62.6	46.9	54.7	50.8	46.9	46.9	31.3
	I_0F_1	86.0	97.8	121.2	74.3	89.9	74.3	74.3	54.7	39.1
	I_1F_0	58.7	62.6	66.5	58.7	46.9	50.8	43.0	43.0	27.4
	I_1F_1	97.8	109.5	132.9	86.0	82.1	70.4	70.4	50.8	35.2
Ca（mg/kg）	I_0F_0	152.3	172.3	222.4	198.4	214.4	258.5	188.4	180.4	174.3
	I_0F_1	178.4	212.4	306.6	270.5	350.7	312.6	224.4	196.4	218.4
	I_1F_0	228.5	222.4	220.4	188.4	172.3	214.4	222.4	256.5	182.4
	I_1F_1	248.5	272.5	278.6	244.5	208.4	274.5	232.5	214.4	242.5
Mg（mg/kg）	I_0F_0	37.7	36.5	52.3	40.1	47.4	47.4	41.3	37.7	32.8
	I_0F_1	42.6	43.8	52.3	40.1	47.4	38.9	40.1	35.3	38.9
	I_1F_0	54.7	42.6	47.4	42.6	38.9	43.8	38.9	48.6	35.3
	I_1F_1	49.9	51.1	52.3	47.4	38.9	46.2	37.7	37.7	42.6
Al（mg/kg）	I_0F_0	215.9	224.9	179.9	197.9	179.9	197.9	206.9	224.9	224.9
	I_0F_1	215.9	215.9	179.9	188.9	179.9	197.9	206.9	224.9	206.9
	I_1F_0	170.9	179.9	188.9	206.9	215.9	224.9	188.9	161.9	206.9
	I_1F_1	161.9	161.9	152.9	170.9	188.9	188.9	170.9	197.9	179.9
铝饱和度（%） Al-saturation	I_0F_0	66	65	53	60	56	55	61	64	66
	I_0F_1	63	59	47	53	43	52	58	64	60
	I_1F_0	53	55	55	61	64	61	58	50	64
	I_1F_1	49	46	45	51	57	51	54	59	55

注：I_0=不灌溉；I_1=灌溉；F_0=不施肥；F_1=施肥

资料来源：Howeler，1985a

Note：I_0=without irrigation；I_1=with irrigation；F_0=without fertilizer；F_1=with fertilizer

Source：Howeler，1985a

五、菌根感染变化

如表5-20所示，菌根孢子主要存在于木薯生长早期的表层土壤中，但由于11月至次年4月的旱季土壤缺水等原因，导致菌根孢子数量随土壤深度加深而增多。5月份雨季开始后，土壤表层的孢子数再次增加，在木薯的整个生育期中，60~80 cm土层中菌根孢子数量最多。

表5-20　在哥伦比亚Carimagua试验站，1983—1984年
12个月生长期的木薯不同土层深度的菌根孢子分布

Table 5-20　Mycorrhizal spores at different soil depths during a 12-month growth cycle of Cassava，MVen 77，in Carimagua，Colombia，in 1983/84

土层深度（cm）Soil depth	植后不同月数孢子数量/100 g土壤 Number of spores/100 g dry soil											
	植后月数 Months after planting											
	1	2	3	4	5	6	7	8	9	10	11	12
0~20	—	120	27	2	20	35	147	200	197	676	388	244
20~40	—	32	40	10	100	38	139	209	499	603	279	348
40~60	—	24	114	46	166	76	71	180	456	285	503	467
60~80	—	0	9	12	231	66	10	112	276	374	569	249
80~100	—	0	0	0	17	36	5	46	78	269	295	134

资料来源：Howeler，1985a

Source：Howeler，1985a

六、小结

哥伦比亚热带气候条件下施肥和灌溉对木薯养分吸收与分配的影响试验表明，灌溉对木薯上部叶片中氮、磷、钾含量影响不大，也可以说，土壤水分状况对养分吸收影响不大。然而，无论是灌溉和不灌溉地块，氮、磷、钾含量在旱季明显降低，雨季含量明显增加。

在灌溉、不灌溉、施肥、不施肥 4 种条件下，与灌溉相比，施肥对木薯干物质和养分累积量（包括钙、镁、硫）的影响更明显。试验也表明，灌溉配合施肥能起到更好的增产作用，合理的灌溉可促进木薯对养分的吸收利用。可见，木薯确实是耐旱作物，除非是重旱条件，否则，灌溉对增产意义不大，在正常气候条件下，一般不推荐灌溉木薯；木薯施肥比灌溉有更明显的增产作用，所以，要特别重视给木薯施肥。

木薯生长周期中，土壤无机氮、速效磷、交换性钾含量均降低。施肥地块的最初养分含量高于未施肥地块，但随着施肥地块中木薯对养分的吸收，施肥和不施肥地块间的养分含量差距逐渐减小。施肥植株的块根被收获时，木薯收获时会带走大量钾，导致土壤中的钾枯竭。且块根收获时带走的养分量与鲜薯单产不成正比，因为合理施肥且高产的木薯，养分大量累积在块根中，块根中养分含量的增加远高于鲜薯单产的提升。

值得注意的是，在哥伦比亚的灌溉和施肥试验中，均是沟灌，这提升了土壤水分状况，该灌溉方式对木薯干物质、养分分配等影响均是以增加土壤水分为主。若是采用喷灌、滴灌等方式，可能对木薯植株内的养分累积规律产生不同的影响，可进一步尝试不同灌溉方式对木薯植株的养分累积规律的影响试验。

第三节 防风与施肥互作对哥伦比亚木薯养分吸收与分配的影响

1984—1985 年在哥伦比亚 Carimagua 试验站开展防风和施肥互作对木薯养分吸收与分配的影响试验，以达到施肥和抗风的有效结合，实现木薯的稳产高产。

一、干物质累积和分配

试验小区四周有象草防风篱、无象草防风篱、施肥和不施肥4个处理对木薯不同组织中干物质累积和分配的影响如表5-21（A）、5-21（B）、5-21（C）、5-21（D）所示。与不施肥植株相比，有或无象草防风篱条件下，施肥植株叶片、茎、根及整株中干物质累积量明显较高；且有象草防风篱条件下施肥更有利于干物质的吸收。

表5-21（A） 在哥伦比亚Carimagua试验站的无象草防风篱和不施肥条件下，1984—1985年12个月生长期的MVen 77木薯品种的不同植株组织的干物质生产和分配（g/株）

Table 5-21（A） Dry matter production and distribution（g/plant）among various plant parts during an 12-month growth cycle of cassava，MVen 77，grown without a windbreak of elephant grass and without fertilization（W_0[1] F_0[2]） in Carimagua，Colombia，in 1984/85

植后月数 Months after planting	叶片 Leaf blades	叶柄 Petioles	茎 Stems	根 Roots	累积落叶 Accumulated fallen leaves	总计 Total
1	5.27	1.64	1.58	0.35	—	8.84
2	11.05	3.69	4.15	3.09	—	21.98
3	2.12	0.56	2.14	6.58	0.20	11.60
4	4.54	0.97	6.88	26.06	0.81	39.26
5	9.64	2.81	17.88	45.36	9.73	85.42
6	12.62	4.19	14.79	41.30	9.73	82.63
8	76.65	20.89	61.74	77.88	9.73	246.89
10	37.73	9.43	116.76	384.44	68.38	616.74
12	16.65	3.82	145.00	325.11	96.25	586.83

注：1）W_0=无防风篱；2）F_0=不施肥

资料来源：Howeler，1985a

Note：1）W_0=without a windbreak of elephant grass；2）F_0=without fertilizers；

Source：Howeler，1985a

表 5-21（B） 在哥伦比亚 Carimagua 试验站的无象草防风篱和施肥条件下，1984—1985 年 12 个月生长期的 MVen 77 木薯品种的不同植株组织的干物质生产和分配（g/株）

Table 5-21（B） Dry matter production and distribution（g/plant） among various plant parts during an 12-month growth cycle of cassava, MVen 77, grown without a windbreak of elephant grass and with fertilization（W_0[1)] F_1[2)]） in Carimagua, Colombia, in 1984/85

植后月数 Months after planting	叶片 Leaf blades	叶柄 Petioles	茎 Stems	根 Roots	累积落叶 Accumulated fallen leaves	总计 Total
1	12. 75	3. 98	4. 51	0. 55	—	21. 79
2	20. 54	10. 00	17. 00	17. 58	—	65. 12
3	2. 97	0. 52	4. 26	10. 04	0. 47	18. 26
4	4. 26	1. 12	18. 70	42. 15	4. 55	70. 78
5	10. 56	2. 59	53. 90	43. 56	11. 19	121. 80
6	24. 00	7. 00	39. 33	61. 50	11. 19	143. 02
8	125. 74	49. 18	141. 71	156. 58	11. 19	484. 40
10	60. 48	16. 86	329. 17	410. 32	77. 77	894. 60
12	25. 19	5. 22	307. 70	531. 79	98. 17	968. 07

注：1）W_0=无防风篱；2）F_1=施肥
资料来源：Howeler，1985a
Note：1）W_0=without a windbreak of elephant grass；2）F_1=with fertilizers
Source：Howeler，1985a

表 5-21（C） 在哥伦比亚 Carimagua 试验站的有象草防风篱和不施肥条件下，1984—1985 年 12 个月生长期的 MVen 77 木薯品种的不同植株组织的干物质生产和分配（g/株）

Table 5-21（C） Dry matter production and distribution（g/plant） among various plant parts during an 12-month growth cycle of cassava, MVen 77, grown with a windbreak of elephant grass and without fertilization（W_1[1)] F_0[2)]） in Carimagua, Colombia, in 1984/85

植后月数 Months after planting	叶片 Leaf blades	叶柄 Petioles	茎 Stems	根 Roots	累积落叶 Accumulated fallen leaves	总计 Total
1	3. 95	1. 30	1. 51	0. 29	—	7. 05
2	9. 85	3. 28	4. 91	4. 87	—	22. 91
3	2. 23	0. 49	0. 88	3. 92	0. 13	7. 65
4	3. 78	0. 87	7. 77	30. 49	3. 55	46. 46
5	6. 17	1. 82	19. 33	40. 34	12. 91	80. 57

（续表）

植后月数 Months after planting	叶片 Leaf blades	叶柄 Petioles	茎 Stems	根 Roots	累积落叶 Accumulated fallen leaves	总计 Total
6	12.76	3.61	12.67	40.27	12.91	82.22
8	52.19	16.88	53.20	79.21	12.91	214.39
10	33.08	9.14	145.66	348.97	62.14	598.99
12	19.65	4.62	129.10	281.77	85.83	520.97

注：1）W_1＝有防风篱；2）F_0＝不施肥

资料来源：Howeler，1985a

Note：1）W_1＝with a windbreak of elephant grass；2）F_1＝without fertilizers；

Source：Howeler，1985a

表 5-21（D）　在哥伦比亚 Carimagua 试验站的有象草防风篱和施肥条件下，1984—1985 年 12 个月生长期的 MVen 77 木薯品种的不同植株组织的干物质生产和分配（g/株）

Table 5-21（D）　Dry matter production and distribution（g/plant）among various plant parts during an 12-month growth cycle of cassava，MVen 77，grown with a windbreak of elephant grass and with fertilization（W_1[1] F_1[2]）in Carimagua，Colombia，in 1984/85

植后月数 Months after planting	叶片 Leaf blades	叶柄 Petioles	茎 Stems	根 Roots	累积落叶 Accumulated fallen leaves	总计 Total
1	13.48	4.90	5.02	0.47	—	23.87
2	26.75	11.86	17.45	22.23	—	78.29
3	2.67	0.55	4.19	12.09	0.49	19.99
4	4.11	0.99	19.80	37.26	5.46	67.62
5	11.13	2.63	42.50	53.04	22.42	131.72
6	27.72	9.70	43.44	62.58	22.42	165.86
8	148.50	89.20	166.60	144.11	22.42	570.83
10	67.26	19.50	363.70	446.12	118.24	1 014.82
12	26.47	5.55	387.90	585.32	159.04	1 164.28

注：1）W_1＝有防风篱；2）F_1＝施肥

资料来源：Howeler，1985a

Note：1）W_1＝with a windbreak of elephant grass；2）F_1＝with fertilizers；

Source：Howeler，1985a

如图 5-16 所示，虽然象草防风篱对木薯的干物质累积和分配影响较小，但只有在有防风篱条件下施肥才会有效果。施肥使得总干物质及块根中的干物质量增加了近 1 倍，施肥、不施肥条件下鲜薯单产分别为 22.85、11.00

t/hm²，有防风篱和无防风篱的鲜薯单产分别为 20.83 t/hm²、12.69 t/hm²。可见，防风篱有利于保障木薯稳产增产，特别是在台风多发地区，要特别注意台风对木薯的不利影响。

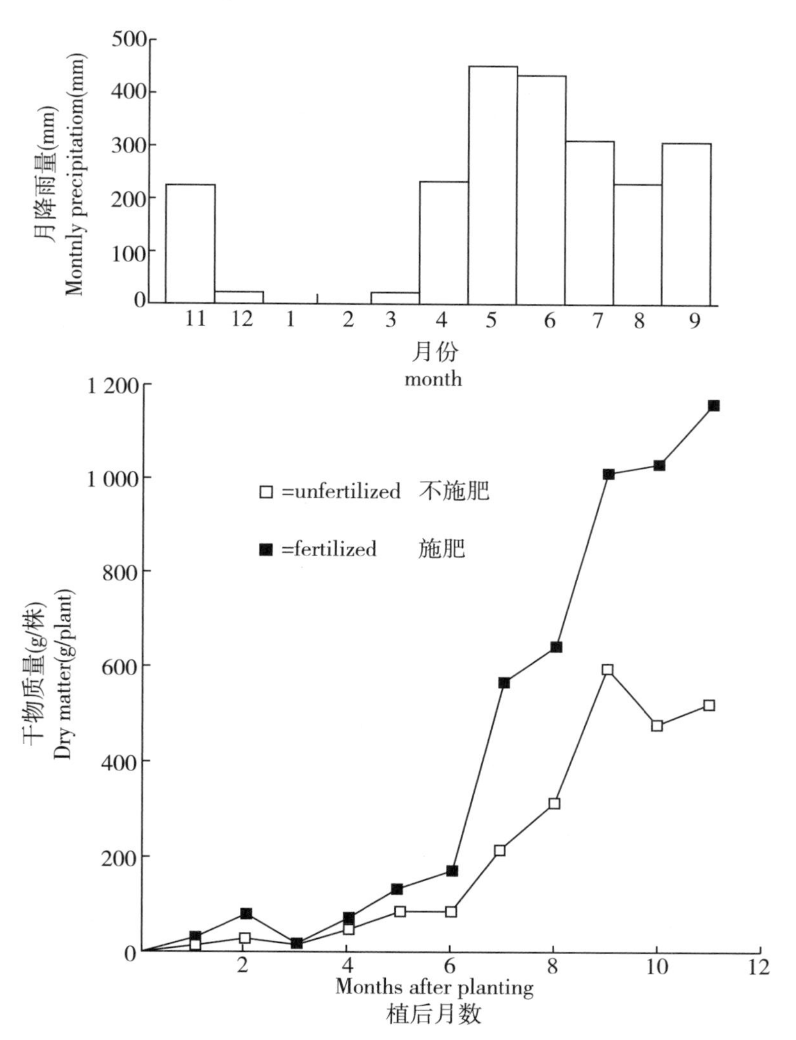

图 5-16　1984—1985 年在哥伦比亚 Carimagua 试验站的月降雨量，以及采取象草防风篱，在施肥和不施肥条件下 12 个月生长期的 MVen 77 木薯品种的干物质积累

Figure 5-16　Monthly precipitation and accumulative total dry matter production in fertilized and unfertilized cassava, grown with an elephant grass windbreak during an 12-month growth cycle in Carimagua, Colombia, in 1984/85

资料来源：Howeler，1985a

Source：Howeler，1985a

木薯在施肥条件下，干物质在根、茎、叶及落叶中的动态分配如图 5-17 所示。干物质最初主要累积在茎和叶中，但植后 3 个月，根成为干物质的主要累积部位。植后前 6 个月，由于极端干旱天气，产生新叶速度较慢，叶中干物质量较低，干旱还导致木薯在植后 3 个月时就出现了落叶现象。在植后 4 个月雨季来临后，新叶快速增多，最高达到 238 g/株。此后，随着茎和根的快速生长，叶产量下降，落叶增多。

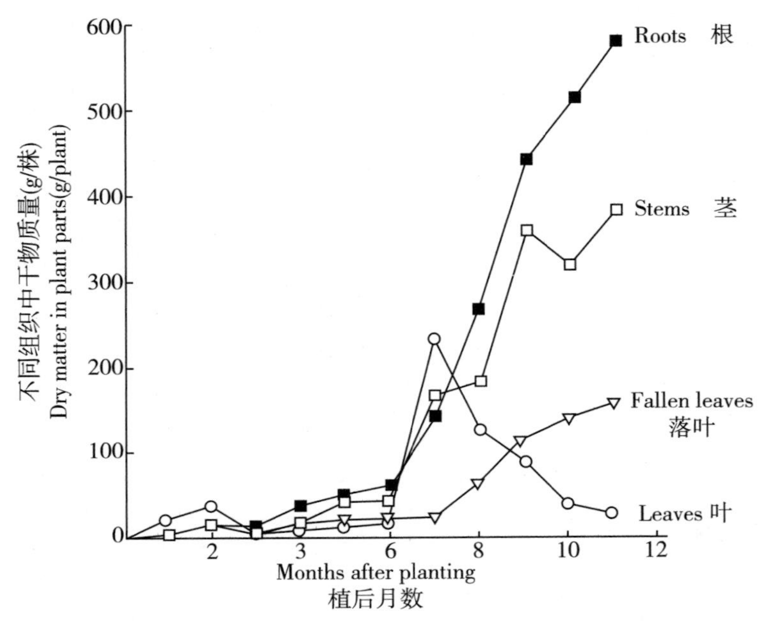

图 5-17 1984—1985 年在哥伦比亚 Carimagua 试验站，在有防风篱和施肥条件下，12 个月生长期的 MVen 77 木薯品种的不同植株部位的干物质分配

Figure 5-17 Dry matter distribution between different plant parts of cassava，MVen 77，during 12-month growth cycle in fertilized soil and with windbreaks in Carimagua，Colombia，in 1984/85

资料来源：Howeler，1985a

Source：Howeler，1985a

二、植物组织中养分浓度

最嫩完全展开叶的养分浓度变化如图 5-18 所示。旱季的植株组织中氮、磷、钾浓度降低，而在雨季，其含量明显升高，在植后 6 个月达到最大值。植后第 7 个月，养分含量仍不断增加，但植株快速生长尤其是叶的快速生长，导致新叶中的养分含量下降。可见，由于叶片中养分浓度的急剧变化，用叶片进行营养诊断时，不能在旱季取样，也不能在雨季的前2个月取样，应该在植后第8个月重新开始长叶的秋季或是雨季的第3个月取样。可见，为准确判断植株的营养状态，应在植株正常生长的时期开展植物组织取样诊断。

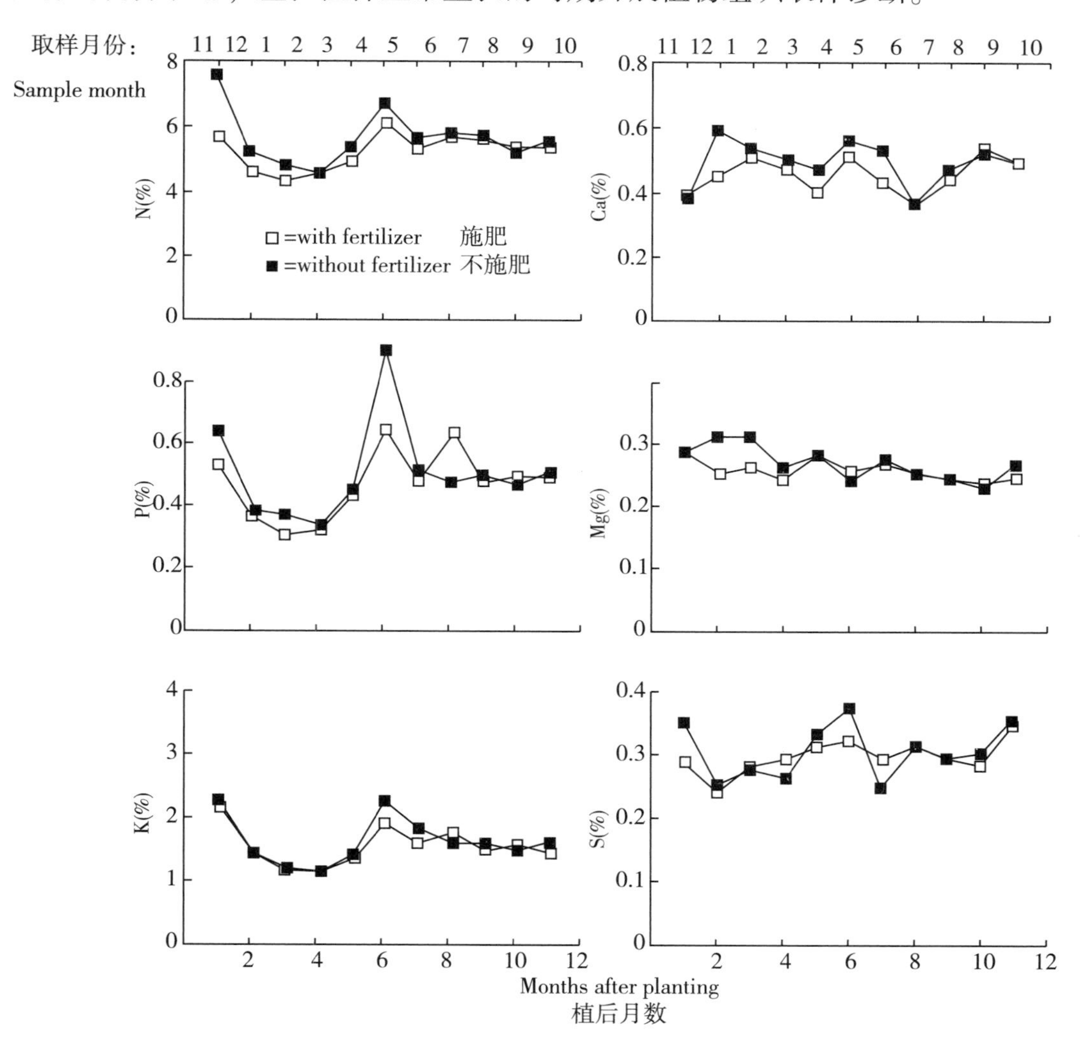

图5-18　在哥伦比亚Carimagua试验站的施肥和不施肥条件下，1984—1985年12个月生长期的MVen 77木薯品种最嫩完全展开叶中养分含量变化。数据为有和无象草防风篱小区的数据均值

Figure 5-18　Change in nutrient concentrations in youngest fully expanded leaf blades of cassava, MVen 77, during an 12-month growth cycle in fertilized and unfertilized soil in Carimagua, in 1984/1985. Data are the average of plots with and without elephant grass windbreaks

资料来源：Howeler，1985a

Source：Howeler，1985a

植后3~4个月植株各部位养分含量均值如表5-22（A）、5-22（B）、5-22（C）、5-22（D）所示。新叶及成熟叶片中氮、磷含量最高，其次为

表5-22（A） 1984—1985年在Carimagua试验站的不施肥条件下，MVen 77木薯品种植后3个月和4个月木薯不同部位的大中量元素含量。数据为有和无象草防风小区的植后3个月和4个月木薯的养分含量数据均值

Table 5-22（A） Macro element and secondary element nutrient concentration in various plant parts of unfertilized cassava，MVen 77，in Carimagua in 1984/85. Data are average values for cassava grown with and without elephant grass windbreaks at 3 and 4 months after planting

部位 Parts	N（%）	P（%）	K（%）	Ca（%）	Mg（%）	S（%）
嫩叶 Young leaves	4. 47	0. 30	1. 08	0. 50	0. 25	0. 29
叶片 Leaf blades	3. 28	0. 20	0. 94	0. 76	0. 22	0. 25
叶柄 Petioles	1. 03	0. 11	1. 53	1. 56	0. 36	0. 12
茎 Stems	1. 76	0. 17	0. 95	1. 60	0. 33	0. 16
须根 Fibrous roots	1. 12	0. 11	1. 59	0. 48	0. 23	0. 17
块根 Tuberous roots	0. 52	0. 09	0. 67	0. 09	0. 05	0. 06
落叶 Fallen leaves	1. 16	0. 08	0. 66	1. 64	0. 28	0. 14

资料来源：Howeler，1985a

Source：Howeler，1985a

表5-22（B） 1984—1985年在Carimagua试验站的不施肥条件下，MVen 77木薯品种植后3个月和4个月的不同部位微量元素含量。数据为有和无象草防风小区的植后3个月和4个月木薯的养分含量数据均值

Table 5-22（B） Micro element nutrient concentration in various plant parts of unfertilized cassava，MVen 77，in Carimagua in 1984/85. Data are average values for cassava grown with and without elephant grass windbreaks at 3 and 4 months after planting

部位 Parts	Fe（mg/kg）	Mn（mg/kg）	Zn（mg/kg）	Cu（mg/kg）	B（mg/kg）
嫩叶 Young leaves	608	106	70	8. 6	16
叶片 Leaf blades	635	107	111	7. 3	15

（续表）

部位 Parts	Fe (mg/kg)	Mn (mg/kg)	Zn (mg/kg)	Cu (mg/kg)	B (mg/kg)
叶柄 Petioles	191	205	153	4. 0	13
茎 Stems	156	90	130	10. 4	8
须根 Fibrous roots	2 191	116	130	87. 9	17
块根 Tuberous roots	377	6	20	4. 4	3
落叶 Fallen leaves	992	196	272	6. 5	15

资料来源：Howeler，1985a

Source：Howeler，1985a

表 5-22（C）　1984—1985 年在 Carimagua 试验站的施肥条件下，MVen 77 木薯品种植后 3 个月和 4 个月不同部位的大中量元素含量。数据为有和无象草防风小区的植后 3 个月和 4 个月木薯的养分含量数据均值

Table 5-22（C）　Macro element and secondary element nutrient concentration in various plant parts of fertilized cassava，MVen 77，in Carimagua in 1984/85. Data are average values for cassava grown with and without elephant grass windbreaks at 3 and 4 months after planting

部位 Parts	N（%）	P（%）	K（%）	Ca（%）	Mg（%）	S（%）
嫩叶 Young leaves	4. 74	0. 34	1. 06	0. 52	0. 28	0. 26
叶片 Leaf blades	3. 46	0. 22	0. 92	0. 76	0. 28	0. 20
叶柄 Petioles	1. 22	0. 11	1. 74	1. 58	0. 50	0. 08
茎 Stems	2. 62	0. 26	1. 31	1. 13	0. 18	0. 10
须根 Fibrous roots	1. 79	0. 15	2. 15	0. 52	0. 30	0. 12
块根 Tuberous roots	0. 87	0. 14	0. 90	0. 13	0. 06	0. 06
落叶 Fallen leaves	0. 78	0. 07	1. 14	2. 05	0. 41	0. 09

资料来源：Howeler，1985a

Source：Howeler，1985a

表 5-22（D） 1984—1985 年在 Carimagua 试验站的施肥条件下，MVen 77 木薯品种植后 3 个月和 4 个月不同部位的微量元素含量。数据为有和无象草防风小区的植后 3 个月和 4 个月木薯的养分含量数据均值

Table 5-22（D） Micro element nutrient concentration in various plant parts of fertilized cassava，MVen 77，in Carimagua in 1984/85. Data are average values for cassava grown with and without elephant grass windbreaks at 3 and 4 months after planting

部位 Parts	Fe（mg/kg）	Mn（mg/kg）	Zn（mg/kg）	Cu（mg/kg）	B（mg/kg）
嫩叶 Young leaves	649	127	73	9.4	16
叶片 Leaf blades	820	121	106	6.8	18
叶柄 Petioles	197	221	99	4.2	14
茎 Stems	128	62	88	9.7	9
须根 Fibrous roots	3 347	114	196	52.3	16
块根 Tuberous roots	226	12	23	4.3	4
落叶 Fallen leaves	320	195	204	4.6	14

注：须根可能被土壤污染

资料来源：Howeler，1985a

Note：The fibrous roots were probably contaminated with soil

Source：Howeler，1985a

茎。相反，钾、钙、镁元素在叶柄中含量最高，在叶片和新叶中含量较少。氮、磷、钾、钙、镁、硫含量均略低于其临界值，硼含量远低于其临界值，铁、锰、锌含量远高于其临界值，其中，铁含量已达毒害水平。

三、养分吸收与分配

有无防风篱、是否施肥对 11 个月生长期的木薯干物质和养分的累积量

影响如表 5-23 所示。施肥条件下干物质和养分累积量约为不施肥植株的 2 倍，但均低于 1983—1984 年试验的测定值。所有的养分中，氮累积量最高，其次为钾，磷、镁、硫累积量非常低。

表 5-23 1984—1985 年在哥伦比亚 Carimagua 试验站的有象草防风篱和施肥条件下，对 11 个月生长期的 MVen 77 木薯品种的植株干物质总量和养分累积量（g/株）的影响

Table 5-23 Effect of elephant grass wind breaks and fertilization on total dry matter（DM） and nutrient accumulation（g/plant） during an 11-month growth cycle of cassava，MVen 77，in Carimagua，Colombia，in 1984/85

养分 Nutrient	处理 Treats	植后月数 Months after planting								
		1	2	3	4	5	6	7	9	11
DM	W_0F_0	8.8	22.0	11.6	39.3	85.4	82.6	246.9	616.7	587.8
	W_0F_1	21.8	65.1	18.3	70.8	121.8	143.0	484.4	894.6	968.1
	W_1F_0	7.0	22.9	7.6	46.5	80.6	82.2	214.4	599.0	521.0
	W_1F_1	23.9	78.3	20.0	67.6	131.7	165.9	570.8	1 014.8	1 164.3
N	W_0F_0	0.33	0.62	0.16	0.43	0.98	1.20	5.00	6.61	5.06
	W_0F_1	1.09	1.60	0.30	0.80	1.65	2.53	8.49	8.34	7.18
	W_1F_0	0.25	0.55	0.12	0.44	0.83	1.18	3.17	4.90	4.20
	W_1F_1	1.20	1.82	0.36	1.01	2.29	3.55	11.55	8.95	8.93
P	W_0F_0	0.03	0.05	0.02	0.04	0.09	0.10	0.34	0.55	0.49
	W_0F_1	0.08	0.14	0.03	0.01	0.17	0.30	0.80	0.94	1.13
	W_1F_0	0.02	0.05	0.01	0.05	0.08	0.06	0.26	0.56	0.54
	W_1F_1	0.10	0.15	0.04	0.12	0.18	0.35	1.01	1.13	1.50
K	W_0F_0	0.22	0.35	0.10	0.29	0.68	0.62	1.43	4.38	2.91
	W_0F_1	0.62	0.92	0.19	0.62	0.92	1.36	4.95	7.64	5.61
	W_1F_0	0.17	0.33	0.07	0.32	0.53	0.56	1.93	3.95	3.06
	W_1F_1	0.74	1.05	0.21	0.82	0.93	1.57	7.60	7.73	7.82

（续表）

养分 Nutrient	处理 Treats	植后月数 Months after planting								
		1	2	3	4	5	6	7	9	11
Ca	W_0F_0	0.09	0.22	0.13	0.20	0.48	0.51	1.50	2.02	2.19
	W_0F_1	0.26	0.66	0.11	0.40	0.70	0.94	2.86	4.25	3.04
	W_1F_0	0.07	0.21	0.04	0.23	0.41	0.46	1.10	2.10	1.84
	W_1F_1	0.27	0.73	0.11	0.42	0.92	1.29	3.93	4.66	4.01
Mg	W_0F_0	0.03	0.06	0.02	0.05	0.12	0.14	0.44	0.60	0.69
	W_0F_1	0.07	0.17	0.03	0.09	0.16	0.22	0.84	1.06	1.06
	W_1F_0	0.02	0.05	0.02	0.06	0.11	0.13	0.32	0.67	0.56
	W_1F_1	0.08	0.20	0.03	0.09	0.23	0.31	0.95	1.21	1.25
S	W_0F_0	0.02	0.04	0.01	0.04	0.08	0.09	0.32	0.48	0.59
	W_0F_1	0.05	0.08	0.02	0.05	0.11	0.15	0.51	0.73	0.95
	W_1F_0	0.01	0.04	0.01	0.05	0.08	0.09	0.26	0.59	0.63
	W_1F_1	0.06	0.09	0.02	0.07	0.14	0.24	0.64	1.02	1.22

注：W_0=无象草防风篱；W_1=有象草防风篱；F_0=不施肥；F_1=施肥

资料来源：Howeler，1985a

Note：W_0=without wind breaks；W_1=with wind breaks；

F_0=without fertilization；F_1=with fertilization

Source：Howeler，1985a

在施肥和不施肥条件下，收获期的木薯植株内干物质分布情况如表 5-24 所示。收获时，约有 54%的钾、47%的磷、23%的氮累积在块根中。这说明，施肥条件下，木薯从土壤中带走的氮、磷、钾的量分别为 33、11、66 kg/hm^2；不施肥条件下，木薯从土壤中带走的氮、磷、钾的量分别为 14、4、25 kg/hm^2。大多数养分吸收是在 4、5 月份的雨季。

表 5-24 1984—1985 年在哥伦比亚的 Carimagua 试验站的施肥和不施肥条件下，MVen 77 木薯品种在植后 11 个月收获时植株上部、根和落叶中的养分分配

Table 5-24 Nutrient distribution between top, roots and fallen leaves of fertilized and unfertilized cassava, MVen 77, at time of harvest at 11 MAP in Carimagua, Colombia, in 1984/85

养分 Nutrient	部位 Parts	养分积累（mg/株） Nutrient accumulation（mg/plant）		比例（%） Percent	
		F_0	F_1	F_0	F_1
N	地上部 Tops	2 201	4 903	52.4	54.9
	根 Roots	872	2 111	20.8	23.6
	落叶 Fallen leaves	1 126	1 917	26.8	21.5
	小计 Total	4 199	8 931	100.0	100.0
P	地上部 Tops	211	660	38.9	44.0
	根 Roots	253	702	46.7	46.7
	落叶 Fallen leaves	78	139	14.4	9.3
	小计 Total	542	1 501	100.0	100.0
K	地上部 Tops	1 233	3 078	40.3	39.4
	根 Roots	1 607	4 214	52.5	53.9
	落叶 Fallen leaves	220	523	7.2	6.7
	小计 Total	3 060	7 815	100.0	100.0
Ca	地上部 Tops	759	1 443	41.4	36.0
	根 Roots	141	469	7.6	11.7
	落叶 Fallen leaves	935	2 100	51.0	52.3
	小计 Total	1 835	4 012	100.0	100.0
Mg	地上部 Tops	247	624	44.2	50.0
	根 Roots	169	292	30.2	23.4
	落叶 Fallen leaves	143	331	25.6	26.6
	小计 Total	559	1 247	100.0	100.0
S	地上部 Tops	307	600	48.7	49.2
	根 Roots	197	410	31.2	33.6
	落叶 Fallen leaves	127	209	20.1	17.2
	小计 Total	631	1 219	100	100

注：1）数据来源于有象草防风篱的小区

资料来源：Howeler，1985a

Note：1）Data are from plots with wind breaks

Source：Howeler，1985a

四、土壤特性变化

11 个月生长期的木薯地，其土壤养分含量变化如图 5-19 和表 5-25 所

示。在 11 月至次年 4 月的旱季，施肥和不施肥土壤养分含量均增加了近 1 倍。

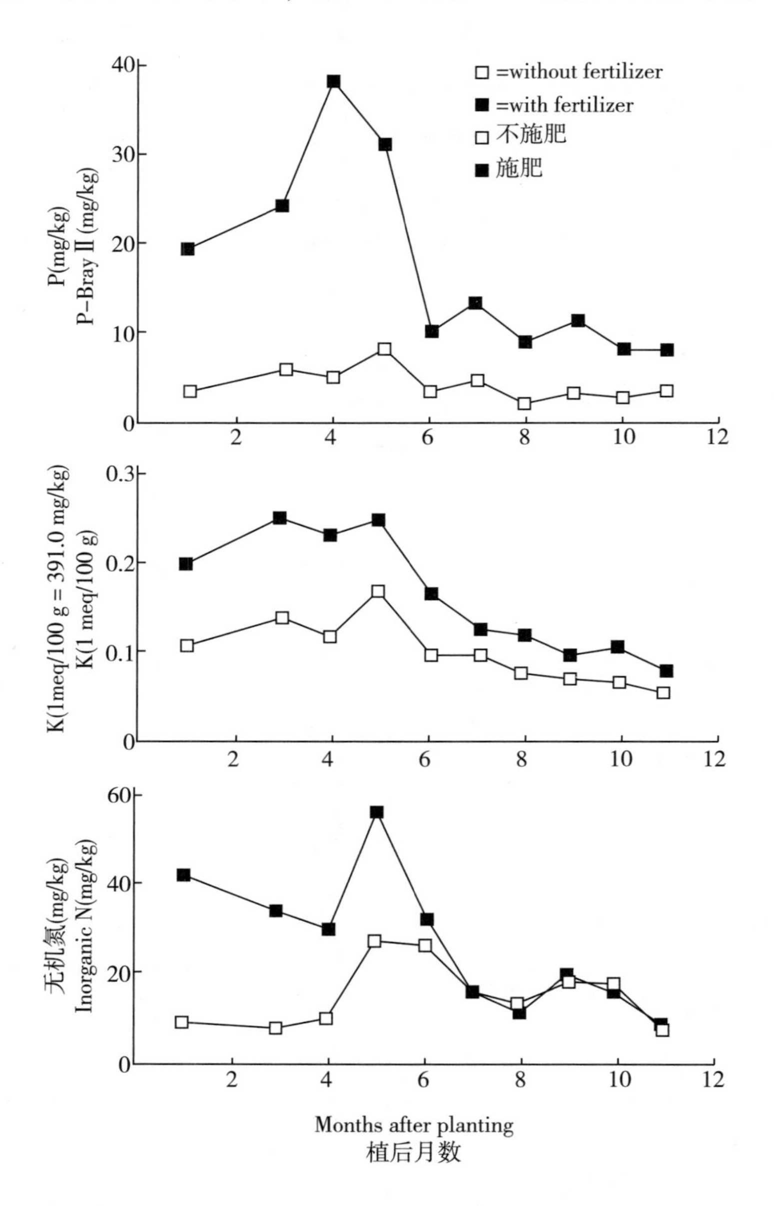

图 5-19　1984—1985 年在哥伦比亚 Carimagua 试验站的施肥和不施肥条件下，12 个月生长期的 MVen 77 木薯品种的土壤养分含量变化。数据为有和无象草防风篱小区的数据均值

Figure 5-19　Change in nutrient concentrations of fertilized and unfertilized soil during an 12-month growth cycle of cassava，MVen 77，in Carimagua，in 1984/85. Data are the average of plots with and without elephant grass windbreaks

资料来源：Howeler，1985a

Source：Howeler，1985a

施用 1 t/hm^2 的 10 : 20 : 20 复合肥，土壤中有效磷含量为 38 mg/kg，不施肥地块土壤有效磷含量为 8 mg/kg。土壤中的交换性钾和有效磷含量在旱季均增加，土壤中无机氮含量先降低后明显增加，以 NO_3-N 和 NH_4-N 的形态存在。在 4 月底的雨季，由于土壤中养分流失及木薯生长吸收养分，造成土壤中的养分含量快速下降。

如表 5-25 所示，施肥地块施用 1 t/hm^2 生石灰，会使土壤中交换性钙、镁含量提高 1 倍左右，但交换性铝含量及铝饱和度降低，对 pH 的影响不稳定，波动较大。在旱季时，土壤中钙、镁含量增加，但在接下来的雨季又再次降低。

表 5-25 1984—1985 年在哥伦比亚 Carimagua 试验站的施肥和不施肥条件下，11 个月生长期[1] 的木薯地及不种植木薯地的土壤养分含量变化[2]

Table 5-25 Change in soil characteristics during an 11-month crop cycle of cassava[1], MVen 77, grown with or without fertilization in Carimagua, Colombia in 1984/85, as well as in the same plots without cassava[2]

土壤参数 Soil parameter	处理 Treats		植后月数 Months after planting								
			1	3	4	5	6	7	8	9	11
pH	C_1[3]	F_0	4.82	4.76	4.92	5.10	4.81	4.57	4.57	4.47	4.66
		F_1	4.44	4.48	4.78	4.95	4.85	4.69	4.73	4.63	4.66
	C_0[4]	F_0	—	4.82	4.81	5.09	4.77	4.56	4.39	4.47	4.58
		F_1	—	4.60	4.62	4.97	4.93	4.77	4.64	4.59	4.67
硝态氮+氨态氮（mg/kg）NO_3-N +NH_4-N	C_1	F_0	9.2	8.7	10.1	27.0	25.7	16.3	13.9	18.2	8.7
		F_1	41.8	33.5	29.4	55.4	31.1	15.5	12.0	20.2	9.2
	C_0	F_0	—	9.8	13.8	22.9	25.6	15.8	14.3	19.2	8.5
		F_1	—	42.0	43.3	60.6	36.6	16.0	15.3	16.8	8.7
有效磷（mg/kg）Avail. P	C_1	F_0	3.2	6.2	5.3	8.1	3.4	4.5	2.4	3.5	3.7
		F_1	19.1	24.5	37.9	31.0	10.1	13.4	9.6	11.5	8.3
	C_0	F_0	—	6.4	7.4	6.7	5.1	3.0	3.6	3.8	5.3
		F_1	—	36.7	36.7	44.8	17.8	13.9	11.5	14.8	5.8

（续表）

土壤参数 Soil parameter	处理 Treats		植后月数 Months after planting								
			1	3	4	5	6	7	8	9	11
交换性钾 (mg/kg) Exch. K	C_1	F_0	43.0	54.7	46.9	66.5	39.1	39.1	31.3	31.3	23.5
		F_1	78.2	97.8	89.9	97.8	66.5	50.8	46.9	39.1	31.3
	C_0	F_0	—	54.7	46.9	58.7	46.9	35.2	35.2	27.4	27.4
		F_1	—	113.4	93.8	109.5	82.1	50.8	46.9	39.1	39.1
交换性钙 (mg/kg) Exch. Ca	C_1	F_0	66.1	86.2	74.1	76.2	58.1	60.1	58.1	58.1	68.1
		F_1	124.2	144.3	174.3	188.4	104.2	122.2	118.2	108.2	96.2
	C_0	F_0	—	76.2	68.1	74.1	56.1	56.1	52.1	50.1	58.1
		F_1	—	168.3	158.3	196.4	124.2	126.3	124.2	108.2	78.2
交换性镁 (mg/kg) Exch. Mg	C_1	F_0	17.0	23.1	18.2	19.5	13.4	18.2	17.0	13.4	15.8
		F_1	26.8	29.2	35.3	37.7	19.5	25.5	25.5	23.1	20.7
	C_0	F_0	—	17.0	15.8	18.2	13.4	15.8	14.6	12.2	13.4
		F_1	—	34.0	31.6	37.7	25.5	24.3	26.8	20.7	15.8
交换性铝 (mg/kg) Exch. Al	C_1	F_0	179.9	179.9	170.9	188.9	179.9	179.9	179.9	170.9	152.9
		F_1	152.9	143.9	125.9	116.9	152.9	161.8	143.9	152.9	170.9
	C_0	F_0	—	179.9	188.9	179.9	188.9	188.9	188.9	197.9	179.9
		F_1	—	134.9	143.9	116.9	143.9	161.9	152.9	170.9	170.9
铝饱和度（%） Al-saturation	C_1	F_0	78	72	70	74	79	78	78	79	75
		F_1	61	55	49	47	66	65	62	66	73
	C_0	F_0	—	74	77	75	80	80	81	82	80
		F_1	—	51	55	45	61	64	66	69	75

注：1）没有木薯植后第2个月的数据；2）数据为有和无防风篱小区的平均数据；3）C_1 代表种植木薯；4）C_0 代表未种植木薯

资料来源：Howeler，1985a

Note：1）No data for the Second Month；2）Data are average values for with and without windbreaks；3）C_1 means with cassava；4）C_0 means without cassava

Source：Howeler，1985a

五、总根长和菌根感染变化

旱季和雨季对根总长度、VA 菌根感染率及孢子数目的影响如图 5-20 所示。在旱季，20 cm 土层的根总长度减少，而孢子数目明显增加。雨季前 2 个月，0~20 cm 土层的根总长度从 1.2 m/株增长到 37 m/株，此后再次明显降低，同时菌根感染率从 5%增长到近 25%。

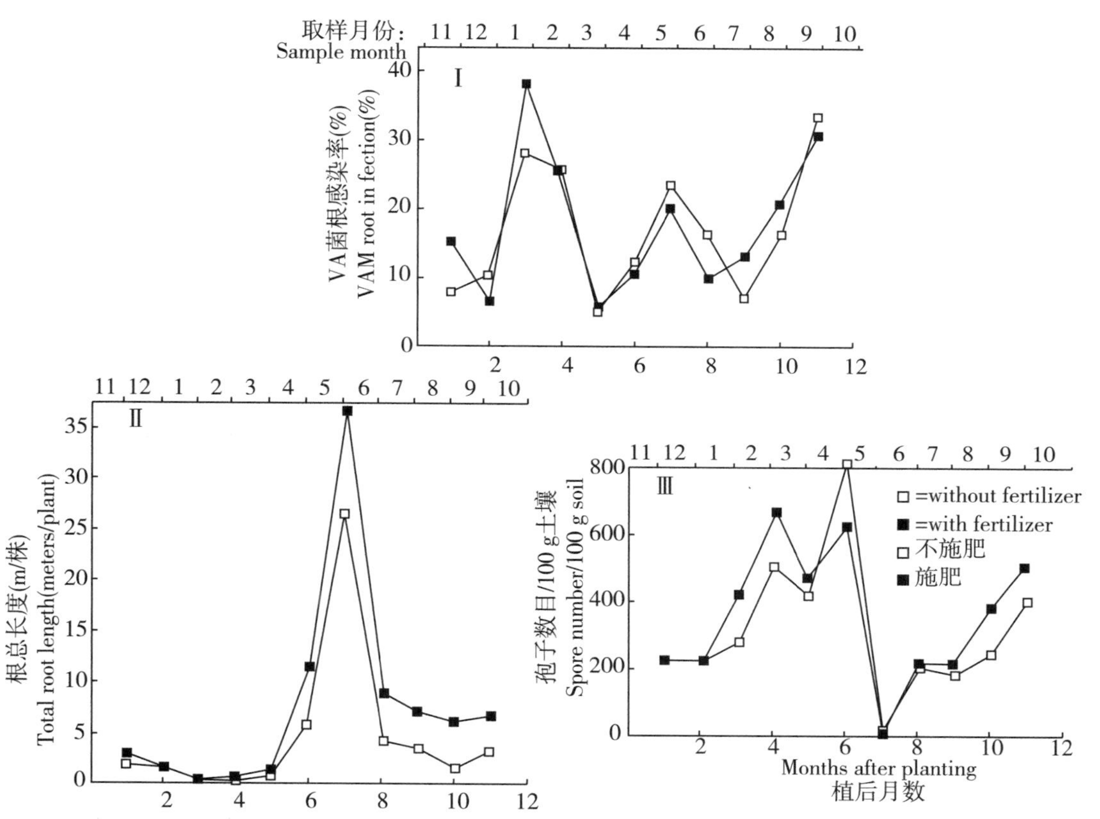

图 5-20 1984—1985 年在哥伦比亚 Carimagua 试验站的施肥和不施肥条件下，12 个月生长期的木薯 MVen 77 品种的泡囊丛枝状菌根感染率（Ⅰ图）、0~20 cm 表土层的木薯根总长度（Ⅱ图）、土壤中泡囊丛枝状菌根孢子数目（Ⅲ图）。数据为有和无防风篱小区的平均值

Figure 5-20 Change in VA-mycorrhizal (VAM) root infection (Ⅰ) and total root length in the top 20 cm of soil (Ⅱ) of cassava, MVen 77, and the VAM spore numbers in soil (Ⅲ) during an 12-month growth cycle in fertilized and unfertilized plots in Carimagua, in 1984/85. Data are the average of plots with and without elephant grass windbreaks

资料来源：Howeler，1985a

Source：Howeler，1985a

六、小结

哥伦比亚热带气候条件下，防风篱和施肥对木薯养分吸收与分配的影响试验表明，象草防风篱对木薯的干物质累积和分配影响较小，但只有在有防风篱条件下施肥才会有较好的效果。施肥使得木薯总干物质量及块根中干物质量增加了近 1 倍，施肥、不施肥条件下鲜薯单产分别为 22.85、11.00 t/hm^2，有防风篱和无防风篱的鲜薯单产分别为 20.83、12.69 t/hm^2，可见，施肥和防风都对增产鲜薯具有重要意义。值得注意，中国的海南、广西、广东、福建等省区的沿海木薯主产区，每年或多或少、或重或轻都会遭到台风暴雨的影响，有些地方甚至会造成木薯大面积减产甚至绝收。除品种的抗风性和抗风栽培外，过量施肥尤其是过高氮肥是导致木薯茎叶徒长，降低木薯抗风性的重要原因，如何合理施肥，从而达到既稳产又有较强抗风性，一直是木薯栽培科技界的研究热点，特别是在适宜施肥期、施肥方法、合理的施肥配比及施肥量等方面都是未来的重要研究内容。

第四节　施肥对印度尼西亚木薯养分吸收与分配的影响

Nijholt（1935）报道了在印度尼西亚的茂物地区，生长周期均为 14 个月的 2 个木薯品种干物质和营养元素的累积和分配，如图 5-21 所示。在植后的第 2~12 个月，干物质的累积速率恒定，但在最后 2 个月累积速率开始下降。种植 3 个月后，块根是干物质的主要累积部位，其次为茎和叶；在植后的第 14 个月即收获时期，66%的干物质累积在块根中，31%在茎中，仅 2%在叶中。

图 5-21 显示了氮、磷、钾、钙和镁的累积规律及其在叶、茎、根中的分配。氮最初主要积累在叶中，直到第 6 个月，由于落叶导致叶中氮含量下降，但其在茎中的含量持续增长，在根中的含量保持不变；收获期，约有 49%氮在茎中，36%氮在根中，仅 15%氮在叶中。钙和镁的分布规律和氮相似。相反，磷和钾尤其是钾元素主要累积在根中，其次是茎和叶，收获时，

约62%的磷和65%的钾累积在根中，34%的磷和33%的钾累积在茎中，仅4%的磷和2%的钾累积在叶中。品种、土壤和气候条件以及木薯的植后月数不同，木薯植株中养分的分布会有很大不同，在这种情况下，全株及块根中钾含量最高，其次是钙、氮、磷和镁，植后14个月，鲜薯单产为64.7 t/hm^2。

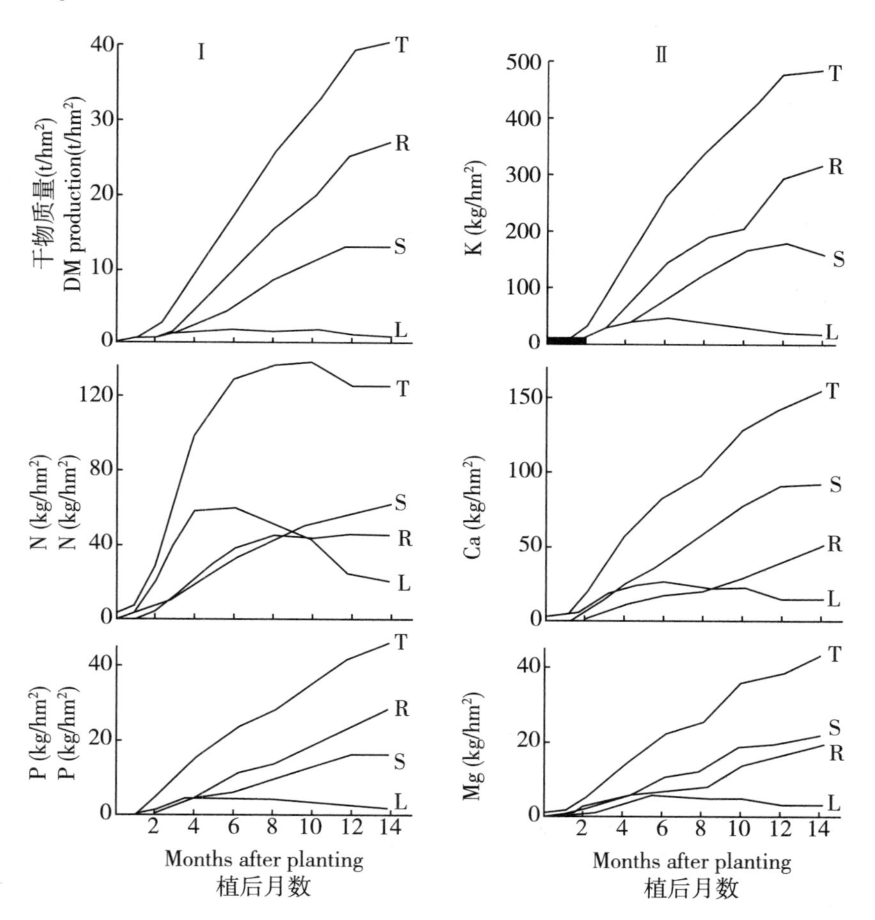

图5-21 在印度尼西亚进行的试验，生长周期均为14个月的木薯叶（L）、茎（S）、根（R）及全株（T）中的干物质、氮、磷、钾、钙和镁的累积规律

Figure 5-21 The accumulation of dry matter, N, P, K, Ca and Mg in leaves (L), stems (S), roots (R) and the total plant (T) of cassava, cv. São Pedro Preto, during a 14-month growth cycle in Indonesia

资料来源：Nijholt，1935

Source：Nijholt，1935

每隔2个月测定叶、茎和根中氮、磷、钾、钙、镁的浓度，如表5-26

所示，叶、茎和根中氮、磷、钾的浓度，随着植后时间的延长逐渐减少，叶中钙的浓度增加，茎和根中钙的浓度却减少。

表 5-26　在印度尼西亚进行的试验，木薯不同生长时期的根、茎、叶中的养分累积

Table 5-26　Nutrient concentration of leaves, stems and roots of cassava, cv. São Pedro Preto, at various ages in Indonesia

部位 Parts	养分 Nutrient	植后月数 Months after planting						
		2	4	6	8	10	12	14
叶（干物质含量%）Leaves（% of DM）	N	3.28	3.41	3.06	3.20	2.79	2.47	2.34
	P	0.29	0.27	0.24	0.24	0.22	0.23	0.23
	K	2.21	2.05	2.11	2.16	2.00	1.61	1.33
	Ca	1.13	1.38	1.37	1.43	1.39	1.48	1.61
	Mg	0.33	0.28	0.27	0.28	0.28	0.29	0.35
茎（干物质含量%）Stems（% of DM）	N	0.88	0.81	0.64	0.49	0.48	0.44	0.48
	P	0.27	0.21	0.13	0.12	0.12	0.12	0.12
	K	1.96	1.69	1.53	1.52	1.53	1.38	1.26
	Ca	1.07	1.03	0.78	0.69	0.73	0.70	0.72
	Mg	0.30	0.27	0.20	0.15	0.17	0.15	0.17
根（干物质含量%）Roots（% of DM）	N	1.03	0.45	0.36	0.28	0.22	0.18	0.17
	P	0.19	0.11	0.11	0.09	0.10	0.09	0.11
	K	2.13	1.47	1.41	1.18	1.07	1.14	1.19
	Ca	0.48	0.22	0.16	0.13	0.15	0.16	0.19
	Mg	0.16	0.07	0.06	0.05	0.07	0.06	0.07

资料来源：Nijholt，1935

Source：Nijholt，1935

第五节　施肥对阿根廷木薯养分吸收与分配的影响

Orioli 等人（1967）在阿根廷的东北部地区开展试验，确定了木薯生长周期的前6个月内，干物质和氮、磷、钾、钙、镁元素在植株各部位的累积、分配规律。通过每周2次对植株的不同部位进行抽样分析，明确根、茎、叶中干物质和营养元素的含量。在施肥和不施肥2种条件下，木薯在植后6个月的生长周期中，干物质和氮在根、茎、叶中的累积、分配如图5-22所示。如图5-22（Ⅰ）所示，植后2个月，干物质量缓慢提升，但在接下

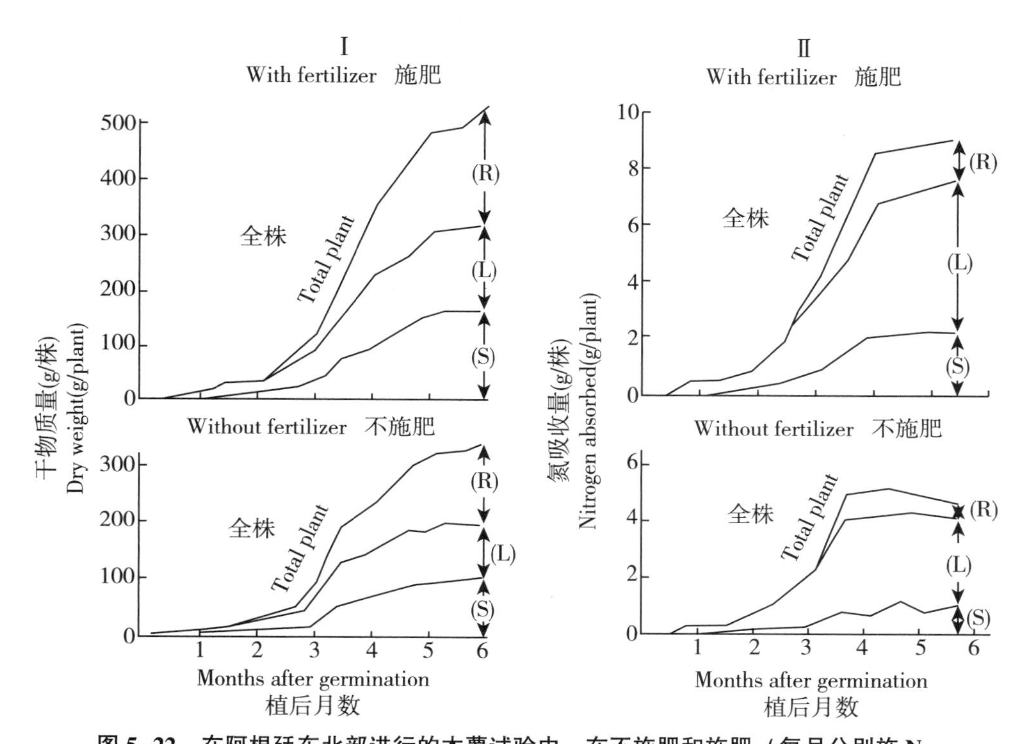

图5-22　在阿根廷东北部进行的木薯试验中，在不施肥和施肥（每月分别施N、P_2O_5、K_2O为20、8、16 kg/hm^2）情况下，木薯植后6个月中，根（R）、叶（L）、茎（S）中的干物质（Ⅰ图）和氮（Ⅱ图）的累积和分配

Figure 5-22　The accumulation and distribution of dry matter（Ⅰ）and nitrogen（Ⅱ）in the roots（R），leaves（L）and stems（S）of cassava during the first six months of growth，with and without fertilization（monthly application of 20 kg N，8 kg P_2O_5 and 16 kg K_2O/hm^2）in Argentina

资料来源：Orioli *et al*，1967

Source：Orioli *et al*，1967

来的2~3个月快速增长，植后第6个月再次减缓。根中干物质的累积量在植后3~6个月恒速增长，但植后第6个月，由于落叶和低温导致叶和茎中干物

质累积量较少。在施肥条件下，木薯植株内干物质累积量远高于未施肥木薯，但2种条件下，干物质在植株各部位的相对分配情况相似。如图5-22（Ⅱ）所示，木薯植后前2个月，氮的累积速率缓慢，在第3、4个月达到最大值，第5、6个月增长速度再次减缓，未施肥的木薯甚至出现了氮缺乏。在植后前6个月中，干物质在根、茎、叶中的分布较为均匀，这个时期也是氮的快速营养生长阶段，主要在叶片中积累，其次是茎和根，表现为叶中蛋白质含量高于茎和根。磷和钾的累积规律和氮相似，植后前6个月，大部分的磷和钾累积在叶中，3个月后，叶和根中的钙元素停止累积，但茎中仍在累积。与不施肥相比，施肥条件下木薯吸收的营养更多，但两种情况下的营养元素相对累积曲线是相似的。

第六章　木薯长期定位施肥研究

长期定位施肥试验以其信息量丰富、数据准确可靠、解释力强等优势，具有不可比拟的优点，一直受到农业科学家的重视。通过长期定位施肥研究，能克服年份间气候差异对农作物生长发育的影响，能明确施肥制度对作物生长的影响，是推动农业可持续发展研究的重要手段（聂胜委等，2012）。木薯长期定位施肥试验可明晰连作木薯的营养需求规律及基本施肥原则，为木薯合理施肥提供科学指导。

第一节　连作木薯对产量的影响

如图 6-1 所示，泰国开展 3 个长期定位施肥试验，连续多年在同一块土地上种植木薯，当肥料施用不足时，随着时间的推移，由于土壤养分枯竭而导致木薯产量逐渐降低。此外，土壤中的养分也会因挥发、淋溶、侵蚀和径流冲刷等原因而损失。

在许多地方的不施肥连作木薯情况下，出现严重减产木薯的现象。这毫不奇怪，收获作物后，必然会带走土壤中的养分，如果其他一年生的粮食作物不施肥，也会产生相似的减产现象甚至更严重。如图 6-2 所示，长年连作且不施肥条件下，由于土壤肥力下降，导致旱稻和木薯都明显减产：第一年鲜薯产量 18.9 t/hm^2，旱稻为 2.55 t/hm^2；当不施肥连作 4 年后，旱稻的相对产量下降了 100%，出现绝收现象，而木薯产量为第一年产量的 40%，

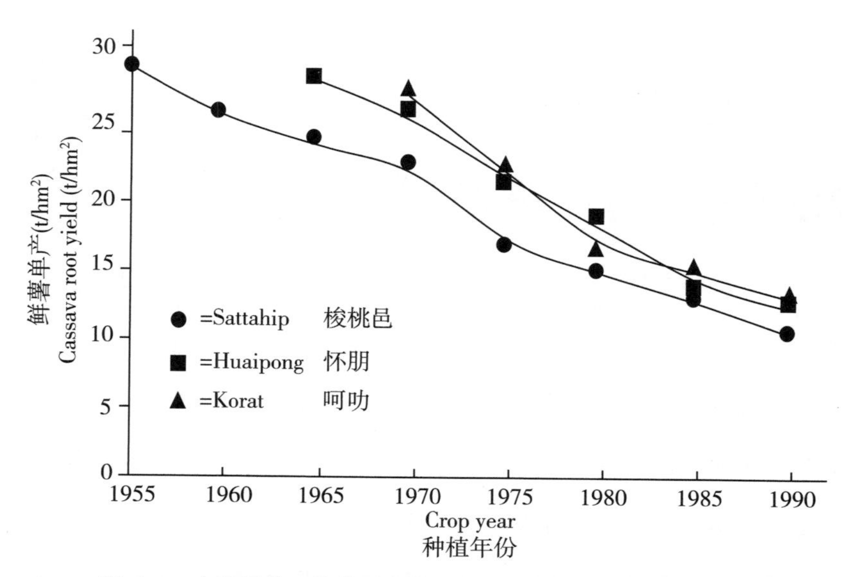

图 6-1　在泰国的 3 种类型土壤，连作木薯且不施肥导致减产

Figure 6-1　Decline in fresh root yields due to continuous cultivation without fertilizers in three soil series in Thailand

资料来源：Sittibusaya，1993

Source：Sittibusaya，1993

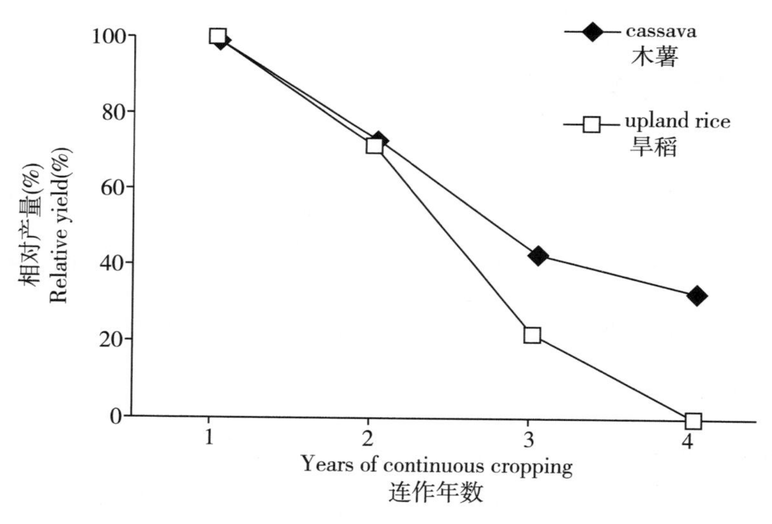

图 6-2　不施肥连作导致土壤肥力下降，引起旱稻和木薯减产，100%相当于鲜薯产量 18.9t/hm² 和旱稻产量 2.55t/hm²

Figure 6-2　Yield reduction of upland rice and cassava due to fertility decline as a result of continuous cropping without fertilizer application. 100% corresponds to 18.9 t/ha for fresh cassava roots and 2.55 t/hm² of rice

资料来源：Nguyen Tu Siem，1992

Source：Nguyen Tu Siem，1992

相对旱稻等作物，木薯更耐连作。可见，收获作物后从土壤中带走了大量养分，长年连作且不施肥的情况下，土壤肥力就会严重下降；如果每年能补充施用足够的养分，就可弥补土壤养分的消耗和流失，维持正常的土壤肥力。

表 6-1 从 16 个木薯长期定位施肥试验中，选择比较了 19 组试验数据，连作年数从 4 年到 31 年不等。从表中相对产量较低的缺素处理中可以看出，在连作木薯的最后 1 年，有 12 个试验表现出钾是最大限制因素，5 个试验表现氮为最大限制因素，仅有 2 个试验表现磷是最大限制因素。可见，连作木薯最容易出现缺钾，其次是缺氮，要注意补充施用钾肥和氮肥。

表 6-1 在亚洲和拉丁美洲的 16 个长期定位肥料试验中，连作的最后一年，不同氮磷钾施肥水平和不同营养元素对木薯产量及相对产量的影响

Table 6-1 Cassava root yield response to annual applications of various levels of NPK and the relative response to each nutrient during the last year of cropping in 16 long-term fertility trials conducted in Asia and Latin America

地点 Location	品种 Varieties	连作年数 Continuous cropping years	鲜薯单产（t/hm^2）Fresh root yield		相对产量（%）Relative yields		
			$N_0P_0K_0$	$N_2P_2K_2$	$N_0P_2K_2$	$N_2P_0K_2$	$N_2P_2K_0$
菲律宾 Bohol, Philippines	VC-1, Golden Yellow	4	7.5	20.4	58	84	33
菲律宾 Negros Oriental, Philippines	Lakan	4	7.1	13.9	71	129	76
印度尼西亚 Yogyakarta, Indonesia	Adira-1	4	6.2	10.9	60	87	81
印度尼西亚 Jatikerto, E. Java, Indonesia	Faroka	8	3.1	11.3	31	72	81
中国南宁 GSCRI, Nanning, China	SC201, SC205	8	12.9	18.6	70	82	85
印度尼西亚 Umas Jaya, Lampung, Indonesia	Adira-4	10	11.1	15.0	111	92	84

（续表）

地点 Location	品种 Varieties	连作年数 Continuous cropping years	鲜薯单产（t/hm²）Fresh root yield		相对产量（%）Relative yields		
			$N_0P_0K_0$	$N_2P_2K_2$	$N_0P_2K_2$	$N_2P_0K_2$	$N_2P_2K_0$
马来西亚 Serdang，Malaysia	Black Twig	10	20.7	51.0	69	72	57
哥伦比亚 Santander de Quilichao，Colombia	MCol 1684	13	12.9	30.0	94	96	71
		11	12.2	30.7	64	92	42
印度 Trivandrum，Kerala，India	H 1687	13	1.0	22.3	24	42	7
中国海南 CATAS，Hainan，China	SC205，SC124	16	7.2	15.1	41	77	63
印度尼西亚 Tamanbogo，Lampung，Indonesia	Adira 4[1)]	16	2.9	12.2	58	80	26
	Adira 4[2)]	16	3.6	13.2	64	57	26
越南 TNUAF，Thai Nguyen，Vietnam	KM60，Vinh Phu	17	4.4	21.8	67	71	16
越南 Hung Loc ARC，Dong Nai，Vietnam	KM60，SM937-26	20	6.8	20.1	70	81	24
泰国 Rayong FCRC，Thailand	Rayong 1	10	8.7	18.3	—	96	51
	Rayong 1，Rayong 5	21	20.7	41.1	—	55	65
泰国 Khon Kaen FCRC，Thailand	Rayong 1，R5	30	2.5	31.9	—	77	9
泰国 B Samrong FCRC，Thailand	Rayong 1，R5	31	21.7	26.9	—	66	99

注：1）单作；2）间作玉米和水稻

Note：1）Monoculture；2）Intercropped with rice and maize

资料来源：Howeler，2012

Source：Howeler，2012

第二节 连作木薯对土壤肥力的影响

一、越南连作木薯对土壤化学性质的影响

研究表明，长期连作木薯会对土壤的理化性质造成不利的影响，特别是在贫瘠的土壤上。在越南南部的典型强淋溶土上种植不同作物对土壤肥力的影响如表 6-2 所示。与森林、橡胶、腰果、甘蔗相比，长年连作木薯导致土壤中有机碳、全氮的含量严重减少，影响土壤中阳离子交换量、交换性钾和镁的活性；连作木薯还会降低土壤中粘土含量、团聚体稳定性和入渗率。种植木薯对土壤所造成的各种负面影响尚难定论，因为较为肥沃、大团聚体稳定性较高的土壤，一般都用来种植橡胶、腰果和甘蔗等经济效益较高的作物；而木薯是一年生作物，生长习性与多年生作物存在较大差异，如果把木薯与多年生作物以及甘蔗等进行对比分析，会存在一定的偏差。一是多年生作物的施肥量较大，二是木薯会经常整地，容易导致土壤中的有机质含量明显下降，但多年生作物一般两年甚至更长时间才整地一次。因此，应该多将木薯和其他一年生作物比较分析，才能明确木薯对土壤的不利影响。

表 6-2 在越南东南部的典型强淋溶土，多年连作不同作物对不同土层土壤化学性质的影响

Table 6-2 Chemical properties of various horizons of Haplic Acrisols that had been under different land use for many years in southeastern Vietnam

土壤参数 Soil parameters	森林 Forest	橡胶 Rubber	腰果 Cashew	甘蔗 Sugarcane	木薯 Cassava	变异系数 *CV* (%)
有机碳（%）Organic C	1.032 a	0.839 ab	0.579 ab	0.796 ab	0.496 b	44.7
全氮（%）Total N	0.058 a	0.054 ab	0.032 bc	0.040 abc	0.022 c	36.7

（续表）

土壤参数 Soil parameters		森林 Forest	橡胶 Rubber	腰果 Cashew	甘蔗 Sugarcane	木薯 Cassava	变异系数 *CV*（%）
有效磷（mg/kg）Available P（Bray II）	第一土层-1st horizon	5.21 b	20.90 a	4.85 b	20.68 a	15.33 ab	37.5
	第二土层-2nd horizon	2.48 b	7.03 a	3.19 b	7.92 a	5.31 ab	32.6
	第三土层-3rd horizon	1.57 b	2.83 ab	1.08 ab	3.82 a	3.82 a	44.6
阳离子交换量（meq/100 g）CEC		3.43 a	2.94 a	2.39 ab	3.24 a	1.53 b	27.1
交换性钾（mg/kg）Exch. K	第一土层-1st horizon	51.6 a	49.7 a	27.4 ab	19.9 b	23.5 b	66.3
	第二土层-2nd horizon	28.5 ab	18.0 ab	12.1 ab	8.6 b	8.2 b	75.1
交换性镁（mg/kg）Exch. Mg		17.6 a	19.1 a	5.6 ab	6.7 ab	4.4 b	89.1

注：同行数据后不同小写字母表示差异显著（$P<0.05$）

资料来源：Cong Doan Sat *et al*，1998

Note：Different lowercases means significant difference at the Same row（$P<0.05$）

Source：Cong Doan Sat *et al*，1998

二、中国武鸣县的连作木薯调查

在广西武鸣县，魏志远等（2007）研究发现如表 6-3 所示，连作木薯 20 年后，土壤有机质含量大幅提高，这与当地农民持续重视施用有机肥以及大力推广木薯秸秆粉碎还田有很大关系；碱解氮含量略有下降；速效磷含量提升较大，所有样点完全满足作物生长过程中磷素的需求，这与农民在施肥过程中施入大量的磷肥有关；速效钾等养分含量也有较大提高，部分地区还存在速效磷、速效钾等养分过剩的问题；但所调查的木薯地普遍存在着 pH 下降的问题，造成 pH 降低的原因可能是施肥的影响，如长期施用 KCl 或 $(NH_4)_2SO_4$ 等生理酸性肥料，当其中的 K^+ 及 NH_4^+ 被作物吸收后，酸根就残留在土壤中而造成土壤酸化，另一方面可能是与酸沉降有很大关系。

表 6-3 武鸣县木薯种植地 20 年土壤养分变化比较

Table 6-3 Differences of soil nutrients in cassava planting areas in Wuming county during the past 20 years

地区 Areas	碱解氮 Alkaline hydrolysis nitrogen			有机质 OM			pH		
	普查值 (mg/kg) Census value	调查值 (mg/kg) Survey value	增幅 (%) Increase	普查值 (g/kg) Census value	调查值 (g/kg) Survey value	增幅 (%) Increase	普查值 Census value	调查值 Survey value	增幅 (%) Increase
府城 Fucheng	60. 0	87. 4	45. 7	15. 6	21. 5	37. 8	4. 50	4. 86	8. 0
锣圩 Luoyu	46. 0	77. 3	68. 0	12. 3	25. 0	103. 0	6. 50	4. 71	-27. 5
宁武 Ningwu	125. 0	109. 7	-12. 2	40. 5	35. 2	-13. 1	7. 00	4. 84	-30. 9
罗波 Luobo	67. 0	88. 7	32. 4	14. 0	21. 4	53. 9	7. 50	5. 22	-30. 4
城厢 Chengxiang	82. 0	106. 2	29. 5	10. 7	32. 5	204. 0	6. 00	5. 61	-6. 5

注：普查指全国第二次土壤普查；调查指木薯地调查

资料来源：魏志远等，2007

Note：The census refers to the second nationwide soil survey；the survey refers to the investigation of cassava

Source：Wei Zhiyuan *et al*，2007

武鸣县是中国木薯收获面积最大、鲜薯单产与总产量最高和木薯加工厂最多的“木薯县”，当地技术人员和农民逐步养成施用大量化肥和农家肥的习惯，使得连作木薯地的地力不降反升。这说明，木薯并非严重耗费地力的作物，只要注意适当平衡施肥，则连作木薯后的地力可得到持续发展。当然，应注意到一些盲目且过量的不平衡施肥，造成肥效低下，甚至导致磷钾肥过剩的问题。这在其他的一些地区也发现类似现象。

第三节　哥伦比亚长期定位施肥试验

如图 6-3 所示，Howeler 和 Cadavid 在哥伦比亚开展 8 年长期定位施肥试验，也得出了相似的结论（Howeler *et al*，1990），只有施用 150 kg/hm^2 的

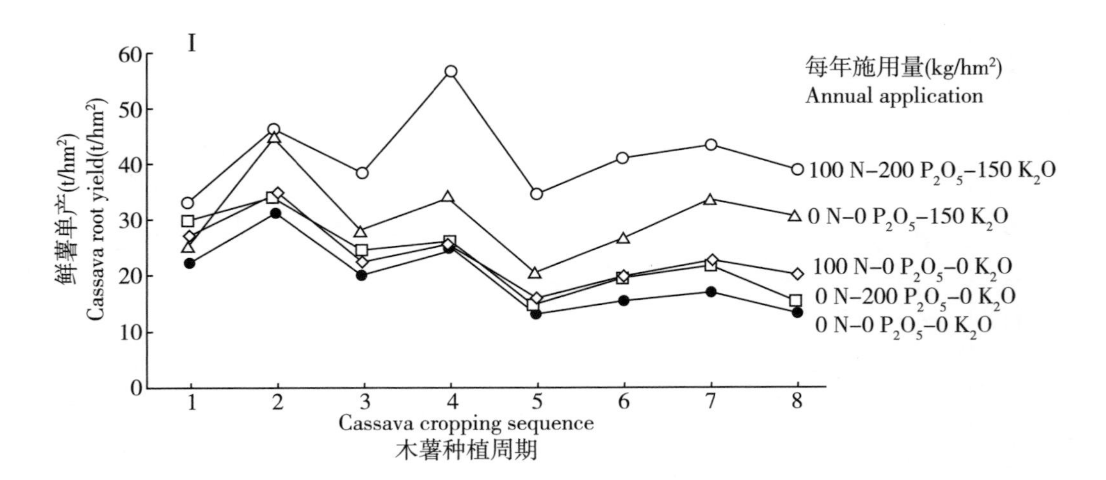

图 6-3　在哥伦比亚的国际热带农业中心 Quilichao 试验站，8 年连作木薯定位施肥试验中不同 NPK 施肥水平对鲜薯单产（Ⅰ）和土壤中交换性钾含量（Ⅱ）的影响

Figure 6-3　Effect of various levels of annual applications of N, P and K on cassava root yield（Ⅰ）, and on the exchangeable K content of the soil（Ⅱ）during eight consecutive cropping cycles in a long-term NPK trial conducted at *CIAT-Quilichao*, *Colombia*

资料来源：Howeler *et al*，1990

Source：Howeler *et al*，1990

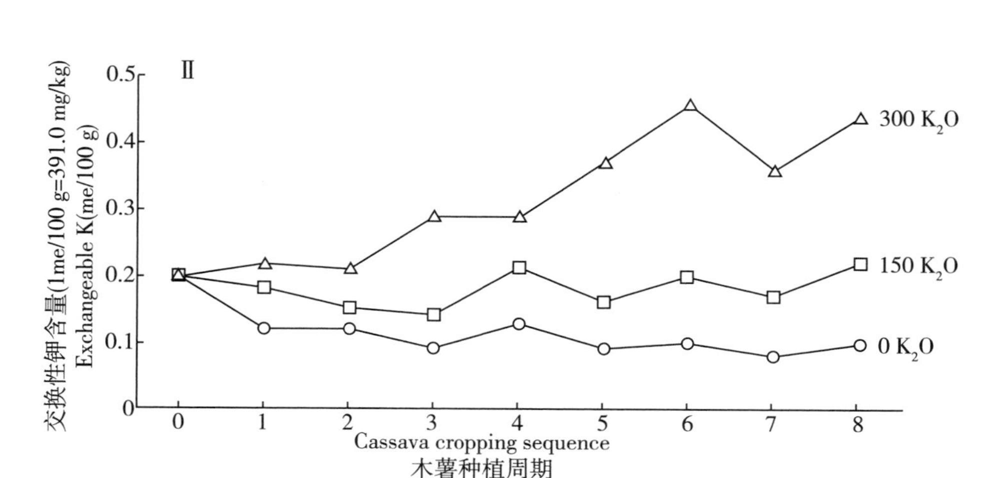

图 6-3　在哥伦比亚的国际热带农业中心 Quilichao 试验站，8 年连作木薯定位施肥试验中不同 NPK 施肥水平对鲜薯单产（Ⅰ）和土壤中交换性钾含量（Ⅱ）的影响

Figure 6-3　Effect of various levels of annual applications of N，P and K on cassava root yield（Ⅰ），and on the exchangeable K content of the soil（Ⅱ）during eight consecutive cropping cycles in a long-term NPK trial conducted at *CIAT-Quilichao*，*Colombia*

资料来源：Howeler *et al*，1990

Source：Howeler *et al*，1990

K_2O，才能使鲜薯单产维持 30 t/hm²，土壤中交换性钾达到 89.9 mg/kg 水平；如果连作 8 年且不施用钾肥，鲜薯单产会从 21 t/hm² 逐步降到14 t/hm²，土壤中交换性钾含量从 78.2 mg/kg 下降到 39.1 mg/kg，可见，连作木薯必须高度重视施用钾肥；单施氮肥或磷肥对增产意义不大。

第四节　泰国长期定位施肥试验

如图 6-4 所示，在泰国的孔敬进行的 25 年长期定位施肥试验表明，每年施用充足的肥料（N 100 kg/hm²+P_2O_5 50 kg/hm²+K_2O 100 kg/hm²），且每次种植前，都把前茬木薯茎叶还田，木薯可连作 25 年且鲜薯单产维持在30~40 t/hm² 范围内。然而，当木薯不施肥、茎叶也不还田时，由于土壤养分尤其是钾元素的消耗，使鲜薯单产从第一年的 30 t/hm² 下降到第六年的

7 t/hm²。可见，施用化肥，配合木薯茎叶还田或农家肥，可维持木薯稳产甚至略有增产。

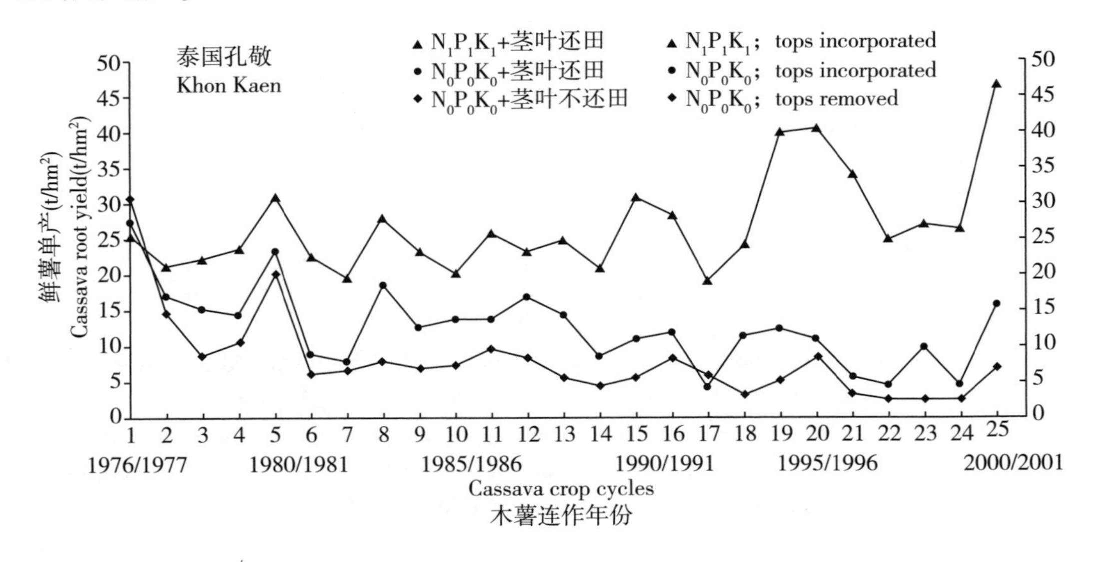

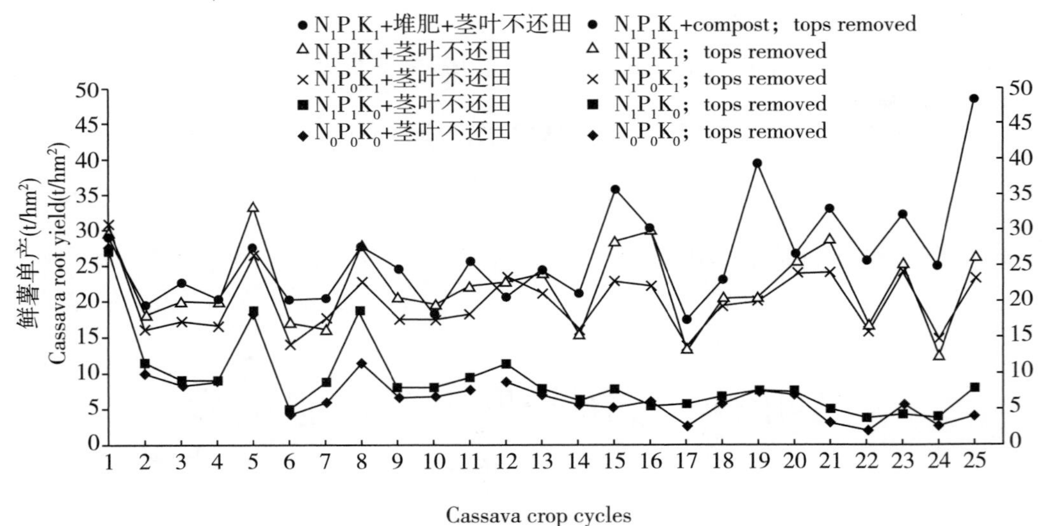

图 6-4　在泰国的孔敬大田作物研究所，连作木薯 25 年期间不同施肥及残茬还田处理对木薯产量的影响

Figure 6-4　Effect of annual fertilizer application and crop residue management on cassava yields during 25 consecutive crops grown at Khon Kaen Field Crops Research Institute，Khon Kaen，Thailand

资料来源：Chumpol Nakviroj and Kobkiet Paisancharoen

Source：Chumpol Nakviroj and Kobkiet Paisancharoen

第五节　越南长期定位施肥试验

在越南东奈的 Hung Loc 农业研究中心的 19 年长期定位施肥试验中，采用 KM60 和 SM937-26 两个木薯品种，在连作第 19 年（2008—2009 年），不同施肥水平处理对鲜薯单产和淀粉含量的影响如图 6-5 所示，钾肥具有明显的增产和提高淀粉含量的作用；氮肥有较好的增产作用，但增施氮肥会明显降低 KM60 的鲜薯淀粉含量；磷肥有微弱的增产作用，但增施磷肥有较明显

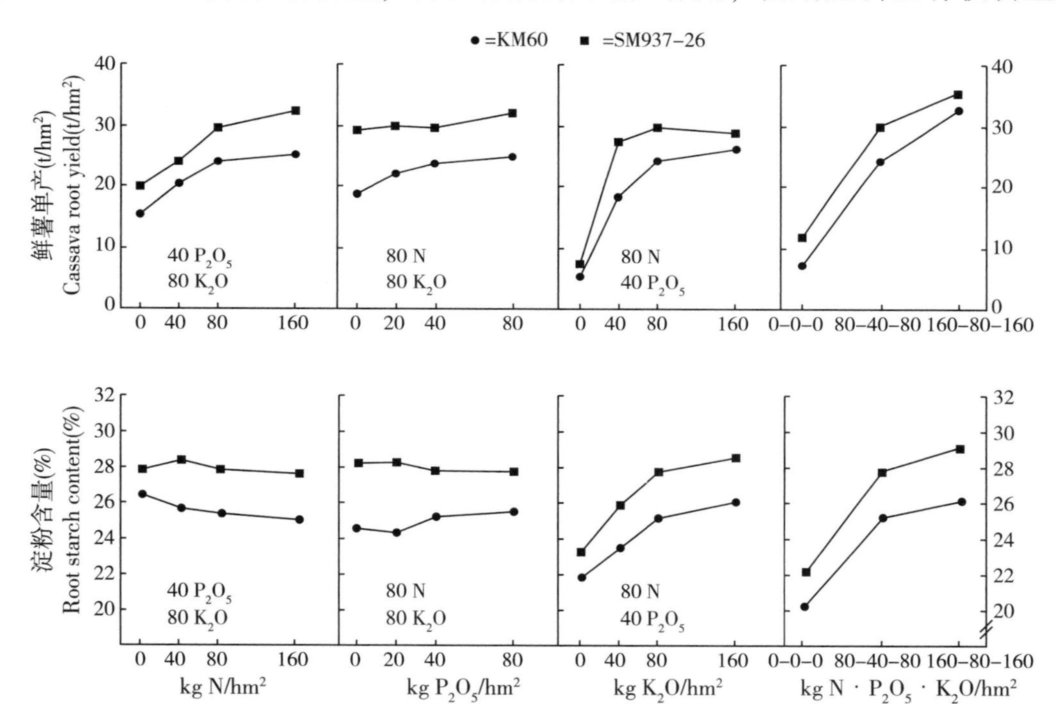

图 6-5　2008—2009 年（连作第 19 年），在越南东奈的 Hung Loc 农业研究中心的木薯长期定位施肥试验中，每年施用不同水平的氮、磷、钾肥对 2 个木薯品种的鲜薯单产和淀粉含量的影响

Figure 6-5　Effect of annual application of various levels of N, P and K on the root yield and starch content of two cassava varieties grown at Hung Loc Agriculture Research Center in Trang Bon district, Dong Nai, Vietnam in 2008/09 (19th year)

资料来源：Nguyen Huu Hy *et al*，2010

Source：Nguyen Huu Hy *et al*，2010

的提高鲜薯淀粉含量作用；当氮磷钾肥配施时，则出现非常明显的增产和提高淀粉含量作用，可见，要重视钾肥和氮肥的施用，特别是要注意氮磷钾肥的合理配施。

在越南东奈的 Hung Loc 农业研究中心，每年施用不同氮、磷、钾肥处理对鲜薯单产、相对产量以及土壤中交换性钾、有效磷（Bray Ⅱ）含量的影响如图 6-6 所示，随着时间的推移，钾元素成为最大的产量限制因素，从图中也可看出，当每年供应中等水平的氮、磷、钾肥时，鲜薯产量可维持在 20~30 t/hm^2 范围内，土壤肥力可维持在适中水平至少 17 年。

如表 6-4 所示，在越南南部东奈的鸿禄农业研究中心，连作 23 年且不施肥条件下，木薯产量很低；只施用氮肥和磷肥而不施用钾肥的情况下，木薯的产量甚至更低；以 80 kg N、40 kg P_2O_5和 80 kg K_2O 处理［即 W（N）：W（P_2O_5）：W（K_2O）＝2：1：2］较高产，再增施氮肥和钾肥也增产不多。完全不施用氮、磷、钾肥的地块，净收益为 1 100 万越南盾（3 385 元）；而施用氮肥和磷肥，但不施用钾肥的地块，净收益比不施肥还会更低；当每公顷土地施使用 80 kg N、40 kg P_2O_5和 80 kg K_2O 时，可获得最高的净收益，进一步提高氮、磷、钾施肥量，则会出现减少净收益的现象。说明适宜的施肥量及氮、磷、钾配比可获得较高的经济效益，过量施肥及不合理施肥配比会降低净收益。

如表 6-5 所示，在越南北部的研究表明，每公顷土地施用 15 t 猪粪时，木薯产量可从 3 t/hm^2 增加到 13 t/hm^2；而每公顷土地施用 80 kg 的氮肥和钾肥时，木薯产量就可增加到 16 t/hm^2；在施用化肥的同时，施用 5 t/hm^2 畜禽肥料，木薯产量会增加到 18 t/hm^2。可见，配合施用化肥与有机肥，才是增加产量、获得最大净收益的最有效方法。原因是虽然化肥能提供绝大部分的大量元素氮、磷、钾，但有机肥可提供少量的中微量元素和有机质，能有效改善土壤结构并提高木薯产量。

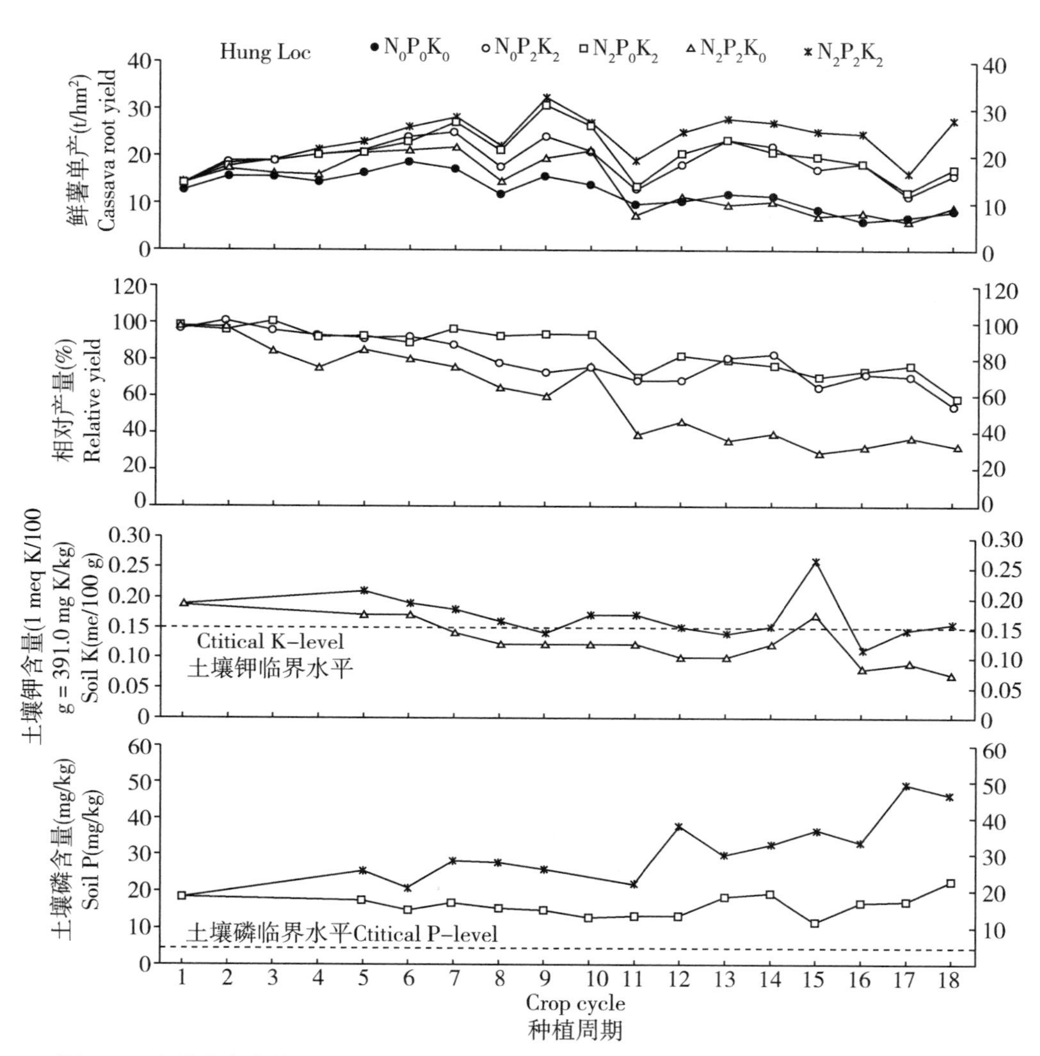

图 6-6　在越南东奈的 Hung Loc 农业研究中心，木薯连作 18 年期间，每年施用氮、磷、钾肥对鲜薯单产、相对产量及土壤中交换性钾、有效磷（Bray Ⅱ）含量的影响。相对产量为不施肥的产量与施肥条件下最高产量的比值

Figure 6-6　Effect of annual applications of N，P and K on cassava root yield，relative yield（yield without the nutrient over the highest yield with the nutrient）and the exchangeable K and available P（Bray Ⅱ）content of the soil during 18 years of continuous cropping in Hung Loc Agric. Research Center in Dong Nai，Vietnam

资料来源：Nguyen Huu Hy *et al*，2010

Source：Nguyen Huu Hy *et al*，2010

理想情况下，农民应合理配施有机肥和化肥来维持土壤肥力。若无动物粪便，农民也可以将木薯、杂草及间作物的残茬埋入土中，以补充一些有机

表 6-4　在越南南部东奈的鸿禄农业研究中心，木薯连作第 23 年（2010—2011 年），每年施用不同氮磷钾水平对 2 个木薯品种平均鲜薯产量、总收入和净收入的影响

Table 6-4　Effect of annual application of various levels of N, P and K fertilizers on the average root yields of two cassava varieties as well as the gross and net income per ha obtained during the 23rd consecutive year of cassava cropping at Hung Loc Agricultural Research Center in Dong Nai, South Vietnam, in 2010/11

处理[1)] Treatments[1)]	鲜薯单产 (t/hm²) Fresh root yield	淀粉含量（%） Starch content	总收入 (1 000 VND/hm²)[2)] Gross income	肥料成本 (1 000 VND/hm²)[2)] Fertilizer cost	总生产成本 (1 000 VND/hm²)[2)] Total production cost	净收入 (1 000 VND/hm²)[2)] Net income
$N_0P_0K_0$	11.2	22	17 167	0	5 700	11 467
$N_0P_{40}K_{80}$	21.0	26	32 099	1 671	7 671	24 428
$N_{40}P_{40}K_{80}$	24.7	26	37 852	2 219	8 219	29 633
$N_{80}P_{40}K_{80}$	28.1	25	42 962	2 767	8 767	34 195
$N_{160}P_{40}K_{80}$	26.9	25	41 157	3 863	9 863	31 294
$N_{80}P_0K_{80}$	21.4	26	32 711	2 202	8 202	24 509
$N_{80}P_{20}K_{80}$	23.4	26	35 771	2 485	8 485	27 286
$N_{80}P_{80}K_{80}$	26.8	25	41 065	3 332	9 332	31 733
$N_{80}P_{40}K_0$	8.8	22	13 464	1 660	7 660	5 804
$N_{80}P_{40}K_{40}$	23.9	24	36 628	2 214	8 214	28 414
$N_{80}P_{40}K_{160}$	26.6	27	40 622	3 874	9 874	30 748
$N_{160}P_{80}K_{160}$	29.2	28	44 645	5 534	11 534	33 111

注：1）施肥处理是指每公顷土地施用 N（尿素）、P_2O_5（过磷酸钙）、K_2O（氯化钾）的量（kg）

2）2010—2011 年的 1 美元=20 000 越南盾

资料来源：Nguyen Huu Hy *et al*，2010

Note：1）Fertilizer rates are in kg/hm² of N，P_2O_5，and K_2O，applied as urea，single superphosphate and potassium chloride

2）1 UD $ =20 000 VND in 2010/11

Source：Nguyen Huu Hy *et al*，2010

表 6-5　2001 年在越南北部太原省太原大学的木薯连作施肥试验，施用农家肥和化肥对木薯产量和经济收益的影响

Table 6-5　Effect of the application of FYM[1] and chemical fertilizers on cassava yield and economic benefits at Thai Nguyen University in Thai Nguyen province of north Vietnam in 2001

处理 Treatments	N (kg/hm^2)	K_2O (kg/hm^2)	农家肥 (t/hm^2) FYM[1]	鲜薯单产 (t/hm^2) Fresh root yield	成本 Costs (1 000 VND/hm^2)[2]		收入 Income (1 000 VND/hm^2)[2]	
					肥料成本 Fertilizer cost	生产成本 production costs	总收入 Gross income	净收入 Net income
1	0	0	0	3.3	0	2 800	1 625	-1 175
2	0	0	5	7.8	500	3 300	3 895	595
3	0	0	10	10.0	1 000	3 800	5 010	1 210
4	0	0	15	13.1	1 500	4 300	6 555	2 255
5	80	80	0	15.5	680	3 580	7 735	4 155
6	80	80	5	18.0	1 180	4 080	8 990	4 910
7	80	80	10	18.7	1 680	4 580	93 50	4 770
8	80	80	15	18.5	2 180	5 080	9 250	4 170

注：1）农家肥是指猪粪，施肥成本（含猪粪和用工费）按 36.8 元/t 计算

2）2001 年，1 美元=16 000 越南盾

资料来源：Nguyen Huu Hy *et al*，2010

Note：1）FYM=farm-yard manure（pig manure）；manure plus application：100 000 VND（US $ 6） per ton

2）1UD $ =16 000 Vietnamese Dong（VND） in 2001

Source：Nguyen Huu Hy *et al*，2010

质和中微量元素。在间作体系中，若农民给间作物或前一茬的木薯施肥，木薯就可以利用前茬作物的残余肥效。

第六节　印度长期定位施肥试验

如图 6-7 所示，在印度 Kerala 开展的 10 年长期定位施肥试验表明（Ka-

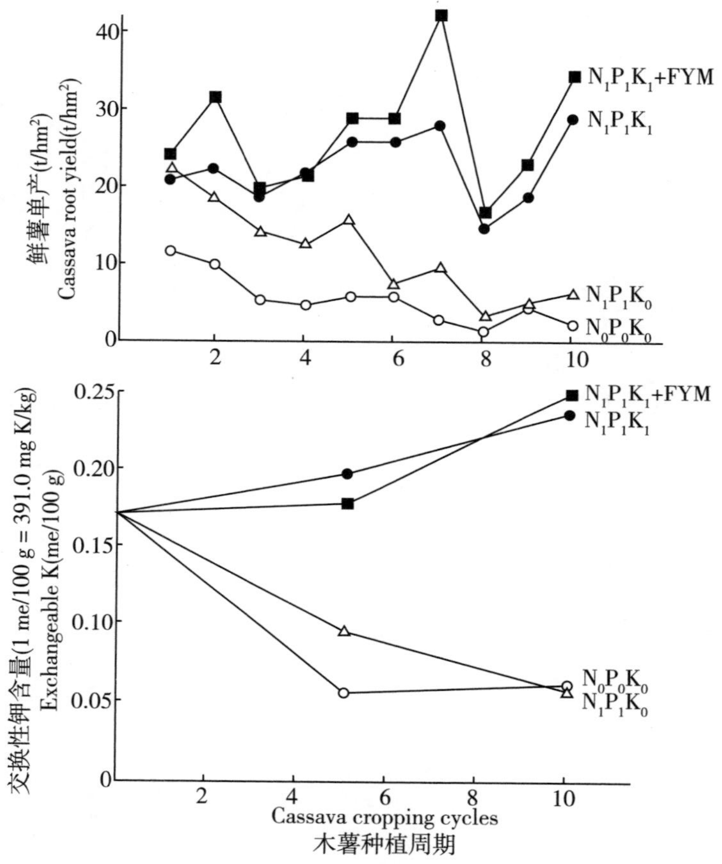

图 6-7　在印度卡拉拉邦 Trivandrum 试验站，施用不同 NPK 肥和有机肥（FYM），连作 10 年的鲜薯单产（上图）和土壤中交换性钾（下图）的含量变化

Figure 6-7　Cassava yield（top）and the exchange K content of the soil（bottom）during 10 years of continuous cropping with various NPK treatments in Trivandrum，Kerala，India

资料来源：Kabeerathumma *et al*，1990

Source：Kabeerathumma *et al*，1990

beerathumma *et al*，1990），连作 10 年且不施钾肥的情况下，鲜薯单产从第 1 年的 22 t/hm^2 下降到第 10 年的 6 t/hm^2。不施钾肥的情况下，土壤中的交换性钾从最初的 66.5 mg/kg 下降到 27.8 mg/kg，可见，多年连作和收获木薯，会导致土壤中的钾明显枯竭；施用钾肥后，土壤中的交换性钾由 66.5 mg/kg 增加到 89.9 mg/kg，鲜薯单产由 21 t/hm^2 提升为 28 t/hm^2，说明施钾非常有利于增产木薯；此外，施用有机肥虽起到一定的增产作用，但效果不明显。

只收获木薯块根时，带走养分量 W 的排序为：$W_{钾} > W_{氮} > W_{磷} > W_{钙} > W_{镁} > W_{硫}$；当收获全株时，带走养分量 W 的排序变为：$W_{氮} > W_{钾} > W_{钙} > W_{镁} > W_{磷} > W_{硫}$。如果只收获木薯块根，被移走的氮磷养分量通常比其他作物低得多，而移走的钾养分量可能近似或略高于其他作物。由于收获块根时带走较大量的钾养分，在同一块地上长期连作木薯，常会导致土壤中的钾养分枯竭，钾是主要的限制性养分，其次是氮和磷。开始连作的头几年，木薯对施用氮、磷、钾肥的反应主要取决于土壤的基础肥力。由于连作木薯会从土壤中带走大量养分，从而大幅降低木薯地的土壤肥力，特别是在块根产量非常高或是收获后移走茎叶的田块。此外，虽然施肥会提高土壤肥力，但随着土壤养分状况的提升，在增产木薯的同时，也会提高植物组织中的养分浓度，最终收获块根或全株时被带走的养分量也会大幅增加，所以，无论是施肥或不施肥都会消耗大量养分，必须重视连作木薯的施肥。

在不同土壤类型的木薯地中，消耗最多的是钾元素，因此随着种植时间的推移，木薯施用钾肥的增产效果最明显。即使新开垦地土壤很肥沃，在种植作物的头 3 年，施用肥料没有明显效果，但是在随后的几年里，施用钾肥的增产效果会逐年明显提升，其次是氮肥和磷肥。施用氮、磷、钾肥都会起到提高块根淀粉含量的作用，尤其以钾肥效果最明显。

第七节　中国长期定位施肥试验

中国约于1820年引进木薯，后广种于华南地区。开始，木薯作为食物和饲料，后逐渐转为淀粉和酒精的工业原料。1914—1919年间，广东省农业试验站最早开展木薯栽培研究，20世纪50年代，中国陆续开展较系统的木薯栽培研究；80年代后，中国热带农业科学院热带作物品种资源研究所（简称品资所）和广西亚热带作物研究所等单位与国际热带农业中心（CIAT）合作，在海南、广西、云南和广东等省区重点进行了木薯施肥和水土保持等研究。从1994年至今，通过“参与式研究和推广木薯”的国内外合作项目，把木薯新品种及其配套丰产栽培技术推广到华南各省区，促进了中国木薯产业化的进程。

一、海南长期定位施肥试验

从1992年至今，中国热科院品资所在海南省儋州市品资所试验基地的砖红壤上，持续开展长期定位的木薯配方施肥试验，包括4个因子（氮、磷、钾肥和火烧土）、4个水平（0、1、2、3）共16个处理，设4次重复；2个不同品种；按复因子裂区设计，主区随机区组设计，裂区顺序排列（张伟特等，1997）。在20多年的试验过程中，在不同时期通过阶段性总结分析，展现了连作木薯的一些营养需求规律和施肥的基本原则。

1. 1992—1995年间的结果与分析

1992—1995年间的长期定位施肥试验结果表明，按氮、磷、钾配比即W（N）：W（P_2O_5）：W（K_2O）＝2：1：2（200：100：200 kg/hm^2）施肥量，可获得连续4年的最高鲜薯单产（张伟特等，1997）。

2. 1992—1997 年间的结果与分析

1992—1997 年的长期定位施肥试验研究表明，施肥能较好维持地力，保证多年连作木薯的显著或极显著增产增收，其中以施用氮、钾肥为佳。根据施肥结果分析，针对中国当时木薯产区普遍不施肥的状况及土壤调查，推荐一般按氮、磷、钾配比为 2：1：2～3 的平衡施肥比例，推荐施有机肥15 t/hm^2，尿素 100～200 kg/hm^2，过磷酸钙 100～300 kg/hm^2，氯化钾 100～250 kg/hm^2，则基本能达到鲜薯单产 25 t/hm^2，增加净收入 2 000～3 000 元/hm^2 的目的（黄洁等，2000）。

3. 1992—2003 年间的结果与分析

据研究（黄洁等，2004），对 1992—2003 年间长期定位施肥试验的 6 项木薯农艺性状进行相关分析表明，鲜薯单产与株高、茎径和单株薯数呈极显著正相关，但与收获指数呈显著负相关，而鲜薯淀粉含量与收获指数呈显著正相关，因此，应注意适当的施肥配比和施肥量，调节好鲜薯产量、茎叶生物量和鲜薯淀粉含量之间的关系，努力达到既显著增产鲜薯又避免降低鲜薯淀粉含量。对 1992—2003 年间的鲜薯单产、鲜薯淀粉含量和淀粉单产的统计分析表明：火烧土有微弱提高鲜薯单产和鲜薯淀粉含量的作用；连续完全不施肥的对照严重影响生长，后期仅获鲜薯单产 7. 1 t/hm^2 和淀粉单产 2. 3 t/hm^2；较高的氮钾配比获得较高的鲜薯单产和净收入，但较高的磷配比明显缺乏增产效果，以适中的 $N_2P_1K_2$（指 W（N）：W（P_2O_5）：W（K_2O）= 4：1：4，下同）施肥配比获得次高的鲜薯单产 22. 3 t/hm^2、最高的鲜薯淀粉含量（31. 9%）和最高的淀粉单产（7. 1 t/hm^2）；完全不施钾、高氮配比（N_3）和高钾配比（K_3）会降低鲜薯淀粉含量；适中和较低的氮磷钾配比也即适中和较低的施肥量，可获得较高的鲜薯淀粉含量。综合考虑鲜薯单产、鲜薯淀粉含量、淀粉单产和净收入，以 $N_2P_1K_2$ 为最佳的施肥配比，据当时的核算，虽然该配比增加肥料投入 961 元/hm^2，但获得净收入 4 611 元/hm^2，而不施肥对照仅有净收入 1 773 元/hm²，可见，适当增加肥料投入能成倍增加净收入。此外，针对 1992—2003 年间氮磷钾施肥配比及施肥量对种茎产量的影响分析，当利用同一块地连年繁殖木薯种茎时，以 2~4∶1∶2~4 的氮磷钾比例为最理想施肥配比（黄洁等，2004）。

4. 1992—1993 年与 2002—2003 年间的比较

据报道（黄洁等，2004），比较长期肥试的开始 2 年（1992 年、1993 年）和连作第 11~12 年（2002 年、2003 年）的施肥配比，开始 2 年的低氮（N_1）就足够木薯的需求，而连作第 11~12 年则需要适中的氮肥（N_2）配比才能收获较高的鲜薯单产；较高的氮肥配比（$N_{2\sim3}$）会降低鲜薯淀粉含量，因此，推荐最高施氮配比为 N_2。只有低磷配比（P_1）在连作第 11~12 年才显示较高的增产效果，说明在长期连作木薯中，低磷（P_1）是适宜的推荐施磷配比。高钾配比表现出较好的提高鲜薯单产作用，特别是在连作第 11~12 年，K_2 能显著提高鲜薯单产，而 K_1 一直有较好的提高鲜薯淀粉含量作用，但 K_3 缺乏提高鲜薯单产及其淀粉含量的明显作用，因此，推荐最高施钾配比为 K_2。再综合分析各地的长期连作木薯生产试验及施肥经验，当长期连作木薯 10 年后，4∶1∶4 的氮磷钾比例被推荐为最佳的施肥配比。

5. 降雨量和台风的影响

长期肥试分析结果还表明，≥9 级的强台风伴随强暴雨，会显著降低鲜薯单产和鲜薯淀粉含量（黄洁等，2004）。1996 年的连续 2 次强台风造成严重的倒伏、减产和降低鲜薯淀粉含量，特别是高氮配比处理损失惨重。不考虑≥9 级台风影响的年份，年降雨量<1 750 mm，则鲜薯单产<18 t/hm²，但鲜薯淀粉含量较高；当年降雨量 2 000~2 500 mm 时，收获鲜薯单产 20~35 t/hm²，虽鲜薯淀粉含量略低，但淀粉单产都比年降雨量<2 000 mm时的高得多。说明部分年份的干旱条件比缺肥对木薯的生长影响更大，在<9 级台风且降雨均匀，年降雨量≥2 000 mm 时，可获得最佳的鲜薯单产和淀粉单产。

值得注意的是，在海南、湛江、汕头、北海等沿海地区，在台风较少且小的正常年份，施高肥确实能较好地提高鲜薯单产和淀粉单产，但必须警惕高肥，特别是高氮配比遇到强台风和强降雨时，可能招致极低的鲜薯单产和淀粉含量，得不偿失，这也是推荐适中氮肥配比的重要原因之一。

近年来，中国沿海的台风越加多发，而且常在晚秋发生超强台风和强暴雨，造成木薯严重倒伏，并伴发严重的病虫害，给沿海木薯产区带来巨大的损失甚至失收，因此，应优先考虑稳产，不能盲目追求高产而施高肥，特别是不能过多施用氮肥。目前，我们已开展抗风栽培研究，并初步提出一些抗风种植技术及田间管理措施。

6. 1993 年和 2002 年的土壤分析

根据国际热带农业中心（CIAT）的木薯营养需求规律和长期肥试的土壤分析结果，特别是针对 1993 年和 2002 年的长期定位施肥的土壤分析结果，随着连作年份的延长，pH 略微提高，但保持在正常的营养需求条件下；除施用火烧土外，其他处理的有机质均显著降低，处于缺乏状态；不施磷和施低磷（P_1）的情况下，总磷含量虽有降低，但还是保持在正常的营养需求条件下，反之，连续施用高磷肥（$P_{2\sim3}$）后，2002 年的土壤总磷含量已超过木薯的正常营养需求；虽然最高的施钾量处理（K_3）和火烧土有一定的提高土壤总钾含量的作用，但 2002 年的土壤总钾含量还是处于较低的营养状态，只有在连续不施氮且施用较高钾肥条件下，2002 年的土壤钾含量才达到正常营养状态；土壤钙和镁含量一直处于缺乏或较低的营养状态。说明在连作木薯的情况下，施用火烧土虽对提高单产作用不大，但可改善土壤的有机质和钾营养条件，应注意施用火烧土等有机肥。总之，要特别重视施用氮钾肥来补充木薯吸收带走的氮钾营养，同时，注意补充施用钙镁肥；此外，由于木薯吸收较少磷素，且木薯可通过自然界的共生真菌来高效吸收磷素，应注意少施磷肥，避免土壤磷营养过剩。

二、广西长期定位施肥试验

郑华等（2016）总结了1989—1996年在广西典型红壤上进行的木薯长期定位施肥试验，设计2个木薯品种（SC201和SC205）、15个施肥处理（有机肥、氮磷钾化肥、不施肥对照）。试验地土壤为黏壤土（clay loam），粉砂粒（silt）、黏粒（clay）、沙粒（sand）的含量分别为44.9%、28.3%、26.7%。

1. 对木薯产量的影响

分析广西的木薯长期定位施肥试验，木薯长期不施肥也能获得一定的产量，SC201平均鲜薯单产为17.11 t/hm^2，范围为10.75~23.94 t/hm^2；SC205平均鲜薯单产为15.09 t/hm^2，范围为10.59~23.46 t/hm^2。不施肥处理的养分循环靠作物的凋落物及其残茬、根系分泌物、大气氮沉降等来维持平衡，也可能由于本试验的连作年份还不够长，不足以耗尽土壤的肥力而显现严重缺素的程度。

不同年份和不同品种的5个处理结果如表6-6、表6-7所示，整体来看，连作8年中，SC201施用有机肥增产不显著，仅在1990年、1991年、1995年施用有机肥有显著的增产作用；1990—1995年的5年间，$N_1P_1K_1$+5 t FYM处理的SC205与$N_1P_1K_1$处理相比，均实现了显著增产。

为考察有机肥能否替代50%的化肥，有机肥肥效显著的年份和品种均表现为施用50%化肥+有机肥的处理产量比$N_2P_2K_2$略高。可见在这些年份和品种，有机肥能替代50%的化肥。但2个有机肥施用量的肥效差异并不显著，基于节约成本的角度考虑，最佳的有机肥施肥量为5 t/hm^2。

分析氮磷钾肥整体肥效采用的处理是$N_0P_0K_0$，$N_1P_1K_1$，$N_2P_2K_2$，$N_3P_3K_3$。如表6-8所示，在试验年份，氮磷钾肥对SC201的增产效果显著，仅1993年和1994年氮磷钾肥肥效不显著；氮磷钾肥对SC205的增产效果显

表 6-6 SC201 鲜薯产量差异达到显著的有机肥肥效结果

Table 6-6 The organic fertilizer effect of SC201 when yield difference of fresh root reached a significant

年份 Years	鲜薯产量（t/hm²） Fresh root yield				
	$N_0P_0K_0$	$N_1P_1K_1$	$N_1P_1K_1$+5 t FYM	$N_1P_1K_1$+10 t FYM	$N_2P_2K_2$
1989	(20.47±3.96) c	(23.13±3.07) bc	(23.59±2.86) bc	(25.47±2.72) b	(29.89±2.71) a
1990	(10.75±2.34) c	(14.93±2.15) b	(18.78±1.68) ab	(19.93±3.44) a	(16.11±3.49) ab
1991	(23.94±1.17) ab	(26.38±1.07) a	(26.42±2.60) a	(22.25±3.18) b	(23.58±1.94) ab
1995	(16.10±3.16) c	(22.81±4.69) b	(30.35±3.86) a	(23.44±4.56) b	(25.97±2.38) ab
平均 Ave	(17.11±4.26) bc	(21.78±4.02) ab	(23.97±5.11) a	(21.95±2.82) ab	(22.51±4.57) a

注：同一行不同小写字母表示 $P<0.05$ 水平上差异显著

资料来源：郑华等，2016

Note：Different lowercases mean significant difference at the same row（$P<0.05$）

Source：Zheng Hua *et al*，2016

表 6-7 SC205 鲜薯产量差异达到显著的有机肥肥效结果

Table 6-7 The organic fertilizer effect of SC205 when yield difference of fresh root reached a significant

年份 Years	鲜薯产量（t/hm²） Fresh root yield				
	$N_0P_0K_0$	$N_1P_1K_1$	$N_1P_1K_1$+5 t FYM	$N_1P_1K_1$+10 t FYM	$N_2P_2K_2$
1990	(12.23±0.46) b	(14.60±0.87) b	(20.73±1.63) a	(20.23±2.57) a	(18.36±1.87) a
1992	(10.59±1.34) b	(12.40±1.60) b	(16.80±1.23) a	(15.86±1.43) a	(15.08±1.41) a
1993	(12.81±3.73) c	(15.00±1.69) bc	(17.19±1.75) abc	(20.15±2.98) a	(17.88±3.23) ab
1994	(19.86±2.59) b	(21.20±2.90) b	(29.75±5.04) a	(27.90±2.19) a	(27.16±2.96) a
1995	(11.57±4.18) c	(17.89±1.72) b	(22.98±3.03) ab	(26.53±4.77) a	(21.79±3.85) ab
平均 Ave	(15.09±5.09) bc	(17.25±3.89) abc	(20.11±5.71) ab	(20.40±5.60) ab	(19.30±5.14) ab

注：同一行不同小写字母表示 $P<0.05$ 水平上差异显著

资料来源：郑华等，2016

Note：Different lowercases mean significant difference at the same row（$P<0.05$）

Source：Zheng Hua *et al*，2016

著，仅1989年氮磷钾肥肥效不显著。通过曲线拟合计算得出SC201的多年最高产量范围为17.29～26.21 t/hm^2，平均值为23.23 t/hm^2。SC205的最高产量范围为15.72～25.81 t/hm^2，平均值为20.65 t/hm^2。可见，相同施肥条件下SC201更高产。此外，8年的长期定位肥料试验也表明，SC201高产处理为$N_2P_2K_2$，SC205高产处理为$N_3P_3K_3$。

以每一年的最高产量为参照，SC201不施氮、磷、钾肥，产量分别为最高产量的65.9%、91.3%、80.1%；SC205不施氮、磷、钾肥，产量分别为最高产量的51.8%、79.6%、81.6%，可见不施氮肥减产最多，本试验中，氮肥是木薯产量的第一限制因子。

本研究中氮磷钾肥对木薯产量的影响与海南等地的研究结果有较大差异，除可能与木薯品种有关外，还可能与土壤、气候等因素条件相关。说明在生产实际中，需要针对不同的土壤和木薯品种开展具体的施肥研究，才能有针对性地指导各地的施肥实践。

表6-8　氮磷钾肥肥效达到差异水平的SC201鲜薯单产情况

Table 6-8　Fresh root yield of SC201 when NPK fertilizer efficiency reached a significant

年份 Years	鲜薯单产（t/hm^2） Fresh root yield			
	$N_0P_0K_0$	$N_1P_1K_1$	$N_2P_2K_2$	$N_3P_3K_3$
1989	(20.47±3.96) b	(23.13±3.07) b	(29.89±2.71) a	(28.48±4.02) a
1990	(10.75±2.34) b	(14.93±2.15) a	(16.11±3.49) a	(16.80±2.65) a
1991	(23.94±1.17) a	(26.38±1.07) a	(23.58±1.94) a	(19.50±4.82) b
1992	(12.66±2.48) b	(16.25±0.67) a	(16.49±2.86) a	(14.49±2.26) ab
1995	(16.10±3.16) b	(22.81±4.69) a	(25.97±2.38) a	(21.36±1.57) a
1996	(16.20±1.61) c	(22.78±2.21) a	(20.94±3.91) ab	(17.75±0.48) bc
平均 Ave	(17.50±4.90) c	(21.78±4.55) ab	(22.55±5.46) a	(20.03±4.75) b

注：同一行不同小写字母表示$P<0.05$水平上差异显著

资料来源：郑华等，2016

Note: Different lowercases mean significant difference at the same row ($P<0.05$)

Source: Zheng Hua *et al*, 2016

表 6-9 氮磷钾肥肥效达到差异水平的 SC205 鲜薯单产情况

Table 6-9 Fresh root yield of SC205 when NPK fertilizer efficiency reached a significant

年份 Years	鲜薯单产（t/hm^2）Fresh root yield			
	$N_0P_0K_0$	$N_1P_1K_1$	$N_2P_2K_2$	$N_3P_3K_3$
1990	(12.23±0.46) c	(14.60±0.87) c	(18.36±1.87) b	(21.90±3.57) a
1991	(19.79±2.82) b	(23.06±3.36) ab	(25.84±2.96) a	(23.83±0.95) ab
1992	(10.59±1.34) b	(12.40±1.60) b	(15.08±1.41) a	(15.59±1.82) a
1993	(12.81±3.73) c	(15.00±1.69) bc	(17.94±3.23) ab	(20.04±1.39) a
1994	(19.86±2.59) b	(21.20±2.90) b	(27.27±2.96) a	(28.00±3.46) a
1995	(11.57±4.18) c	(17.89±1.72) b	(21.79±3.85) ab	(23.95±2.80) a
1996	(11.50±2.84) b	(14.68±0.55) a	(15.21±2.38) a	(17.20±2.21) a
平均 Ave	(15.32±5.40) c	(18.07±5.21) b	(20.38±5.34) ab	(22.05±4.71) a

注：同一行不同小写字母表示 $P<0.05$ 水平上差异显著

资料来源：郑华等，2016

Note: Different lowercases mean significant difference at the same row ($P<0.05$)

Source: Zheng Hua *et al*, 2016

2. 对淀粉含量的影响

如表 6-10、表 6-11 所示，各年份的淀粉含量均随着氮磷钾施用量增加而降低，说明不当施肥可能会导致较大幅度降低鲜薯淀粉含量，生产中应注意合理施肥配比和适当的施肥量，避免产生不良后果。此外，鲜薯淀粉含量有随着连作而逐年升高的趋势，说明鲜薯淀粉含量与不同年份，甚至可能与连作有关，但连作时间越长而导致的鲜薯淀粉含量越高的可能性不大，最主要原因可能是在后期连作时的气候等因素影响所致。这值得进一步研究分析。

表 6-10 氮磷钾肥肥效达到差异水平的 SC201 鲜薯淀粉含量情况

Table 6-10 Starch content of SC201 when NPK fertilizer efficiency reached a significant

年份 Years	鲜薯淀粉含量 SC (%)			
	$N_0P_0K_0$	$N_1P_1K_1$	$N_2P_2K_2$	$N_3P_3K_3$
1991	(29.6±2.2) a	(27.4±0.6) b	(26.5±0.9) b	(26.3±1.1) b
1992	(30.5±0.5) a	(28.5±1.1) ab	(27.9±2.4) bc	(25.9±1.4) c
1993	(30.2±0.6) a	(29.8±1.2) a	(29.8±0.7) a	(28.5±0.8) b

（续表）

年份 Years	鲜薯淀粉含量 SC（%）			
	$N_0P_0K_0$	$N_1P_1K_1$	$N_2P_2K_2$	$N_3P_3K_3$
1995	（31. 9±0. 6） a	（30. 9±0. 5） ab	（30. 3±1. 0） b	（27. 5±0. 9） c

注：同一行不同小写字母表示 $P<0.05$ 水平上差异显著

资料来源：郑华等，2016

Note：Different lowercases mean significant difference at the same row（$P<0.05$）

Source：Zheng Hua *et al*，2016

表 6-11　氮磷钾肥肥效达到差异水平的 SC205 淀粉含量情况

Table 6-11　Starch content of SC205 when NPK fertilizer efficiency reached a significant

年份 Years	淀粉含量 SC（%）			
	$N_0P_0K_0$	$N_1P_1K_1$	$N_2P_2K_2$	$N_3P_3K_3$
1991	（28. 0±1. 8） a	（27. 3±1. 8） ab	（25. 4±0. 9） bc	（24. 5±1. 7） c
1992	（30. 0±2. 4） a	（27. 0±1. 45） ab	（24. 6±2. 5） bc	（23. 6±1. 5） c
1993	（30. 3±1. 5） a	（28. 8±0. 6） ab	（30. 3±1. 4） a	（28. 5±1. 1） b
1995	（31. 5±1. 8） a	（30. 5±0. 8） ab	（29. 7±1. 2） ab	（29. 0±1. 0） b

注：同一行不同小写字母表示 $P<0.05$ 水平上差异显著

资料来源：郑华等，2016

Note：Different lowercases mean significant difference at the same row（$P<0.05$）

Source：Zheng Hua *et al*，2016

三、广东长期定位施肥试验

据研究（房伯平等，1994），1989—1991 年间，在广东省农科院试验农场的旱地上开展木薯长期定位施肥试验。试验前土壤（0～20 cm）的 pH 5. 6、有机质 1. 2%、全氮 0. 049 5%、全磷 0. 017 6%、全钾 0. 664 8%、速效磷 3. 9 mg/kg、速效钾 35. 2 mg/kg。试验采用主区随机区组，亚区顺序排列的裂区设计，4 次重复。如表 6-12 所示，以 12 个不同的氮、磷、钾施肥组

表 6-12 各施肥组合的氮、磷、钾用量（kg/hm^2）

Table 6-12 Nitrogen, phosphorus and potassium application amount of each fertilizer combination（kg/hm^2）

施肥组合 Fertilizer combination	N	P_2O_5	K_2O	施肥组合 Fertilizer combination	N	P_2O_5	K_2O
$N_0P_0K_0$	0	0	0	$N_2P_1K_2$	100	25	100
$N_0P_2K_2$	0	50	100	$N_2P_3K_2$	100	100	100
$N_1P_2K_2$	50	50	100	$N_2P_2K_0$	100	50	0
$N_2P_2K_2$	100	50	100	$N_2P_2K_1$	100	50	50
$N_3P_3K_3$	200	50	100	$N_2P_2K_3$	100	50	200
$N_2P_0K_2$	100	0	100	$N_3P_3K_3$	200	100	200

资料来源：房伯平等，1994

Source：Fang Boping *et al*，1994

合为主区。以东莞红尾和南湾木薯 2 个品种作亚区，小区面积分别为 23.3 m^2 和 18.6 m^2。每年均在 3 月下旬插植，12 月下旬收获。用尿素、过磷酸钙、氯化钾计算各处理的具体施肥量，并按小区称量好，于种植 1 个月后施用，植后约 9 个月，每小区的每个品种中均取 9 株木薯来调查测产。

如表 6-13 所示，从 3 年的试验分析结果来看，施肥组合与品种的互作、施肥组合与连作年份的互作以及施肥组合与品种、连作年份三者间的互作，在很大程度上都受施磷效应的影响。氮肥对施肥组合与品种的互作有些影响，而钾肥对施肥组合与连作年份间的互作有效应。木薯的块根收获带走了大量的钾素，其次为氮素，磷素的带走量较少。3 种营养元素带走量的比例 $W(N):W(P_2O_5):W(K_2O) \approx 4.5:1.0:7.9$。当地上部植株也随块根收获带走时，氮素的带走量会成倍增加。由于本试验的茎叶在收获的同时也被移走，因此，氮、钾元素与连作年份间的互作效应不显著或无效应，很可能是由于较高施肥量的块根及茎叶的产量较高，因此，收获时被带走的养分量也较多，使年份间不同施肥量间的养分残留量差异不大。磷素由于收获时带走量较少（约相当于氮素的1/5），因此，不同施磷量间的养分残留量差异较大，从而出现连作的显著效应。同时，本试验土壤有效磷含量偏低可能是导致最高产量施磷量较试验设计最高施磷量高的原因之一。

表6-13 不同年份间木薯施用氮、磷、钾肥的产量差异（t/hm^2）

Table 6-13 Fresh root yield differences with nitrogen, phosphorus and potassium fertilizer in different year（t/hm^2）

处理 Treats	1989	1990	1991	
			东莞红尾 Dongguan hongwei	南湾木薯 Nanwan mushu
$N_0P_0K_0$	13.74g	9.11c	11.01e	7.26f
$N_0P_2K_2$	15.50g	11.61c	14.01d	13.23e
$N_1P_2K_2$	18.15def	16.81b	18.02bc	16.71d
$N_2P_2K_2$	20.08abcd	17.08b	18.26bc	19.24cd
$N_3P_2K_2$	20.86ab	17.62b	18.98bc	20.38bc
$N_2P_0K_2$	19.13bcdef	17.47b	18.18bc	13.50e
$N_2P_1K_2$	19.48bcde	18.24b	18.63bc	20.94c
$N_2P_3K_2$	17.41f	22.09a	19.55ab	22.90b
$N_2P_2K_0$	18.81cdef	17.08b	18.46cd	13.88e
$N_2P_2K_1$	17.56ef	17.81b	17.84bc	20.32bc
$N_2P_2K_3$	10.21abc	17.42b	19.30bc	20.92c
$N_3P_3K_3$	21.66a	22.56a	20.48a	26.01a

注：（1）1989年和1990年数值为2个品种的平均值；（2）同列数据后不同小写字母表示差异显著

资料来源：房伯平等，1994

Note:（1）average value of 2 varieties in 1989 and 1990.（2）Different lowercases mean significant difference in the same list

Source: Fang Boping *et al*, 1994

四、小结

综合国外木薯施肥研究发现，长期在同一地块种植木薯，如没有补充施用氮、钾肥，将会导致土壤严重退化，木薯产量严重下降（Tongglum *et al*，2001）。长期试验表明，连续 10 年不施肥，木薯产量将降低到 3 t/hm^2 左右；当施用适量的肥料时，产量能够保持在 20 t/hm^2，施肥与茎叶还田措施并用，不仅能显著改善木薯长势，提高产量，还能改善土壤物理化学特性。不施肥情况下，如木薯的地上部分能归还土壤，木薯产量不会显著降低，连续种植 19 年后产量仍可保持在 10 t/hm^2 左右，是没有采用还田处理的 2 倍。说明在土壤瘦瘠，化肥缺少的地区，茎叶还田对延缓地力衰退，保持较高生产力具有重要意义（Howeler *et al*，2002）。

一般推荐木薯施肥比例为 W（N）：W（P_2O_5）：W（K_2O）=2：1：(2~3)（Carsky *et al*，2004）。通过国际热带农业中心在泰国、越南等亚洲各国布置的长期定位施肥试验进行综合分析得出，为维持或提高土壤肥力及增产增收，通常推荐每公顷施用 80~100 kg N（尿素）、40~50 kg P_2O_5（过磷酸钙或重过磷酸钙）、100~120 kg K_2O（氯化钾）；若施用复合肥，则每公顷可施用 600 kg 15-15-15 或 16-16-16 的复合肥；总体来看，连作木薯的最佳养分配比可围绕 15：7：18 进行适当微调。木薯与其他作物间套作时，套种谷类作物如玉米或旱稻，木薯可参照上述施肥技术，而对谷类作物强调要施用高氮高磷的肥料；间作豆类作物如大豆、花生或豇豆等，则间套作物应主要施用磷肥。若木薯已在同一地块连作多年，应减少磷肥的施用，增施钾肥，推荐每公顷施用 20 kg P_2O_5和 120 kg K_2O，或者每公顷施用 500 kg 14-4-24 配比的复合肥，此外，每公顷还应增施 4~5 t 有机肥或堆肥。

综合国内的海南、广西和广东的木薯长期定位施肥试验结果，基本得出氮磷钾比例 W（N）：W（P_2O_5）：W（K_2O）=2：1：2 是连作木薯在开始 4

年的最佳施肥配比，这与东南亚各国的木薯长期肥试结果基本一致（Howeler，2002）。随着木薯长期定位施肥试验的延续，在连作 10 年木薯后，发现氮磷钾比例 W（N）：W（P_2O_5）：W（K_2O）＝4：1：4（100：25：100 kg/hm^2）是更合理的施肥配比。总体来看，在氮磷钾肥配比中，磷肥的需求配比和施用量均呈下降趋势，而氮钾肥配比需要逐渐提高，氮磷钾配比最高可达 4：1：4。在 2008 年的第 8 次亚洲木薯论坛中，越南等国的长期肥试结果也表明，在连作 10 年左右的木薯后，氮磷钾配比（N：P_2O_5：K_2O）为（3~5）：1：（3~5），才能满足木薯的营养需求。综合中国、东南亚各国的木薯长期肥试以及多年的生产实践经验，推荐连作木薯头 4 年的氮磷钾配比［W（N）：W（P_2O_5）：W（K_2O）］＝（1~2）：1：（1~2），连作木薯 5~8 年的氮磷钾配比为 2~3：1：2~3，连作木薯 9 年后的氮磷钾配比为（3~4）：1：（3~4）。

综合国内外长期定位肥料试验发现，虽然不同氮、磷、钾肥配方的增产效果会有较大变动，但平衡施肥的配方比例基本类似。为有效提高鲜薯产量、淀粉产量、鲜薯淀粉含量和经济效益，建议在全国各地的木薯主产区，针对不同的土壤、生态类型和品种特性，布置长期定位土壤肥力监测和田间施肥试验基地，通过大数据来不断优化各地的 NPK 施肥配比参数及适宜施肥量，最好是根据实际情况，逐年微调当地的木薯施肥配比及施肥量，以达到最优的施肥效益。

同时，应根据各地的土壤化学分析，结合木薯的营养需求指标，特别是不同木薯品种的需求特性，选择施用钙、镁、硫、硼、锌和铜等中微量肥料，在有些年份，建议适当配施硫酸钾镁肥、钙镁磷肥、生物有机肥、火烧土和各种有机肥，补充土壤的中微量肥料。当然，在无严重病虫危害情况下，可把间套种作物和木薯的残留茎秆粉碎还田，以提高土壤有机质和补充中微量肥料营养。

第七章　木薯产量差及生产限制因素分析

在过去的30多年中，中国通过与国际热带农业中心（CIAT）等国际组织以及泰国等国家的国际木薯科技合作研究与推广，学习、交流、引进了许多国际上的先进木薯营养与施肥管理技术，在国内通过试验推广，指导各地的高产高效施肥技术，获得不少成功的经验，推动了中国木薯产业的大发展，在各地的老少边穷地区，发挥了重要的扶贫致富作用，但是，究竟我们推广应用的木薯施肥指导技术成效如何，存在什么问题，都值得认真思考和改进。目前，世界农业及其经济形势都出现急速变化和转型，随着中国加入世贸组织及对外不断开放，中国农业已不可避免受到了极大的冲击；由于中国经济的发展，大量农村人口进城务工，使“三农”问题越来越突出，普遍出现劳力欠缺、工价飞涨、工效下降等问题，已在木薯产业上得到充分体现，严重影响到中国木薯产业的发展，造成木薯种植业及加工业等产业链的国际竞争力下降，加剧了中国木薯种植业的投入高、产出低、效益差的困境，导致木薯干和其他木薯产品的大量进口，这进一步冲击了中国的木薯种植业。自2009年至今，中国的劳动力和农资成本不断攀升，但鲜薯收购价却连续下降，种植木薯暂时亏本已成为事实，许多农民已放弃种植木薯。我们想通过国际上先进的产量差及限制因素分析研究方法，调研中国木薯主产区的生产实际情况，试图在木薯种植技术特别是在施肥管理方面，找到一条高产高效的栽培研究新途径，为提高中国木薯种植业的国际竞争力贡献一份力量。

不同产量水平之间的差异即为产量差（Yield gap，YG）。作物产量差的研究最早开始于20世纪70年代，不同机构学者从不同角度对产量差产生原因及缩减途径进行了研究（David *et al*，2009）。1981年，De Datta（1981）明确提出产量差的概念；Fresco（1984）进一步完善了产量差概念模型的内涵，引入了“经济上限产量”的概念。De Bie（2000）总结了不同定义下的各级产量差，并对各级产量差的主要限制因子进行了分类；之后，世界各地广泛开展了产量差的研究，尤其是在印度和泰国等一些发展中国家。目前在小麦、水稻、玉米和大豆等作物上的研究较多（范兰等，2011）；研究方法主要分为试验调查与统计分析以及作物模拟模型系统分析两大类（李克南，2014），可分析基于产量潜力的产量差、试验产量的产量差、高产纪录的产量差，也可用来分析区域尺度的产量差和农户尺度的产量差（Lobell *et al*，2009）。产量差分析是明确增产潜力、阐明决定因素、制订管理措施、指导未来发展的有效工具，分析不同农户的产量差和决定因素，有助于揭示增产限制因子，制订高产高效措施（Van Ittersum *et al*，2013）。

第一节　数据来源

一、气象数据

华南三省区木薯主产地气象数据来源于中国气象局，涵盖广西区南宁市武鸣县、北海市合浦县，广东省韶关市翁源县以及湛江市的遂溪县、雷州市，海南省白沙县、琼中县。2013年10月1日至2015年5月31日的逐日气象数据，观测项目主要有日平均气温、日最高气温、日最低气温、日温差、日照长度以及日降水量。

二、土壤数据

华南三省区木薯主产地土壤数据来源于2014年全国农业技术推广服务中心主编，中国农业出版社出版的《测土配方施肥土壤基础养分数据集》。

三、调研数据

2015年6月份至2016年1月份，选取木薯主产区具有代表性的广西区南宁市武鸣县以及北海市的合浦县（表7-1），广东省的韶关市翁源县以及湛江市的雷州市和遂溪县（表7-2），海南省的白沙县以及琼中县（表7-3）；每个市县选取有代表性的2~4个乡镇、每个乡镇选2~3个村，与当地农技推广人员一起，每个村选取2~3个代表性种植样本，每个样本随机抽取2~4户农民进行问卷调查，剔除同一类型样本中种植管理情况相似的农户，实际筛选出299户农户。其中，广西140份，含单作96份、间套作44份（本章仅采用单作数据进行分析，在第八章分析间套作）；广东92份；海南67份。调查内容包括木薯品种、种植面积、种植密度、连作年数、施肥情况、产量、成本投入及经济效益等。在广西区调查木薯种植总面积约216.72 hm^2，其中，单作169.45 hm^2，间套作47.27 hm^2，平均每户种植面积约1.67 hm^2；种植品种主要为南植199，占农户总数的57.86%，其次为华南205，占农户总数的35.00%，少数农户种植桂热4号等，共占7.14%；当地木薯主要是在当年的2—3月份种植，当年的11月份至次年1月份收获。在广东省调查木薯种植总面积约82.20 hm^2，平均每户面积约0.89 hm^2；种植品种主要为南植199，占农户总数的83.70%，其次为华南5号、新选048、华南205，共占农户总数的16.30%；主要是在当年的1—3月份种植，当年的11—12月份收获。在海南省调查木薯种植总面积约56.75 hm^2，平均每户面积约0.85 hm^2；种植品种主要为华南5号和华南8号，分别占农户总数的

43.28%、35.82%，其次是华南10号和华南205，共占农户总数的20.90%；主要是在当年11月份至次年的4月份种植。

表7-1　广西区调研区域

Table 7-1　Research area of Guangxi Province

市（县）City（county）	乡镇 Town	村 Village
武鸣县 Wuming	马头镇	小陆村、马头村
	两江镇	雷江村、四联村、巴岸村
	陆斡镇	包桥村、共济村、桥东村
	城厢镇	平等村
合浦县 Hepu	西场镇	西场村
	廉州镇	下丰门村、青山村
	沙岗镇	太平村、下屯村
	石康镇	红碑城大竹根村、福城镇畔塘村

表7-2　广东省调研区域

Table 7-2　Research area of Guangdong Province

市（县）City（county）	乡镇 Town	村 Village
翁源县 Wengyuan	庙墩镇	庙墩村
	周陂镇	周陂村
	江尾镇	江尾村、联益村、塘村
	龙仙镇	良洞村
雷州市 Leizhou	客路镇	客路村、田头村、南坑村、东山村
遂溪县 Suixi	河头镇	河头村、上坡村、山内村、林家营村

表7-3　海南省调研区域

Table 7-3　Research area of Hainan Province

市（县）City（county）	乡镇 Town	村 Village
白沙县 Baisha	阜龙乡、邦溪镇	卫星农场十七队、大米村、大米新村、龙江农场九队
琼中县 Qiongzhong	黎母山镇	长田村、上墩村、合究村、瘦坡村

第二节　研究方法

一、产量、效率、效益计算

肥料偏生产力 *PFP*（Partial factor productivity）是指肥料的单位投入所能生产的作物产量，是反映肥料效益的指标（张福锁等，2008）；肥料产量贡献率 *FCR*（Fertilizer contribution rate）是反映年投入肥料的生产能力的指标（宇万太等，2007）；不同产量等级的产量差 *YG*、肥料偏生产力 *PFP*、节肥量、节肥潜力（邬刚等，2015）、经济效益 *EB*（Economic benefit）（刘建刚等，2012）按下列公式计算。其中，节肥量负值表示施肥不足，正值表示施肥量过大。

$$YG=Y_1-Y_2 \quad [7-1]$$

上式中，Y_1，Y_2 分别表示不同产量等级的产量。

$$PFP\text{（kg/kg）}=\text{施肥区产量/肥料施用量} \quad [7-2]$$

$$EB=\text{单位面积产量}\times\text{当年单价}-\text{总成本} \quad [7-3]$$

$$\text{节肥量}=\text{农户实际施肥量}-\text{推荐施肥量} \quad [7-4]$$

$$\text{节肥潜力}=\text{节肥量/农户实际施肥量} \quad [7-5]$$

$$FCR=\text{（施肥区作物产量}-\text{缺素区作物产量）/施肥区产量}\times100\% \quad [7-6]$$

$$\text{总收益}=\text{作物产量}\times\text{单价} \quad [7-7]$$

$$\text{净收益}=\text{总收益}-\text{总成本} \quad [7-8]$$

$$\text{劳动力投入回报}=\text{净收益/劳动力投入} \quad [7-9]$$

用 Excel 2010 对数据进行计算制图，用 SPSS 20.0 软件进行统计分析，

Sigma Plot 12.5 作图，用 Duncau（D）法检验 $P<0.05$ 水平上的差异显著性。

二、产量差分析

不同产量水平之间的差异即为产量差。产量差是明确作物增产潜力、揭示增产限制因子、制定高产高效措施，指导未来发展的有效工具（Van Ittersum *et al*，2013）。产量差研究始于 20 世纪 70 年代中期，1974 年，国际水稻研究所（IRRI）从亚洲 6 个国家抽调研究人员组成了一个工作小组，致力于水稻生产力的限制因子研究，并在孟加拉国、印度、印度尼西亚、巴基斯坦和菲律宾等亚洲 6 国开展了产量差的系列研究，Barker 等（1979）发表了该研究组的研究结果。而产量差（yield gap）的概念是 De Datta（1981）在 1981 年首先明确提出的，在此概念中产量差被定义为农田实际产量与试验站潜在产量的差距，将产量差分成 2 个等级，如图 7-1 所示："产量差Ⅰ"是试验站潜在产量和潜在农田产量之间的产量差，造成该产量差的主要原因是一些不可能应用到田间的技术和环境因子的限制；"产量差Ⅱ"是潜在农田产量和农田实际产量之间的产量差，造成该产量差的主要因素是生物限制和社会经济限制，前者包括品种、病虫草害、土壤、灌溉及施肥等因素，后者包括投入产出比、政策、文化水平及传统观念等因素。

Fresco（1984）进一步完善了产量差概念模型的内涵，除用"潜在田块产量"、"技术上限产量"概念外，又引入了一个"经济上限产量"的概念。而后，De Bie（2000）在 2000 年详细总结了不同定义下的各级产量差，并对各级产量差的主要限制因子进行了分类，加入"模拟试验站潜在产量"，进一步分为两大部分内容，如图 7-2 所示，一个是在试验站水平上，另一个是在农田水平上。

Lobell 和 Ivan Ortiz-Monasterio（2006）于 2006 年又提出了新的定义，即田块产量差为农户田块最高产量与平均产量的差距。因此，随着研究的

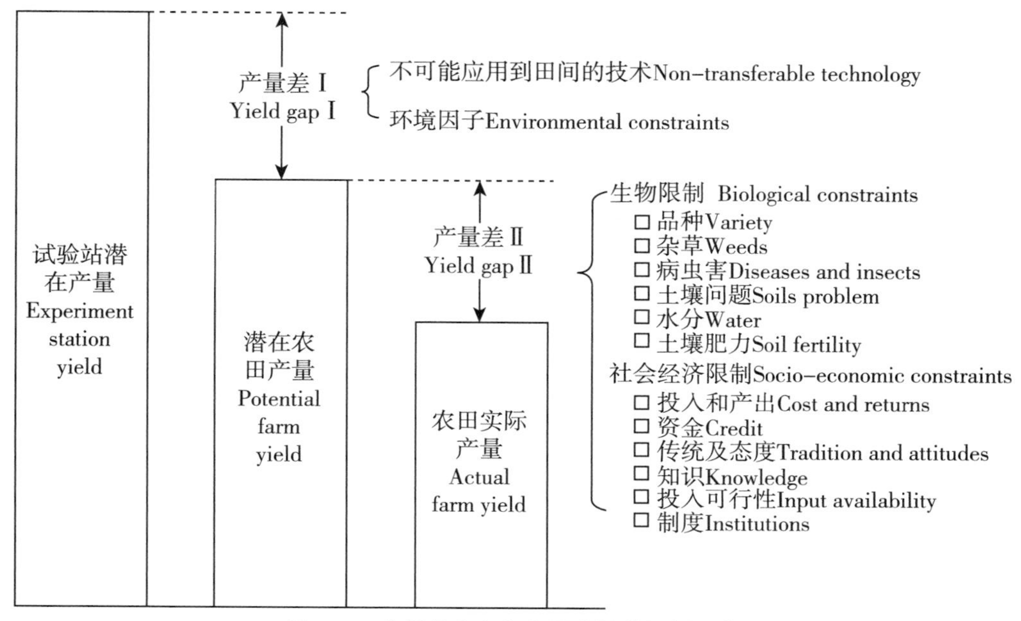

图 7-1 产量差定义和主要产量差限制因素

Figure 7-1 The concept of yield gaps and their main constraints

来源：De Datta，1981

Source：De Datta，1981

逐步深入，产量差研究的内涵也在逐渐丰富。产量差概念发展至今，虽然众多学者都对其做了不同的定义及阐述，但总体而言，一般可以分为 4 个等级的产量水平（刘志娟，2013）。最大产量水平为潜在产量（potential yield），即作物在良好的生长状况下，不受水分、氮肥等因素限制以及病虫害的胁迫，并采用适宜作物品种获得的产量（Grassini *et al*，2009）。潜在产量代表一个地区作物基于适宜的土壤在较高管理水平下由光温条件所决定的产量，在既定的区域内，潜在产量即为该地区作物产量的上限。其次为可获得产量（attainable yield），是指确定时间、确定的生态区在无物理的、生物的或经济学的障碍下最优栽培管理措施下，试验田所获得的产量（Abeledo *et al*，2008）。农户潜在产量（potential farm yield），是指在现有农户栽培水平下，可以获得的最大产量，即假设农户不考虑各种市场因素及政策条件下，将现有栽培管理措施应用到最佳所获得的产量（De

Datta et al，1978）。该产量可反映目前栽培水平下的产量潜力，即可以达到的最大产量。最后一个等级为农户实际产量（actual farm yield），是指一定区域内农户实际产量的平均状况，反映了在当地气候条件、土壤、品种以及农民实际栽培管理措施下获得的产量。针对这4个产量可将产量差分为3个等级。分别为潜在产量与可获得产量的产量差，可获得产量与农户潜在产量之间的产量差，农户潜在产量与农户实际产量之间的产量差（刘志娟，2013）。

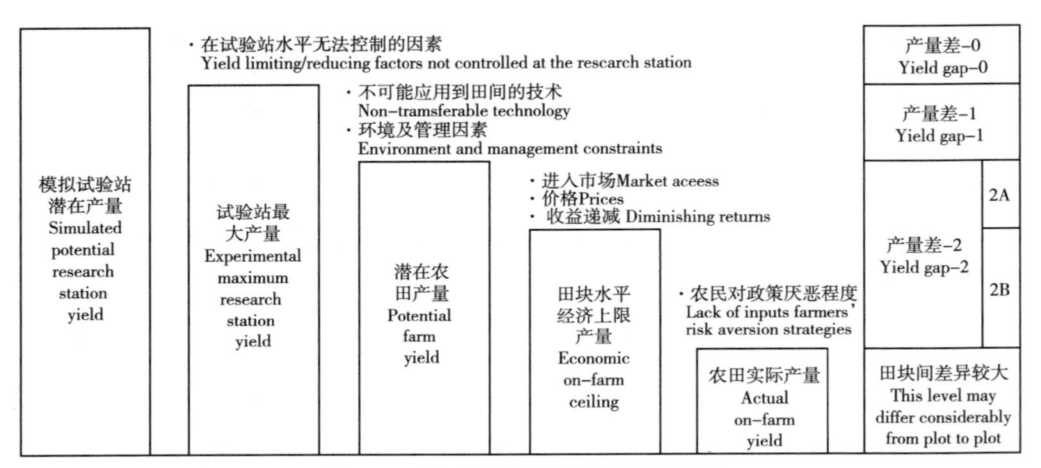

图 7-2　部分产量差及其生产限制因素

Figure 7-2　Partial yield gaps and their main constraints

来源：De Bie，2000

Source：De Bie，2000

产量潜力的平台不同，对应产生的产量差结果也不同。Lobell 等（2009）确定4个常用的产量平台，即高产农户产量、模拟产量潜力、试验产量潜力和农户平均产量，对应产生3级产量差即以高产农户为基础的产量差、以试验产量为基础的产量差和以模型产量为基础的产量差。本文选用其中的3个产量平台：高产农户产量、模拟产量潜力和农户平均产量，加上高产纪录，共有4个产量平台，对应产生了3级产量差（图7-3），即基于高产农户的产量差 YG_T、基于高产纪录的产量差 YG_B 和基于模型模拟的产量差

YG_M。不同产量差的影响因素也不同，YG_T是由于微域土壤和气候差异，投入成本、技术和管理措施的不同造成的；YG_B主要来源于土壤肥力、投入成本和管理措施等；YG_M主要由品种、光温水资源的利用、土壤条件、栽培管理措施以及杂草、病虫害等管理措施导致。针对不同的产量差，分别从群体构建、养分管理、产投结构等方面，对造成广西、广东、海南木薯主产区产量差的贡献因素进行分析。

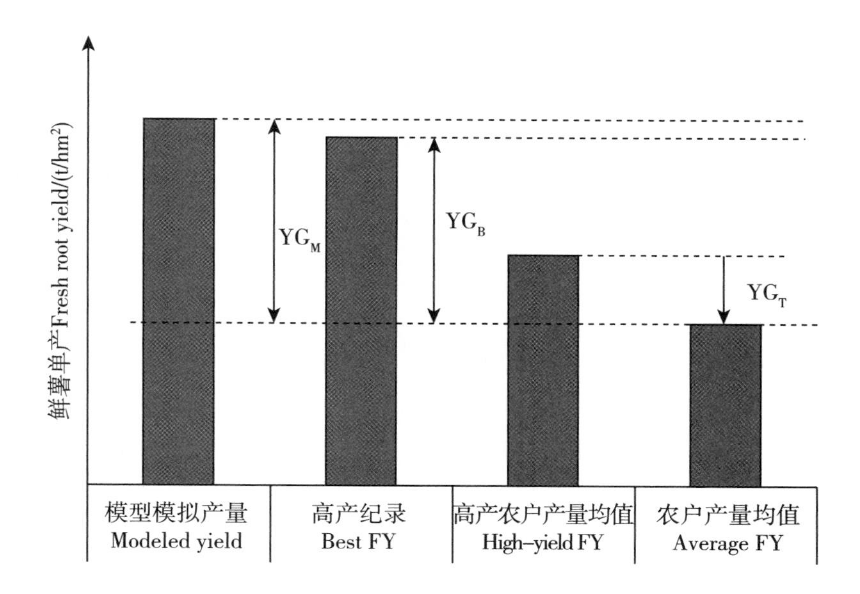

注：FY表示农户产量
Note: FY means farmer' s yield

图 7-3　木薯产量潜力及产量差示意图
Figure 7-3　The yield potentials and yield gaps（YG）of cassava

三、边界线分析

模型模拟是目前定量评估产量潜力最为有效的方法之一，对探索农户短期内增产潜力具有重要意义，试验产量和高产农户产量一般会低于模型模拟产量潜力（刘保花等，2015）。Schnug 等（1996）开发的 Boundary line 系统，可用来分析各种生物物理因素和产量之间的相关性关系，从复杂的多因素中孤立出某一个因素，分析该单一因素对产量的限制程度，适用性较好，土壤因素、农户管理因素等都能用来分析（Tasistro，2012；Wang *et al*，2015）。经调整后的边界线分析（Webb，1972；Shatar *et al*，2004）有以下步骤。

（1）在升序和消除异常值的独立变量的排序中，定义的边界线表示的是最大产量（因变量）的各种独立变量（如施肥量），如公式［7-10］所示。边界线方程通过选择边界点的模型拟合。

$$Y_{max} = Y_{att} / \{1 + K \times EXP[-(R \times X)]\} \qquad [7-10]$$

（2）利用 Fermont 等人开发出的仿真模型将边界点拟合成边界线（Fermont *et al*，2009），将单因素边界线进行组合可以创建一个多变量模型，依据李比希最小因子定律，通过拟合可以获得模型并被用于预测每一个因素影响下的产量（Von Liebig，1863；Shatar *et al*，2004）。其中 Y_{max}是在独立变量 X 的限制下，预测可获得的最大单产，Y_{att}表示在调研区域内可获得的最高产量，X 表示各种独立的生物、非生物变量，K 和 R 是常数。通过拟合可以获得模型并被用于预测每一个因素影响下的产量。

（3）最后确定的贡献率 α 由因变量最大值 y_{max}与每个独立的变量在该模型下的边际线值 y_x之差与 y_{max}的比值而定，如公式［7-11］所示。

$$\alpha = (y_{max} - y_x) / y_{max} \qquad [7-11]$$

四、化肥与有机肥养分的换算

化肥养分按照实际生产中的调查表记录值计算，有机肥养分按照全国农业技术推广服务中心 1999 年主编的《中国有机肥料养分志》提供的标准值计算。如表 7-4 所示。

表 7-4　肥料养分折纯量

Table 7-4　Nutrient net weight in different fertilizer

肥料种类 Fertilizer type	名称 Designation	W (%)		
		N	P_2O_5	K_2O
氮肥 Nitrogen fertilizer	尿素 Urea	46	0	0
	碳酸氢铵 Ammonium bicarbonate	17.7	0	0
	硫酸铵 Ammonium sulphate	20.5	0	0
磷肥 Phosphate fertilizer	过磷酸钙 Calcium superphosphate	0	12	0
	重过磷酸钙 Triple superphosphate	0	40	0
	钙镁磷肥 Calcium magnesium phosphate	0	16	0
钾肥 Potassic fertilizer	氯化钾 Potassium chloride	0	0	60
	硫酸钾 Potassium sulphate	0	0	50
	硝酸钾 Potassium nitrate	0	0	34
复合肥 Compound fertilizer	磷酸氢二铵 Diammonium phosphate	14	43	0
	磷酸二氢钾 Potassium dihydrogen phosphate	0	52	35
	三元复合肥 Three compound fertilizer	15	15	15
有机肥 Organic fertilizer	干鸡粪 Dry chicken manure	6.39	6.04	3.33
	湿鸡粪 Wet chicken manure	1.63	1.54	0.85
	羊圈粪 Sheep dung	0.83	0.23	0.67
	猪圈粪 Pig manure	0.60	0.40	0.44
	牛粪 Cow dung	0.34	0.16	0.40
	堆肥 Compost	0.45	0.22	0.57
	草木灰 Plant ash	0	2.30	8.09

五、木薯产量的土壤养分要求

根据哥伦比亚和亚洲各国进行的肥料试验的测定值及相关的文献报道，结合木薯的养分需求，划分各种土壤化学性质的阈值范围（表 7-5）（Howeler，1996a）。同时，Howeler（1996b）总结出土壤有机质、有效磷、交换性钾临界值分别为 30.0 g/kg、7.0 mg/kg 和 54.7 mg/kg。

表 7-5　木薯地土壤各种化学性质的阈值范围

Table 7-5　Value rang of soil chemical properties of cassava

土壤因子 Soil parameter	非常低 Very low	低 Low	中等 Medium	高 High	非常高 Very high
pH	<3.5	3.5~4.5	4.5~7.0	7.0~8.0	>8.0
有机质（g/kg） Organic matter	<10.0	10.0~20.0	20.0~40.0	40.0~80.0	>80.0
全氮（g/kg） Total nitrogen	—	<1.0	1.0~2.0	>2.0	—
有效磷（mg/kg） Available phosphorus	<2.0	2.0~4.0	4.0~15.0	>15.0	—
速效钾（mg/kg） Available potassium	<39.0	39.0~58.5	58.5~97.5	>97.5	—

资料来源：Howeler，1996a

Source：Howeler，1996a

第三节　非洲东部木薯产量限制因素分析

在非洲东部，通过对小农户缩减木薯产量差的研究，研究者提出了有关木薯施肥等建议，对非洲木薯生产已起到较好的促进作用。在此介绍国际同行的研究及应用概况，希望借此引起中国木薯界的关注和重视。

非洲木薯的研究和推广工作主要集中于育种和病虫害综合管理策略上（IPM），尤其是花叶病毒病和绿螨等病虫害。目前的研究主要是集中在生物限制因素上，对于非生物、作物管理和社会经济等限制因素的研究相对较少。明确这些因素对产量差的重要性，是制定高产高效管理措施，提升木薯产量的重要步骤。为此，Fermont 等人（2009）在非洲主要木薯生态区进行调研。东非的中纬度地区农业生态环境丰富，构成了非洲主要木薯种植区，其中的肯尼亚和乌干达的一些地区具有很好的代表性。据 FAO 统计，2007 年肯尼亚的平均鲜薯单产为10.6 t/hm^2，乌干达是12 t/hm^2，略高于非洲平均水平9.9 t/hm^2，但是远低于典型区域农业育种试验中的鲜薯单产15~40 t/hm^2。据Cock等人（1979）研究，理想状态下的木薯薯干产量潜力可达到25~30 t/hm^2，相当于鲜薯单产75~90 t/hm^2，该产量潜力是在哥伦比亚和印度的试验条件下获得的。在东非的试验条件下鲜薯单产纪录为50~60 t/hm^2。

Fermont等人（2009）进行的研究，肯尼亚的调研是在2004年6月到9月，乌干达的调研是在2005年10月到2006年4月，每个地区由3~4个关键负责人把当地农户分成了3个财富等级：贫困、中等富裕、富裕。每个地点随机选取20个农户，每个财富等级最少选取3个农户作为代表。采用面对面交流的方式，搜集农户的主要生产限制因素、社会经济环境、农场经营和木薯田间管理等，并把这些信息结合起来，然后通过一系列实地田间考察，对访谈调研的基本信息进行检验核实。

研究表明，在1994—2009年的15年中，制约东非木薯产量的最明显的限制因素是木薯花叶病毒病的流行，该病毒导致地方品种平均减产72%，但由于抗性基因型品种的广泛引进和推广，该情况已得到了控制。尽管如此，东非的鲜薯单产仍然很低，木薯产量的最大限制因素仍未明确。因此，2009年Fermont等人研究了在一定社会经济范围内非生物、生物因素及作物管理对东非小农户木薯产量的影响。这项研究是基于在乌干达和肯尼亚西部一系列的农业调查数据的基础上的，2008—2009年的2年时间完成了当地99个小农户和6个试验站的调研。此外，在肯尼亚西部和中部及乌干达东部的一系列地点进行了调查和农艺试验。试验设定在肯尼亚农业研究所（KARI）、乌干达国家作物资源研究所（NACRRI），试验点的气候是亚潮湿的双峰降雨气候，大多数一年生作物在长雨季（3—6月）和短雨季（9—11月）均可生长，海拔1 100~1 260 m。木薯在短雨季或长期降雨的前2个月种植，生长期约为1年。该区域农业系统多样化，农民平均种植4~6种作物。

研究首先确定了4个管理水平的平均产量和产量潜力，分别为：①当前农户管理水平；②提升群体构建；③改良基因型；④优化施肥方案。其次，探索在目前管理水平下，哪些管理措施决定了木薯产量。最后，研究生物、非生物因素及相关的作物管理措施对木薯产量的限制，主要是改良基因型和作物群体。使用多元回归分析和边界线分析法确定相关的产量限制因素，来探索可能的相互作用及量化对产量差的贡献率，以克服产量限制因素。

通过对农户调研数据和农场试验的研究发现，在东非木薯产量有很大的提升空间。目前，小农户的产量远低于该地区的产量潜力，可观测到的产量差是由大量的生产管理因素造成的。非生物因素及相关田间管理措施对产量差的影响远超过目前农民和科学家的认知。提高产量应注重各种方法相结合，以明确克服最重要的限制因素。将限制因素集中在单一条件上，特别是集中在特定病虫害上是木薯产量研究的一大进步。这将需要一系列作物综合管理技术和农业参与性评价，主要包括改良种质资源、土壤肥力管理、早期杂草控制、灌溉及提高水分利用率4个方面。

第四节　广西区木薯产量差及生产限制因素分析

一、木薯种植概况

广西属于亚热带气候区，是中国最大的木薯主产区，高温多雨，夏季长，冬季短，热量充足，且雨热同步，非常适合木薯的生长，具有发展木薯产业得天独厚的优势（何晶，2012）。据南亚办统计，2005—2015的11年间，广西的木薯种植面积、鲜薯总产量都占到全国的60%以上，主要木薯种植区包括武鸣县、合浦县、钦北区、平南县、港南区、桂平市、苍梧县、藤县、岑溪市、钦南区、灵山县、容县、浦北县、兴业县、北流市、钟山县、陆川县、昭平县等18个县级行政区。其中的武鸣县和合浦县的木薯种植面积位居全区前列。

二、农户产量差

如表7-6所示，将调研区域内农户木薯产量按四等分法划分为4个产量等级，4个等级的农户鲜薯单产差异均达到了显著水平。其中，占总数25%的最低产农户鲜薯单产仅为25%最高产农户的48.75%，产量差达28.38 t/hm^2；调研区域木薯的平均单产 Y_A 为40.19 t/hm^2，变幅为18.00~75.00 t/hm^2；25%最高产农户、高产纪录鲜薯单产分别为 Y_T = 55.38 t/hm^2、Y_B = 75.00 t/hm^2，基于高产农户的产量差 YG_T（指25%最高产农户产量均值）、基于高产纪录的产量差 YG_B 分别为15.19 t/hm^2、34.81 t/hm^2。

表7-6 广西区农户木薯产量分级

Table 7-6 The cassava yield classification of farmer in Guangxi province, China

产量等级 Yield classification	样本数量 n Sample number	鲜薯单产（t/hm^2）Fresh root yield	
		均值 *AVE*	变幅 *RAN*
占总数25%的最低产农户（Y_L）	24	27.00 ± 3.67 a	18.00~30.00
占总数25%~50%中产农户（Y_M）	24	35.88 ± 2.50 b	30.00~39.00
占总数50%~75%中高产农户（Y_{MH}）	24	42.50 ± 2.24 c	39.00~45.00
占总数25%的最高产农户（Y_T）	24	55.38 ± 8.79 d	45.00~75.00
总计 Total	96	40.19 ± 11.53	18.00~75.00

注：Y_L代表占总数25%的最低产农户；Y_M代表占总数的25%~50%中产农户；Y_{MH}代表占总数的50%~75%中高产农户；Y_T代表占总数25%的最高产农户。*AVE* 代表均值，*RAN* 代表变幅。同一列指标中不同小写字母表示 $P<0.05$ 水平上差异显著

Note: Y_L means the 25% lowest yield farmer; Y_M means the 25% ~ 50% medium yield farmer; Y_{MH} means the 50%~75% medium-higher yield farmer; Y_T means the 25% highest yield farmer. *AVE* means average, *RAN* means range. Without the same small letters for same column item indicate significance differences at 0.05 level

如图 7-4 所示，X 轴对应的点为氮（N）、磷（P_2O_5）、钾（K_2O）肥料的推荐施用量，Y 轴对应的点为鲜薯单产，分别建立氮、磷、钾肥施用量与鲜薯单产间的一元二次方程，根据农户实际鲜薯单产，用 Boundary line 系统拟合出理论上可实现的鲜薯单产，用模型可模拟出在现有施肥技术水平下，广西地区农民鲜薯产量潜力为 77.41 t/hm^2，基于模型模拟的产量差

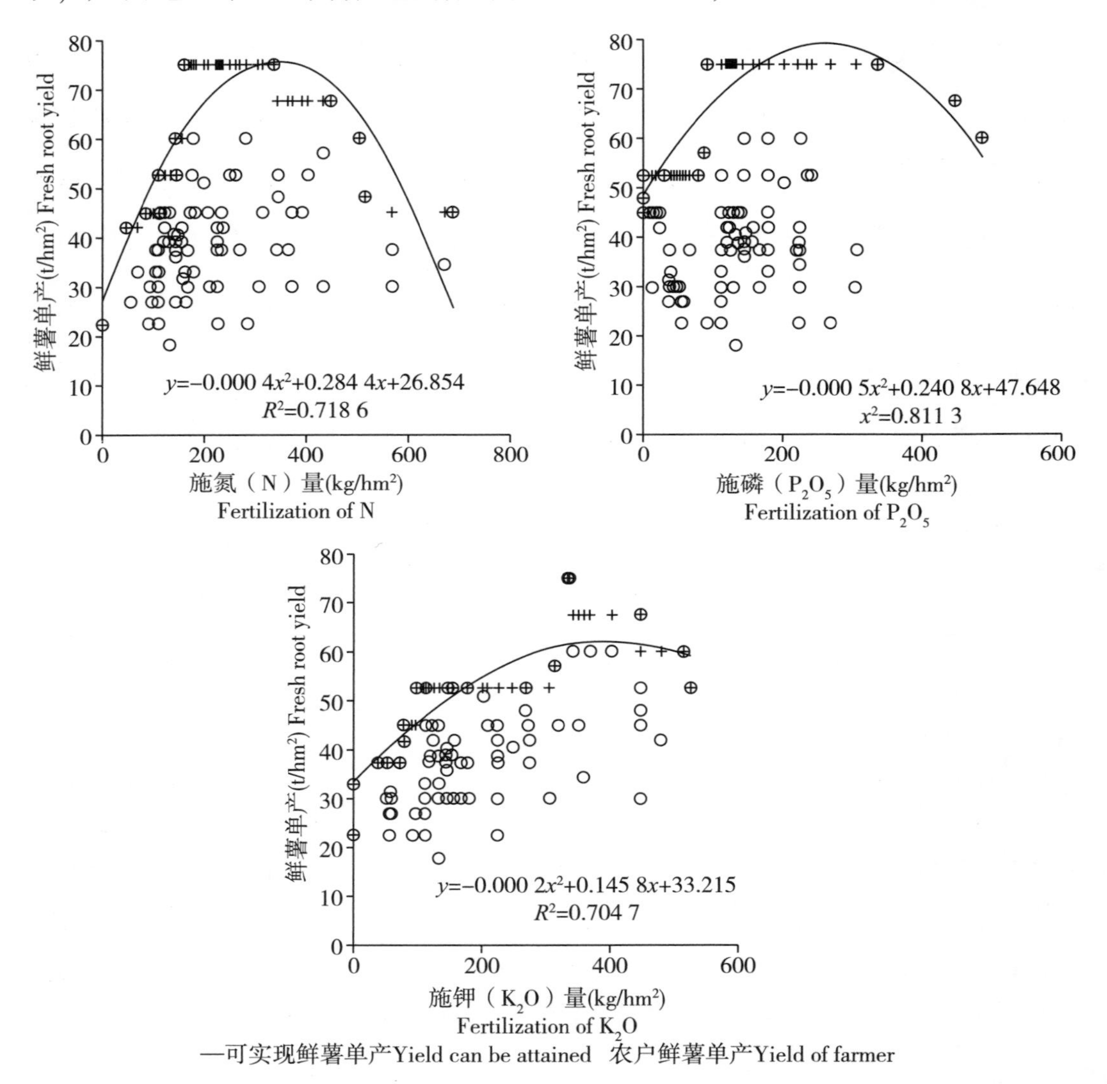

图 7-4　广西区的鲜薯单产与 N、P_2O_5、K_2O 施用量的关系

Figure 7-4　Relationship between fresh root yield and application amount of N，P_2O_5，K_2O in Guangxi province，China

$YG_M = 37.22\ t/hm^2$；其次，分别根据 N、P_2O_5、K_2O 施用量与鲜薯单产的一元二次方程，得出在现有施肥技术水平下，当地 N、P_2O_5、K_2O 最高施用量分别是 355.50 kg/hm^2、240.80 kg/hm^2、364.50 kg/hm^2。

如图 7-5 所示，利用 Boundary line 系统分析得出，当地 N、P_2O_5、K_2O 对产量差的贡献率 YG 分别为 15.75%、5.47%、32.34%。

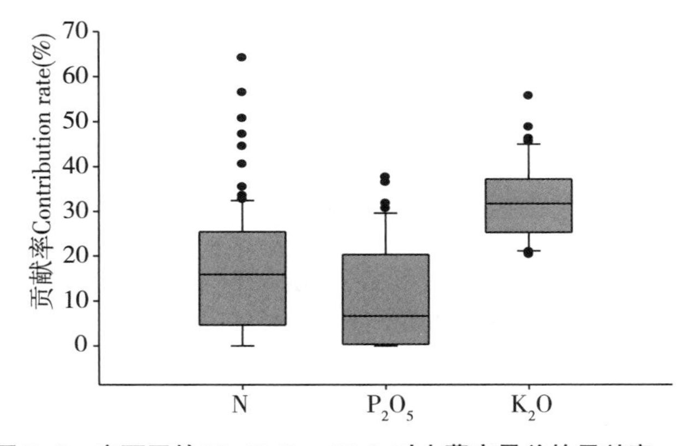

图 7-5　广西区的 N、P_2O_5、K_2O 对木薯产量差的贡献率
Figure 7-5　Contribution rate of N，P_2O_5，K_2O to the cassava yield gap in Guangxi province，China

三、木薯主产地农业气候资源分析

对广西区木薯主产地木薯生长季内农业气候资源进行分析发现，当地气温和降雨量表现出“雨热同步”的趋势，且月平均最高气温、月平均气温、月平均最低气温均呈现“凸”字形（见图 7-6、图 7-7、图 7-8、图 7-9），当地 11 月份到次年的 2 月份气温达到了一年中的最低值。当地木薯主要集中在 2—3 月份种植，该区域 2—3 月份的月平均气温在 20 ℃左右，平均最低气温为 10~13 ℃，略低于木薯出苗发芽的最低温度，对木薯的生长会有一定程度影响。木薯种植后到收获前的 4—11 月份，武鸣县和合浦县的月平均气温在 15~30 ℃，月平均最低气温在 15~27 ℃，月平均气温中均有 6 个月达到了 25 ℃以上，基本达到了木薯的生长要求。

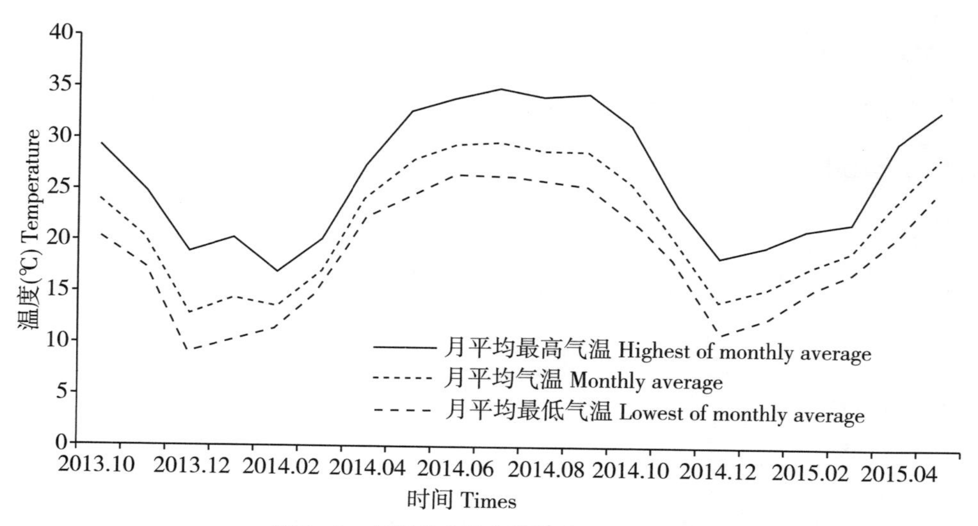

图 7-6 广西武鸣县木薯主产区气温状况

Figure 7-6 Temperature in the main producing areas of cassava in Wuming County, Guangxi Province

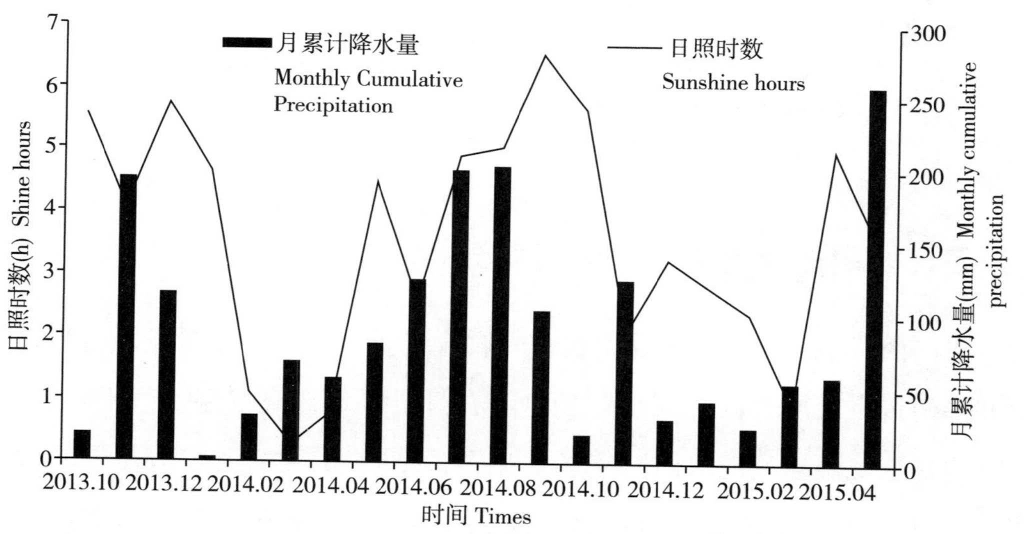

图 7-7 广西武鸣县木薯主产区月累计降水量及日照时数

Figure 7-7 Monthly cumulative precipitation and sunshine hours in the main producing areas of cassava in Wuming County, Guangxi Province

武鸣县雨水充足，旱季主要集中在 1—2 月份；合浦县旱季主要集中在 1—3 月份和 10 月份。当地的平均日照时数整体波动较大，7—10 月份的平均日照时数最长，其中，合浦县 7—10 月份的平均日照时数均在 6~8 h。可见，萌芽期气温过低是广西区木薯主产地的产量限制因素。

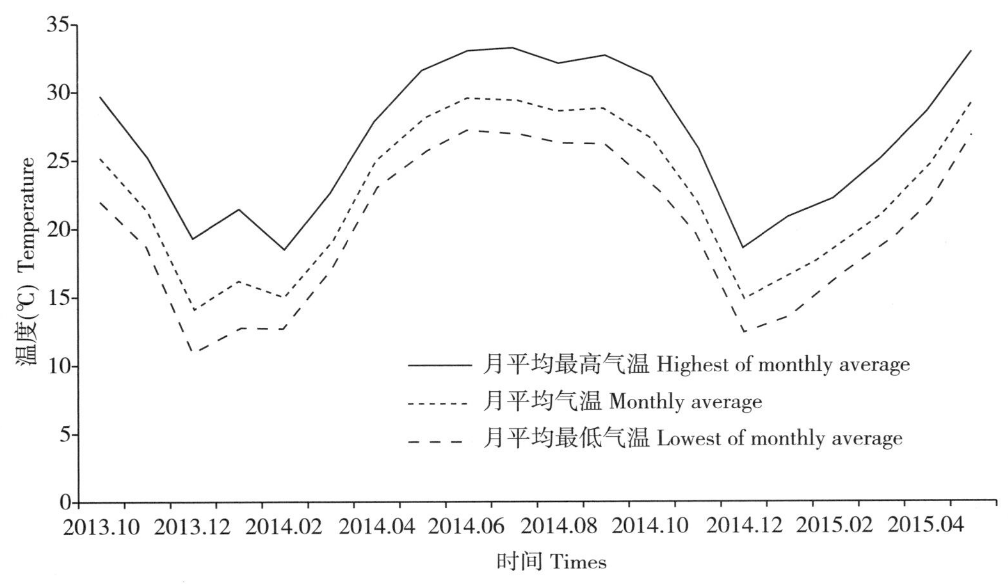

图 7-8　广西北海市木薯主产区气温状况

Figure 7-8　Temperature in the main producing areas of cassava in Beihai City, Guangxi Province

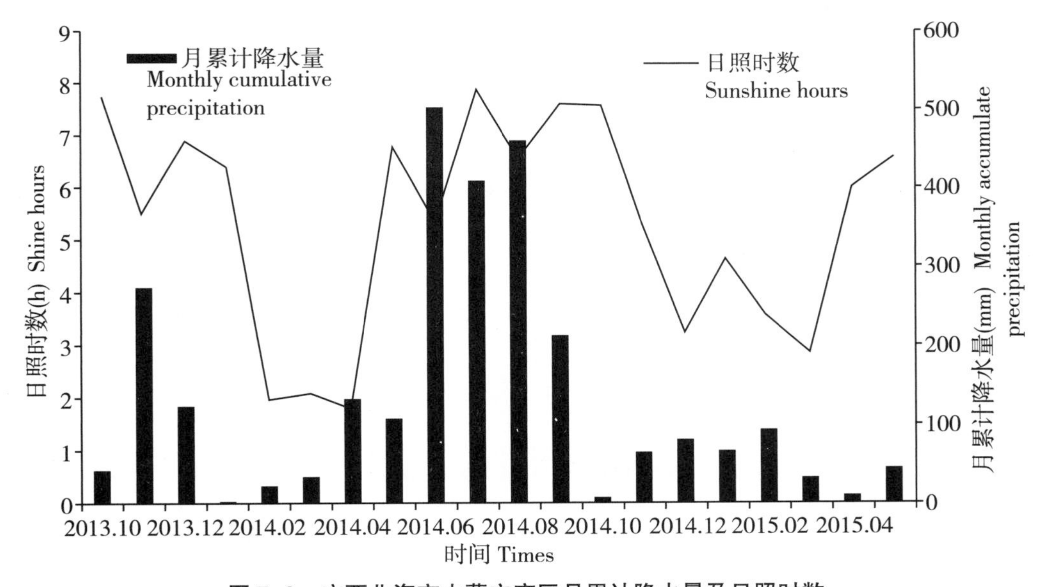

图 7-9　广西北海市木薯主产区月累计降水量及日照时数

Figure 7-9　Monthly cumulative precipitation and sunshine hours in the main producing areas of cassava in Beihai City, Guangxi Province

四、木薯主产地土壤资源分析

如表 7-7 所示，据 2005—2012 年全国农业技术推广服务中心主编的《测土配方施肥土壤基础养分数据集》统计，并参照 Howeler 等人总结的木薯养分需求（见表 7-5），广西区武鸣县和合浦县木薯主产地土壤 pH 均在中等范围内，满足木薯生长要求；有机质含量在 24~28 g/kg 范围内，虽属中等水平，但略低于 30 g/kg 的临界值；全氮含量在 1.4~1.6 g/kg 范围内，属中等水平；土壤有效磷含量是其临界值的 3~6 倍，累积较为严重；土壤速效钾含量均高于临界值，属中等水平。可见，广西区木薯主产地土壤中有机质含量偏低，有效磷累积是木薯产量的主要限制因素。

五、群体构建

如表 7-8 所示，当地农户木薯平均种植密度为 19.49 千株/hm^2，变幅为 10.01 千~40.02 千株/hm^2；25%最低产农户的平均种植密度为 25.31 千株/hm^2，显著高于其余 3 类农户；其余 3 类农户的平均种植密度均不超过 18.45 千株/hm^2。当地木薯平均连作年数为 7.47 年；25%最低产农户木薯连作年数均值为 14.29 年，显著高于其余 3 类农户；其余 3 类农户的平均连作年数均不超过 8 年，其中 25%最高产农户的平均连作年数仅为 2.54 年。可见，过密种植和长年连作是造成当地木薯产量差的重要因素，建议当地木薯种植密度以 18.00 千株/hm^2 左右为宜，连作年数不宜超过 3 年。

表 7-7　广西区木薯主产地土壤养分状况

Table 7-7　Soil nutrient status of cassava on main producing area in Guangxi province

土壤养分指标 Soil nutrient index	市 City	县 County	样本数 n Sample number	平均值 Average	标准差 σ	变异系数 CV（%）	5%~95%范围 5%~95% range
pH	南宁 Nanning	武鸣 Wuming	3 886	5. 7	0. 6	10. 7	4. 8~6. 8
	北海 Beihai	合浦 Hepu	3 670	5. 2	0. 5	9. 3	4. 6~6. 2
有机质（g/kg） OM	南宁 Nanning	武鸣 Wuming	3 681	27. 54	7. 77	28. 20	14. 70~40. 50
	北海 Beihai	合浦 Hepu	2 320	24. 12	8. 21	34. 10	12. 00~39. 71
全氮（g/kg） Total nitrogen	南宁 Nanning	武鸣 Wuming	3 712	1. 632	0. 480	29. 20	0. 890~2. 455
	北海 Beihai	合浦 Hepu	2 747	1. 407	0. 440	31. 60	0. 720~2. 220
有效磷（mg/kg） Available phosphorus	南宁 Nanning	武鸣 Wuming	3 712	20. 5	10. 8	52. 7	7. 6~42. 9
	北海 Beihai	合浦 Hepu	3 153	22. 8	11. 8	51. 7	8. 2~45. 3
速效钾（mg/kg） Available potassium	南宁 Nanning	武鸣 Wuming	3 723	79. 3	33. 7	42. 5	36. 0~145. 0
	北海 Beihai	合浦 Hepu	3 192	73. 2	32. 6	44. 5	30. 0~134. 0

表 7-8　广西区木薯种植密度、连作年数分布

Table 7-8　The planting density and continuous cropping years distribution of cassava in Guangxi province, China

产量等级 Yield classification	种植密度（千株/hm²）Planting density（kP/hm²）		连作年数（年）Continuous cropping years（Year）	
	均值 *AVE*	变幅 *RAN*	均值 *AVE*	变幅 *RAN*
Y_L	25.31±9.71 a	12.51～40.02	14.29±11.02 a	1～40
Y_M	18.30±7.15 b	10.01～40.02	7.25±9.15 b	1～40
Y_{MH}	15.89±5.47 b	10.01～31.27	5.79±5.45 bc	1～25
Y_T	18.45±7.71 b	10.01～40.02	2.54±1.38 c	1～6
总计 Total	19.49 ± 8.32	10.01～40.02	7.47±8.71	1～40

注：Y_L代表占总数25%的最低产农户；Y_M代表占总数的25%～50%中产农户；Y_{MH}代表占总数50%～75%中高产农户；Y_T代表占总数25%的最高产农户。*AVE*代表均值，*RAN*代表变幅。同一列指标中不同小写字母表示 $P<0.05$ 水平上差异显著

Note: Y_L means the lowest 25% yield farmer; Y_M means the 25%～50% medium yield farmer; Y_{MH} means the 50%～75% medium-higher yield farmer; Y_T means the 25% highest yield farmer. *AVE* means average, *RAN* means range. Without the same small letters for same column item indicate significance differences at 0.05 level

六、养分管理

（一）氮、磷、钾肥投入量分布

当地木薯施肥用量的调查结果（表7-9）表明，当地农户施肥主要以无机肥为主，有机肥施用量仅占总施肥量的0.29%。当地N、P_2O_5、K_2O的投入量均值分别为222.35 kg/hm²、142.50 kg/hm²、197.05 kg/hm²。各产量等级农户N、P_2O_5施用量差异不显著，差异主要集中在K_2O施用量。25%最高产农户K_2O的施用量显著高于其余3类农户，施用量比其余3类农户高出63.90%～117.10%。根据中国长期肥试和多年的生产实践，推荐木薯连作头

表 7-9　广西区木薯氮磷钾肥投入量分布

Table 7-9　Distribution of N, P_2O_5, K_2O fertilization amount of cassava in Guangxi province, China

产量等级 Yield classification	指标 Index	施肥量 Fertilization amount (kg/hm^2)			实际配比 Actual ratio	推荐配比 Recommended ratio
		N	P_2O_5	K_2O	W(N)：W(P_2O_5)：W(K_2O)	W(N)：W(P_2O_5)：W(K_2O)
Y_L	均值 *AVE*	195.75±128.66 a	131.09±83.45 a	148.42±95.17 b	1.49：1：1.13	3~4：1：3~4
	变幅 *RAN*	0~570.00	15.00~306.00	0~450.00		
Y_M	均值 *AVE*	214.94±147.31 a	147.11±72.69 a	142.31±87.00 b	146：1：0.97	2~3：1：2~3
	变幅 *RAN*	69.00~673.50	37.50~307.50	0~360.00		
Y_{MH}	均值 *AVE*	206.06±130.50 a	120.07±61.89 a	188.51±92.67 b	1.36：1：1.72	2~3：1：2~3
	变幅 *RAN*	48.00~690.00	0~225.00	78.00~482.40		
Y_T	均值 *AVE*	272.63±132.97 a	171.71±141.10 a	308.96±137.53 a	1.59：1：1.80	1~2：1：1~2
	变幅 *RAN*	86.25~517.50	0~485.25	97.50~528.75		
总计 Total	均值 *AVE*	222.35±136.25	142.50±95.36	197.05±123.37	1.56：1：1.38	—
	变幅 *RAN*	0~690.00	0~485.25	0~528.75		

注：Y_L代表占总数25%的最低产农户；Y_M代表占总数的25%~50%中产农户；Y_{MH}代表占总数的50%~75%中高产农户；Y_T代表占总数25%的最高产农户。*AVE* 代表均值，*RAN* 代表变幅。同一列指标中不同小写字母表示 $P<0.05$ 水平上差异显著

Note：Y_L means the 25% lowest yield farmer；Y_M means the 25%~50% medium yield farmer；Y_{MH} means the 50%~75% medium-higher yield farmer；Y_T means the 25% highest yield farmer. *AVE* means average，*RAN* means range. Without the same small letters for same column item indicate significance differences at 0.05 level

4 年的 N、P_2O_5、K_2O 配比是 1~2：1：1~2，连作 5~8 年的 N、P_2O_5、K_2O 配比是2~3：1：2~3，连作 9 年后的 N、P_2O_5、K_2O 配比为 3~4：1：3~4（黄洁等，2004）。分析各产量等级农户的 N、P_2O_5、K_2O 配比发现，仅 25%最高产农户的 N、P_2O_5、K_2O 配比符合推荐施肥配比，其余 3 类农户的 N、K_2O 比例均低于推荐施肥配比。可见，肥料用量不合理，配比不平衡，N、K_2O 配比过低，是造成当地木薯产量差的主要原因。

考虑到农户操作可行性及不同品种和管理水平的差异，将调研的 25%最高产农户的 N、P_2O_5、K_2O 施用量与 Boundary line 系统模拟的在现有施肥技术水平下当地 N、P_2O_5、K_2O 的最高施用量相结合，将两个施肥指标作为当地推荐施肥量基准，如表 7-10 所示，确定广西区木薯 N、P_2O_5、K_2O 施用总量在 750~900 kg/hm^2 为宜，N、P_2O_5、K_2O 施用量范围分别为 270~350 kg/hm^2、170~240 kg/hm^2、300~350 kg/hm^2，推荐施肥配方的 K_2O 用量及其占比均要提高。

表 7-10 广西区木薯不同推荐施肥指标

Table 7-10 Different recommended fertilization indexes of cassava in Guangxi province, China

施肥量指标来源 Index source of fertilization amount	施肥量 Fertilization amount（kg/hm^2）				配比 Ratio
	N	P_2O_5	K_2O	总计 Total	W（N）：W（P_2O_5）：W（K_2O）
25%最高产农户 Y_T	272. 63	171. 71	308. 96	753. 30	1. 59：1：1. 80
Boundary line 系统模拟的最高施肥量 Y_{BL}	355. 50	240. 80	364. 50	960. 80	1. 48：1：1. 51

注：Y_T表示占总数 25%最高产农户，Y_{BL}表示 Boundary line 系统模拟的最高施肥量

Note：Y_T means the 25% highest yield farmer，Y_{BL} means maximum fertilization amount of Boundary line simulation system

（二）基肥及追肥投入量分布

如表 7-11、表 7-12 所示，当地木薯基肥、追肥施用量分别占总施用量

的51.46%、48.54%，N、P_2O_5、K_2O 的基肥与追肥比例分别为0.99∶1、1.59∶1、0.86∶1。基肥中，25%最高产农户N、K_2O 施用量显著高于其余3个产量等级的农户，分别比其余3个产量等级的农户高出95.39%~168.59%、73.78%~111.23%，且基肥中的N用量越高，越有利于增产；追肥中，25%最高产农户的 K_2O 施用量显著高于其余3类农户，比其余3个产量等级的农户高出56.19%~122.47%，且追肥中N用量越低，K_2O 配比越高，越有利于增产。可见基肥中N、K_2O 投入量不足，追肥中N偏高和 K_2O 投入过少是造成当地木薯产量差的重要原因。

表7-11 广西区木薯基肥投入量及配比

Table 7-11 Basic fertilization amount and ratio for cassava in Guangxi province, China

产量等级 Yield classification	指标 Index	基肥施用量 Basic fertilization amount (kg/hm²)			配比 Ratio W (N)∶W (P_2O_5)∶W (K_2O)
		N	P_2O_5	K_2O	
Y_L	均值 *AVE*	69.56±49.52 b	76.06±56.49 a	70.04±49.90 b	0.91∶1∶0.92
	变幅 *RAN*	0~168.75	0~270.00	0~168.75	
Y_M	均值 *AVE*	90.47±125.36 b	96.36±82.22 a	67.93±90.12 b	0.94∶1∶0.70
	变幅 *RAN*	0~570.00	0~270.00	0~360.00	
Y_{MH}	均值 *AVE*	95.62±93.67 b	63.66±57.79 a	82.57±70.03 b	1.50∶1∶1.30
	变幅 *RAN*	0~375.00	0~225.00	0~273.75	
Y_T	均值 *AVE*	186.83±128.11 a	114.01±111.55 a	143.49±133.47 a	1.64∶1∶1.26
	变幅 *RAN*	0~371.25	0~350.25	0~450.00	
总计 Total	均值 *AVE*	110.62±112.02	87.53±82.77	91.01±95.02	1.26∶1∶1.04
	变幅 *RAN*	0~570.00	0~350.25	0~450.00	

注：Y_L代表占总数25%的最低产农户；Y_M代表占总数的25%~50%中产农户；Y_{MH}代表占总数的50%~75%中高产农户；Y_T代表占总数25%的最高产农户。*AVE* 代表均值，*RAN* 代表变幅。同一列指标中不同小写字母表示 $P<0.05$ 水平上差异显著

Note: Y_L means the 25% lowest yield farmer; Y_M means the 25%~50% medium yield farmer; Y_{MH} means the 50%~75% medium-higher yield farmer; Y_T means the 25% highest yield farmer. *AVE* means average, *RAN* means range. Without the same small letters for same column item indicate significance differences at 0.05 level

表 7-12　广西区木薯追肥投入量及配比

Table 7-12　Top-dressing fertilization amount and ratio for cassava in Guangxi province, China

产量等级 Yield classification	指标 Index	追肥施用量 Top-dressing fertilization amount (kg/hm^2)			配比 Ratio W (N) : W (P_2O_5) : W (K_2O)
		N	P_2O_5	K_2O	
Y_L	均值 *AVE*	126.19±146.02 a	55.03±65.69 a	78.38±86.76 b	2.29 : 1 : 1.42
	变幅 *RAN*	0~570.00	0~225.00	0~337.50	
Y_M	均值 *AVE*	124.48±84.03 a	50.75±44.07 a	74.38±62.57 b	2.45 : 1 : 1.47
	变幅 *RAN*	0~345.00	0~112.50	0~225.00	
Y_{MH}	均值 *AVE*	110.44±89.24 a	56.41±49.53 a	105.94±99.34 b	1.96 : 1 : 1.88
	变幅 *RAN*	0~345.00	0~112.50	0~360.00	
Y_T	均值 *AVE*	85.81±50.38 a	57.69±48.75 a	165.47±142.05 a	1.49 : 1 : 2.87
	变幅 *RAN*	0~172.50	0~135.90	0~450.00	
总计 Total	均值 *AVE*	111.73±98.38	54.97±51.88	106.04±106.70	2.03 : 1 : 1.93
	变幅 *RAN*	0~570.00	0~225.00	0~450.00	

注：Y_L代表占总数25%的最低产农户；Y_M代表占总数的25%~50%中产农户；Y_{MH}代表占总数的50%~75%中高产农户；Y_T代表占总数25%的最高产农户。*AVE* 代表均值，*RAN* 代表变幅。同一列指标中不同小写字母表示 $P<0.05$ 水平上差异显著

Note: Y_L means the 25% lowest yield farmer; Y_M means the 25%~50% medium yield farmer; Y_{MH} means the 50%~75% medium-higher yield farmer; Y_T means the 25% highest yield farmer. *AVE* means average, *RAN* means range. Without the same small letters for same column item indicate significance differences at 0.05 level

(三) 氮、磷、钾肥投入与产出效果分析

对当地农户氮磷钾肥投入与产出效果分析（图 7-10）表明，当地木薯 N、P_2O_5、K_2O 偏生产力均值分别为 230.98 kg/kg、439.23 kg/kg、266.30 kg/kg，变幅分别为 51.22~875.00 kg/kg、83.33~3 000.00 kg/kg、66.67~1 000.00 kg/kg。随着 N、P_2O_5、K_2O 投入量的增加，肥料偏生产力均逐渐降低，占总数的 54.74%的农户氮肥偏生产力低于平均水平；76.92%的农户磷肥偏生产力低于平均水平；60.64%的农户钾肥偏生产力低于平均水平。

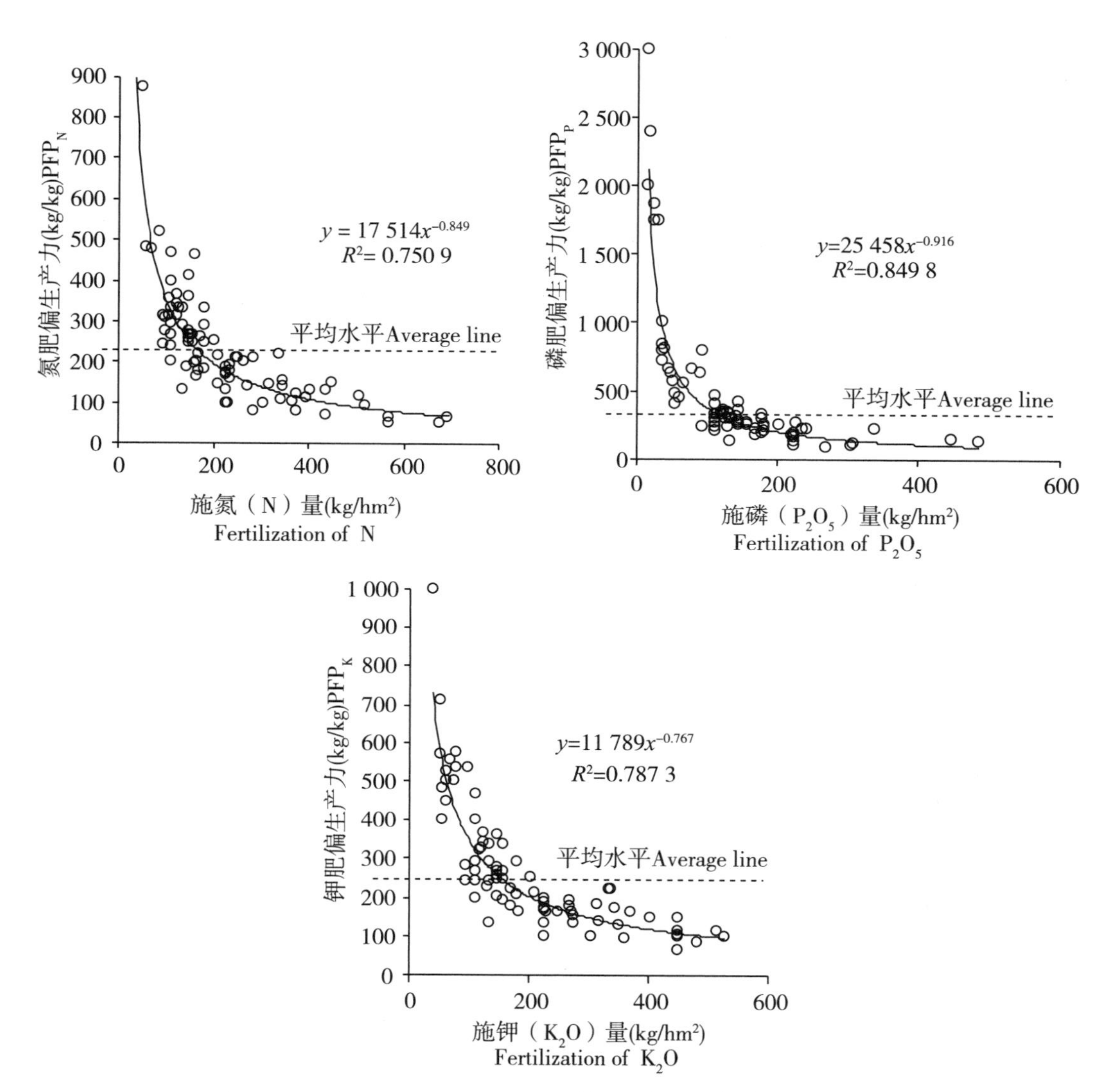

图 7-10　广西区 N、P_2O_5、K_2O 施用量与肥料偏生产力的关系

Figure 7-10　Relationship between N，P_2O_5 and K_2O application amount with the PFP in Guangxi province，China

依据增产 10%～15%、增效 15%～20%的目标，提出高产高效施肥的划分标准（徐振华等，2011）。如表 7-13 所示，按此标准，将调研地区农户施肥划分为高产高效、高产低效、低产高效、低产低效 4 个水平，如图 7-11 所示，仅有 4.26%～6.32%的农户达到了高产高效水平，49%～64%的农户氮、磷、钾肥投入仍处于低产低效水平。如何实现高产高效施肥是当地木薯施肥面临的首要问题。

表 7-13 广西区木薯高产高效分类标准

Table 7-13 Classification criteria of high yield and high efficiency on cassava in Guangxi province, China

指标 Index	样本数量 n Sample number	高产高效标准 Criteria of high yield and high efficiency	
		范围 Range	目标 Target
鲜薯单产（t/hm^2）Fresh root yield	96	44.21~46.22	46.22
氮肥偏生产力（kg/kg）PFP_N	95	265.63~277.18	265.63
磷肥偏生产力（kg/kg）PFP_P	91	505.11~527.08	505.11
钾肥偏生产力（kg/kg）PFP_K	94	306.25~319.56	306.25

（四）节肥潜力分析

针对上述不合理施肥现象，为分析当地农户的节肥潜力，搜集了 2005—2016 年广西木薯肥料试验文献（王英日，2009；何军月，2009；龙文清等，2011；黄子乾等，2014；潘剑萍等，2013；吴丽等，2010；韩远宏等，2009；黄巧义等，2013），共计 10 组推荐施肥数据，求其平均值得出当地 N、P_2O_5、K_2O 试验推荐施肥量均值分别为 189.00 kg/hm^2、80.40 kg/hm^2、165.00 kg/hm^2，配比为 2.4：1：2.1，基本符合广西红壤木薯肥料多年定位试验推荐施肥配比（2~3）：1：（1~2）（郑华等，2016）。以此作为基准，通过当地农民实际施肥量与试验推荐施肥量对比，得出当地 N、P_2O_5、K_2O 肥节肥潜力状况，如表 7-14 所示，当地农户平均节肥总量为 127.50 kg/hm^2，总节肥潜力为 22.69%。其中，N 平均节肥量为 33.35 kg/hm^2，平均节肥潜力为 15.00%，节肥潜力>0 的农户占 45.83%，多数农户的节 N 量在 0~

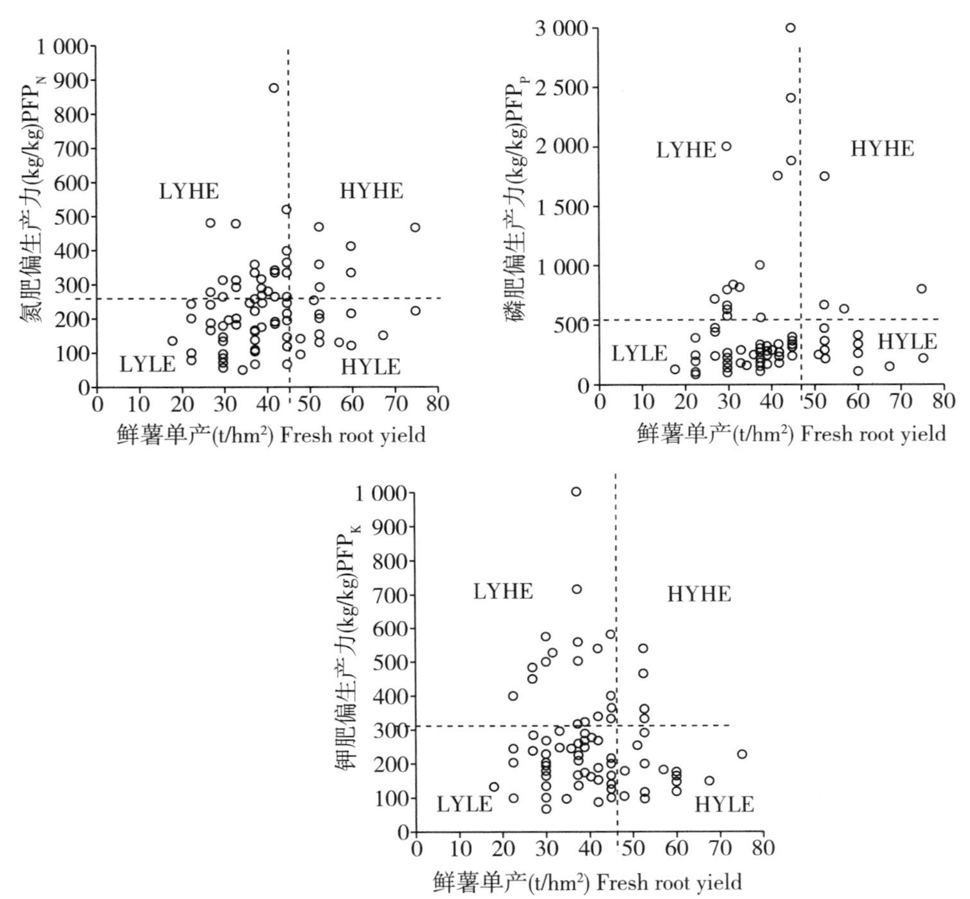

LY 表示低产；HY 表示高产；LE 表示低效；HE 表示高效

Note：LY means Low yield；HY means High yield；LE means low efficiency；HE means high efficiency

图 7-11 广西区的木薯产量、肥料效益分布

Figure 7-11 Distribution map of yield and fertilizer efficiency on cassava in Guangxi province，China

230 kg/hm^2范围内，占总数的 35.42%；P_2O_5平均节肥量为 62.10 kg/hm^2，节肥潜力为 43.58%，节肥潜力>0 的农户占 75%，66.67%的农户 P_2O_5节肥量在 0～160 kg/hm^2 范围内，且当地绝大多数农户出现了过量施用磷肥现象，要特别注意减施磷肥；K_2O 平均节肥量为 62.10 kg/hm^2，节肥潜力为 16.26%，节肥潜力>0 的农户占 46.87%，多数农户 K_2O 节肥量在 0～175 kg/hm^2 范围内，占总数的 32.29%，可见，提倡增施钾肥时，也应重视节钾潜力。

表 7-14　广西区节肥潜力分析

Table 7-14　Analysis of saving potential of fertilizer in Guangxi province, China

肥料种类 Fertilizer type	等级 Classification	均值 Average (kg/hm^2)	变幅 Range (kg/hm^2)	频率 Frequency (%)
N	-230~0	-59.52±37.51	-189.00~-7.50	54.17
	0~230	84.98±62.00	13.50~216.00	35.42
	230~460	302.72±57.38	246.00~381.00	8.33
	>460	492.75±11.67	484.50~501.00	2.08
	总计 Total	33.35±136.25	-189.00~501.00	100
P_2O_5	-160~0	-47.84±23.26	-80.40~-1.65	25
	0~160	76.73±44.96	9.60~157.05	66.67
	160~320	212.40±36.70	162.60~257.10	5.21
	>320	378.85±22.52	365.85~404.85	3.12
	总计 Total	62.10±95.36	-80.40~404.85	100
K_2O	-175~0	-58.66±40.10	-165.00~-7.50	53.13
	0~175	74.79±47.07	3.75~172.50	32.29
	175~350	253.01±48.27	180.00~317.40	12.50
	>350	357.00±9.55	350.25~363.75	2.08
	总计 Total	32.05±123.37	-165.00~363.75	100

七、产投结构分析

经济效益是决定农户种植积极性的重要因素，也是直接导致当地作物产量上下波动的原因之一（刘建刚等，2012）。对不同产量水平农户的经济效益进行分析，如图 7-12 所示，随着木薯产量提高，净收益快速提升，在产量水平中上等情况下仍能获得较大的收益，产量达到 55 t/hm^2 时，随着木薯产量提升，净收益提升速度逐渐变慢，可见鲜薯单产超过 55 t/hm^2 时，增产难度较大，结合当地的生产实际，可将 55 t/hm^2 定为当地短期产量目标；当产量达到 79.63 t/hm^2 时，净收益最高，为 8 750.13 元/hm^2，总收益为 33 733.87元/hm^2，总投入成本为 24 983.74 元/hm^2，产投比达到最大值 1.35，此后随着产量的进一步提高，出现报酬递减的情况。可见，当产量达到 79. 63 t/hm² 后，需要考虑减少投入来提升收益，以缩小不同农户间的产量差。

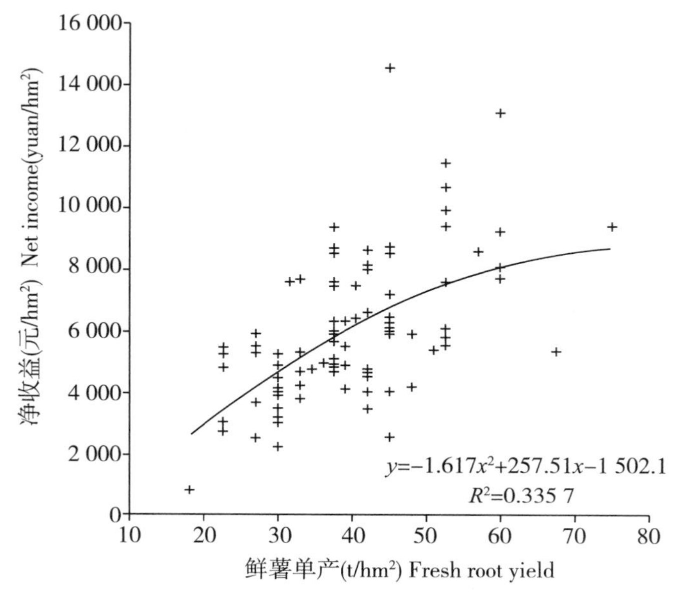

图 7-12　广西区不同农户净收益分析

Figure 7-12　Analysis of net income of different farmers in Guangxi province, China

如图 7-13 所示，从农户的投入结构来看，主要包括人工费、肥料、农药三部分（当地农户均自留种茎，也不灌溉），随着鲜薯产量的提高，人工投入增长最快，其次是肥料和农药投入。目前，广西地区基本是人工种植管理，机械化程度较低，人工费包括整地、种植、中期管理和收获 4 个环节，以 100 元/（人 · d）的工价计算，人工费在总成本中所占比例最大，达 66. 20%，不同农户间投入水平的差异主要体现在人工投入上，因此，加快全程机械化的研究与普及显得尤为迫切。

进一步将整地、种植、中期管理和收获 4 个环节的人工投入分开来看（如图 7-14 所示），不同产量水平的农户整地、种植 2 个环节的人工投入差异较小，趋势线较为平缓；田间管理环节和收获环节人工投入趋势线斜率最大，4 个产量等级的农户间差异均达到了显著水平，在总人工成本中占比分

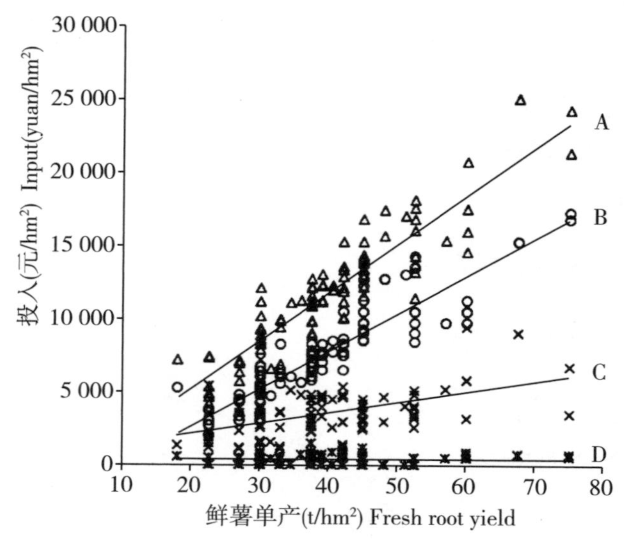

A：△ 总成本 Total input　B：○人工 Labor　C：×肥料 Fertilizer　D：＊ 农药 Pesticide

图 7-13　广西区不同农户投入构成分析

Figure 7-13　Analysis of input of different farmers in Guangxi province，China

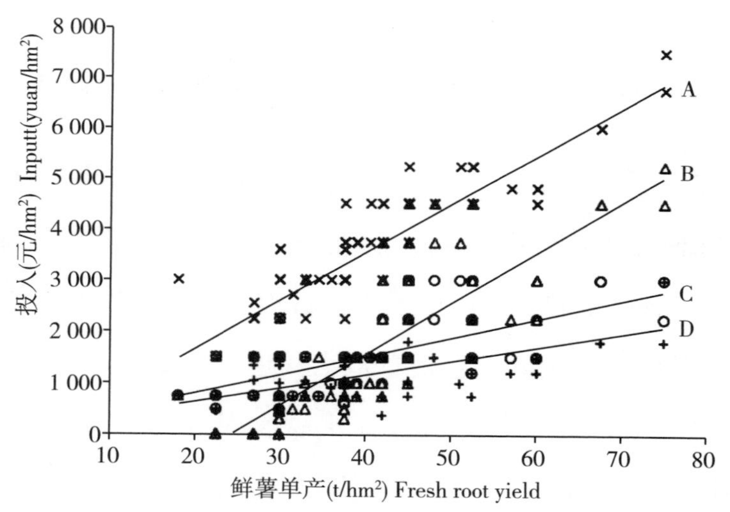

A：○收获 Harvest　B：△田间管理 Management　C：＊种植 Plant　D：+整地 Soil preparation

图 7-14　广西区不同环节人工投入构成分析

Figure 7-14　Analysis of labor input of different composition in Guangxi province，China

别为 20.20%、45.45%。据了解，在广西、广东等地，由于国内民工短缺和工价偏高，已出现依靠越南劳工的现象，毫无疑问，机械化将是解决用工紧张及投入成本虚高的首选途径。因此，当改进木薯高产高效栽培技术时，必须考虑精减田间管理环节的投入，特别是要大幅压缩收获环节的人工投入，当务之急就是要加快整地、种植、管理和收获的全程机械化程度，尤其要加快收获和田间管理环节的机械化程度。

八、缩减广西区木薯产量差建议

从群体构建、养分管理和产投结构 3 个方面对造成广西区木薯产量差的限制因素进行分析，发现当地木薯产量差的主要限制因素有 3 个：①过密种植、长期连作；②肥料用量不合理，配比不平衡，氮磷钾肥三元素中，N、K_2O 配比过低，基肥中 N、K_2O 投入量不足，追肥中 N 偏高和 K_2O 投入过少，肥料效益低；③人工成本过高，尤其是收获环节和田间管理环节人工投入随产量提升而快速增长。因此，提出以下缩减产量差的建议：构建高产群体，合理密植以 1.8 万株/hm^2 为宜，连作年数不宜超过 3 年；遵循大配方小调整的施肥原则，以 25%最高产农户施肥数据，以及 Boundary line 系统模拟出的当地 N、P_2O_5、K_2O 最高施用量 2 个施肥指标作为当地推荐施肥量基准，推荐当地肥料施用量范围：N 为 270~350 kg/hm^2、P_2O_5为 170~240 kg/hm^2、K_2O 为 300~350 kg/hm^2，当然，各地应根据实际土壤情况、品种及生产技术要求等因素，因地制宜制定具体的施肥方案；重视增施氮钾基肥，特别是在追肥时要减氮增钾，加快研究高产高效施肥技术；优化产投结构，提高全程机械化程度，减少人工投入，尤其是收获环节的人工投入。

第五节　广东省木薯产量差及生产限制因素分析

一、木薯种植概况

广东省是中国第二大木薯种植区，属热带、亚热带季风气候区，热量丰富，年平均气温 19~25 ℃，最冷月（1 月）平均气温大部分地区在 10 ℃以上，年降雨量在 1 500~2 000 mm，一般 3 月底至 4 月初雨季开始，9 月底 10 月初雨季结束，年雨季长达 6 个多月。加上地理纬度较低，又有海洋气候的影响，使得本省冬暖夏凉，冬春温度较高，且光能资源与热能资源分布与木薯各生长期的需要相吻合，种植条件优越，使木薯生长快，单位时间增长量也大，淀粉积累有效性高，生长季节长，是我国木薯生产潜力较大的主产区。

据农业部南亚办统计，2004—2013 年的 10 年间，广东省木薯单产仅缓慢增长了 10. 28%，但种植面积却直线下滑了 23. 28%。木薯产量的高低直接影响了当地农民的种植积极性，提高木薯单产是广东省木薯产业面临的首要问题。韶关市和湛江市是广东省两大木薯主产市，种植面积位居全省前列，为此，对两大主产市进行农户调研，分析当地木薯产量差及限制因素，为缩减木薯产量差提供科学依据。

二、农户产量差

如表 7-15 所示，将调研区域内农户木薯产量按四等分法划分为 4 个产量等级，4 个等级的农户鲜薯单产差异均达到了显著水平，其中 25%最低产农户鲜薯单产仅为 25%最高产农户的 50. 32%，产量差达 24. 79 t/hm^2。当地木薯的平均单产 Y_A 为 35. 58 t/hm^2，变幅为 17. 91~74. 63 t/hm^2，25%最高产农户、高产纪录鲜薯单产分别为 Y_T=49. 90 t/hm^2、Y_B=74. 63 t/hm^2，基于高产农户的产量差 YG_T、基于高产纪录的产量差 YG_B 分别为 14. 32 t/hm^2、39. 05 t/hm^2。

如图 7-15 所示，用 Boundary line 系统模型模拟出在现有施肥技术水平下，当地农民鲜薯产量潜力为 78. 44 t/hm^2，基于模型模拟的产量差 YG_3 = 42. 86 t/hm^2；其次分别根据 N、P_2O_5、K_2O 施用量与鲜薯单产的一元二次方程，得出在现有施肥技术水平下，当地 N、P_2O_5、K_2O 最高施用量分别为 329. 00 kg/hm^2、355. 00 kg/hm^2、433. 82 kg/hm^2。

如图 7-16 所示，用 Boundary line 系统得出，当地 N、P_2O_5、K_2O 对产量差的贡献率分别为 22.6%、22.2%、34.4%。

表 7-15　广东省农户木薯产量分级

Table 7-15　The cassava yield classification of farmer in Guangdong Province, China

产量等级 Yield classification	样本数量 n Sample number	鲜薯单产（t/hm²）Fresh root yield	
		均值 *AVE*	变幅 *RAN*
Y_L	23	25.11±3.23 a	17.91~29.85
Y_M	23	30.37±1.16 b	29.85~32.84
Y_{MH}	23	36.92±1.87 c	32.84~41.79
Y_T	23	49.90±9.09 d	41.79~74.63
总计 Total	92	35.58±10.51	17.91~74.63

注：Y_L代表占总数 25%的最低产农户；Y_M代表占总数的 25%~50%中产农户；Y_{MH}代表占总数的 50%~75%中高产农户；Y_T代表占总数 25%的最高产农户。*AVE* 代表均值，*RAN* 代表变幅。同一列指标中不同小写字母表示 $P<0.05$ 水平上差异显著

Note: Y_L means the 25% lowest yield farmer; Y_M means the 25%~50% medium yield farmer; Y_{MH} means the 50%~75% medium-higher yield farmer; Y_T means the 25% highest yield farmer. *AVE* means average, *RAN* means range. Without the same small letters for same column item indicate significance differences at 0.05 level

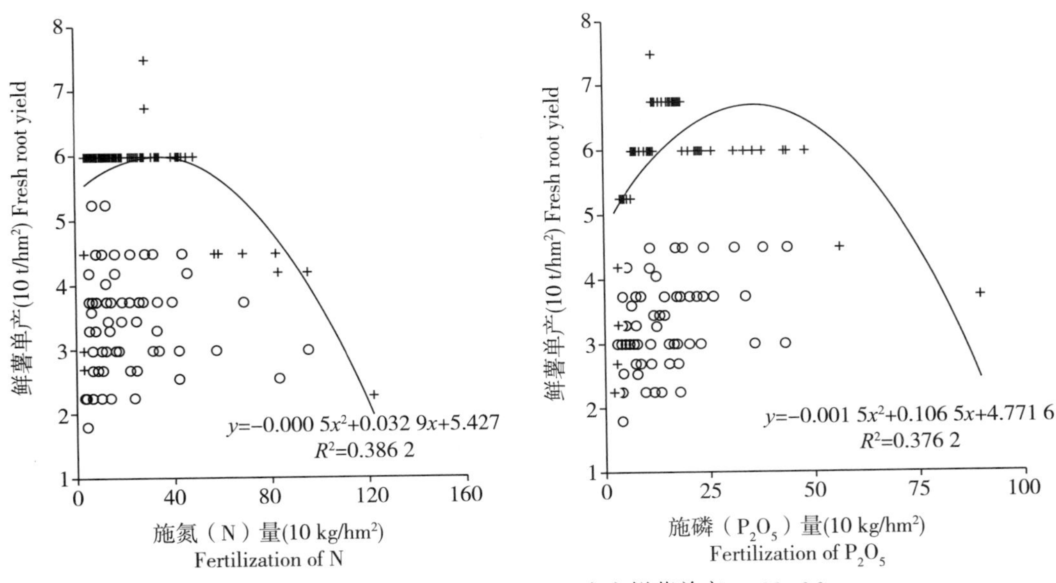

图 7-15　广东省鲜薯单产与 N、P_2O_5、K_2O 施用量的关系

Figure 7-15　Relationship between fresh root yield and application amount of N, P_2O_5, K_2O in Guangdong Province, China

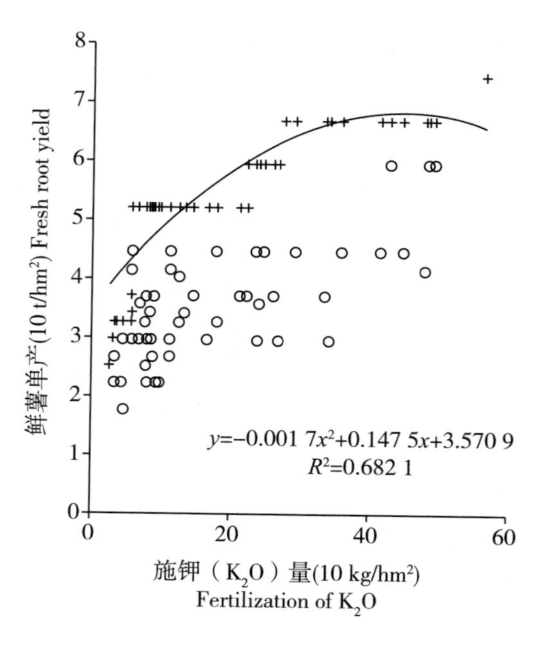

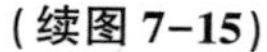

（续图 7-15）

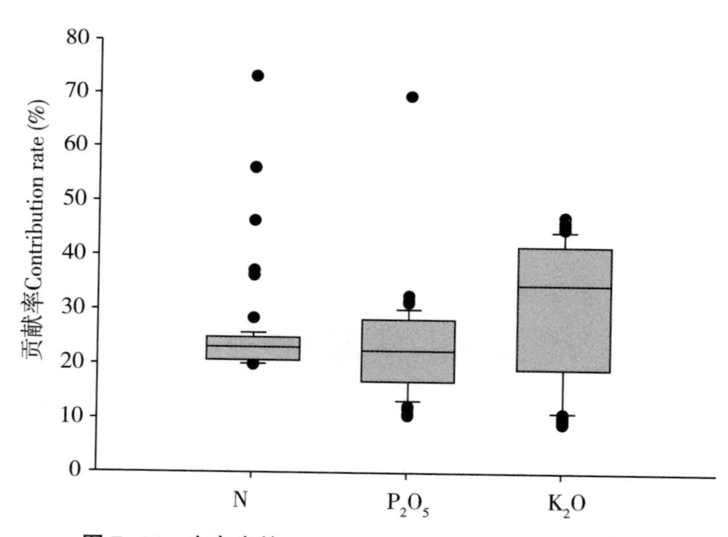

图 7-16　广东省的 N、P_2O_5、K_2O 对产量差的贡献率

Figure 7-16　Contribution rate of N, P_2O_5, K_2O to the yield gap in Guangdong Province, China

三、木薯主产地农业气候资源分析

对广东省木薯主产地木薯生长季内农业气候资源进行分析发现，和广西区相似，当地的气温和降雨量也表现出“雨热同步”的趋势（见图 7-17、图7-18、图 7-19、图 7-20）。当地的月平均最高气温、月平均气温、月平均最低气温均呈现“凸”字形，湛江市和翁源县的 10 月份到次年的 2 月份气温达到了一年中的最低值。当地的木薯主要集中在 1—3 月种植，该区域 1—3 月的月平均气温为 10~15 ℃，平均最低气温为 10~13 ℃，低于木薯发芽出苗的最低温度要求。木薯种植后到收获前的 4—11 月，当地的月平均气温在 25~35 ℃，月平均最低气温在 15~25 ℃，月平均气温中均有 6 个月达到了 25 ℃以上，基本达到了木薯的生长要求。

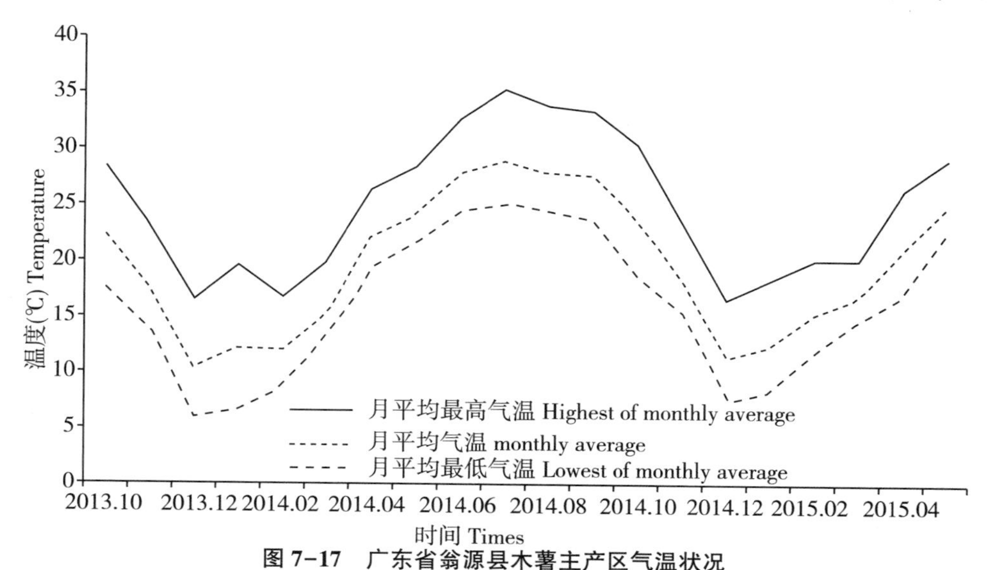

图 7-17 广东省翁源县木薯主产区气温状况

Figure 7-17 Temperature in the main producing areas of cassava in Wengyuan County，Guangdong Province

木薯生长季内出现了季节性干旱现象，旱季的降雨量接近零。湛江市旱季在 1—2 月，翁源县 1 年中出现了 2 次旱季，分别在 1—2 月和 10—12 月；此外，当地 3 月、4 月月累计降雨量均在 50 mm 左右，尤其是 1—4 月的降雨

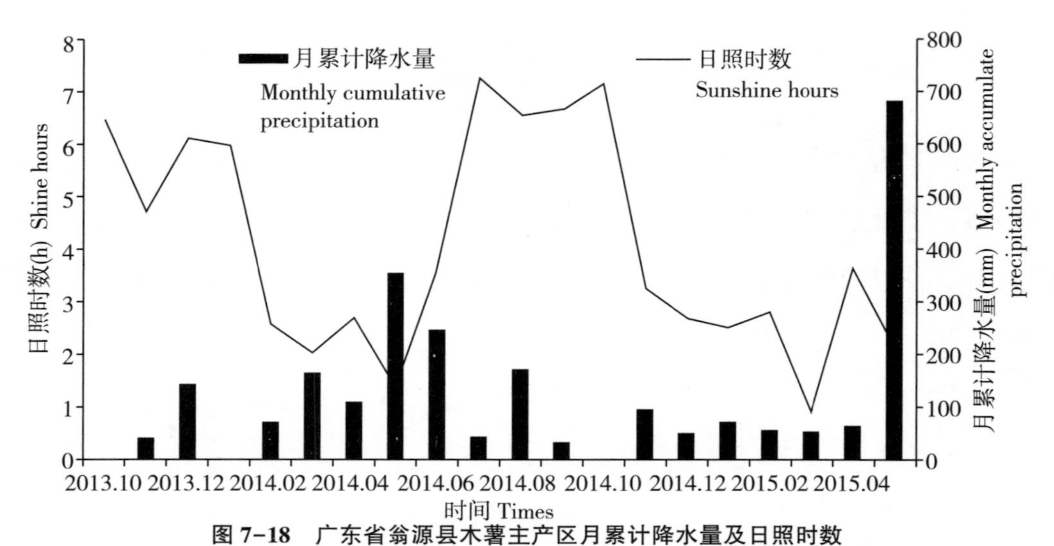

图 7-18　广东省翁源县木薯主产区月累计降水量及日照时数

Figure 7-18　Monthly cumulative precipitation and sunshine hours in the main producing areas of cassava in Wengyuan County，Guangdong Province

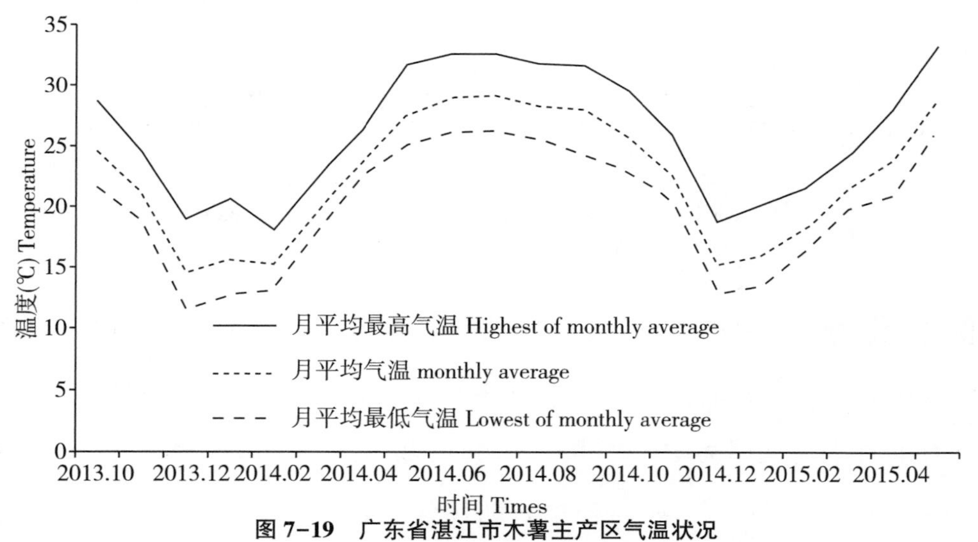

图 7-19　广东省湛江市木薯主产区气温状况

Figure 7-19　Temperature in the main producing areas of cassava in Zhanjiang City，Guangdong Province

量过低，也会造成一定程度减产。当地的平均日照时数整体波动较大，7—10 月的平均日照时数最长，均在 6~8 h。可见，萌芽期气温过低；苗期、块根形成期降雨量过少是广东省木薯主产地产量的主要限制因素。

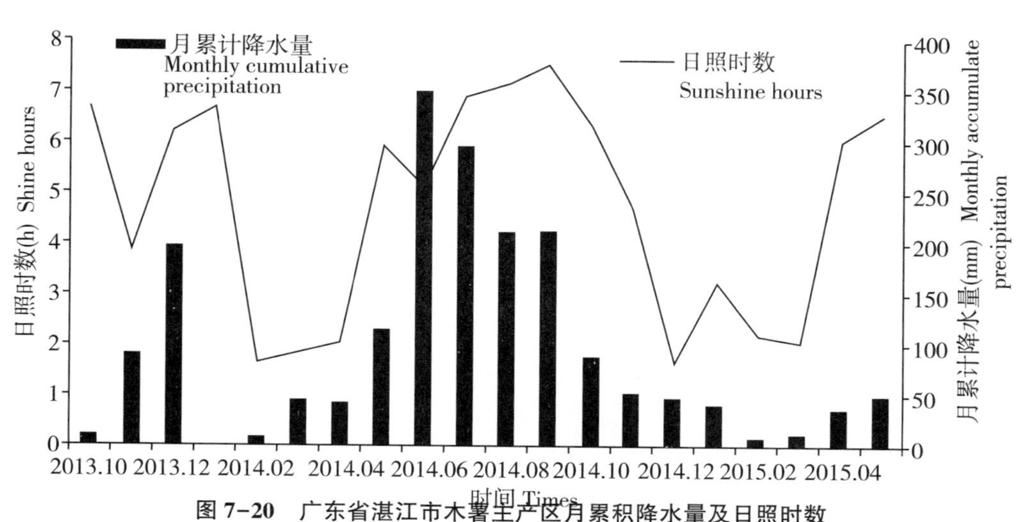

图 7-20　广东省湛江市木薯主产区月累积降水量及日照时数

Figure 7-20　Monthly cumulative precipitation and sunshine hours in the main producing areas of cassava in Zhanjiang City，Guangdong Province

四、木薯主产地土壤资源分析

广东省木薯主产区土壤养分状况如表 7-16 所示，参照 Howeler 等人总结出的木薯养分需求（见表 7-5），得出广东省木薯主产地的土壤 pH 均在中等范围内，满足木薯生长要求；有机质含量在 21～24 g/kg 范围内，属中等水平，但仍低于 30 g/kg 的临界值；土壤中全氮含量也属中等水平；有效磷含量在 29～43 mg/kg 范围内，是其临界值的 4～6 倍，盈余现象严重；翁源县和遂溪县的土壤速效钾含量属中等水平，雷州市的速效钾含量偏高，是其临界值的 2 倍左右。值得注意的是，雷州市土壤中速效钾含量虽偏高，但其土壤中土壤有机质含量仅为 20 g/kg，远低于木薯生长的有机质临界值。罗华元等人（2010）研究指出，土壤有机质含量偏低直接影响到土壤速效钾的供应状况。可见，雷州市土壤中速效钾含量虽偏高，但过低的有机质含量限制了速效钾的供应。综上所述，广东省木薯主产区土壤中有机质含量低、有效磷盈余是当地木薯产量的主要限制因素。值得提醒，在土壤有机质含量低，但

表 7-16　广东省木薯主产区土壤养分状况

Table 7-16　Soil nutrient status of cassava on main producing area in Guangdong province, China

土壤养分指标 Soil nutrient index	市 City	县 County	样本数 n Sample number	平均值 Average	标准差 σ	变异系数 CV/%	5%~95%范围 5%~95% range
pH	韶关 Shaoguan	翁源 Wengyuan	2 141	5.5	0.6	10.3	1.6~6.5
	湛江 Zhanjiang	遂溪 Suixi	2 991	5.0	0.6	11.7	4.3~6.2
	湛江 Zhanjiang	雷州 Leizhou	4 915	4.9	0.6	12.5	4.1~6.2
有机质（g/kg） OM	韶关 Shaoguan	翁源 Wengyuan	2 108	24.25	7.38	30.50	13.33~38.10
	湛江 Zhanjiang	遂溪 Suixi	2 775	21.18	8.94	41.60	8.60~37.53
	湛江 Zhanjiang	雷州 Leizhou	4 930	20.08	6.74	33.60	9.10~31.60
全氮（g/kg） Total nitrogen	韶关 Shaoguan	翁源 Wengyuan	2 102	1.316	0.390	29.20	0.780~2.040
	湛江 Zhanjiang	遂溪 Suixi	2 571	1.129	0.420	37.50	0.417~1.790
	湛江 Zhanjiang	雷州 Leizhou	3 933	1.110	0.390	35.40	0.496~1.745
有效磷（mg/kg） Available phosphorus	韶关 Shaoguan	翁源 Wengyuan	2 139	29.1	20.5	70.4	7.7~75.7
	湛江 Zhanjiang	遂溪 Suixi	3 002	41.5	33.4	80.6	6.5~112.2
	湛江 Zhanjiang	雷州 Leizhou	4 844	43.2	34.8	80.5	6.9~115.1
速效钾（mg/kg） Available potassium	韶关 Shaoguan	翁源 Wengyuan	2 226	66.4	37.2	56.0	27.0~134.50
	湛江 Zhanjiang	遂溪 Suixi	2 875	77.5	54.3	70.1	22.0~193.60
	湛江 Zhanjiang	雷州 Leizhou	4 866	111.0	61.7	55.6	28.0~222.0

速效钾含量高的地块，应通过增施有机肥来提高土壤速效钾的利用效率，从而达到增产增效的目的。

五、群体构建

如表 7-17 所示，当地农户木薯平均种植密度为 23.23 千株/hm^2，变幅为 10.37 千~62.22 千株/hm^2，25%最低产农户的平均种植密度为 29.29 千株/hm^2，

表 7-17　广东省木薯种植密度、连作年数分布

Table 7-17　Distribution of the planting density and continuous cropping years of cassava in Guangdong Province，China

产量等级 Yield classification	指标 Index	种植密度（千株/hm^2） Planting density（kP/hm^2）	连作年数（年） Continuous cropping years (Year)
Y_L	均值 *AVE*	29.29±15.31 a	5.13±2.67 a
	变幅 *RAN*	15.56~62.22	1.00~10.00
Y_M	均值 *AVE*	20.01±5.10 b	3.78±3.37 ab
	变幅 *RAN*	12.44~28.44	1.00~15.00
Y_{MH}	均值 *AVE*	21.32±7.47 b	2.65±2.33 b
	变幅 *RAN*	13.27~41.48	1.00~9.00
Y_T	均值 *AVE*	22.30±11.30 b	2.91±2.43 b
	变幅 *RAN*	10.37~49.78	1.00~10.00
总计 Total	均值 *AVE*	23.23±10.97	3.62±2.85
	变幅 *RAN*	10.37~62.22	1.00~15.00

注：Y_L表示占总数 25%最低产农户产量；Y_M表示占总数的 25%~50%中产农户产量；Y_{MH}表示占总数的 50%~75%中高产农户产量；Y_T表示占总数 25%最高产农户产量。*AVE* 表示均值；*RAN* 表示变幅。同一列指标中不同小写字母表示 $P<0.05$ 水平上差异显著

Note：Y_L means the 25% lowest yield farmer；Y_M means the 25%~50% medium yield farmer；Y_{MH} means the 50%~75% medium-higher yield farmer；Y_T means the 25% highest yield farmer. *AVE* means average，*RAN* means range. Without the same small letters for same column item indicate significance differences at 0.05 level

显著高于其余 3 类农户，其余 3 类农户的平均种植密度均不超过 22.30 千株/hm^2；当地木薯平均连作年数为 3.62 年，25%最低产农户木薯连作年数均值为 5.13 年，高于其余 3 类农户，50%～75%中高产农户和 25%最高产农户的平均连作年数均不超过 3 年。可见，过密种植和长年连作是造成当地木薯产量差的重要因素，建议当地木薯种植密度以 21.00～22.00 千株/hm^2 为宜，连作年数不宜超过 3 年。

六、养分管理

（一）氮、磷、钾肥投入量分布

当地木薯施肥用量的调查表明，农户施肥主要以无机肥为主，有机肥施用量仅占总施肥量的 0.90%。如表 7-18 所示，当地 N、P_2O_5、K_2O 的投入量均值分别为 225.08 kg/hm^2、143.68 kg/hm^2、133.81 kg/hm^2，N 的投入量远高于 P_2O_5 和 K_2O，说明当地农户仍然过分依赖氮肥的投入。各产量等级农户 N 施用量差异不显著，差异主要集中在 P_2O_5 和 K_2O 施用量。25%最低产农户 P_2O_5 和 K_2O 的施用量均低于其余 3 类农户，且均显著低于 25%最高产农户，分别为其 P_2O_5、K_2O 施用量的 46.09%、24.58%。且鲜薯单产越高，P_2O_5、K_2O 施用量越高，可见 P_2O_5、K_2O 投入不足是造成当地木薯产量差的主要原因。

表 7-18　广东省木薯氮磷钾肥投入量分布

Table 7-18　Distribution of N，P_2O_5，K_2O fertilization amount on cassava in Guangdong Province，China

产量等级 Yield classification	指标 Index	施肥量 Fertilization amount（kg/hm^2）			实际配比 Actual ratio W（N）：W（P_2O_5）：W（K_2O）
		N	P_2O_5	K_2O	
Y_L	均值 *AVE*	237.15±327.63 a	86.66±51.95 b	57.91±60.27 c	2.74：1：0.67
	变幅 *RAN*	0～1 220.60	0～180.30	0～268.66	

（续表）

产量等级 Yield classification	指标 Index	施肥量 Fertilization amount（kg/hm^2）			实际配比 Actual ratio W（N）：W（P_2O_5）：W（K_2O）
		N	P_2O_5	K_2O	
Y_M	均值 *AVE*	177. 46±167. 73 a	123. 74±101. 58 ab	97. 94±76. 89 bc	1. 43：1：0. 79
	变幅 *RAN*	0～579. 85	33. 58～432. 84	0～343. 28	
Y_{MH}	均值 *AVE*	229. 68±233. 61 a	176. 26±177. 62 a	143. 77±111. 63 b	1. 30：1：0. 82
	变幅 *RAN*	0～1063. 43	0～896. 42	0～481. 34	
Y_T	均值 *AVE*	256. 04±202. 07 a	188. 04±152. 94 a	235. 64±171. 16 a	1. 36：1：1. 25
	变幅 *RAN*	34. 33～823. 88	0～562. 69	0～567. 16	
总计 Total	均值 *AVE*	225. 08±238. 07	143. 68±134. 60	133. 81±129. 73	1. 57：1：0. 93
	变幅 *RAN*	0～1 220. 60	0～896. 42	0～567. 16	

注：Y_L表示占总数25%最低产农户产量；Y_M表示占总数的25%～50%中产农户产量；Y_{MH}表示占总数的50%～75%中高产农户产量；Y_T表示占总数25%最高产农户产量。*AVE* 表示均值；*RAN* 表示变幅。同一列指标中不同小写字母表示 $P<0.05$ 水平上差异显著

Note：Y_L means the 25% lowest yield farmer；Y_M means the 25%～50% medium yield farmer；Y_{MH} means the 50%～75% medium−higher yield farmer；Y_T means the 25% highest yield farmer. *AVE* means average，*RAN* means range. Without the same small letters for same column item indicate significance differences at 0. 05 level

搜集2005—2016年广东省木薯肥料试验文献（黄巧义等，2014；唐拴虎等，2010；陈建生等，2010），共计5组推荐施肥数据，求其平均值得出当地N、P_2O_5、K_2O试验推荐施肥量均值分别为332. 56 kg/hm^2、122. 22 kg/hm^2、298. 30 kg/hm^2，结合调研的25%最高产农户的N、P_2O_5、K_2O施用量，将2个施肥指标作为当地推荐施肥量基准，考虑到农户操作可行性及不同品种和管理水平的差异，进一步结合Boundary line系统模拟的在现有施肥技术水平下当地N、P_2O_5、K_2O的最高施用量如表7-19所示，确定当地农户木薯氮磷钾肥施用总量在600～780 kg/hm^2为宜，N、P_2O_5、K_2O施用量范围分别为250～300 kg/hm^2、120～180 kg/hm^2、230～300 kg/hm^2，推荐施肥配方的K_2O

用量及其占比均较高。

表 7-19 广东省木薯不同推荐施肥指标

Table 7-19 Different recommended fertilization indexes of cassava in Guangdong Province, China

施肥量指标来源 Index source of fertilization amount	施肥量 Fertilization amount (kg/hm^2)				配比 Ratio W (N) : W (P_2O_5) : W (K_2O)
	N	P_2O_5	K_2O	Total	
试验推荐施肥用量均值 Y_E	332. 56	122. 22	298. 30	753. 08	2. 72 : 1 : 2. 44
占总数 25%最高产农户 Y_T	256. 04	188. 04	235. 64	679. 72	1. 36 : 1 : 1. 25
Boundary line 系统模拟的最高施肥量 Y_{BL}	329. 00	355. 00	433. 82	1 117. 82	0. 93 : 1 : 1. 22

注：Y_E表示试验推荐施肥用量均值；Y_T表示占总数 25%最高产农户；Y_{BL}表示 Boundary line 系统模拟的最高施肥量

Note: Y_E means recommended average fertilization amount of experiment; Y_T means the 25% highest yield farmer; Y_{BL} means maximum fertilization amount of Boundary line simulation system

（二）基肥及追肥投入量分布

如表 7-20、表 7-21 所示，当地木薯施肥主要以基肥为主，占总施肥量的 59. 94%，N、P_2O_5、K_2O 的基肥与追肥比例分别为 1. 08 : 1、3. 44 : 1、1. 20 : 1。调研结果显示，施用底肥时，25%最低产农户 P_2O_5和 K_2O 的施用

表 7-20 广东省木薯基肥投入量及配比

Table 7-20 Basic fertilization amount and ratio of cassava in Guangdong Province, China

产量等级 Yield classification	指标 Index	基肥施用量 Basic fertilization amount (kg/hm^2)			配比 Ratio W (N) : W (P_2O_5) : W (K_2O)
		N	P_2O_5	K_2O	
Y_L	均值 *AVE*	99. 48±128. 31 a	79. 51±58. 94 b	39. 95±42. 22 b	1. 25 : 1 : 0. 50
	变幅 *RAN*	0~534. 03	0~180. 30	0~111. 94	
Y_M	均值 *AVE*	88. 01±87. 35 a	95. 19±79. 12 ab	63. 54±56. 75 b	0. 92 : 1 : 0. 67
	变幅 *RAN*	0~400. 45	0~358. 21	0~238. 81	

（续表）

产量等级 Yield classification	指标 Index	基肥施用量 Basic fertilization amount（kg/hm^2）			配比 Ratio W（N）：W（P_2O_5）：W（K_2O）
		N	P_2O_5	K_2O	
Y_{MH}	均值 *AVE*	123.47±103.27 a	122.64±84.04 ab	75.16±67.52 ab	1.01：1：0.61
	变幅 *RAN*	0~399.25	0~314.33	0~261.19	
Y_T	均值 *AVE*	157.11±138.27 a	147.87±141.31 a	113.02±119.21 a	1.06：1：0.76
	变幅 *RAN*	0~532.84	0~506.72	0~492.54	
总计 Total	均值 *AVE*	117.02±117.19	111.30±97.87	72.92±80.33	1.05：1：0.66
	变幅 *RAN*	0~534.03	0~506.72	0~492.54	

注：Y_L表示占总数25%最低产农户产量；Y_M表示占总数的25%~50%中产农户产量；Y_{MH}表示占总数的50%~75%中高产农户产量；Y_T表示占总数25%最高产农户产量。*AVE* 表示均值；*RAN* 表示变幅。同一列指标中不同小写字母表示 $P<0.05$ 水平上差异显著

Note: Y_L means the 25% lowest yield farmer; Y_M means the 25%~50% medium yield farmer; Y_{MH} means the 50%~75% medium-higher yield farmer; Y_T means the 25% highest yield farmer. *AVE* means average, *RAN* means range. Without the same small letters for same column item indicate significance differences at 0.05 level

量均低于其余3类农户，显著低于25%最高产农户，仅为其P_2O_5、K_2O施用量的53.77%、35.35%，且产量越高，基肥中P_2O_5和K_2O的施用量越高；追肥时，25%最低产农户K_2O的施用量低于其余3类农户，显著低于25%最高产农户，仅为其K_2O施用量的14.65%，且产量越高，追肥中K_2O施用量越高。可见基肥中P_2O_5、K_2O投入量不足，追肥中K_2O投入过少也是造成当地木薯产量差的重要原因。

表7-21 广东省木薯追肥投入量及配比

Table 7-21 Top-dressing fertilization amount and ratio of cassava in Guangdong Province, China

产量等级 Yield classification	指标 Index	追肥施用量 Top-dressing fertilization amount（kg/hm^2）			配比 Ratio W（N）：W（P_2O_5）：W（K_2O）
		N	P_2O_5	K_2O	
Y_L	均值 *AVE*	137.67±251.27 a	7.15±19.57 a	17.96±57.59 b	19.25：1：2.51
	变幅 *RAN*	0~837.31	0~74.63	0~268.66	

（续表）

产量等级 Yield classification	指标 Index	追肥施用量 Top-dressing fertilization amount（kg/hm^2）			配比 Ratio W（N）：W（P_2O_5）：W（K_2O）
		N	P_2O_5	K_2O	
Y_M	均值 *AVE*	89.45±121.03 a	28.55±74.05 a	34.39±76.94 b	3.13：1：1.20
	变幅 *RAN*	0~343.28	0~343.28	0~343.28	
Y_{MH}	均值 *AVE*	106.22±219.84 a	53.62±126.73 a	68.61±105.73 ab	1.98：1：1.28
	变幅 *RAN*	0~1029.85	0~582.09	0~447.76	
Y_T	均值 *AVE*	98.93±184.80 a	40.17±74.59 a	122.62±169.28 a	2.46：1：3.05
	变幅 *RAN*	0~823.88	0~268.66	0~567.16	
总计 Total	均值 *AVE*	108.07±197.68	32.37±83.31	60.89±116.12	3.34：1：1.88
	变幅 *RAN*	0~1029.85	0~582.09	0~567.16	

注：Y_L表示占总数25%最低产农户产量；Y_M表示占总数的25%~50%中产农户产量；Y_{MH}表示占总数的50%~75%中高产农户产量；Y_T表示占总数25%最高产农户产量。*AVE* 表示均值；*RAN* 表示变幅。同一列指标中不同小写字母表示 $P<0.05$ 水平上差异显著

Note：Y_L means the 25% lowest yield farmer；Y_M means the 25%~50% medium yield farmer；Y_{MH} means the 50%~75% medium-higher yield farmer；Y_T means the 25% highest yield farmer. *AVE* means average，*RAN* means range. Without the same small letters for same column item indicate significance differences at 0.05 level

（三）氮、磷、钾肥投入与产出效果分析

如图7-21所示，对当地农户氮磷钾肥投入与产出效果分析表明，当地木薯 N、P_2O_5、K_2O 偏生产力均值分别为 320.30 kg/kg、379.72 kg/kg、396.56 kg/kg，变幅分别为 18.34~1 333.33 kg/kg、41.63~1 244.44 kg/kg、86.82~1 017.96 kg/kg。随着 N、P_2O_5、K_2O 投入量的增加，肥料偏生产力均逐渐降低，将 N、P_2O_5、K_2O 偏生产力分别按照4等分法进行划分，统计分析得出，N 偏生产力以 10~340 kg/kg 比例最大，占总数的 65.17%，64.04%的农户氮肥偏生产力低于平均水平；P_2O_5偏生产力以 40~340 kg/kg 比例最大，占总数的 54.55%，62.50%的农户磷肥偏生产力低于平均水平；K_2O 偏生产力以 200~400 kg/kg 比例最大，占总数的 50.60%，54.22%的农

户钾肥偏生产力低于平均水平。

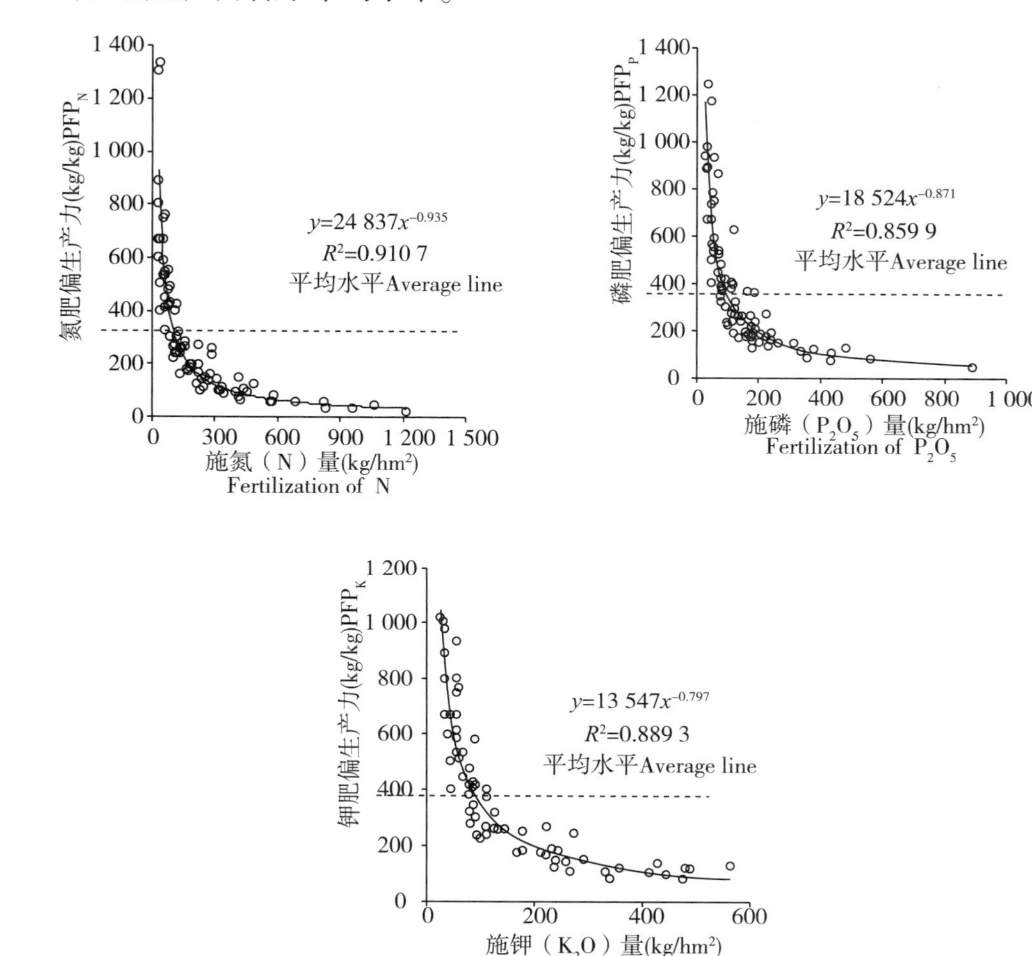

图 7-21 N、P_2O_5、K_2O 施用量与肥料偏生产力的关系

Figure 7-21 Relationship between N, P_2O_5, K_2O application amount and the partial factor productivity

如表 7-22 所示，依据增产 10%～15%、增效 15%～20%的高产高效目标，将广东当地农户施肥水平划分为高产高效、高产低效、低产高效、低产低效 4 个水平，如图 7-22 所示，仅有 6.02%～10.11%的农户达到了高产高效水平，44.58%～48.31%的农户氮、磷、钾肥的投入仍处于低产低效水平。如何实现高产高效施肥是当地木薯施肥面临的首要问题。

表 7-22 广东省木薯高产高效分类标准

Table 7-22 Classification criteria of high yield and high efficiency on cassava in Guangdong Province, China

指标 Index	样本数量 n Sample number	高产高效标准 Criteria of high yield and high efficiency	
		范围 Range	目标 Target
鲜薯单产（t/hm^2）Fresh root yield	92	39.14~40.92	40.92
氮肥偏生产力（kg/kg）PFP_N	89	368.35~384.36	368.35
磷肥偏生产力（kg/kg）PFP_P	88	436.68~455.66	436.68
钾肥偏生产力（kg/kg）PFP_K	83	456.04~475.87	456.04

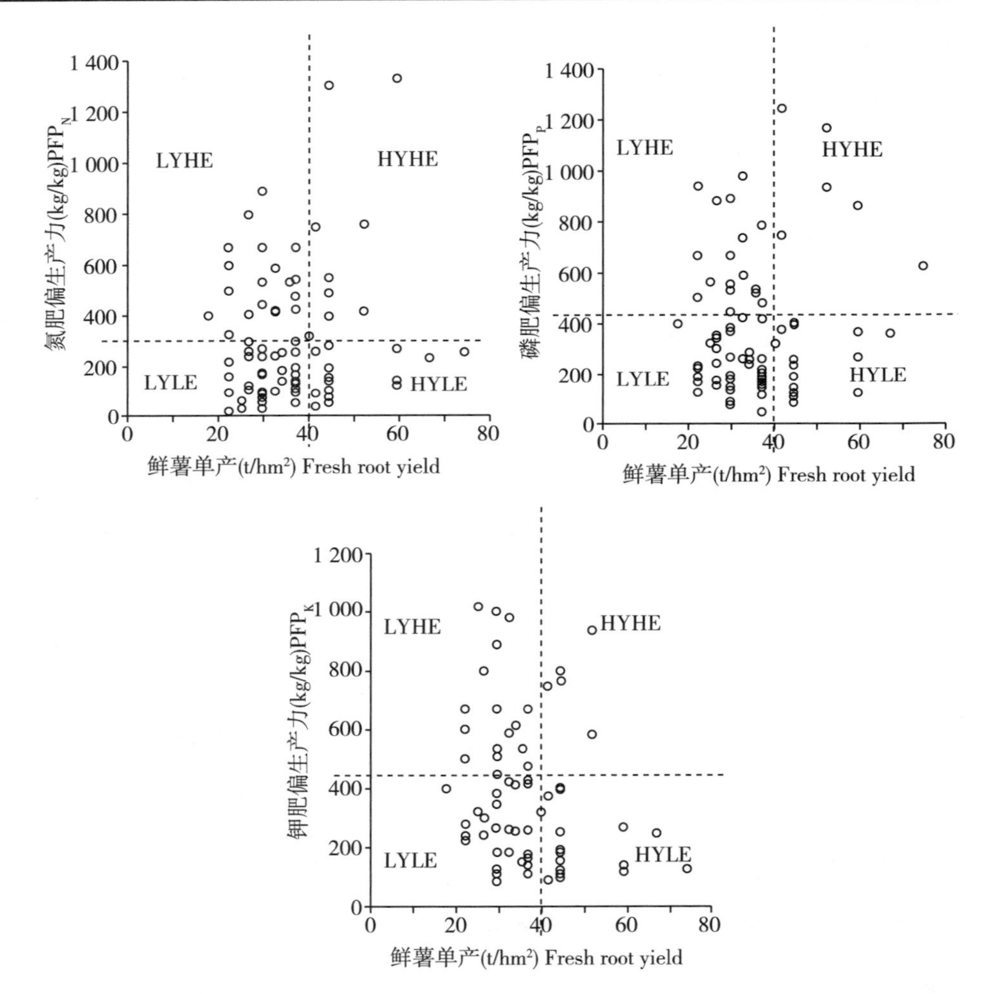

LY 表示低产；HY 表示高产；LE 表示低效；HE 表示高效

Note：LY means Low yield；HY means High yield；LE means Low efficiency；HE means High efficiency

图 7-22 广东省木薯产量、肥料效益分布图

Table 7-22 Distribution of yield and fertilizer efficiency on cassava in Guangdong Province, China

七、产投结构分析

如图 7-23 所示，对不同产量水平农户的经济效益进行分析，4 个产量等级的农户净收益差异均达到了显著水平。随着木薯产量提升，净收益快速提升，在产量水平中上等情况下仍能获得较大的收益，但当产量达到 72.71 t/hm^2 时，净收益最高，为 19 401.71 元/hm^2，总投入成本为 18 523.03 元/hm^2，产投比达到最大值 2.05，随着产量的进一步提升，出现报酬递减的情况。可见，当产量达到 72.71 t/hm^2 后，需要考虑减少投入来提升收益，以缩小不同农户间的产量差。

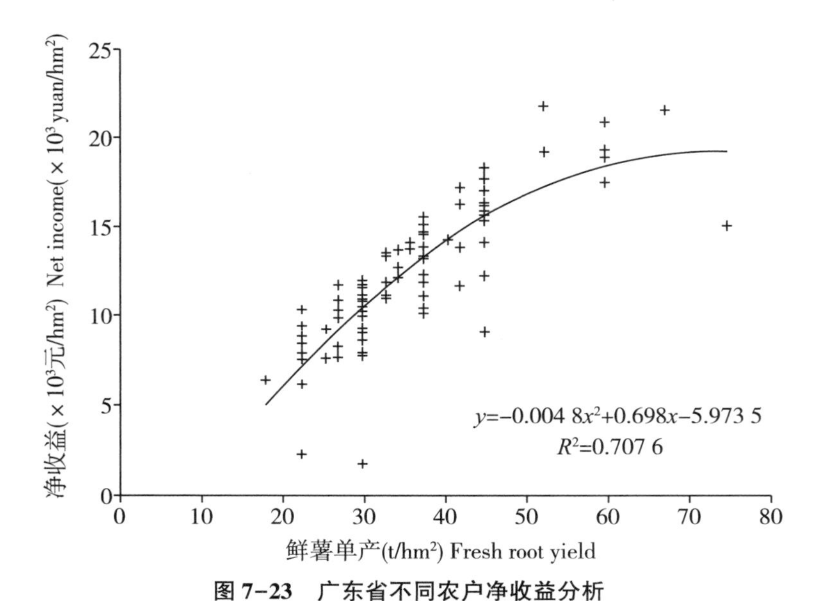

图 7-23　广东省不同农户净收益分析

Table 7-23　Analysis of net income of different farmers in Guangdong Province，China

如图 7-24 所示，从农户的投入结构来看，总成本主要包括人工费、肥料、农药三部分（当地农户均自留种茎，不灌溉）。目前，广东基本是人工种植管理，机械化程度极低，人工费包括整地、种植、中期管理和收获 4 个环节，以 100 元/人 · d 的工价计算，人工费在总成本中所占比例最大，达 64.74%，与肥料、农药的趋势线相比，人工成本的趋势线斜率最大，不同农户间投入水平的差异主要体现在人工投入上。

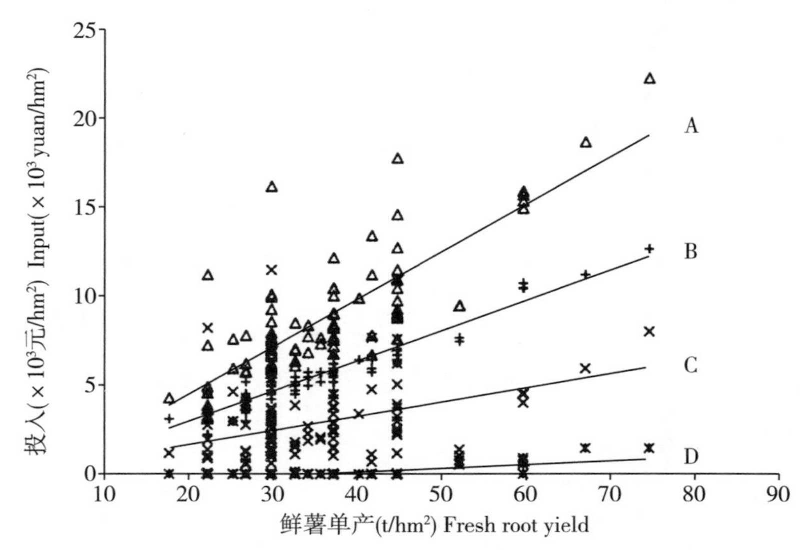

A：△总成本 Total input　B：○人工 Labor　C：×肥料 Fertilizer　D：＊农药成本 Pesticide

图 7-24　广东省不同农户投入构成分析

Table 7-24　Analysis of input of different farmers in Guangdong Province, China

如图 7-25 所示，进一步将整地、种植、中期管理和收获 4 个环节分开

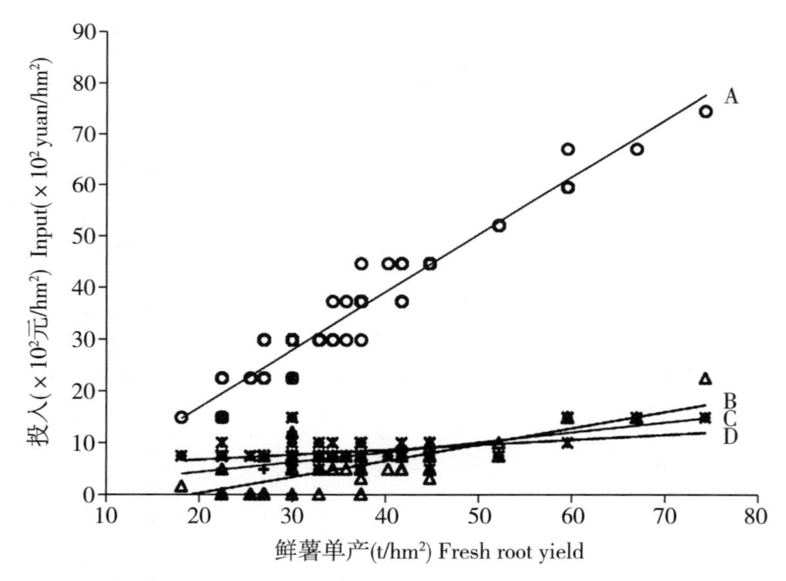

A：○ 收获 Harvest　B：△ 田间管理 Management

C：+整地 Soil preparation　D：＊ 种植 Plant

图 7-25　广东省不同环节人工投入构成分析

Figure 7-25　Analysis of labor input of different links in Guangdong Province, China

来看，不同产量水平的农户整地、种植、中期管理3个环节的人工投入差异较小，趋势线较为平缓；而收获环节人工投入趋势线斜率最大，在总人工成本中占比最大，达62.30%，可见，不同产量水平的农户投入结构中，收获环节人工投入差异最显著。在这样的投入水平下要想做到少投入高收益，实现农户利益最大化，必须要提高机械化程度，减少人工投入，尤其是收获环节。

八、缩减广东省木薯产量差建议

通过上述分析，提出广东省木薯主产区缩小产量差的建议：构建高产群体，合理密植以2.1万~2.2万株/hm^2为宜，连作年数不宜超过3年；遵循大配方小调整的施肥原则，以当地的肥料试验推荐施肥数据及25%最高产农户施肥数据为基准，结合Boundary line系统模拟出的当地N、P_2O_5、K_2O最高施用量，推荐当地肥料施用量范围N为250~300 kg/hm^2、P_2O_5为100~300 kg/hm^2、K_2O为200~400 kg/hm^2，当然，各地应根据实际土壤情况、品种及生产技术要求等因素，因地制宜决定具体的施肥方案；注意增施磷、钾肥；调整施肥时期和配比，以25%最高产农户基追肥比例为基准，增加基肥中P_2O_5和K_2O的投入量，后期追肥中增加K_2O的投入量；优化产投结构，提高机械化程度，减少人工投入，尤其是收获环节。

第六节　海南省木薯产量差及生产限制因素分析

一、木薯种植概况

海南省位于中国最南端，跨越亚热带和热带，全年平均气温22~26 ℃，拥有热作土地3.39万km^2，占全国热作土地的11%。海南热量足，光照强，雨量丰富，有适合木薯生长的土壤条件。另外，海南岛地域大多为低矮丘陵，易成片开发，是最适宜的木薯优势区之一。

海南省农业厅南亚办统计了2014年海南木薯种植面积及鲜薯单产排名前18的市（县）（表7-23），其中以白沙县和琼中县的木薯种植面积最大，分别为3 527 hm^2、3 513 hm^2；白沙县的鲜薯单产位居全省第一，为35.41 t/hm^2。

表7-23 2014年海南省木薯种植情况

Table 7-23 Current situation of cassava cultivation in Hainan province, China in 2014

序号 No.	市（县）City（County）	种植面积（hm^2）Planting area	鲜薯总产量（$\times10^3$t）Total yield of fresh root	鲜薯单产（t/hm^2）Fresh root yield
1	海口 Haikou	2 040	23.0	11.25
2	三亚 Sanya	180	1.3	7.65
3	五指山 Wuzhishan	287	2.7	9.30
4	文昌 Wenchang	1200	3.5	11.85
5	琼海 Qionghai	820	14.5	17.55
6	万宁 Wanning	207	2.2	10.80
7	定安 Ding'an	1 160	22.4	19.35
8	屯昌 Tunchang	2 620	65.5	24.90
9	澄迈 Chengmai	2 960	49.1	16.50
10	临高 Lingao	107	2.8	26.70
11	儋州 Danzhou	2 120	64.8	30.60
12	东方 Dongfang	813	6.9	10.05
13	乐东 Ledong	1 867	19.4	10.35
14	琼中 Qiongzhong	3 513	81.9	23.25
15	保亭 Baoting	393	3.8	9.60
16	陵水 Lingshui	13	0.2	15.00
17	白沙 Baisha	3 527	124.9	35.41
18	昌江 Changjiang	187	3.2	17.1
	总计 Total	23 113	492.0	

资料来源：海南省农业厅南亚办

Source: South Sub-tropical Office of Agriculture Department in Hainan province

二、农户产量差

如表7-24所示，将调研区域农户鲜薯单产按四等分法分为4个等级，4个等级的农户鲜薯单产差异均达到显著水平，其中，25%最高产农户平均鲜薯单产为51.77 t/hm^2，与农户平均产量36.18 t/hm^{2}相比，产量差YG_T达15.59 t/hm^2；农户木薯高产纪录产量为67.16 t/hm^2，基于高产纪录的产量差YG_B=30.98 t/hm^2。

表7-24 海南省农户鲜薯产量分级

Table 7-24 The cassava yield classification of farmer in Hainan province, China

产量等级 Yield classification	样本数量 n Sample number	鲜薯单产 Fresh root yield (t/hm^2)	
		均值 *AVE*	变幅 *RAN*
Y_L	17	24.93 ± 4.21 d	14.93~29.85
Y_M	17	30.29 ± 1.81 c	29.85~37.31
Y_{MH}	17	38.63 ± 2.93 b	37.31~44.78
Y_T	16	51.77 ± 9.62 a	44.78~67.16
总计 Total	67	36.18 ± 11.41	14.93~67.16

注：Y_L表示占总数25%最低产农户产量；Y_M表示占总数的25%~50%中产农户产量；Y_{MH}表示占总数的50%~75%中高产农户产量；Y_T表示占总数25%最高产农户产量。*AVE*表示均值；*RAN*表示变幅。同一列指标中不同小写字母表示P<0.05水平上差异显著

Note: Y_L means the 25% lowest yield farmer; Y_M means the 25%~50% medium yield farmer; Y_{MH} means the 50%~75% medium-higher yield farmer; Y_T means the 25% highest yield farmer. *AVE* means average, *RAN* means range. Without the same small letters for same column item indicate significance differences at 0.05 level

如图7-26所示，用Boundary line系统模拟出在现有施肥技术水平下，当地农民鲜薯产量潜力为74.00 t/hm^2，基于模型模拟的产量差YG_M=37.82 t/hm^2；分别根据N、P_2O_5、K_2O施用量与鲜薯单产的一元二次方程，得出N、P_2O_5、K_2O最高施用量分别为166.32 t/hm^2、117.08 t/hm^2、174.77 t/hm^2，超过最高施肥量后将会招致大幅减产，尤其是氮肥、磷肥的减产幅度特别明显。

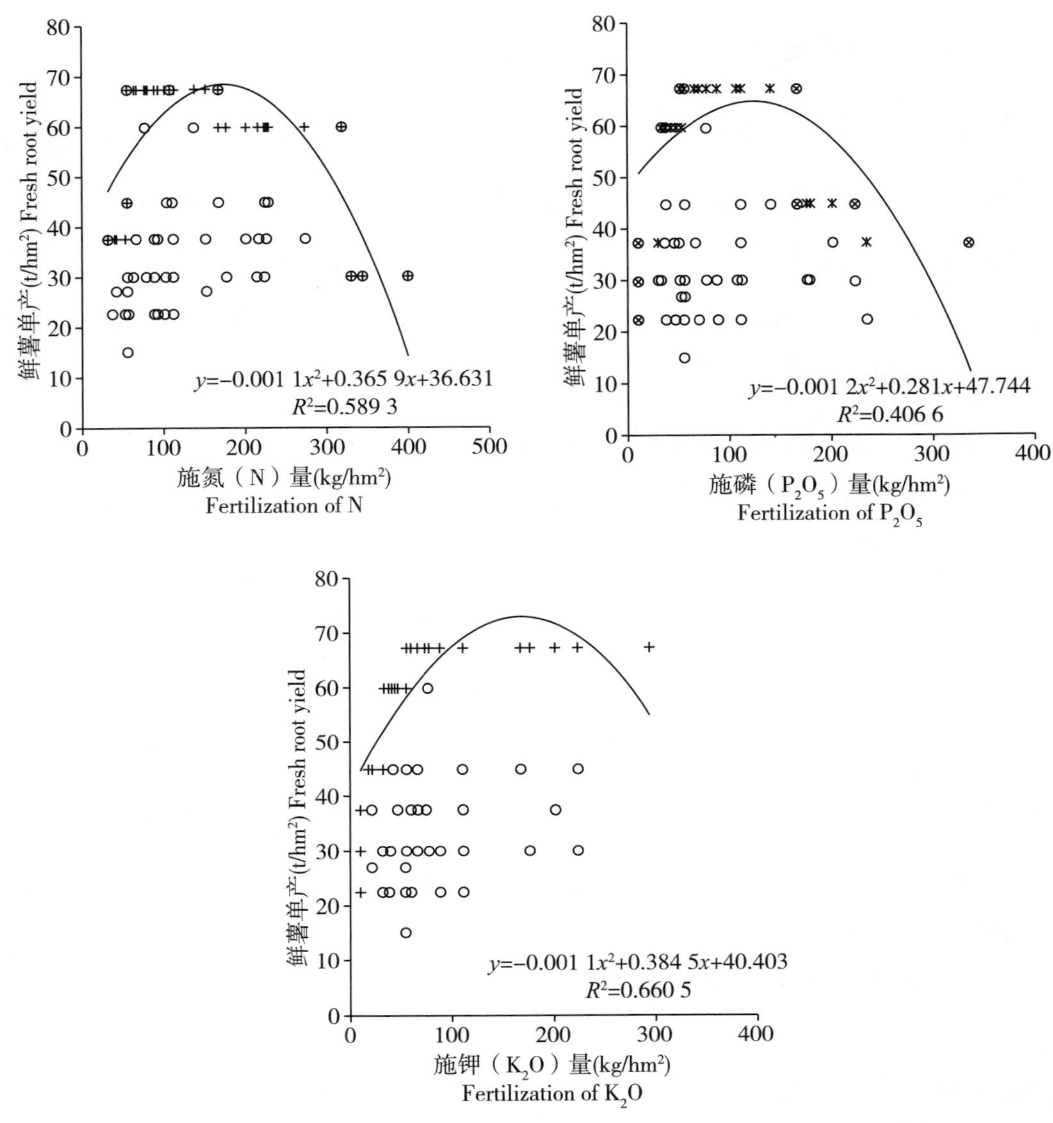

图 7-26　海南省鲜薯单产与氮（N）、磷（P_2O_5）、钾（K_2O）肥施用量的关系

Figure 7-26　Relationship between fresh root yield and application amount of N, P_2O_5, K_2O in Hainan province, China

三、木薯主产地农业气候资源分析

对海南省木薯主产地木薯生长季内农业气候资源进行分析发现，如图

7-27、图 7-28、图 7-29、图 7-30 所示，与广西、广东相似，当地同样表现

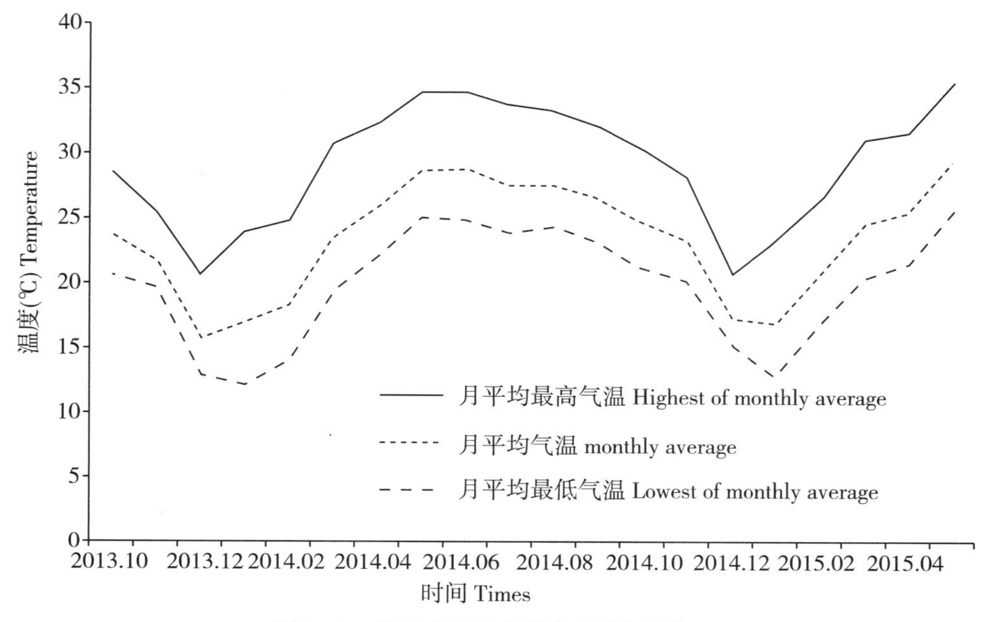

图 7-27　海南白沙县木薯主产区气温状况

Figure 7-27　Temperature in the main producing areas of cassava in Baisha County，Hainan Province，China

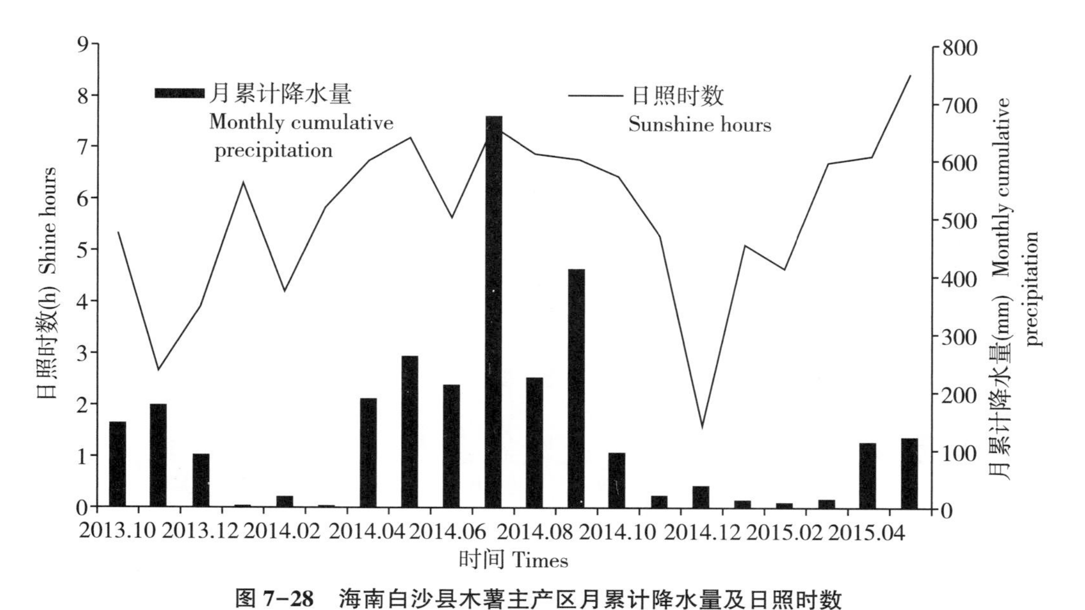

图 7-28　海南白沙县木薯主产区月累计降水量及日照时数

Figure 7-28　Monthly cumulative precipitation and sunshine hours in the main producing areas of cassava in Baisha County，Hainan Province，China

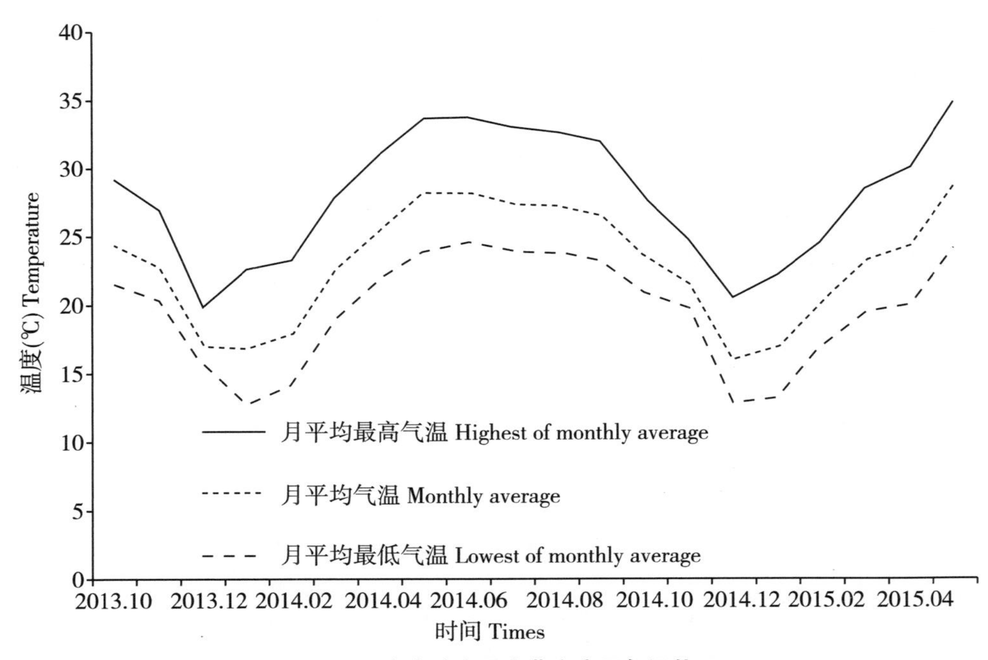

图 7-29 海南琼中县木薯主产区气温状况

Figure 7-29 Temperature in the main producing areas of cassava in Qiongzhong County, Hainan Province, China

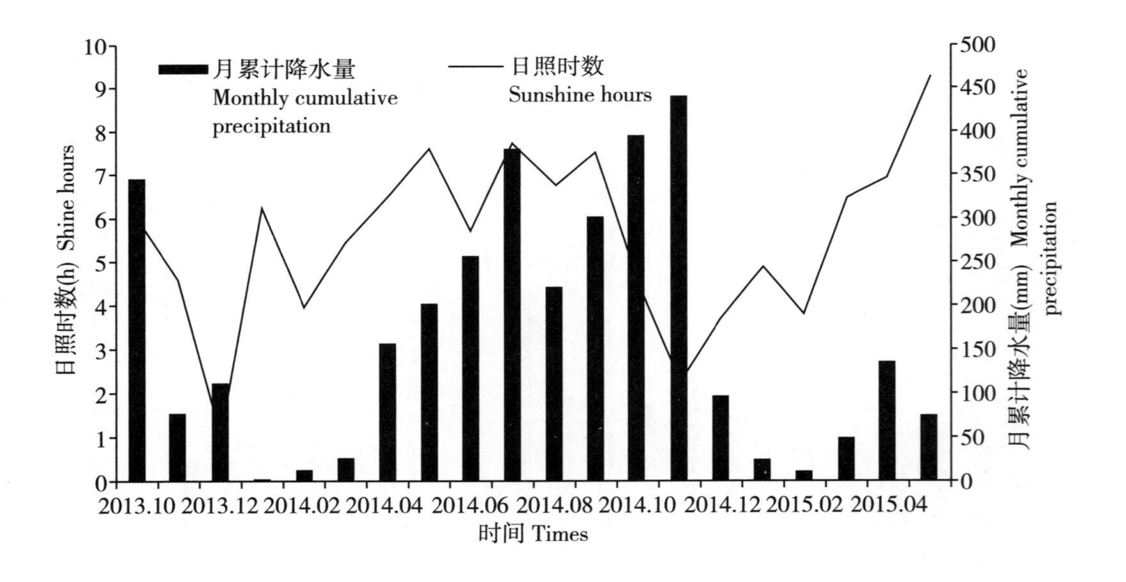

图 7-30 海南琼中县木薯主产区月累计降水量及日照时数

Figure 7-30 Monthly cumulative precipitation and sunshine hours in the main producing areas of cassava in Qiongzhong County, Hainan Province, China

出“雨热同步”趋势，当地月平均最高气温、月平均气温、月平均最低气温也同样呈现“凸”字形，白沙县和琼中县2015年11月份到2016年的2月份气温均达到了一年中的最低值。当地木薯主要集中在2015年11月份到2016年的4月份种植，月平均气温在25~30 ℃范围内，月最低气温为13~20 ℃，基本达到了木薯出苗的最低温度。木薯种植后到收获前的4—11月，当地木薯主产地的月平均气温在15~30 ℃，月平均最低气温在15~27 ℃，月平均气温中均有6个月达到了25 ℃以上，基本达到了木薯的生长要求。

海南省木薯主产地也存在季节性干旱现象，白沙县和琼中县旱季较长，集中在每年的1—3月，当地的平均日照时数与广西、广东相比，整体波动较小，3—10月的平均日照时数均在6 h以上。可见，海南省木薯主产区的气候资源非常适宜木薯种植生长。

四、海南省木薯主产地土壤资源分析

如表7-25所示，海南省木薯主产地的土壤pH在4.7~5.0范围内，达到木薯生长的中等要求；有机质含量低于临界值；全氮和有效磷含量均处于中等水平；速效钾含量较低，在36~43 mg/kg范围内。可见，海南省木薯主产区土壤pH略低，有机质、速效钾含量偏低是木薯产量的主要限制因素。

表7-25　海南省木薯主产区土壤养分状况

Table 7-25　Soil nutrient status on cassava of main producing area in Hainan province，China

土壤养分指标 Soil nutrient index	市（县）City（County）	样本数 n Sample number	平均值 Average	标准差 σ	变异系数 CV/%	5%~95%范围 5%~95% range
pH	白沙 Baisha	802	5.0	0.4	8.4	4.4~5.9
	琼中 Qiongzhong	1 788	4.7	0.4	8.5	4.0~5.3

（续表）

土壤养分指标 Soil nutrient index	市（县）City（County）	样本数 n Sample number	平均值 Average	标准差 σ	变异系数 CV/%	5%～95%范围 5%～95% range
有机质（g/kg）OM	白沙 Baisha	6	4.02	0.96	23.80	3.10～5.23
	琼中 Qiongzhong	1 466	21.28	6.26	29.40	10.83～31.20
全氮（g/kg）Total nitrogen	白沙 Baisha	1	1.980	—	—	—
	琼中 Qiongzhong	363	1.304	0.57	43.30	0.572～1.980
有效磷（mg/kg）Available phosphorus	白沙 Baisha	652	10.6	11.3	106.1	2.4～36.5
	琼中 Qiongzhong	1 383	8.6	9.1	106.6	2.3～25.2
速效钾（mg/kg）Available potassium	白沙 Baisha	853	43.0	21.9	51.0	16.0～90.4
	琼中 Qiongzhong	2 102	36.3	19.1	52.4	16.0～76.0

五、群体构建

如表7-26所示，当地农户木薯平均种植密度为26.49千株/hm^2，平均连作年数为3.31年，连作主要集中在1～5年，不同产量等级的农户木薯种植密度、连作年数差异较大。25%最低产农户的平均种植密度为40.43千株/hm^2，显著高于其余3类农户，其余3类农户的平均种植密度不超过24.99千株/hm^2；25%最低产农户木薯连作年数均值为4.06年，显著高于25%最高产农户，木薯连作年数越长则产量越低，25%最高产农户的平均连作年限仅为2年，显著少于其余3类农户。可见，当地木薯合理密植以17.00千～25.00千株/hm^{2}为宜，连作年数以2年为佳，最多连作

3 年。

表 7-26 海南省木薯种植密度、连作年数分布

Table 7-26 Distribution of planting density and continuous cropping years of cassava in Hainan province, China

产量等级 Yield classification	指标 Index	种植密度（千株/hm²）Planting density（kP/hm²）	连作年数（年）Continuous cropping years（Year）
Y_L	均值 *AVE*	40. 43±31. 56 a	4. 06±1. 03 a
	变幅 *RAN*	9. 96～110. 61	2. 00～5. 00
Y_M	均值 *AVE*	23. 39±9. 79 b	3. 59±1. 06 a
	变幅 *RAN*	9. 96～39. 82	1. 00～5. 00
Y_{MH}	均值 *AVE*	17. 06±6. 01 b	3. 53±1. 23 a
	变幅 *RAN*	9. 96～27. 65	2. 00～5. 00
Y_T	均值 *AVE*	24. 99±10. 92 b	2. 00±0. 82 b
	变幅 *RAN*	12. 44～39. 82	1. 00～3. 00
总计 Total	均值 *AVE*	26. 49±19. 40	3. 31±1. 28
	变幅 *RAN*	9. 96～110. 61	1. 00～5. 00

注：Y_L表示占总数 25%最低产农户产量；Y_M表示占总数的 25%～50%中产农户产量；Y_{MH}表示占总数的 50%～75%中高产农户产量；Y_T表示占总数 25%最高产农户产量。*AVE* 表示均值；*RAN* 表示变幅。同一列指标中不同小写字母表示 $P<0.05$ 水平上差异显著

Note：Y_L means the 25% lowest yield farmer；Y_M means the 25%～50% medium yield farmer；Y_{MH} means the 50%～75% medium-higher yield farmer；Y_T means the 25% highest yield farmer. *AVE* means average，*RAN* means range. Without the same small letters for same column item indicate significance differences at 0. 05 level

六、养分管理

（一）氮、磷、钾肥投入量分布

当地农户施肥基本以无机肥为主，调研的 67 户农户中，仅有 1 户施用了有机肥，占总施肥量的 2. 38%。如表 7-27 所示，当地农户 N、P_2O_5、K_2O

的投入量均值分别为 123. 48 kg/hm^2、88. 78 kg/hm^2、81. 73 kg/hm^2，N 的投入量远高于 P_2O_5和 K_2O，说明当地农户仍然过分依赖氮肥的投入。各产量等级农户 N、P_2O_5投入量差异不显著，但 25%最低产农户 K_2O 施用量远低于其余 3 类农户，且显著低于 25%最高产农户，仅为其 K_2O 施用量的 36. 44%。可见，K_2O 施用不足是造成产量差的主要原因。

表 7-27　海南省木薯氮磷钾肥投入量分布

Table 7-27　Distribution of N，P_2O_5，K_2O amount distribution on cassava in Hainan province，China

产量等级 Yield classification	指标 Index	施肥量 Fertilization amount（kg/hm^2）			配比 Ratio W（N）：W（P_2O_5）：W（K_2O）
		N	P_2O_5	K_2O	
Y_L	均值 *AVE*	116. 46±121. 88 a	71. 94±60. 58 a	41. 35±32. 72 b	1. 62：1：0. 57
	变幅 *RAN*	0～399. 25	0～235. 07	0～111. 94	
Y_M	均值 *AVE*	125. 59±60. 88 a	94. 42±65. 42 a	95. 83±64. 40 a	1. 33：1：1. 01
	变幅 *RAN*	55. 97～223. 88	11. 19～223. 88	11. 19～223. 88	
Y_{MH}	均值 *AVE*	117. 65±64. 92 a	92. 05±82. 14 a	78. 14±50. 20 ab	1. 28：1：0. 85
	变幅 *RAN*	31. 34～274. 63	0～335. 82	0～201. 49	
Y_T	均值 *AVE*	134. 89±75. 12 a	97. 20±57. 33 a	113. 48±72. 68 a	1. 39：1：1. 17
	变幅 *RAN*	0～319. 40	0～224. 63	18. 66～295. 52	
总计 Total	均值 *AVE*	123. 48±82. 81	88. 78±66. 42	81. 73±61. 60	1. 39：1：0. 92
	变幅 *RAN*	0～399. 25	0～335. 82	0～295. 52	

注：Y_L表示占总数 25%最低产农户产量；Y_M表示占总数的 25%～50%中产农户产量；Y_{MH}表示占总数的 50%～75%中高产农户产量；Y_T表示占总数 25%最高产农户产量。*AVE* 表示均值；*RAN* 表示变幅。同一列指标中不同小写字母表示 $P<0.05$ 水平上差异显著

Note：Y_L means the 25% lowest yield farmer；Y_M means the 25%～50% medium yield farmer；Y_{MH} means the 50%～75% medium-higher yield farmer；Y_T means the 25% highest yield farmer. *AVE* means average，*RAN* means range. Without the same small letters for same column item indicate significance differences at 0. 05 level

搜集2005—2015年海南省木薯肥料试验文献（张永发等，2009；陆小静等，2013；谭丽霞等，2012），以及中国热带农业科学院热带作物品种资源研究所试验基地（海南儋州）的木薯肥料试验，总计21组推荐施肥数据，如表7-28所示，求其平均值，得出当地N、P_2O_5、K_2O试验推荐施肥量均值分别为127.38 kg/hm²、42.85 kg/hm²、134.52 kg/hm²，结合调研的当地25%最高产农户的施肥量，将两个施肥指标作为当地的推荐施肥量基准，考虑到农户操作可行性及不同品种、地区间差异等因素，结合Boundary line系统模拟的当地N、P_2O_5、K_2O的最高投入量，基本确定海南省木薯的氮磷钾肥施用量范围以304.75~458.17 kg/hm²为宜，其中，N为127.00~166.00 kg/hm²，P_2O_5为42.00~117.00 kg/hm²，K_2O为113.48~174.00 kg/hm²。

表7-28　海南省木薯不同推荐施肥指标

Table 7-28　Different recommended fertilization indexes of cassava in Hainan province，China

施肥量指标来源 Index source of fertilization amount	施肥量 Fertilization amount（kg/hm²）			配比 Ratio W（N）：W（P_2O_5）：W（K_2O）
	N	P_2O_5	K_2O	
试验推荐施肥用量均值 Y_E	127.38	42.85	134.52	2.97：1：3.14
占总数25%最高产农户 Y_T	134.89	97.20	113.48	1.39：1：1.17
Boundary line 系统模拟的最高施肥量 Y_{BL}	166.32	117.08	174.77	1.42：1：1.49

注：Y_E表示试验推荐施肥用量均值；Y_T表示占总数25%最高产农户；Y_{BL}表示Boundary line系统模拟的最高施肥量

Note：Y_E means recommended average fertilization amount of experiment；Y_T means the 25% highest yield farmer；Y_{BL} means maximum fertilization amount of Boundary line simulation system

（二）基肥及追肥投入量分布

如表7-29、表7-30所示，当地木薯施肥主要以基肥为主，占总施肥量的64.36%，N、P_2O_5、K_2O的基肥与追肥比例分别为1.12：1、3.01：1、

2. 34 : 1。调研结果显示，施用基肥时，25%最低产农户 N、K_2O 的施用量均低于其余 3 类农户，且显著低于 25%最高产农户，仅为其 N、K_2O 施用量的 56. 34%、45. 15%；追肥时，25%最低产农户 K_2O 的施用量低于其余 3 类农户，仅为 25%最高产农户施 K_2O 量的 15. 95%。可见基肥中 N、K_2O 投入不足，追肥中 K_2O 投入过少是造成当地木薯产量差的重要原因。

表 7-29　海南省木薯基肥投入量及配比

Table 7-29　Basic fertilization amount and ratio of cassava in Hainan province, China

产量等级 Yield classification	基肥施用量 Basic fertilization amount (kg/hm^2)				配比 Ratio $W(N):W(P_2O_5):W(K_2O)$
	指标 Index	N	P_2O_5	K_2O	
Y_L	均值 *AVE*	47. 59±43. 86 b	62. 50±52. 60 a	35. 95±34. 60 b	0. 76 : 1 : 0. 58
	变幅 *RAN*	0~152. 99	0~179. 10	0~111. 94	
Y_M	均值 *AVE*	67. 50±42. 75 ab	66. 45±43. 79 a	66. 75±43. 45 ab	1. 02 : 1 : 1. 00
	变幅 *RAN*	0~149. 25	0~149. 25	0~149. 25	
Y_{MH}	均值 *AVE*	62. 69±50. 55 ab	65. 89±57. 02 a	48. 16±44. 75 ab	0. 95 : 1 : 0. 73
	变幅 *RAN*	0~171. 64	0~223. 88	0~111. 94	
Y_T	均值 *AVE*	84. 47±53. 02 a	72. 06±52. 67 a	79. 62±54. 40 a	1. 17 : 1 : 1. 10
	变幅 *RAN*	0~171. 64	0~168. 66	0~168. 66	
总计 Total	均值 *AVE*	65. 28±48. 38	66. 65±50. 76	57. 29±46. 78	0. 98 : 1 : 0. 86
	变幅 *RAN*	0~171. 64	0~223. 88	0~168. 66	

注：Y_L表示占总数 25%最低产农户产量；Y_M表示占总数的 25%~50%中产农户产量；Y_{MH}表示占总数的 50%~75%中高产农户产量；Y_T表示占总数 25%最高产农户产量。*AVE* 表示均值；*RAN* 表示变幅。同一列指标中不同小写字母表示 $P<0.05$ 水平上差异显著

Note: Y_L means the 25% lowest yield farmer; Y_M means the 25% ~ 50% medium yield farmer; Y_{MH} means the 50% ~ 75% medium-higher yield farmer; Y_T means the 25% highest yield farmer. *AVE* means average, *RAN* means range. Without the same small letters for same column item indicate significance differences at 0. 05 level

表 7-30 海南省木薯追肥投入量及配比

Table 7-30 Top-dressing fertilization amount and ratio of cassava in Hainan province, China

产量等级 Yield classification	追肥施用量 Top-dressing fertilization amount（kg/hm^2）				配比 Ratio W（N）：W（P_2O_5）：W（K_2O）
	指标 Index	N	P_2O_5	K_2O	
Y_L	均值 *AVE*	68.88±123.51 a	9.44±19.75 a	5.40±14.40 b	7.30：1：0.57
	变幅 *RAN*	0~343.28	0~55.97	0~55.97	
Y_M	均值 *AVE*	58.09±55.61 a	27.97±37.39 a	29.08±38.07 ab	2.08：1：1.04
	变幅 *RAN*	0~205.97	0~111.94	0~111.94	
Y_{MH}	均值 *AVE*	54.96±48.00 a	26.16±35.27 a	29.98±37.61 ab	2.10：1：1.15
	变幅 *RAN*	0~137.31	0~111.94	0~111.94	
Y_T	均值 *AVE*	50.42±67.64 a	25.14±27.07 a	33.86±40.18 a	2.01：1：1.35
	变幅 *RAN*	0~274.63	0~56.72	0~147.76	
总计 Total	均值 *AVE*	58.20±78.06	22.13±30.95	24.44±35.21	2.63：1：1.10
	变幅 *RAN*	0~343.28	0~111.94	0~147.76	

注：Y_L表示占总数 25%最低产农户产量；Y_M表示占总数的 25%~50%中产农户产量；Y_{MH}表示占总数的 50%~75%中高产农户产量；Y_T表示占总数 25%最高产农户产量。*AVE* 表示均值；*RAN* 表示变幅。同一列指标中不同小写字母表示 $P<0.05$ 水平上差异显著

Note：Y_L means the 25% lowest yield farmer；Y_M means the 25%~50% medium yield farmer；Y_{MH} means the 50%~75% medium-higher yield farmer；Y_T means the 25% highest yield farmer. *AVE* means average，*RAN* means range. Without the same small letters for same column item indicate significance differences at 0.05 level

（三）氮、磷、钾肥投入与产出效果分析

如图 7-31 所示，对当地农户氮磷钾肥投入与产出效果分析表明，当地木薯 N、P_2O_5、K_2O 偏生产力均值分别为 374.08 kg/kg、609.20 kg/kg、654.76 kg/kg，变幅分别为 74.77~1 200.00 kg/kg、95.24~3 333.33 kg/kg、133.33~3 333.33 kg/kg。随着 N、P_2O_5、K_2O 投入量的增加，肥料偏生产力均逐渐降低，将 N、P_2O_5、K_2O 偏生产力分别按照 4 等分法进行划分，统计分析得出，N 偏生产力以 300~450 kg/kg 比例最大，占总数的 35.94%，

54.69%的农户氮肥偏生产力低于平均水平；P_2O_5偏生产力以200~400 kg/kg比例最大，占总数的40.32%，69.35%的农户磷肥偏生产力低于平均水平；K_2O 偏生产力以200~400 kg/kg 比例最大，占总数的47.54%，73.77%的农户钾肥偏生产力低于平均水平。

如表7-31 所示，依据增产 10%~15%、增效 15%~20%的高产高效目标，将海南当地农户施肥水平划分为高产高效、高产低效、低产高效、低产低效4个水平，如图7-32 所示，仅有4.69%~6.45%的农户达到了高产高

表7-31　海南省木薯高产高效分类标准

Table 7-31　Classification criteria of high yield and high efficiency on cassava in Hainan province，China

指标 Index	样本数量 n Sample number	高产高效标准 Criteria of high yield and high efficiency	
		范围 Range	目标 Target
鲜薯单产（t/hm^2）Fresh root yield	67	39.79~41.61	41.61
氮肥偏生产力（kg/kg）PFP_N	64	430.19~448.90	430.19
磷肥偏生产力（kg/kg）PFP_P	62	700.58~731.04	700.58
钾肥偏生产力（kg/kg）PFP_K	61	752.97~785.71	752.97

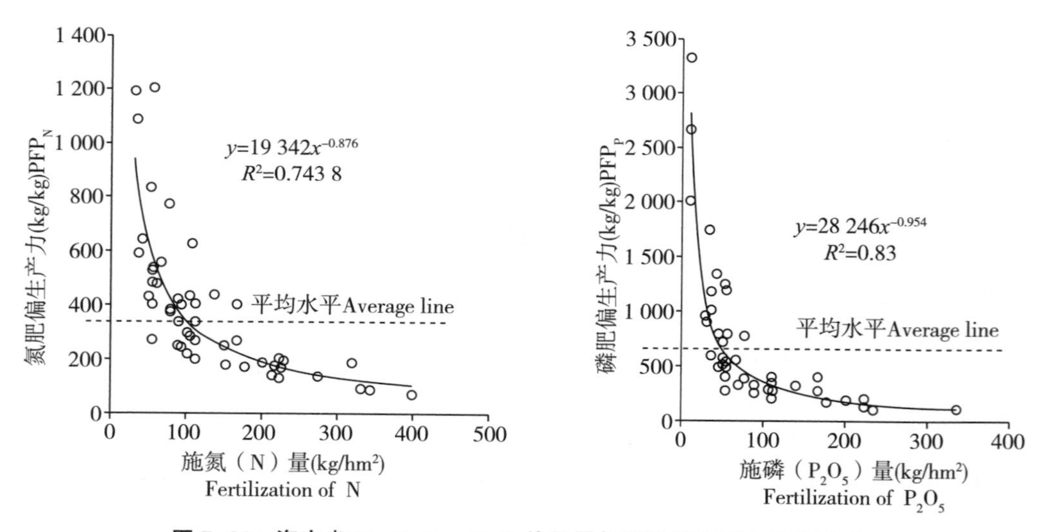

图7-31　海南省N、P_2O_5、K_2O 施用量与肥料偏生产力的关系（一）

Figure 7-31　Relationship between N，P_2O_5 and K_2O application amount with the PFP in Hainan province，China（一）

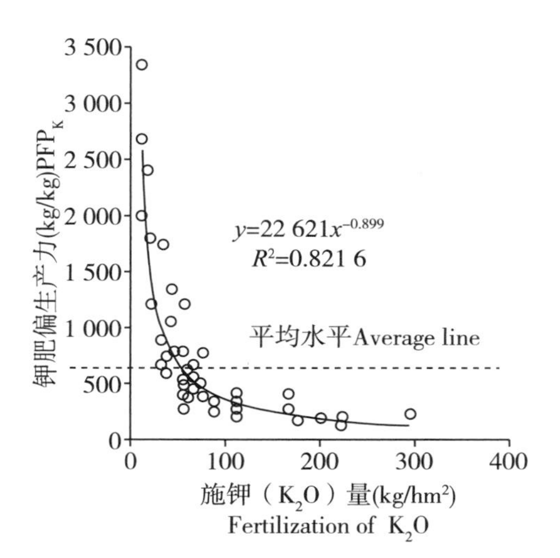

图 7-31　海南省 N、P_2O_5、K_2O 施用量与肥料偏生产力的关系（二）

Figure 7-31　Relationship between N，P_2O_5 and K_2O application amount with the PFP in Hainan province，China（二）

效水平，78%以上的农户氮、磷、钾肥的投入仍处于低产低效水平。可见，如何实现高产高效施肥是当地木薯施肥面临的首要问题。

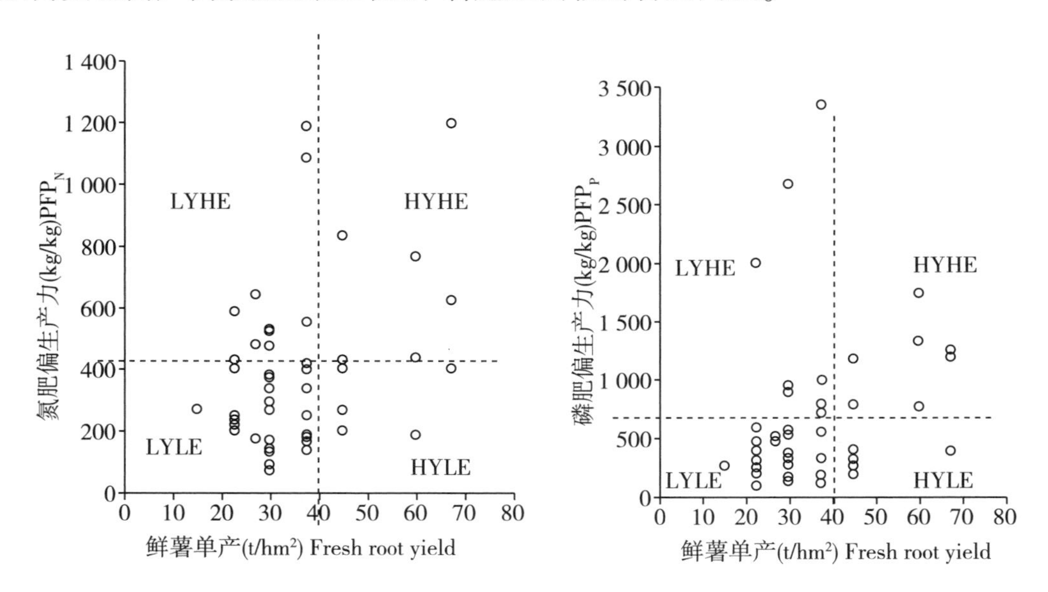

图 7-32　海南省木薯产量、肥料效益分布图（一）

Figure 7-32　Distribution of yield and fertilizer efficiency on cassava in Hainan province，China（一）

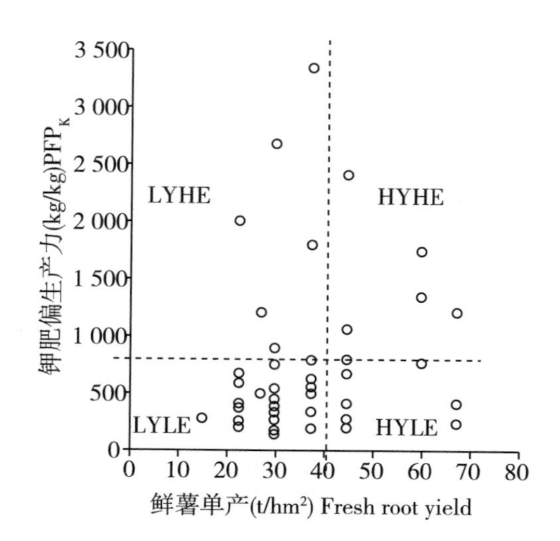

图 7-32 海南省木薯产量、肥料效益分布图（二）
Figure 7-32 Distribution of yield and fertilizer efficiency on cassava in Hainan province，China（二）

七、产投结构分析

如图 7-33 所示，对不同产量水平农户种植木薯的经济效益进行分析，

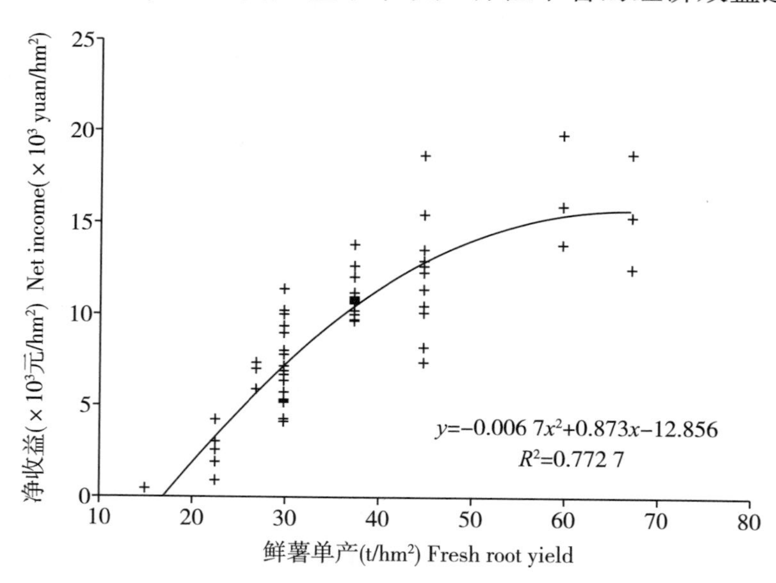

图 7-33 海南省不同农户净收益分析
Figure 7-33 Analysis of net income of different farmers in Hainan province，China

表明25%最低产农户净收益显著低于25%~50%中产农户，且以上两类农户净收益均显著低于50%~75%中高产农户及25%最高产农户；随着木薯产量提升，净收益快速提升，在产量水平中上等情况下仍能获得较大的收益，但当产量达到65.15 t/hm^2 时，净收益最高，为15 581.70元/hm^2，总投入成本为15 214.17元/hm^2，产投比达到最大值2.02；随着产量的进一步提升，出现报酬递减的情况。可见，当产量达到65.15 t/hm^2 后，需要考虑减少投入来提升收益，以缩小不同农户间的产量差。

如图7-34所示，从农户的投入结构来看，主要包括人工费投入和肥料、地租、农药的投入两部分，67户农户中24户有地租费，当地农户均自留种茎、不灌溉，故不计算此二者成本。目前，海南省基本是人工种植管理，极少机械化生产，人工费包括整地、种植、田间管理和收获4个环节，以100

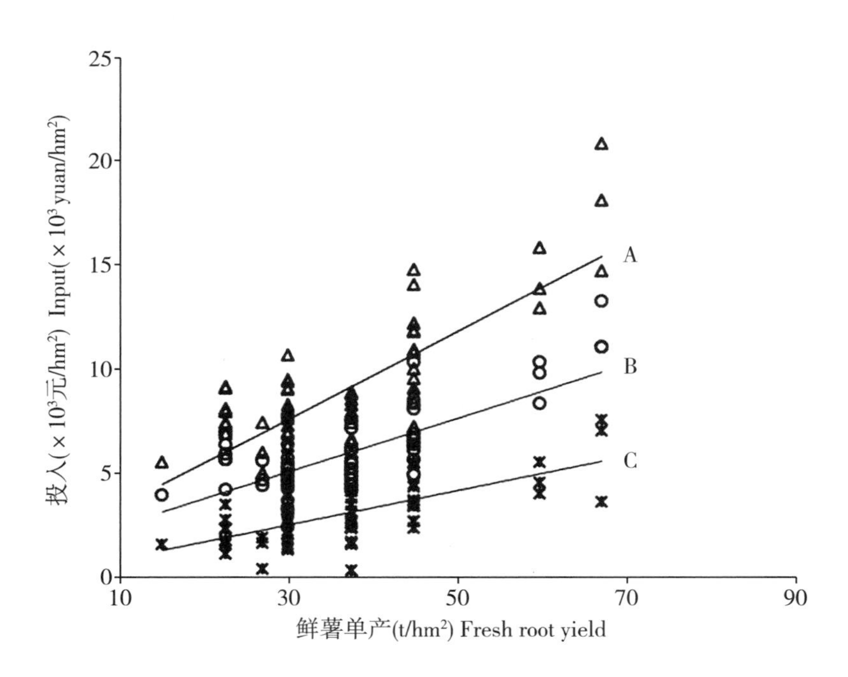

A：△总成本 Total input　B：○人工 Labor

C：＊肥料+地租+农药成本 Fertilization，rent and pesticide

图7-34　海南省不同农户投入构成分析

Figure 7-34　Analysis of input of different farmers in Hainan province，China

元/人·d 的工价计算，人工费在总成本中所占比例最大，达 65.97%，不同农户间投入水平的差异主要体现在人工投入上。

如图 7-35 所示，进一步将整地、种植、田间管理和收获 4 个环节分开来看，不同产量水平的农户整地、种植 2 个环节的人工投入差异较小，趋势线几乎呈水平状；田间管理人工投入各产量水平间存在差异，趋势线呈略微上升趋势；而收获环节人工投入趋势线斜率最大，在总人工成本中占比最大，达 56.29%，可见，不同产量水平的农户投入结构中，收获环节人工投入差异最显著。在当前投入水平下要想做到少投入高收益，实现农户利益最大化，必须要提高机械化程度，推广全程机械化栽培管理，尤其是收获环节。

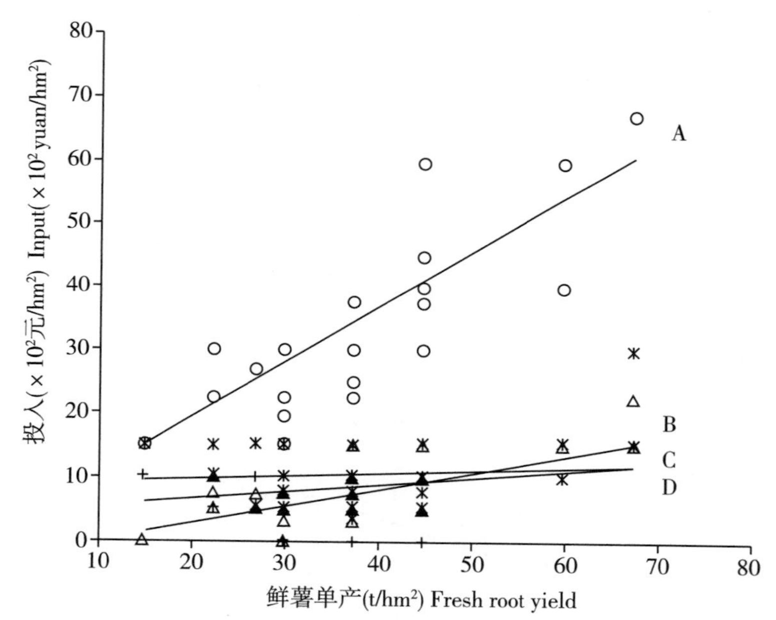

A：收获 Harvest　B：△田间管理 Management　C：＊种植 Plant　D：+整地 Soil preparation

图 7-35　海南省不同环节人工投入构成分析

Figure 7-35　Analysis of labor input of different links in Hainan province，China

八、缩减海南省木薯产量差建议

通过上述分析，提出海南省农户缩小木薯产量差的建议：构建高产群体，合理密植以 1.7 万~2.5 万株/hm^2 为宜，连作年数以 2 年为佳，最多连作 3 年；遵循大配方小调整的施肥原则，以当地的肥料试验推荐施肥数据及 25%最高产农户施肥数据为基准，结合 Boundary line 系统模拟出的当地 N、P_2O_5、K_2O 最高施用量，推荐当地肥料施用量范围：N 为 127~166 kg/hm^2，P_2O_5为 42~117 kg/hm^2，K_2O 为 113~174 kg/hm^2，当然，各地应根据实际土壤情况、品种及生产技术要求等因素，因地制宜决定具体的施肥方案；注意增施钾肥，调整施肥时期和配比，以 25%最高产农户基追肥比例为基准，建议增加基肥中 N 和 P_2O_5的投入量，后期追肥中增加 K_2O 的投入量；优化产投结构，减少人工投入，推广全程机械化栽培管理，尤其是加快收获机械的研究与推广。

九、小　结

产量差分析是明确增产潜力、阐明生产限制因素、制定管理措施的有效工具，是衡量区域作物生产现状和增产潜力、探索区域作物产量限制因素和解决方法的有效途径。前面 3 节结合广西、广东、海南 3 省区木薯主产区生产情况，在 Lobell 等（2009）量化模型基础上，构建了基于高产农户的产量差 YG_T，基于高产纪录的产量差 YG_B和基于模型模拟的产量差 YG_M三个产量差分析模型，从农业气候资源、土壤资源、种植密度、连作年数、养分管理和产投结构等方面对造成各地木薯产量差的限制因素进行了分析，发现 3 个主产区农户种植管理过程中，既存在过密种植、长年连作；施肥总量不合理、配比不平衡、肥料效率低；产投结构不合理、人工成本尤其是收获环节人工成本占比过高等“共性问题”；又存在各地区的“个性问题”。

（一）区域布局不合理

气候条件、土壤资源等均会对木薯产量造成影响（Byju *et al*，2009；

黄建祺，2015），分析具体地域上的气候、土壤条件是否适合木薯生长，能够充分利用自然资源，开发土地潜力，提高木薯单产，优化木薯产业总体布局，促进木薯与其他作物的合理配置，实现木薯产业可持续发展（El-Sharkawy *et al*，2002；王露等，2012）。木薯新品种的推广、新栽培技术的应用都会受到气候、土壤等因素的制约（黄建祺，2015）。此外，张振文等（2006）研究发现，在木薯的适宜种植区农民的种植积极性普遍较高，木薯种植面积大，且鲜薯单产高。前文研究中，华南 3 省区出现的木薯萌芽期气温过低及土壤中有机质含量偏低等问题均制约了当地木薯产业的发展，今后需加强对木薯种植区域规划研究，减少气候、土壤等因素对木薯的不利影响。

（二）过密种植，长年连作

木薯种植密度与水肥、品种等密切相关，过稀或过密均不利于高产（林洪鑫等，2013），适宜的种植密度不仅可维持土壤肥力还可获得高产（施筱健等，2001）。不同木薯品种的株型不同，也会影响木薯的适宜种植密度（张林辉等，2015），合理调控木薯的种植密度是木薯高产的重要措施（陶汉宏等，2001；李晓明等，2009），推荐株型分枝多、生长期较长的木薯品种的种植密度一般要高于普通品种（彭修涛，2008）。

长年连作会导致作物长势变弱，土壤中有害物质的累积，出现严重的病虫害、减产、品质下降等危害（黄春生等，2010；许华等，2012；Huang *et al*，2006）。连作会影响作物对养分的吸收和积累（王战，2016；阮维斌等，2003），造成植物根际障碍和生长障碍（杜长玉等，2003），王才斌等（2007）研究发现，连作会导致作物植株变矮，叶片变小，光合作用减弱，进而影响作物生长。3 省区农户种植管理中均存在过密种植和长年连作现象，种植密度以海南地区最大，为 26.5 千株/hm^2，其次为广东、广西；连作年数以广西地区最长，为 7.5 年，其次为广东、海南地区。木薯长年连作会导致严重减产，为维持木薯地土壤肥力，减轻连作障碍，建议木薯连作年数不宜超过3年。

（三）肥料用量不合理，配比不平衡

氮素可显著提高木薯产量（Nguyen *et al*，2002；Cruz *et al*，2003），当氮素供应不足时，木薯植株生长缓慢，从下部叶开始均匀褪绿变黄，然后扩展到全株（Cruz *et al*，2003；Howeler，2002），如广西地区存在的氮肥占比偏低问题，导致了当地木薯减产。但施用氮肥过量时，会产生负效应（Cruz *et al*，2003），特别是生长旺盛的品种地上部分过度生长使地下部分受到抑制，导致收获指数降低、木薯减产（Susan John *et al*，2005；Howeler，2002）。调研过程中，广东地区存在氮肥占比偏高的问题，也导致了当地木薯减产。

土壤磷累积是当前中国土壤有效磷变化的主要特征，土壤有效磷累积不仅会降低磷肥的利用率，还会影响氮肥和钾肥的吸收利用（张福锁等，2008），很多研究均表明，木薯施用磷肥的肥效较小（黄洁等，2004；黄巧义等，2010），且过量施用磷肥会导致木薯植株矮小，甚至减产（Olaleye *et al*，2006），磷肥过量还会抑制木薯生长后期块根中淀粉含量的积累，加重土壤的连作障碍（王战，2016）。华南3省区木薯土壤中速效磷的平均含量均表现为过量积累，需考虑减施磷肥，降低土壤中有效磷的累积。

施用钾肥可显著提高鲜薯单产，钾含量与木薯株高、茎粗、功能叶片数呈正相关（John *et al*，2005），长期连作且钾肥不足将导致土壤退化，木薯严重减产（Ojeniyi *et al*，2009；宋付平等，2009），重视施用钾肥可保证多年连作木薯增产增收（Fermont *et al*，2010），随连作年份延长应提高钾肥配比（宋付平等，2009）。3省区农户均存在钾肥总量投入不足的问题，基追肥配比中，3省区农户均存在基肥中氮、钾肥投入不足，追肥中

钾肥投入过少的问题。此外，广西、广东地区还存在追肥中氮肥占比过高问题。且3省区农户氮、磷、钾肥料效率均偏低，50.0%以上的农户氮、磷、钾肥料效率低于当地平均水平；3省区中，达到高产高效施肥水平的农户不足总量的12.0%，50.0%左右的农户都处于低产低效施肥水平；对3省区农户氮、磷、钾肥对产量差的贡献率分析发现，广西、广东地区钾肥对产量差的贡献率最大，海南地区磷肥对产量差的贡献率最大。

（四）机械化程度低，产投效益低

产投效益方面，3省区农户木薯总投入成本中均以人工成本占比最大，为65.0%左右，其中收获环节占总成本比例最高，达30.0%以上。可见，中国木薯机械化水平仍较低，尤其是收获环节。

目前，木薯从种到收的整个生产流程几乎都是人工为主，成本高、效率低，严重制约了木薯产业的发展（覃双眉等，2011；袁成宇等，2010），木薯机械化已成为木薯产业未来的发展趋势（蒋志国等，2008）。机械化种植木薯可以提高土壤通透性（王月福等，2003），促进土壤养分转化，进而提高土壤肥力（段立珍等，2007；岑忠用等，2006）。木薯作为一种块根类作物，块根脆且硬，收获时易折断（陈丹萍等，2012），给机械化收获带来了很大的困难。此外，木薯机械化对木薯的株型、种植方式还有一定要求（罗兴录等，2012），可见，中国木薯机械化还有很长的路要走。

第七节　施肥管理对木薯产量差的影响

施肥是木薯种植管理中至关重要的环节，合理施用氮、磷、钾肥是提高木薯产量和品质的重要技术之一。近年来，人们越来越重视氮、磷、钾肥的施用，华南4省区（广西、广东、海南、福建）均设计了相应的肥料试验，研究木薯施用氮、磷、钾肥效果，推荐了不同地区的木薯施肥管理技术，取得了一定的成效。在此，搜集整理2005—2015年华南4省（区）的木薯肥料试验，通过统计分析评价，为进一步明确施肥对木薯产量差的影响提供理论依据。

一、土壤及试验数据来源

如表7-32所示，搜集2005—2015年木薯肥料试验文献，涉及广西、广东、海南、福建4个省（区），选取各试验的推荐施肥处理，共44组数据。

表7-32　样本分布及数量

Table 7-32　Sample distribution and number

省（区） Province	样本数量 n Sample number	数据源文献 Sources of data
广西 Guangxi	10	王英日，2009；何军月，2009；龙文清等，2011；黄子乾等，2014；潘剑萍等，2013；吴丽等，2010；韩远宏等，2009；黄巧义等，2013
广东 Guangdong	5	黄巧义等，2014；唐拴虎等，2010；陈建生等，2010
海南 Hainan	21	张永发等，2009；陆小静等，2013；谭丽霞等，2012；中国热科院品资所的木薯长期定位施肥试验等
福建 Fujian	8	章赞德，2009
总计 Total	44	

二、各省（区）试验地土壤概况

各试验地的土壤养分状况如表7-33所示，除广西地区试验地的土壤pH显著高于广东地区外，各地区试验地的土壤有机质、碱解氮、有效磷、速效钾养分含量差异均不显著。

表 7-33 各试验地土壤主要养分概况

Table 7-33 Nutrition status of soils in various experimental fields

省（区）Province	指标 Index	pH	有机质 OM（g/kg）	碱解氮 Available N（mg/kg）	有效磷 Available P（mg/kg）	速效钾 Available K（mg/kg）
广西 Guangxi（n=7）	均值 *AVE*	5.5±0.7 a	22.0±8.4 a	71.5±12.1 a	20.5±8.6 a	65.7±20.8 a
	变幅 *RAN*	4.5~6.5	10.5~34.2	63.0~80.1	9.3~34.1	32.5~92.2
广东 Guangdong（n=6）	均值 *AVE*	4.4±0.2 b	11.6±7.6 a	72.8±16.7 a	24.3±19.5 a	78.8±45.2 a
	变幅 *RAN*	4.2~4.6	1.2~19.3	53.1~93.2	8.4~52.7	51.7~146.5
海南 Hainan（n=4）	均值 *AVE*	5.0±0.4 ab	14.6±7.8 a	70.5±36.5 a	25.1±29.2 a	43.8±46.7 a
	变幅 *RAN*	4.6~5.4	7.6~25.5	44.6~96.3	2.2~58.0	16.3~97.7
福建 Fujian（n=8）	均值 *AVE*	4.9±0.4 ab	21.3±6.7 a	117.5±27.3 a	29.7±19.4 a	86.4±39.0 a
	变幅 *RAN*	4.3~5.4	14.1~35.9	86.0~155.0	6.2~64.2	46.2~155.0
总计 Total（n=25）	均值 *AVE*	5.0±0.6	18.7±8.2	94.7±32.5	25.1±17.2	72.6±36.7
	变幅 *RAN*	4.2~6.5	1.2~35.9	44.6~155.0	2.2~64.2	16.3~155.0
适宜条件 Suitable condition	变幅 *RAN*	4.5~7.0	20.0~40.0	60.0~150.0	5.0~10.0	50.0~100.0

注：*AVE* 表示均值；*RAN* 表示变幅

Note：*AVE* means average，*RAN* means range

综合考虑适宜木薯生长的土壤养分条件要求，分析各省（区）试验地的土壤主要养分概况。广东和海南试验地的土壤有机质含量均值远低于适宜木薯生长的养分要求，广西和福建试验地的土壤有机质均值处于临界适宜水平，说明4省（区）试验地均要重视增施有机肥；4省（区）试验地的土壤有效磷含量均值均远高于适宜养分要求，宜减施磷肥；海南试验地的速效钾含量均值低于适宜养分要求，要重视增施钾肥；除广东试验地土壤pH略低于适宜水平外，其余三省（区）试验地的pH和碱解氮均处于适宜水平。

三、各省（区）试验地施肥基本概况

如表7-34所示，华南4省（区）试验地木薯的推荐施肥总量均值为419.9 kg/hm^2，N、P_2O_5、K_2O的推荐施用量均值分别为178.2 kg/hm^2、60.9 kg/hm^2、182.4 kg/hm^2，推荐施用配比为W（N）：W（P_2O_5）：W（K_2O）= 2.9：1：3。其中，广东试验地的推荐施肥总量均值为753.1 kg/hm^2，比华南4省（区）试验地的平均水平高78.6%，且氮、磷肥的推荐施用量均值显著高于其余3省（区）试验地的推荐用量，钾肥推荐施用量均值显著高于广西和海南的试验地推荐用量；海南地区试验地的推荐施肥总量均值最低，为304.8 kg/hm^2，仅为华南4省（区）试验地推荐用量均值的72.6%。

表7-34　各试验点氮、磷、钾肥施用量

Table 7-34　N，P_2O_5，K_2O fertilization amount in various experimental fields

省区 Province	指标 Index	施肥量 Fertilization amount（kg/hm^2）		
		N	P_2O_5	K_2O
广西（n=10） Guangxi	均值 *AVE*	189.0±63.7 b	80.4±29.7 b	165.0±74.2 b
	变幅 *RAN*	135.0~360.0	45.0~144.0	90.0~360.0
广东（n=5） Guangdong	均值 *AVE*	332.6±60.7 a	122.2±29.8 a	298.3±85.5 a
	变幅 *RAN*	224.0~360.0	89.1~144.0	187.5~360.0

（续表）

省区 Province	指标 Index	施肥量 Fertilization amount（kg/hm^2）		
		N	P_2O_5	K_2O
海南（*n*=21）Hainan	均值 *AVE*	127.4±57.7 c	42.9±20.4 c	134.5±83.6 b
	变幅 *RAN*	60.0~300.0	25.0~120.0	60.0~450.0
福建（*n*=8）Fujian	均值 *AVE*	201.5±41.5 b	42.0±14.4 c	251.9±79.2 a
	变幅 *RAN*	179.1~268.7	22.4~90.0	111.9~335.8
总计 Total	均值 *AVE*	178.2±84.8	60.3±35.3	181.4±98.8
	变幅 *RAN*	60.0~360.0	22.4~144.0	60.0~450.0

注：*AVE* 表示均值；*RAN* 表示变幅

Note：*AVE* means average，*RAN* means range

四、氮、磷、钾肥配施对木薯产量差的影响

如表7-35所示，不施肥（对照）条件下，4省（区）的试验基础产量均值为17.0 t/hm^2，变幅为4.7~36.9 t/hm^2。试验推荐施肥条件下，4省（区）试验地鲜薯的增产量为14.4 t/hm^2，可见4省（区）配施氮、磷、钾肥造成的木薯产量差 YG=14.4 t/hm^2，其中，福建地区试验地配施氮、磷、钾肥造成的木薯产量差 YG 最大，为18.3 t/hm^2。

4省（区）试验地配施氮、磷、钾肥鲜薯增产量、鲜薯增产率、肥料产量贡献率均值分别为14.4 t/hm^2、98.8%、45.4%，其中，福建试验地的鲜薯增产量、鲜薯增产率、肥料产量贡献率均最高，海南和广西的鲜薯增产率较低，广西和广东试验地的肥料产量贡献率较低。

五、氮肥管理对木薯产量差的影响

如表7-36所示，4省（区）试验地合理施用磷、钾肥基础上，不施用氮肥的平均鲜薯产量为23.5 t/hm^2，施用氮肥后鲜薯单产、增产量均值分别为31.9 t/hm^2、8.5 t/hm^2，可见4省（区）氮肥管理造成的木薯产量差

表 7-35 氮、磷、钾肥配施增产效果

Table 7-35 Yield-increasing effect of N, P_2O_5, K_2O fertilizer combination on cassava

省（区） Province	指标 Index	无肥区鲜薯单产 Fresh root yield without fertilizer（t/hm^2）	推荐施肥鲜薯单产 Fresh root yield of recommended fertilization（t/hm^2）	鲜薯增产量 Increased yield of fresh root（t/hm^2）	鲜薯增产率（%） Increased rate of fresh root	肥料产量贡献率 FCR（%）
广西（n=10） Guangxi	均值 *AVE*	20. 4±6. 6 a	33. 9±8. 6 a	13. 5±4. 3 a	73. 8±33. 9 a	40. 6±10. 6 a
	变幅 *RAN*	10. 6~29. 7	20. 4~52. 3	8. 6~22. 6	34. 1~146. 2	25. 5~59. 3
广东（n=5） Guangdong	均值 *AVE*	19. 0±5. 8 a	34. 1±10. 7 a	15. 1±8. 7 a	87. 6±72. 6 a	41. 7±16. 4 a
	变幅 *RAN*	12. 1~26. 0	22. 7~48. 1	5. 9~25. 8	35. 1~213. 2	25. 9~68. 0
海南（n=21） Hainan	均值 *AVE*	15. 0±6. 6 a	28. 1±9. 1 a	13. 1±5. 5 a	101. 0±58. 7 a	46. 3±15. 0 a
	变幅 *RAN*	4. 7~36. 9	14. 7~46. 9	1. 6~21. 4	12. 2~231. 9	10. 9~69. 9
福建（n=8） Fujian	均值 *AVE*	16. 5±8. 4 a	34. 8±13. 2 a	18. 3±7. 5 a	131. 4±80. 8 a	52. 7±13. 8 a
	变幅 *RAN*	5. 8~27. 4	9. 7~52. 2	3. 9~27. 5	61. 4~277. 1	38. 0~73. 5
总计 Total	均值 *AVE*	17. 0±7. 0	31. 3±10. 1	14. 4±6. 1	98. 8±61. 3	45. 4±14. 1
	变幅 *RAN*	4. 7~36. 9	9. 7~52. 3	1. 6~27. 5	12. 2~277. 1	10. 9~73. 5

注：*AVE* 表示均值；RAN 表示变幅。*FCR* 代表肥料产量贡献率

Note：*AVE* means average，*RAN* means range. *FCR* means fertilizer contribution rate

表 7-36 木薯施用氮肥增产效果

Table 7-36 Yield-increasing effect of N fertilizer on cassava

省（区）Province	指标 Index	鲜薯单产（t/hm²）Fresh root yield		鲜薯增产量 Increased yield of fresh root（t/hm²）	鲜薯增产率 Increased rate of fresh root（%）	氮肥产量贡献率 FCR_N（%）	氮肥偏生产力 PFP_N（kg/kg）
		PK	NPK				
广西 Guangxi（n=8）	均值 *AVE*	25.2±5.7 a	32.3±6.0 a	7.2±2.7 a	30.5±17.3 a	22.4±8.5 a	188.1±50.8 a
	变幅 *RAN*	16.4~31.6	20.4~40.2	4.0~12.0	14.7~71.0	12.8~41.5	89.2~290.6
广东 Guangdong（n=3）	均值 *AVE*	22.5±5.3 a	35.8±13.5 a	13.3±8.7 a	55.6±32.0 a	33.6±15.4 a	102.9±25.2 b
	变幅 *RAN*	18.0~28.3	21.4~48.1	3.4~19.8	18.9~77.9	15.9~43.8	63.3~133.6
海南 Hainan（n=2）	均值 *AVE*	20.2±5.4 a	30.2±0.6 a	10.0±4.7 a	54.3±37.9 a	33.2±16.4 a	245.3±85.4 a
	变幅 *RAN*	16.4~24.0	29.7~30.6	6.6~13.3	27.5~81.1	21.6~44.8	99.0~421.7
福建 Fujian（n=7）	均值 *AVE*	23.2±11.6 a	30.6±13.1 a	7.5±6.6 a	39.6±57.8 a	20.2±24.7 a	175.7±72.6 a
	变幅 *RAN*	7.7~42.5	6.5~50.7	-1.2~18.9	-15.6~161.5	-18.5~61.8	53.9~291.7
总计 Total（n=20）	均值 *AVE*	23.5±8.1	31.9±9.7	8.5±5.5	39.4±37.1	24.4±17.0	203.5±84.1
	变幅 *RAN*	7.7~42.5	6.5~50.7	-1.2~19.8	-15.6~161.5	-18.5~61.8	53.9~421.7

注：*AVE* 表示均值；*RAN* 表示变幅。FCR_N代表氮肥产量贡献率；PFP_N代表氮肥偏生产力。“n”代表鲜薯单产、增产量、增产率及肥料产量贡献率的样本个数；肥料偏生产力的样本数为：广西（n=8），广东（n=3），海南（n=2），福建（n=7）

Note：*AVE* means average，*RAN* means range. FCR_N means N fertilizer contribution rate，PFP_N means N partial factor productivity. “n” means the sample number of Yield，Increased yield，Increase rate and *FCR*，the sample number of *PFP*：Guangxi（n=8），Guangdong（n=3），Hainan（n=2），Fujian（n=7）

YG_N=8. 5 t/hm²。其中，广东地区试验地氮肥管理造成的木薯产量差 YG_N 最大，为 13. 3 t/hm²。

4 省（区）试验地氮肥管理的氮肥产量贡献率均值为 24. 4%，即鲜薯产量的 24. 4%来自于氮肥的贡献；氮肥偏生产力均值为 203. 5 kg/kg，即每施用 1 kg 氮肥，可产鲜薯 203. 5 kg。目前，华南 4 省（区）木薯试验地施用氮肥增产量、增产率、产量贡献率、偏生产力的变幅分别为-1. 2~19. 8 t/hm²、-15. 6%~161. 5%、-18. 5%~61. 8%、53. 9~421. 7 kg/kg。其中，广西和福建试验地的鲜薯增产率、氮肥产量贡献率均较低；广东的氮肥偏生产力最低。

为便于分析，将木薯施用氮肥的增产量、增产率、产量贡献率和偏生产力根据其各自变幅按 5 等分法划分为 5 个等级。其中，施用氮肥减产的试验数仅占试验总数的 2. 3%，均分布在福建省。木薯施用氮肥的增产量主要分布在 5~10 t/hm² 范围内，增产率主要分布在 0~50%范围内，产量贡献率主要分布在 20%~40%范围内，偏生产力主要分布在 150~250 kg/kg 范围内，分别占试验总数的 43. 9%、68. 2%、39. 0%和 47. 7%。

广西试验地的氮肥增产量和增产率低于其余地区，主要分布于 5~10 t/hm² 和 0~50%范围内，分别占该区域试验总数的 62. 5%、87. 5%；广东和海南地区试验地的氮肥增产量和增产率相对较高，主要分布于>10 t/hm² 和 50%~100%范围内；广东试验地的氮肥偏生产力均分布在 50%~150%范围内。

六、磷肥管理对木薯产量差的影响

如表 7-37 所示，4 省（区）试验地合理施用氮、钾肥基础上，不施用磷肥的平均鲜薯产量为 26. 8 t/hm²，施用磷肥后鲜薯单产、增产量均值分别为 32. 3 t/hm²、5. 5 t/hm²，可见 4 省（区）磷肥管理造成的木薯产量差 YG_P=5. 5 t/hm²，其中，广东地区试验地磷肥管理造成的木薯产量差 YG_P 最大，为 6. 8 t/hm²。

表 7-37　木薯施用磷肥增产效果

Table 7-37　Yield-increasing effect of P fertilizer on cassava

省（区）Province	指标 Index	鲜薯单产 Fresh root yield（t/hm^2）		鲜薯增产量 Increased yield of fresh root（t/hm^2）	鲜薯增产率 Increased rate of fresh root（%）	磷肥产量贡献率 FCR_P（%）	磷肥偏生产力 PFP_P（kg/kg）
		NK	NPK				
广西 Guangxi（n=7）	均值 *AVE*	28. 1±7. 2 a	33. 3±9. 6 a	5. 2±4. 8 a	19. 6±16. 2 a	15. 1±10. 9 a	460. 4±161. 2 bc
	变幅 *RAN*	14. 3～37. 1	20. 4～52. 3	0. 4～15. 2	1. 3～42. 7	1. 2～29. 9	222. 9～697. 3
广东 Guangdong（n=3）	均值 *AVE*	29. 0±9. 3 a	35. 8±13. 5 a	6. 8±4. 3 a	21. 8±8. 1 a	17. 6±5. 5 a	276. 2±32. 6 c
	变幅 *RAN*	18. 8～37. 0	21. 4～48. 1	2. 6～11. 1	13. 8～30. 0	12. 1～23. 1	254. 8～334. 0
海南 Hainan（n=2）	均值 *AVE*	23. 8±4. 7 a	30. 2±0. 6 a	6. 4±4. 1 a	29. 3±23. 1 a	21. 4±14. 1 a	720. 6±269. 5 ab
	变幅 *RAN*	20. 4～27. 1	29. 7～30. 6	3. 5～9. 3	12. 9～45. 6	11. 4～32. 3	247. 5～1323. 4
福建 Fujian（n=7）	均值 *AVE*	25. 6±10. 3 a	30. 6±13. 1 a	5. 0±7. 8 a	19. 3±41. 4 a	8. 1±28. 7 a	849. 4±448. 0 a
	变幅 *RAN*	8. 9～42. 5	6. 5～50. 7	-2. 4～18. 2	-27. 0～94. 8	-36. 9～48. 7	216. 5～1508. 9
总计 Total（n=19）	均值 *AVE*	26. 8±8. 3	32. 3±10. 8	5. 5±5. 6	20. 8±26. 5	13. 6±18. 7	639. 2±330. 7
	变幅 *RAN*	8. 9～42. 5	6. 5～52. 3	-2. 4～18. 2	-27. 0～94. 8	-36. 9～48. 7	216. 5～1508. 9

注：*AVE* 表示均值；*RAN* 表示变幅。FCR_P代表肥料产量贡献率；PFP_P代表肥料偏生产力。“n”代表鲜薯单产、增产量、增产率及肥料产量贡献率的样本个数；肥料偏生产力的样本数为：广西（n=7），广东（n=3），海南（n=2），福建（n=7）

Note：*AVE* means average，*RAN* means range. FCR_P means P fertilizer contribution rate，PFP_P means P partial factor productivity. “n” means the sample number of Yield，Increased yield，Increase rate and *FCR*，the sample number of *PFP*：Guangxi（n=7），Guangdong（n=3），Hainan（n=2），Fujian（n=7）

磷肥产量贡献率均值为13.6%，即鲜薯产量的13.6%来自于磷肥的贡献；磷肥偏生产力平均值为639.2 kg/kg，每施用1 kg磷肥，可产鲜薯639.2 kg。木薯施用磷肥的增产量、增产率、产量贡献率、偏生产力变幅分别为-2.4~18.2 t/hm^2、-27.0%~94.8%、-36.9%~48.7%、216.5~1 508.9 kg/kg。广西和福建试验地的增产量、增产率、磷肥产量贡献率均较低，广东的磷肥偏生产力最低。

木薯施用磷肥的增产量、增产率、产量贡献率和偏生产力按5等分法划分为5个等级。统计分析表明，仅福建地区施磷肥后出现减产，减产试验数占试验总数的6.8%。施用磷肥增产量主要分布在0~5 t/hm^{2}范围内，增产率主要分布在0~25%范围内，产量贡献率主要分布在0~15%范围内，偏生产力主要分布在200~500 kg/kg范围内，分别占试验总数的40.9%、51.1%、40.9%和38.6%。说明目前多数地区木薯施用磷肥的偏生产力偏低，增产效果有待提升。

广西试验地的磷肥增产量、增产率和产量贡献率相对较低，主要分布于0~5 t/hm^2、0~25%和0~15%范围内，均占该区域试验总数的71.4%，其余3省（区）试验地磷肥增产量、产量贡献率分布较为均匀；广东试验地的磷肥偏生产力均分布在200~500 kg/kg范围内，福建的磷肥偏生产力主要分布于>500 kg/kg范围内，占该区域试验总数的77.8%。

七、钾肥管理对木薯产量差的影响

如表7-38所示，4省（区）试验地在合理施用氮、磷肥基础上，不施用钾肥时平均鲜薯产量为25.7 t/hm^2，施用钾肥后鲜薯产量、增产量均值分别为31.2 t/hm^2、5.5 t/hm^2，可见4省（区）钾肥管理造成的木薯产量差YG_K=5.5 t/hm^2，其中，广东地区试验地钾肥管理造成的木薯产量差YG_K最大，为8.7 t/hm^2。

表 7-38　木薯施用钾肥增产效果

Table 7-38　Yield-increasing effect of K fertilizer on cassava

省（区）Province	指标 Index	鲜薯单产 Fresh root yield（t/hm²）		鲜薯增产量 Increased yield of fresh root（t/hm²）	鲜薯增产率 Increased rate of fresh root（%）	钾肥产量贡献率 FCR_K（%）	钾肥偏生产力 PFP_K（kg/kg）
		NP	NPK				
广西 Guangxi（*n*=7）	均值 *AVE*	24. 7±5. 3 a	30. 1±5. 2 a	5. 4±2. 3 a	23. 5±12. 0 a	18. 4±7. 9 a	225. 2±68. 8 ab
	变幅 *RAN*	14. 9～30. 5	20. 4～34. 4	2. 9～8. 5	10. 8～36. 9	9. 8～27. 0	89. 2～335. 0
广东 Guangdong（*n*=3）	均值 *AVE*	27. 1±8. 0 a	35. 8±13. 5 a	8. 7±6. 0 a	29. 8±18. 6 a	21. 8±11. 9 a	114. 4±12. 6 c
	变幅 *RAN*	19. 6～35. 6	21. 4～48. 1	1. 8～12. 5	9. 2～45. 2	8. 4～31. 1	105. 0～133. 6
海南 Hainan（*n*=2）	均值 *AVE*	22. 8±1. 6 a	30. 2±0. 6 a	7. 4±0. 9 a	32. 5±6. 2 a	24. 4±3. 6 a	246. 6±99. 1 a
	变幅 *RAN*	21. 7～23. 9	29. 7～30. 6	6. 7～8. 0	28. 0～36. 9	21. 9～26. 9	66. 0～468. 3
福建 Fujian（*n*=7）	均值 *AVE*	26. 6±12. 3 a	30. 6±13. 1 a	3. 7±3. 1 a	14. 0±14. 2 a	11. 1±11. 3 a	156. 4±81. 3 bc
	变幅 *RAN*	6. 8～47. 8	6. 5～50. 7	-0. 4～7. 4	-4. 4～31. 0	-4. 6～23. 6	28. 9～302. 1
总计 Total（*n*=19）	均值 *AVE*	25. 7±8. 7	31. 2±9. 9	5. 5±3. 6	21. 9±14. 4	16. 8±10. 3	209. 1±94. 6
	变幅 *RAN*	6. 8～47. 8	6. 5～50. 7	-0. 4～12. 5	-4. 4～45. 2	-4. 6～31. 1	28. 9～468. 3

注：*AVE* 表示均值；*RAN* 表示变幅。*FCR* 代表肥料产量贡献率；*PFP* 代表肥料偏生产力。“*n*” 代表鲜薯单产、增产量、增产率及肥料产量贡献率的样本个数；肥料偏生产力的样本数为：广西（*n*=7），广东（*n*=6），海南（*n*=4），福建（*n*=8）

Note：*AVE* means average，*RAN* means range. *FCR* means K fertilizer contribution rate，*PFP* means K partial factor productivity. “*n*” means the sample number of Yield，Increased yield，Increase rate and *FCR*，the sample number of *PFP*：Guangxi（*n*=7），Guangdong（*n*=6），Hainan（*n*=4），Fujian（*n*=8）

4省（区）试验地钾肥管理的钾肥产量贡献率均值为16.8%，即鲜薯产量的16.8%来自于钾肥的贡献；钾肥偏生产力均值为209.1 kg/kg，即每施用1 kg钾肥，可产鲜薯209.1 kg。目前，中国木薯施用钾肥增产量、增产率、产量贡献率、偏生产力变幅分别为−0.4～12.5 t/hm^2、−4.4%～45.2%、−4.6%～31.1%、28.9～468.3 kg/kg。广西和福建试验地的增产量、增产率、钾肥产量贡献率均较低，广东的钾肥偏生产力最低。

木薯施用钾肥的增产量、增产率、产量贡献率和偏生产力按5等分法划分为5个等级。统计分析表明，仅福建省施钾肥后出现减产，占试验总数的4.5%。各试验的增产量主要分布在3～9 t/hm^{2}范围内，增产率主要分布在15%～30%范围内，产量贡献率主要分布在20%～30%范围内，偏生产力主要分布在150～250 kg/kg范围内，分别占试验总数的64.6%、32.3%、48.5%和40.9%。

海南和广东试验地的钾肥增产量、增产率和产量贡献率相对较高，主要分布于>6 t/hm^2、>30%和20%～30%范围内，占相应区域试验总数的50%～100%，广西和福建试验地钾肥增产量、产量贡献率分布比例较为均匀；广东地区试验地钾肥偏生产力均分布在50～150 kg/kg范围内，海南试验地钾肥偏生产力主要分布在150～250 kg/kg范围内，占当地试验总数的42.9%。

八、小结

通过施肥管理对木薯产量差的影响分析发现，华南4省（区）的试验地中，配施氮、磷、钾肥造成的木薯产量差$YG=14.4$ t/hm^2；氮肥管理造成的木薯产量差$YG_N=8.5$ t/hm^2；磷肥管理造成的木薯产量差$YG_P=5.5$ t/hm^2；钾肥管理造成的木薯产量差$YG_K=5.5$ t/hm^2。可见，在4省（区）试验地施肥管理中，氮肥管理对木薯产量差的贡献率最大。

土壤肥力水平是决定肥料利用效率高低的基本因素，即在土壤肥力水平较低时，得到较高的肥料利用率和偏生产力的概率较大，反之亦然。本研究中，多数地区氮、磷、钾肥的偏生产力较低，对华南4省（区）试验样本点土壤主要养分概况的分析表明，土壤中碱解氮的平均含量处于适宜水平，但多数地区氮肥偏生产力却处于较低水平，据张福锁（2008）研究，北方土壤硝态氮残留是造成当前作物基础产量高、施氮增产效应不明显的主要原因。一方面，可能是南方的高温多雨造成氮素挥发淋失多，另一方面，由于对木薯施氮主要是施用尿素，是否南方土壤中也存在某种形态氮素的残留，导致施氮肥增产效果较差，值得进一步探究。土壤磷盈余是当前中国土壤有效磷变化的主要特征，土壤有效磷盈余不仅会降低磷肥的利用率，还会影响氮肥和钾肥的吸收利用（张福锁等，2008），华南4省（区）木薯试验样本点土壤中速效磷的平均含量均表现为过量积累，可考虑降低磷素配比，减施磷肥，从而降低土壤中有效磷的盈余，以有利于提高氮钾肥的利用效率。此外，各试验样本点土壤有机质含量均偏低，土壤有机质含量偏低直接影响到土壤速效钾的供应状况（罗华元等，2010），这可能是4省（区）试验样本点土壤速效钾均值虽达到了适宜水平，但钾肥的增产效果和偏生产力仍然偏低的原因，今后应重视增施有机肥，以促进木薯吸收钾肥，提高木薯对土壤钾素的利用效率。

通过本节的木薯产量差分析，为缩减中国各地木薯产量差，提高施肥效益，对中国未来的木薯施肥研究与推广提出以下两点建议。

（一）遵循“大配方，小调整”的施肥原则

各地区应结合当地土壤养分状况、气候条件、木薯品种、栽培措施等实际情况，围绕 W（N）：W（P_2O_5）：W（K_2O）= 2.9：1.0：3.0 的全国平均推荐施肥配比开展施肥试验，调整肥料用量及配比，重新制定推荐指标。

（二）构建木薯推荐施肥网络体系

本研究采用抽样研究的方法，尽管在农田尺度上为推荐施肥提供了一定理论依据，但其结果尚不能全面反映中国木薯氮、磷、钾肥施用效果；虽然各地也布置了不少施肥试验，指导各地的木薯高产高效生产，并取得较好的成效，但还存在不够规范和系统的问题，在试验结果和推荐施肥指标上，不免存在较大的偏颇和局限性，此外各试验点的分布合理性也有待提高。因此，需针对不同生态型的木薯产区布置试验网点，同时做好各个试验点土壤养分状况、肥料施用情况及木薯产量等指标的监测和数据搜集工作，构建全国木薯养分资源高效利用信息化管理系统和监测平台，形成推荐施肥的动态数据库，以指导全国的木薯合理高效施肥。

第八章　木薯间套作模式评价

第一节　间套作模式

间套作是指在同一块地上同时种植两种或者两种以上作物，而且这些作物具有部分或者全部共同生长期的种植模式。间套作种植模式已在国内外广泛应用。中国每年有 2 800 万~3 400 万 hm^2 的间套作播种面积，占到了耕地面积的20%~25%；据统计，中国粮食产量的1/2、棉花和油料产量的1/3 是用间套作种植模式获得的（佟屏亚，1994）。由此可见，间套作在中国农业生产中有着十分重要的地位、更高的土地生产力和更好的效益。

间套作是多熟种植的主要栽培模式，原产生于亚洲、非洲和拉丁美洲，现已逐步发展到欧洲和北美洲。与单作相比，间套作在增加产量、提高经济效益、提高资源利用率、减轻病虫草害、防止水土流失等方面具有明显的优势。

一、中国木薯间套作现状

目前，中国木薯的栽培模式可分为单作和间套作。由于木薯生育前期生长慢，封行较迟，单作时前期土地裸露面积大，光能利用率较低，而且单作木薯的地面易受雨水冲刷而引起水土流失。随着生产技术的发展，人们根据木薯生长发育特性，选择时间、空间、营养生态位与之互补的作物进行间套作，不仅可以提高光能利用率和土壤肥力，还能提高单位耕地面积产量和经济效益（罗兴录，1998）。间套作栽培模式近年来在生产中得到不断普及。

20世纪90年代起，中国各地陆续出现了木薯与瓜类、花生、大豆等短期作物间套作的种植模式，充分利用了土地，提高了单位面积土地的经济效益，做到种收短期作物和木薯两不误。若单纯强调木薯为主业，则木薯会因经济效益低而被抛弃；若适当把木薯作为副业，在考虑其他短期作物效益优先的基础上，充分考虑木薯的互补优势，大力发展间套作产业，则可大大扩大木薯的生存空间。

目前，华南八省（区）的各个木薯主产地基本采用木薯间套作短期作物的种植模式，据估计，木薯间套作短期作物的模式占木薯总种植面积的50%以上。间套作模式主要分为4类：①木薯间套作矮秆作物，如花生、大豆、毛豆、凉粉草、辣椒等，此种植模式主要分布在广西的武鸣县、福建的大田县和江西的东乡县等地；②间套作高秆作物，如玉米等，此种植模式主要分布在福建的大田县、明溪县及广西的北海市和武鸣县等地；③间套作瓜类，如西瓜、南瓜、香瓜、毛节瓜、冬瓜等，此种植模式主要分布在广西的武鸣县、桂平市、合浦县和江西的东乡县等地；④幼林套作木薯，如幼龄胶园、肉桂和八角的混交幼林、槟榔幼林等套种木薯，此种植模式主要分布在海南省及广西的苍梧县等地。

二、木薯间套作模式的产量优势及经济效益

与单作木薯相比，间套作的种植模式可获得较高的作物产量、总收入和净收入。广西武鸣县的木薯间套作模式就是非常成功的例子。据统计，2011年全县木薯/西瓜、木薯/南瓜、木薯/香瓜、木薯/毛节瓜、木薯/花生、木薯/大豆6种间套作种植模式面积达1.7万hm^2，占全县木薯种植总面积的60.0%，主要集中在陆斡、宁武、锣圩和城厢等乡镇，以瓜类间套作木薯的种植模式为主，约占总间套作模式的40%。陆昆典等（2011）试验研究发

现，木薯/西瓜、木薯/南瓜、木薯/香瓜、木薯/毛节瓜、木薯/花生、木薯/大豆6种间套作模式中，在田间管理过程中，农民加强了水肥管理，除收获较高的间套作物产量外，还提高了鲜薯产量，其中，西瓜/南瓜/香瓜/毛节瓜套种木薯的鲜薯单产比单作木薯提高7.8%~25.2%，木薯间作花生或大豆的鲜薯单产比单作木薯提高6.1%~17.4%，间套作模式增产鲜薯的排序为间套作香瓜>南瓜>大豆>西瓜>毛节瓜>花生。从收益角度分析，西瓜/南瓜/香瓜/毛节瓜套种木薯的总收入是单作木薯的3.0~4.2倍，木薯间作花生或大豆的总收入是单作木薯的1.6倍，间套作模式提高总收益的排序为间套作毛节瓜>香瓜>西瓜>南瓜>花生>大豆；西瓜/南瓜/香瓜/毛节瓜套种木薯的净收益是单作木薯的2.6~4.9倍，木薯间作花生或大豆的净收益是单作木薯的1.7~2.3倍，间套作模式作物提高净收益的排序为间套作毛节瓜>香瓜>西瓜>南瓜>大豆>花生。

中国在木薯间套作瓜类中，以木薯/西瓜的种植面积最多；在木薯间套作矮秆豆科作物中，以木薯/花生的种植面积最多，木薯/西瓜、木薯/花生在中国木薯间套作模式中具有较强的代表性。本章以在广西武鸣县调研的44份间套作数据为基础，与第七章中广西区的96份单作数据对比分析，对目前广泛推广应用的木薯/西瓜间作模式和木薯/花生间作模式进行对比分析，评价两种间套作模式的产量优势和经济优势等指标，为木薯间套作产量的持续发展提供理论依据。

第二节　木薯/西瓜套作模式评价

一、木薯/西瓜套作模式简介

调研广西武鸣县农户的木薯/西瓜套作模式，主要是西瓜的移栽/播种、木薯种植和田间管理3部分。西瓜一般在2月底种植，5—6月收获。多数农户是在西瓜种植1个月后，即3月份种植木薯，也有部分农户是木薯、西瓜同时种植。西瓜种植密度一般为1 500～1 800株/hm^2，木薯种植密度一般为9 000～15 000株/hm^2。木薯一般是12月至翌年1月收获。当地整地一般采用小型手扶整地机，也有部分农户采用人工整地；西瓜定植后，立即盖薄膜（天膜和地膜），3月中下旬天气回暖，幼苗迅速生长后揭膜降温；西瓜需水量较大，一般5～7 d滴灌1次；西瓜整个生育期一般施2次肥料，种植前施1次底肥，植后1～2个月追肥1次；西瓜收获后，6—7月为木薯追肥1次；一般采用人工收获西瓜和木薯。木薯、西瓜的共生期约120 d。

二、木薯/西瓜套作模式产量优势分析

偏土地当量比*pLER*是木薯/西瓜间作系统的木薯产量与单作木薯产量的比值，如公式［8-1］所示。木薯产量、经济效益等指标根据第七章中广西区农户单作木薯的产量数据来计算。

$$pLER = Y_i/Y_s \quad [8-1]$$

式中，Y_i是木薯/西瓜套作模式的木薯产量，Y_s是单作木薯产量。

套作木薯相对密度 = 套作系统木薯密度/单作木薯密度　［8-2］

调研发现，木薯/西瓜套作模式中的木薯种植密度为10 669株/hm^2，比单作木薯种植密度19 490株/hm^{2}减少45.26%，即套作木薯相对密度约为0.55；木薯/西瓜套作模式的平均鲜薯单产为38.85 t/hm^2，单作木薯的平均鲜薯单产为40.19 t/hm^2，木薯/西瓜套作模式的鲜薯单产仅略低于单作木薯的鲜薯单产（3.33%）。间作木薯偏土地当量比$pLER = 38.85/40.19 = 0.97 >$间作木薯相对密度0.55。可见，在木薯/西瓜套作模式中，木薯和西瓜都能够双丰收，木薯产量几乎不受影响，木薯具有很好的套作优势。

三、木薯/西瓜套作模式养分投入量分析

如表 8-1 所示，木薯/西瓜套作模式中 N、P_2O_5、K_2O 的投入量分别为 373.65 kg/hm^2、251.18 kg/hm^2、286.83 kg/hm^2，比单作木薯肥料施用量分别高出 68.05%、76.27%、45.56%，其中，套作模式中有机肥的总施用量为 171.60 kg/hm^2，比单作木薯有机肥施用量高出 104 倍。木薯/西瓜套作模式比单作木薯大幅增加有机肥和化肥的施用量，且要为西瓜保证充足的供水，采用大水大肥的西瓜管理措施，不仅供给西瓜充足的水肥，木薯也获得了优越的水肥条件。

四、木薯/西瓜套作模式经济效益优势分析

如表 8-2 所示，木薯/西瓜套作模式的总成本为 23 049.00 元/hm^2，比单作木薯 11 896.95 元/hm^2 提高了 93.74%。人工成本是间套作模式中的最大投入项，为 12 581.50 元/hm^2，占总成本的 54.59%；其次为肥料成本，达 5 682.00元/hm^2，占总成本的 24.65%，其中 12.63%施给木薯，87.37%施给西瓜；间套作模式的肥料总成本比单作木薯提高了 56.19%，主要增加的是对西瓜的养分投入；套作模式的农药总投入成本为 1 443.00 元/hm^2，比单作木薯 383.20 元/hm^2 增加了 276.57%，其中 4.95%用于木薯，95.05%用于西瓜，增加农药投入主要是对西瓜的投入。与单作相比，间套作模式还增加了西瓜种苗、地膜费、灌溉费的投入。其中，西瓜种苗费为 1 415.50 元/hm^2，占套作模式总成本的 6.14%；地膜费为 968.50 元/hm^2，占总成本的 4.20%，其中 11.36%用于木薯，88.64%用于西瓜；灌溉费为 958.50 元/hm^2，占总成本的 6.14%，全部用于西瓜。木薯/西瓜套作模式的总收益为 37 944.00 元/hm^2，其中，42.81%来自于木薯，57.19%来自于西瓜，木薯/西瓜套作模式总收益比单作木薯 17 919.22 元/hm^2 提高了 111.75%；净收益中，木薯/西瓜套作模式的净收益为 14 895.00 元/hm^2，比单作木薯 6 022.20 元/hm^2 提高了 147.33%。

表 8-1　木薯/西瓜套作模式养分投入状况

Table 8-1　Nutrient input of cassava/watermelon intercropping system

施肥时期 Fertilization period	施肥量 Fertilization (kg/hm^2)								
	化肥 Chemical fertilizer			有机肥 Organic fertilizer			施肥总量 Total fertilization		
	N	P_2O_5	K_2O	N	P_2O_5	K_2O	N	P_2O_5	K_2O
西瓜植前 Before planting watermelon	197.28±101.74	169.96±85.41	187.64±100.92	53.53±75.29	45.58±66.72	36.39±56.70	250.80±128.90	215.53±111.20	224.03±117.27
西瓜追肥 Topdressing for watermelon	20.45±39.95	17.00±36.88	21.50±42.54	14.15±54.51	10.90±45.11	11.05±43.24	34.60±81.59	27.90±72.29	32.55±71.23
木薯追肥 Topdressing for cassava	88.25±128.73	7.75±25.55	30.25±92.18	0	0	0	88.25±128.73	7.75±25.55	30.25±92.18
总计 Total	305.98±390.76	194.71±353.38	239.39±351.56	67.68±84.11	56.48±73.88	47.44±65.21	373.65±334.81	251.18±180.46	286.83±190.77

注：样本量 $n=30$。单作木薯施肥总量为 561.90 kg/hm^2，其中，化肥中 N、P_2O_5、K_2O 的投入量均值分别为 222.35 kg/hm^2、142.50 kg/hm^2、197.05 kg/hm^2；有机肥中的 N、P_2O_5、K_2O 施用总量为 1.63 kg/hm^2

Note: $n=30$. The total fertilization of cassava monoculture system was 561.90 kg/hm^2, among them, the average fertilization of N, P_2O_5, K_2O in chemical fertilizer were 222.35 kg/hm^2, 142.50 kg/hm^2, 197.05 kg/hm^2, respectively. The total fertilization of N, P_2O_5 and K_2O in organic fertilizer was 1.63 kg/hm^2

木薯、西瓜从种到收的田间管理几乎都为人工。单独从人工成本来看，间套作模式的人工成本是单作木薯的 1.60 倍，间套作模式的劳动力投入回报为 1.18，单作木薯的劳动力投入回报为 0.76，说明，木薯/西瓜套作模式能够获得更高的劳动力投入回报。

表 8-2　木薯/西瓜套作模式经济效益（单位：元/hm^2）

Table 8-2　Economic benefit of cassava/watermelon intercropping system（**Unit：Yuan/hm^2**）

投入与产出 Input and output	木薯/西瓜套作 Cassava/watermelon intercropping		单作木薯 Monoculture cassava
	西瓜 Watermelon	木薯 Cassava	
人工成本 Labor input	12 581.50±1 714.84		7 875.78±333.96
肥料成本 Fertilizer input	4 964.50±1 289.12	717.50±1 073.69	3 637.97±166.71
农药成本 Pesticide input	1 371.50±662.60	71.50±191.11	383.20±37.38
种苗成本 Seedling input	1 415.50±525.22	0	0
地膜成本 Mulch film input	858.50±401.89	110.00±286.60	0
灌溉成本 Irrigation input	958.50±510.83	0	0
总成本 Total input	23 049.00±2 694.80		11 896.95±426.74
总收益 Gross income	21 700.00±5 269.89	16 244.00±2 722.76	17 919.22±536.11
净收益 Net income	14 895.00±6 016.03		6 022.27±237.59
劳动力投入回报 Labor input returns	1.18		0.76

注：n=30。总收益 = 作物产量×单价；净收益 = 总收益-总成本；劳动力投入回报 = 净收益/人工成本

Note：n=30. Total income = Yield × Unit price. Net income = Total income − Total input. Labor input returns = Net income/Labor input

第三节　木薯/花生间作模式评价

一、木薯/花生间作模式介绍

木薯/花生间作模式主要是花生、木薯种植和田间管理 3 部分。花生一

般是在2月底至3月初种植，6月底至7月初收获，花生种植密度为120 000穴/hm^2；木薯一般是与花生同时种植，木薯种植密度约为10 500株/hm^2，12月底至翌年1月初收获。

当地整地一般采用“金牛牌”小型手扶整地机，也有部分农户采用人工整地；花生整个生育期一般施两次肥料，种植前施1次底肥，植后1~2个月追肥1次，收获花生后，7—8月为木薯追肥1次；花生和木薯的收获一般采用人工收获。木薯、花生的共生期一般是150 d左右。

二、木薯/花生间作模式产量优势分析

单作木薯产量、经济效益等指标，是根据第七章中广西区农户单作木薯的产量数据来计算。

调研发现，木薯/花生间作模式中木薯的密度为12 717株/hm^2，比单作木薯种植密度19 490株/hm^2减少了34.75%，即间作木薯相对密度约0.65；木薯/花生间作模式的平均鲜薯单产为32.57 t/hm^2，单作木薯的平均鲜薯单产为40.19 t/hm^2，木薯/花生间作模式中鲜薯单产比单作木薯降低了18.96%。间作木薯偏土地当量比$pLER=32.57/40.19=0.81>$间作木薯相对密度0.65。可见，在木薯/花生间作模式中，虽然间作木薯比单作木薯有较大的减产，但木薯还是具有一定的间作优势。

三、木薯/花生间作模式养分投入量分析

如表8-3所示，木薯/花生间作模式中N、P_2O_5、K_2O的投入量分别为295.22 kg/hm^2、144.59 kg/hm^2、202.88 kg/hm^2，比单作木薯肥料施用量分别高出32.78%、1.47%、2.96%，其中，间作模式中有机肥的总施用量为47.30 kg/hm^2，比单作木薯有机肥施用量1.63 kg/hm^2高出28倍。可见，木薯间作花生模式增施的磷肥和钾肥较少，主要是增施有机肥和氮肥。

表 8-3 木薯/花生间作模式肥料投入状况

Table 8-3 Nutrient input of cassava/peanut intercropping system

施肥作物 Fertilizing crops	施肥量 Fertilization（kg/hm^2）								
	化肥 Chemical fertilizer			有机肥 Organic fertilizer			施肥总量 Total fertilization		
	N	P_2O_5	K_2O	N	P_2O_5	K_2O	N	P_2O_5	K_2O
花生 Peanut	94.29±91.03	102.86±92.80	120.00±103.75	19.11±36.74	17.63±34.83	10.56±19.17	113.40±93.75	120.48±99.27	130.56±111.41
木薯 Cassava	181.82±145.42	24.11±52.74	72.32±99.62	0	0	0	181.82±145.42	24.11±52.74	72.32±99.62
总计 Total	276.11±137.92	126.96±77.80	192.32±99.70	19.11±36.74	17.63±34.83	10.56±19.17	295.22±139.28	144.59±80.52	202.88±108.82

注：$n=14$。单作木薯施肥总量为 561.90 kg/hm^2，其中，化肥中 N、P_2O_5、K_2O 的投入量均值分别为 222.35 kg/hm^2、142.50 kg/hm^2、197.05 kg/hm^2；有机肥中的 N、P_2O_5、K_2O 施用总量为 1.63 kg/hm^2

Note：$n=14$. The total fertilization of cassava monoculture system was 561.90 kg/hm^2, among them, the average fertilization of N, P_2O_5, K_2O in chemical fertilizer were 222.35 kg/hm^2, 142.50 kg/hm^2, 197.05 kg/hm^2, respectively. The total fertilization of N, P_2O_5 and K_2O in organic fertilizer was 1.63 kg/hm^2

四、木薯/花生间作模式经济效益优势分析

如表 8-4 所示，木薯/花生间作模式的总成本为 17 346.96 元/hm^2，比单作木薯 11 896.95 元/hm^2 提高了 45.81%。人工成本是间套作模式中的最大投入项，为 10 842.86 元/hm^2，占总成本的 62.51%。其次为肥料成本，占总成本的 19.57%，其中 46.32%供给木薯，53.68%供给花生；间套作模式的肥料总成本为 3 395.36 元/hm^2，比单作木薯 3 637.97 元/hm^2 减少了 6.67%。木薯/花生间作模式的管理与木薯/西瓜间作模式相比，管理相对粗放，无灌溉，且施肥量较少，但农民较注意在花生收获后，给木薯追施肥料，

表 8-4　木薯/花生间作模式投入产出效果分析（单位：元/hm^2）

Table 8-4　Economic benefit of cassava/peanut intercropping system（Yuan/hm^2）

投入与产出 Input and output	木薯/花生间作 Cassava/peanut intercropping		单作木薯 Monoculture cassava
	花生 Peanut	木薯 Cassava	
人工成本 Labor input	10 842.86±1 564.94		7 875.78±333.96
肥料成本 Fertilizer input	1 822.50±1 621.80	1 572.86±1 276.31	3 637.97±166.71
农药成本 Pesticide input	730.18±400.29	0	383.20±37.38
种子成本 Seed input	2 378.57±817.06	0	0
总成本 Total input	17 346.96±2 152.56		11 896.95±426.74
总收益 Gross income	23 089.29±5 914.13	13 671.43±3 250.32	17 919.22±536.11
净收益 Net income	19 413.75±6 701.91		6 022.27±237.59
劳动力投入回报 Labor input returns	1.79		0.76

说明：$n=14$。总收益 = 作物产量×单价；净收益 = 总收益-总成本；劳动力投入回报= 净收益/人工成本

Note：$n=14$. Total income = Yield × Unit price. Net income = Total income − Total input. Labor input returns = Net income/Labor input.

且豆科作物有一定的固氮作用，一定程度上提高了土壤肥力。间作模式的农药总投入成本为730.18元/hm^2，比单作木薯383.20元/hm^2增加了90.55%，且该部分成本全部用于花生。与单作相比，间套作模式还增加了花生种子的投入，为2 378.57元/hm^2，占间作模式总投入的13.71%。木薯/花生间作模式的总收益为36 760.71元/hm^2，比单作木薯17 919.22元/hm^2提高了105.15%，其中37.19%来自于木薯，62.81%来自于花生；净收益中，木薯/花生间作模式的净收益为19 413.75元/hm^2，比单作木薯6 022.20元/hm^2提高了222.37%。

与木薯/西瓜间作模式相似，缺乏合适的机械，使得当地木薯、花生从种到收的田间管理几乎都为人工。单独从人工成本来看，木薯/花生间套作模式的人工成本为10 842.86元/hm^2，是单作木薯7 875.78元/hm^2的1.38倍，间套作模式的劳动力投入回报为1.79，单作木薯的劳动力投入回报为0.76，说明与单作木薯相比，木薯/花生间作模式能够获得更高的劳动力投入回报。

第四节　间套作模式优势对比

一、产量优势对比

比较木薯/西瓜间作模式和木薯/花生间作模式，两种间作模式的鲜薯单产均比单作木薯模式的鲜薯单产低，其中，木薯/花生间作模式中鲜薯减产较大，而木薯/西瓜间作模式的鲜薯产量几乎与单作木薯产量持平。分析间作木薯偏土地当量比*pLER*，木薯/西瓜间作模式的木薯种植密度10 669株/hm^2，虽比木薯/花生间作模式的12 717株/hm^2减少16.10%木薯株数，但间作西瓜却比间作花生提高鲜薯产量19.28%，使得木薯/西瓜间作模式中木薯的偏土地当量比 0.97 大于木薯/花生间作模式的 0.81，总之，木薯/西瓜间作模式中的木薯更具有间作产量优势。

二、经济效益对比

木薯/西瓜、木薯/花生间套作模式的总收益和净收益均大于单作木薯模式，其中，木薯/西瓜间套作模式的总收益最高，是木薯/花生间作模式的 1.03 倍，但木薯/西瓜套作模式的成本投入较大，其总成本是木薯/花生间作模式的 1.33 倍。其中，木薯/西瓜套作模式的人工成本是木薯/花生间作模式的 1.16 倍；其次是肥料成本，木薯/西瓜套作模式的肥料成本是木薯/花生间作模式的 1.67 倍；此外，木薯/西瓜套作模式还增加了地膜费、灌溉费的投入，使得木薯/西瓜套作模式的净收益低于木薯/花生间作模式，为木薯/花生间作模式的 76.72%。可见，两种种植模式中，以木薯/花生间作模式的净收益最高，农户能获得最高的经济效益。

单独从劳动力投入来看，木薯/西瓜套作模式的人工成本是木薯/花生间作模式的 1.16 倍，耗费的人工较多，使得木薯/西瓜套作模式的劳动力投入回报小于木薯/花生间作模式，仅为其劳动力投入回报的 65.92%。可见，两种种植模式中，木薯/花生间作模式能够获得更高的劳动力投入回报。

综合比较，木薯/西瓜与木薯/花生的模式各有优势。虽然木薯/西瓜的总收益较高，但成本投入也较高，尤其是人工成本和肥料成本较高；虽然木薯/花生的总收益较低，但成本投入也较低；从生产实际看，西瓜需要较高的种植技术，且销售和价格方面存在较大的波动，稳定性差，而花生是比较容易种植管理的作物，且市场价格也比较稳定，易销、用途多。目前，中国木薯的间套作总面积中，约有一半是木薯/花生间作模式，可见，农民偏爱总收益虽低，但回报较高的木薯间作花生模式是有一定道理的。

附　　录

附录 1

能源木薯生产技术规程

Technical regulations for energy cassava production

中华人民共和国能源行业标准（NB/T 34031-2015）

国家能源局 2015-10-27 发布，2016-03-01 实施。

前　言

本标准按照 GB/T 1.1—2009 给出的规则起草。

本标准由能源行业非粮生物质原料标准化技术委员会（NEA/TC 24）归口。

本标准起草单位：中国热带农业科学院热带作物品种资源研究所、国投广东生物能源有限公司、贵州省亚热带作物研究所、广西亚热带作物研究所、广西壮族自治区武鸣县农业局、江西省农业科学院、中国热带农业科学院广州实验站、广西壮族自治区合浦县农业局、海南省白沙县农业局。

本标准主要起草人：黄洁、魏云霞、欧珍贵、周建国、马建国、郁昌的、李开绵、叶剑秋、李军、田益农、李兆贵、袁展汽、覃新导、肖子盈、林世欣。

1 范围

本规程规定了能源木薯（*Manihot esculenta Crantz*）生产的气候条件、土地条件、规划、品种选择、种植方法、田间管理、病虫害防控、收获、种茎贮藏等内容。

本规程适用于能源木薯生产的选地、规划和组织实施。

2 规范性引用文件

下列文件对于本文件的应用是必不可少的。凡是注日期的引用文件，仅注日期的版本适用于本文件。凡是不注日期的引用文件，其最新版本（包括所有的修改单）适用于本文件。

GB 4285　农药安全使用标准

GB 8321（所有部分）　农药合理使用准则

NY/T 356　木薯　种茎

NY/T 496　肥料合理使用准则　通则

NY/T 1681　木薯生产良好操作规范（GAP）

NY/T 2046　木薯主要病虫害防治技术规范

NY/T 2446　热带作物品种区域试验技术规程　木薯

3 术语与定义

下列术语与定义适用本文件。

3.1 能源木薯　energy cassava

加工生产生物质能源的木薯。

3.2 种茎芽向 eye direction of planting cuts

种茎的芽眼朝向。

3.3 种茎顶部 top end of planting cuts

种茎上端即芽眼的方向为种茎顶部。

3.4 种茎基部 basic end of planting cuts

种茎下端即芽眼的反方向为种茎基部。

3.5 种茎发芽率 germination percentage of planting cuts

种茎发芽的茎段数占全部检测茎段数的百分率。

3.6 明薯率 overt root percentage

用收获机犁出薯块，地表可见薯块质量占全部调查薯块质量的百分率。全部调查薯块包含收获机犁出的明薯、犁翻土壤掩埋的埋薯、人工挖出的漏挖薯。

4 园地选择

4.1 气候条件

种植区域应无霜期≥240 d，年均温度≥18 ℃，年均降水量≥1 000 mm。木薯喜光照，适宜生长温度 20~32 ℃，正常生长温度≥15 ℃，≤10 ℃易出现寒害，忌强风。

4.2 土地条件

种植地应海拔<1 000 m，坡度<25°，土层厚度>50 cm，地下水埋深>50 cm，排水方便，土壤疏松，肥力中等以上，土壤 pH 为 4.5~7.0。不宜使用瘠薄、石砾、盐碱、易冲刷、低洼渍水的土地。

5 基础设施规划与建设

5.1 道路系统

生产基地可设主路、支路和小路。主路应贯穿全园，并与公路、办公地点等相连，路宽 3.5～4.5 m。支路连接主路，路宽 2.5～3.5 m，在山地修路可呈“之”字形绕山而上，上升坡度不应超过 8°。田间小路的路宽 1.5 m。

5.2 水土保持措施

依据地形，应按等高线犁耙、起垄、起畦。按等高环山行，可保留不影响生产的自然植被，定植人工绿篱，修筑等高线的平台或田埂。应沿畦沟走向、山坡走向、道路系统和环山行，开挖排水沟和防洪沟。

6 种茎准备

6.1 品种选择

选择经审定并适宜当地生态条件，具有抗风、耐旱、耐寒、抗病虫、出苗率高、苗期长势壮旺、高产优质等特性的优良品种。间套作和机械化生产宜选用高位分枝或不分枝品种。

6.2 种茎质量

参照 NY/T 356 和 NY/T 1681，品种纯度应≥99%，充分成熟木质化，茎径 2 cm～3 cm，节密，茎皮和芽眼无损伤，无病虫害。机械种植宜使用长度≥120 cm 的主茎。不能使用受过严重的霜冻、暴晒、台风、病虫、除草剂等伤害的种茎。种植前，检测种茎新鲜度及发芽率，种茎髓部应充实且富含水分，发芽率应≥98%。

6.3 种茎处理

干旱条件下，可用 1%～2%石灰水溶液浸泡种茎 12 h。在微量元素营养水平较低的土壤，可用 2%～4%硫酸锌和 5%硫酸铁等微肥水溶液浸泡种茎 15 min。发现带有危害性病虫害的种茎，应使用有效的农药溶液喷雾或浸泡种茎。

6.4 锯种、砍种

用锯子锯断或用利刀砍断种茎，茎段长度 15 cm～20 cm，应切口平整，忌撕裂。种植时，土壤湿润，可用短茎段；土壤和气候干旱，宜用长茎段。

使用种植机可直接上机切断。用作插植的种茎，可将种茎基部切成45°的斜面。

7 种植

7.1 耕整地

耕地后宜晒地1个月，然后耙平、起垄或起畦种植。肥沃疏松的荒地和轮作地，经砍岜、烧荒、清理后，可免耕种植。15°~25°的贫瘠坡地宜锄地或犁地深度≥25 cm。≤15°的新垦地2犁2耙，熟地可1犁1耙，犁地深度应≥25 cm，要求耙后园地细碎平整。连作地应隔年深耕深松1次。对有恶性杂草的地块，在犁耙地前，应先用草甘膦等内吸性除草剂灭除恶性杂草；前作为桉树林等的板结、黏重土地，应先用深松机松土，然后犁耙整地；前作为甘蔗的地块，可先用重耙粉碎蔗蔸再犁地；无病虫害的地区，可将残余木薯茎枝粉碎、堆沤后还田。

7.2 种植时间

当最低气温和5 cm深处土层的地温稳定≥10 ℃，或日平均气温稳定≥15 ℃，而且土壤湿润，确保种茎发芽出苗不受影响，可以开始种植。高温干旱时，5 cm深处土层应湿润才能种植。适宜温度及遇雨地湿时，宜抢时抢墒及早种植。海南全省以及广东省、广西壮族自治区和云南省的南部地区，宜在1—2月份开始种植；广东省、广西壮族自治区的中部宜在3月上中旬开始种植；广东省和广西壮族自治区北部、云南省中南部、福建省西南部、贵州省、江西省和湖南省南部宜在3月中旬—4月上旬种植。一般不宜在4月中旬后种植。采用地膜覆盖栽培方式，可提早半个月种植。

7.3 种植密度

单作木薯宜种植1.0万株/hm^2~2.0万株/hm^2，分宽窄行和等行距配置，等行距配置又分等行株距和宽行窄株。宽窄行配置为宽行100~120 cm，窄行 60~80 cm，株距 60~80 cm。等行株距的行距和株距均为 70~100 cm。宽行窄株的行距为 90~110 cm，株距为 60~80 cm。土壤肥沃、水肥管理好、低位分枝品种宜疏，反之宜密。间套作宜采用宽窄行和宽行窄株。机械化生产宜采用宽行窄株或宽窄行。

7.4 种植方法

7.4.1 平放

在平地上挖穴或开浅沟后，将种茎平放于种植穴或种植沟中，覆土深 5 cm~8 cm，疏松沙壤土、种植时遇高温干旱、易冲刷以及强台风地区，可适当深种。也可起垄、起畦后，在垄、畦中间挖穴或开浅沟，平放种植。

7.4.2 斜插

起垄起畦后，将种茎呈 45°左右斜插于垄（畦）中，芽眼朝外，可露出 2 cm~4 cm 茎段。种植时高温干旱，则应插入全部种茎，不能外露种茎。

7.4.3 平插

起宽畦种植瓜类和豆类后，在畦两侧水平插入种茎，芽眼朝外，可露出 2 cm~4 cm 茎段。

7.4.4 直插

起垄起畦后，将种茎基部垂直插下，芽眼朝外，可露出 2 cm~4 cm 茎段。

7.5 种植方向

宜统一行向、垄向、畦向。种茎芽向宜一致。在斜坡上，种茎芽向应与等高的垄向、畦向一致，即为等高线行向。宽畦双行宜采用交错斜顺向或交错正对向插植。

7.6 机械种植

经深、松、碎、平的精细整地后，使用木薯种植机，可一次完成开沟、起垄、起畦、切种、排种、施肥、施农药、覆土、镇压、盖膜等作业。在木薯种植机后部增挂播种机，可同时间套作花生、大豆等作物。作业前按种植农艺要求调试种植机，作业时要经常察看种植质量是否达到农艺和农机要求，若有偏差应立即矫正，确保机械走行直，行距均匀一致，排种和施肥的间距、深浅要准确一致，施肥量和用药量准确，种茎、肥料和农药无隔断，覆土严密，边沿地头整齐。在干旱的气候和土壤条件下，排种覆土后宜配置镇压器压紧表层土壤。

8　地膜覆盖

在冬春气温低的木薯分布北缘地区，为提早种植木薯和间套作，宜在垄上或畦面覆盖地膜。地势低洼渍水、水位高、土质黏重的土壤不宜覆盖地膜。冬春长时间低温及较低夜温的地区，地膜上方应增盖天膜（小拱棚）。在土壤湿润时直接盖膜；土壤干旱时，应灌水或淋水后盖膜。宜施肥、施药、覆土后盖膜；可撒肥、耙匀后，起垄、起畦并盖膜；也可起垄、起畦后，在垄（畦）中心先开沟、施肥并盖土，然后盖膜。覆膜后，覆土压实膜边，适时插植种茎。

9　轮作

连作 3 年木薯后，宜与甘蔗、花生等作物轮作。

10　间套作

10.1　间套种作物选择

选用耐密植、耐荫蔽、抗逆性强、与木薯共生期短、高产优质的间套作物及相应品种。

10.2　田间管理

在间套作期间，应按照不同间套作物的田间管理技术进行管理。

10.3 幼龄林果园间套作木薯

在橡胶、槟榔、椰子、剑麻、桉树、果树、油茶等幼林的空隙地带，不影响林果幼林生长的前提下，可间套作木薯。以橡胶幼林间套作木薯为例，按7.0 m×3.0 m的胶树植距，定植胶树后的第1~3年，胶行间可间作4~5行木薯，胶行与薯行的间隔应≥1.5 m，定植胶树后的第4年，根据橡胶长势，不间作或间作2~3行木薯，胶行与薯行的间隔应≥2.0 m。木薯的行距80 cm~100 cm，株距60 cm~80 cm。

10.4 木薯间套作矮秆作物

在种植木薯前后15 d内，间套作花生、大豆等矮秆作物。等行距间作为木薯行距90 cm~110 cm，株距80 cm~90 cm，木薯行之间种植1~2行花生或大豆。宽窄行间作木薯，宽行距为100 cm~120 cm，宽行之间种植2~3行花生或大豆，木薯窄行距60 cm~80 cm，窄行之间不间作。花生、大豆行距为30 cm~40 cm，穴距20 cm~25 cm，每穴播种1~2粒种子。

10.5 木薯间套作高秆作物

木薯间套作玉米等高秆作物，可采用木薯行距100 cm，株距80 cm，在木薯行之间种植1行玉米，穴距40 cm，每穴播种1~2粒玉米种子，或育苗移栽，木薯与玉米宜交错排列。或采用木薯宽窄行，宽行间作，窄行不间作。

10.6 瓜园间套作木薯

整地后，起畦面宽90 cm~100 cm，畦沟宽90 cm~100 cm，按种瓜行距，在种瓜畦中施足基肥，低温地区应覆盖地膜及盖天膜，在适宜种瓜时节，按种瓜株距移栽瓜苗，然后，在宜植木薯时期，在各畦两侧，按木薯行距90 cm~100 cm、株距80 cm~100 cm，交错斜插或平插木薯种茎。

11 补植间苗

11.1 补植

种植木薯后 20 d，开始查苗补植，在缺苗处及时补种木薯种茎，也可补植预先催芽的种茎及育苗移栽。宜在下午阴凉时移栽小苗，注意少伤根，高温干旱时应摘去部分小苗叶片，补苗后应淋水。新植种茎应为原植品种。

11.2 间苗

苗高约 20 cm 时，去弱苗留壮苗，每穴可留 2~3 条壮苗，以留 2 条为佳。还应去除杂苗和病苗。

12 水分管理

种植期和苗期干旱，可适当灌淋水。木薯地不能积水，发现积水时应及早排水。

13 施肥管理

13.1 施肥原则

参照 NY/T 496 和 NY/T 1681，宜采用平衡施肥和测土配方施肥。宜种茎和肥料分离，宜土壤湿润时施肥。宜以长效的氮磷钾三元复合肥为主，以中微量肥、尿素、钙镁磷肥、硫酸钾镁肥、氯化钾、有机肥、生物肥为辅。

13.2 施肥配比

在新垦荒地及轮作地，肥沃土壤可连作 2 年木薯不施肥，中等肥力及贫瘠土壤的施肥配比宜为 $N:P_2O_5:K_2O=1:1:1$。连作 2 年木薯后，施肥配比宜为 $N:P_2O_5:K_2O=(1\sim2):1:(1\sim2)$。连作 4 年木薯后，施肥配比宜采用 $N:P_2O_5:K_2O=(2\sim4):1:(2\sim4)$。

13.3 施肥量

按中等肥力土壤，以每公顷收获 37.5 t 鲜薯为目标，基肥除施用适量有机肥、生物肥和土壤调理剂等外，建议每公顷施用 80 kg~100 kg N、40 kg~50 kg P_2O_5、80 kg~100 kg K_2O，当发现中微量元素缺素症时，建议每公顷可对症施用 200 kg~300 kg 磷酸钙镁、75 kg~150 kg 硫酸钾镁、15 kg~45 kg硫酸镁、15 kg 硫酸锌、1 kg 硼砂等微肥，也可叶面喷施微肥溶液。强台风频繁、高温多雨、易发生倒伏或病虫害的地区，应控制氮肥施用量。

13.4 施肥时间

在整地或种植时，可一次性基施全生长期的施肥量肥料。在生长前期追肥，宜在植后 3 个月内完成；在生长中期发现缺肥，适当补施。收获间套作物后，视木薯生长情况及时追肥。

13.5 施肥方法

施肥以点施、条施为主。点施：首选距离木薯种茎基部 20 cm~30 cm 处，其次是距离种茎两侧 20 cm 处，不能靠近种茎顶部。条施：在浅沟底均匀撒肥，随后覆盖 2 cm~3 cm 薄土，再在肥带上方排放种茎，盖土 5 cm~6 cm；或在浅沟中间排放种茎，同时，距离木薯种茎两侧 20 cm 处均匀撒肥，盖土。追肥可点施在种茎的基部及两侧，条施在木薯行之间，追肥位置与木薯种茎宜在 20 cm~40 cm 之间。施肥宜浅，一般肥料埋土深 5 cm~8 cm，在强光高温、强降雨、干旱、沙壤土或台风多发地区，适当深施。

13.6 机械施肥

木薯种植机可实现开沟、排种、施肥、覆土、覆膜一体化，首选在种茎基部及两侧点施肥料，其次是条施在种茎底部和两侧。不影响种茎发芽出苗的肥料，在开沟后，可先排种后撒肥，也可先撒肥后排种、覆土。追肥可撒施在木薯行及其两侧，覆土。

14 病虫害防控

14.1 农业防控

选用抗病抗虫品种，严禁从疫病和虫害地区引种。设置隔离带，控制疫病区的流水和土壤传入无疫病地块。挖好排水沟，避免积水和土壤过湿。避免在降雨高峰期种植。收获后，马上犁耙晒地，清除和烧毁受害植株，对污染土壤和农具消毒。实施轮作，合理密植，加强光、温、水、肥和通风透气等管理，增强木薯抗性。

14.2 生物防控

保护利用害虫的天敌，限量使用生化制剂和昆虫生长调节剂等生物农药。

14.3 物理防控

采用灯光诱杀害虫等物理防控措施。

14.4 化学防控

按 NY/T 2046 的要求用药防治。根据病虫害的特点，农药的性质、作用方式、机理及对天敌的影响等，选择经国家登记许可的常规农药，并应符合 GB 4285 和 GB 8321 的要求。禁用高毒、高残留、致癌、致畸和致突变的化学品。为了避免产生抗药性，对不同作用机理的农药应交替使用或合理混用。种植前，可用 50%多菌灵可湿性粉剂 500 倍水溶液和 100 万单位的硫酸链霉素 500 倍水溶液、50%多菌灵可湿性粉剂 500 倍水溶液、1.8%阿维菌素乳油 1 500 倍水溶液等混合液浸泡种茎5~10 min。

14.5 安全使用农药

农药应远离住宿区和牲畜饲养区，应存放在防雨防潮、阴凉、避光、通风良好，且门、窗、锁齐备的独立储存室。严格按照农药的保管要求和安全防范措施，区分毒性高低和用途等，分类存放，避免污染水源、空气和土壤等。注意农药有效期、防治对象和施用时期，严格控制农药残留和安全间隔期。经过正规培训的技术员和工人才能保管和使用农药，施药人员要做好相应防护措施。喷施农药地块应有警示标志，避免人畜中毒。对废旧农药和包装，应收集统一处理。

15 草害防控

15.1 出苗前化学除草

在种植木薯后出苗前，对较多杂草和小灌木的免耕地，用草甘膦；犁耙过后的干净无杂草地，用乙草胺；出现较多小杂草的地块，混合使用乙草胺、草甘膦或百草枯，按常规用药量，均匀喷洒农药。长出少量木薯苗的，应用塑料袋、罩杯、泥土等盖住小苗，然后，喷施除草剂。也可使用精喹禾灵等选择性除草剂。

15.2 中后期化学除草

木薯生长中后期，在缺株和长势差的地块，会出现较多杂草，当木薯低位叶落叶后，可使用百草枯，在晴天无风时，按常规用药量，用带防护罩的喷头，尽量紧贴地面喷洒农药，注意不要喷溅到木薯茎叶。

15.3 人工和机械除草

在木薯生长前中期，可进行人工除草，或用拖拉机带上小犁或小铲，除去木薯行间的杂草，注意不能损伤薯块。收获前，可以锄草、割去杂草和攀爬的藤蔓，方便收获。

16 灾害防御及灾后处理

16.1 台风

选用抗风品种。选择避风、有林带防护的地段。提早或推迟种植，使易倒伏生长期避开台风季节。采用插植法，合理密植与间苗疏枝，早施肥及平衡施肥，增强植株的抗风能力。强风暴雨后，及早排除积水，降低地下水位，趁灾后地湿松软时，顺其自然扶起植株并培土固定，不应强为扶正，避免损伤薯块。应尽早收获断茎和薯块裂伤的植株，可延迟收获枝叶受损但薯块无裂伤的植株。

16.2 霜冻

选用耐寒品种。适时种植和收获，采用地膜，避免霜冻危害。遭遇严重霜冻，薯块受伤的，应及时抢收。

16.3 干旱

选用耐旱、耐贫瘠、出苗早而全、茎叶生长快、结薯早、根系较深的早期速生品种。选用新鲜、老熟、无损伤、粗壮的较长茎段，茎径宜≥2.5 cm，茎段长宜为20~25 cm，采用浸种等处理。遇雨湿地应抢种，可灌水后盖膜抢种，苗期可适当灌淋水。

17 收获

17.1 适时收获

木薯生长期为8~12个月。当鲜薯淀粉含量等指标达到加工要求的工艺成熟期，或气温≤15 ℃，早霜来临之前，开始收获。一般在11月份至翌年2月份为最佳收获期，也可提早在10月份或延迟到第二年的3—4月收获。

17.2 人工收获

砍去嫩茎枝，留下主茎。疏松的直接用手拔出，硬实的可用简易拔薯器拔起，砍下薯块，装车运走。

17.3 机械收获

先用粉碎机粉碎木薯的茎、枝、叶，接着用木薯收获机翻起薯块，要求明薯率≥95%，然后，砍下薯块，捡拾鲜薯，装车运走。

18 原料处理

注意清除混杂的泥沙、碎茎枝、纤维化的薯柄和腐烂变质薯块。收获后至加工前，贮藏鲜薯不宜超过 5 d，应及早加工，减少损耗和变质。可把鲜薯切片晒干、烘干成为薯干原料。

19 种茎贮藏

19.1 留种

在霜前收获留种，参照 NY/T 356 和 NY/T 1681 的要求选择种茎，注意去杂去劣，严防混收和混杂，把种茎基部叠放平齐，扎成捆，待贮藏。

19.2 堆藏法

常用于冬季无霜冻或仅有轻霜的地区。在背风避阳的屋旁树荫下，挖松表土，淋湿，竖立摆放种茎，使种茎基部紧贴地面，围绕种茎四周培土厚 20 cm，种茎顶部支起防晒网或盖上薄草，遇霜冻时，可加厚盖草，地表和空气过于干燥时，可适量洒水。

19.3 沟藏法

常用于冬季较短霜期的地区。选择背风向阳的斜坡，要求土壤沙质干燥，排水良好，在晴天挖浅沟，在沟底和四壁撒上生石灰或草木灰，也可在沟内燃烧干草，然后，把晾晒过的种茎水平摆放在沟内，直至高出地面 20 cm，呈拱背形，上部覆土厚 20 cm，使土丘平滑隆起不积水，四周开挖排水沟，上方可搭盖防雨棚。寒冷时加厚培土，温热时减薄培土。大型的贮藏沟，在种茎之间，隔 2 m 竖立一条透气筒，便利排出湿汽和通风透气。

19.4 窖藏法

常用于冬季比较寒冷的地区。选择地势高、背风向阳、土地坚实干燥、不易渗水的坡地，在晴天挖窖，一般地窖长 3.0~4.0 m，宽 1.5~2.0 m，深

0.7~1.0 m，预留通气口，窖口四周开挖排水沟。选晴天，在窖内用福尔马林喷雾、撒上生石灰或草木灰，也可燃烧干草，进行消毒。然后，把砍后晾晒过 1~2 d 的种茎，平放在地窖中，种茎堆放可略高于地面，呈拱形，预留通气口，分别用遮阳网、干细土和干茅草覆盖种茎，种茎上面搭建防雨棚。经常检查，发现问题及时处理。冬季管理主要是保温、保湿、防止冻害。春季管理主要是降湿、散热，防止腐烂烧窖。

20　技术档案

为方便管理，按照 NY/T 1681 和 NY/T 2446，建立生产技术档案，详细记录和保存土壤类型图、气候、品种、种植、水肥管理、收获等情况，对照标准，每年至少进行一次内部检查和整改。能源木薯生产技术的调查记载项目，见附录 A。

附录A
（资料性附录）
能源木薯生产技术调查记载项目

A.1 前言

参照NY/T 1681、NY/T 2046和NY/T 2446进行调查记载。

A.2 土地平面图

场址的经纬度、海拔高度、坡度、种植地块、河流、房屋、水、电和道路等系统。

A.3 土壤理化性状

土壤的pH值、有机质、氮、磷和钾养分等基本性状。

A.4 水质

地表水、地下水和灌溉水的质量情况。

A.5 气温

每天的最高、最低和平均气温，初霜、终霜时间。

A.6 降水量

年降水天数和降水量。

A.7 台风

台风发生日期、路径及级别，作物损害情况。

A.8 前茬

前茬的作物名称及生长情况。

A.9 耕整地方式

垦荒、深松、犁耙、耕作深度、平整度、土块大小等情况。

A. 10　作物品种

供应商、供应日期、来源地。木薯和间套作物品种的名称、纯度、发芽率等情况。

A. 11　种茎处理

处理木薯种茎的具体方法。

A. 12　种植

种植木薯和间套作物的日期、密度、规格和方法等。

A. 13　补植间苗

补植间苗的日期、方法，新植品种名称。

A. 14　水分管理

灌淋水的日期、用水量和方法，排水日期及方法。

A. 15　施肥管理

施肥的日期和地块，肥料的养分含量、配比和用量，施肥方法等。

A. 16　品种特性

木薯及间套作物的品种特征，各生育时期的生长情况，病虫害的抗性强弱，寒害、风害、旱害、涝害的生长表现。

A. 17　机械化生产

机械化种植、施肥、除草和收获等情况，以及执行的农艺和农机参数。

A. 18　病虫草害防控

病虫草害名称及危害程度，具体防控措施及防治效果。

A. 19　灾害防御及灾后处理

对寒害、风害、旱害、涝害的防御措施及灾后的具体处理措施。

A. 20　收获

收获木薯或间套作物的日期和方法，原料处理方法等。

A. 21 种茎贮藏

贮藏木薯种茎的具体方法。

A. 22 鲜薯产量

单位面积的鲜薯产量（t/hm^2）。

A. 23 鲜薯干物率

用烘干法测定鲜薯干物率（%）。

A. 24 薯干产量

单位面积的薯干产量（t/hm^2）。

A. 25 鲜薯淀粉含量

用“水比重法”或“化学分析法”测定鲜薯淀粉含量（%）。

A. 26 淀粉产量

单位面积的木薯淀粉产量（t/hm^2）。

A. 27 间套作物产量

间套作物的单位面积产量（t/hm^2）。

A. 28 间套作物品质

间套作物的营养品质等。

附录 2

热带作物品种区域试验技术规程　木薯

中华人民共和国农业行业标准（NY/T 2446—2013）

Technical regulations for the regional tests of

tropical crop varities-Cassava

中华人民共和国农业部 2013-09-10 发布，

2014-01-01 实施。

前　言

本标准按照 GB/T 1.1—2009 给出的规则起草。

本标准由中华人民共和国农业部提出。

本标准由农业部热带作物及制品标准化技术委员会归口。

本标准起草单位：中国热带农业科学院热带作物品种资源研究所。

本标准主要起草人：黄洁、陆小静、叶剑秋、李开绵、郑玉、徐娟、魏艳、韩全辉、周建国、闫庆祥。

1　范围

本标准规定了木薯（*Manihot esculenta Crantz*）品种区域试验的试验设置、参试品种（品系）确定、试验设计、田间管理、调查和记载项目、数据处理、报告撰写的原则、参试品种的评价办法等内容。

本标准适用于木薯品种区域试验的设计、方案制定和组织实施。

2 规范性引用文件

下列文件对于本文件的应用是必不可少的。凡是注日期的引用文件，仅注日期的版本适用于本文件。凡是不注日期的引用文件，其最新版本（包括所有的修改单）适用于本文件。

GB 4285 农药安全使用标准

GB 8321 （所有部分）农药合理使用准则

GB 8821 食品安全国家标准 食品添加剂 β-胡萝卜素

GB/T 5009.5 食品安全国家标准 食品中蛋白质的测定

GB/T 5009.9 食品中淀粉的测定

GB/T 5009.10 食品中粗纤维的测定

GB/T 6194 水果、蔬菜可溶性糖测定法

GB/T 6195 水果、蔬菜维生素C测定法（2，6-二氯靛酚滴定法）

GB/T 22101.1 棉花抗病虫性评价技术规范 第1部分：棉铃虫

GB/T 20264 粮食、油料水分两次烘干测定法

NY/T 356 木薯 种茎

NY/T 1681 木薯生产良好操作规范（GAP）

NY/T 1685 木薯嫩茎枝种苗快速繁殖技术规程

NY/T 1943 木薯种质资源描述规范

NY/T 2036 热带块根茎作物品种资源抗逆性鉴定技术规范 木薯

NY/T 2046 木薯主要病虫害防治技术规范

3 术语与定义

下列术语与定义适用本文件。

3.1 试验品种 testing variety

人工培育的基因型或自然突变体并经过改良，群体形态特征和生物学特性一致、遗传性状相对稳定，不同于现有所有品种，来源清楚，无知识产权纠纷，符合国家命名规定的的品种名称。试验品种包括非转基因和转基因品种，转基因品种应提供农业转基因生物安全证书。

3.2 对照品种 control variety

符合试验品种定义，已经通过品种审定或认定，是试验所属生态类型区的主栽品种或主推的优良品种，其产量、品质和抗逆性水平在生产上具有代表性，用于试验作品种比照的品种。

3.3 预备品种试验 pre-registration variety test

为选拔区域试验的参试品种（品系），提前组织开展的品种（品系）筛选试验。

3.4 区域品种试验 regional variety test

在同一生态类型区的多个不同自然区域，选择能代表该地区土壤特点、气候条件、耕作制度、生产水平的地点，按照统一的试验方案和技术规程，安排多点进行多年品种（品系）比较试验，鉴定品种（品系）的适应性、稳产性、丰产性、抗病虫性、抗逆性、品质、生育成熟期及其他重要特征特性，从而对试验品种进行综合评价，确定品种（品系）的利用价值和适宜种植区域，为品种审定和推广提供科学依据。

3.5 生产试验 yield test

在同一生态类型区接近大田生产的条件下，针对区域试验中表现优良的品种（品系），在多个地点，相对较大面积对其适应性、稳产性、丰产性、抗逆性等进一步验证，同时总结配套栽培技术。

4 试验设置

4.1 组织实施单位

品种区域试验由全国热带作物品种审定委员会负责组织实施。

4.2 承试单位

根据气候、土壤和栽培等条件，在各生态类型区内选择田间试验条件较好，技术力量较强、人员相对稳定、有能力承担试验任务的单位承担田间试验任务。

4.3 品质检测、抗性鉴定

选择有检测资质的机构承担品质检测和抗性鉴定任务。

4.4 试验组别的划分

依据生态区划、种植区划、品种类型、种植时期、收获时期及用途等，结合生产实际、耕作制度和优势布局，确定试验组别。

4.5 试验点的选择

试验点的选择应能代表所在试验组别的气候、土壤、栽培条件和生产水平，交通便利、地势平缓、前茬作物一致、土壤肥力一致、便利排涝、避风的代表性地块；不受山体、林木、林带、建筑物等遮荫影响。

5 试验品种（品系）确定

5.1 品种（品系）数量

预备试验品种（品系）数量不受限制。区域试验同一组别内的品种（品系）数量宜在7~12个（包括对照在内），当品种（品系）数量超过12个，应分组设立试验。生产试验根据实际情况安排品种（品系）数量。

5.2 参试品种（品系）的申请和确定

育种单位提出参加区域试验品种（品系）的申请，由品种审定委员会确定组别和参加区域试验的品种（品系）数量，并对试验的组别、区号及品种（品系）进行代码编号。生产试验参试品种（品系）为区域试验中综合表现较好的品种（品系）。

5.3 对照品种的确定

对照品种由品种审定委员会确定，每组别确定1个，根据试验需要可增加1个辅助对照品种。

5.4 供试种茎的质量和数量

试验种茎应采用中下部主茎，并符合NY/T 356的要求。供种单位应于种植前15 d向承试单位无偿供应足量种茎。供种单位不应对参试种茎进行任何影响植株生长发育的处理。可采用NY/T 1685的要求快速繁殖和供应参试种茎。

6 试验设计

6.1 试验设计

由全国热带作物品种审定委员会决定是否采用预备试验。每轮预备试验、区域试验和生产试验前，由品种审定委员会制定包含试验小区排列图的试验设计方案，各试验点必须严格执行。

6.2 小区面积

预备试验和区域试验的小区面积不少于20 m^2，种植行数不少于4行。生产试验小区面积不少于300 m^2，种植行数不少于10行。

6.3 小区排列

预备试验采用间排法排列，一次重复。区域试验采用随机区组排列，3次重复。生产试验至少2次重复，应采用对角线或间排法排列。

6.4 区组排列

区组排列方向应与试验地的坡度或肥力梯度方向一致。

6.5 小区形状与方位

试验小区宜采用长方形，小区长边方向应与坡度或肥力梯度方向平行。

6.6 走道设置

试验区与周围保护行间、区组之间、区组内小区之间可留走道，走道宽20 cm~40 cm。

6.7 保护行设置

试验区的周围，应种植3行以上的保护行，并应为四周试验小区品种（系）的延伸种植。

7 试验年限和试验点数

7.1 试验年限

预备试验1年。区域试验2年。生产试验1年。生产试验可与第二年区域试验同时进行。

7.2 试验点数

同一组别试验点数不少于5个。

8 种植

8.1 种植时期

按当地适宜种植时期种植，一般在春季平均气温稳定在15 ℃以上开始种植，采用地膜覆盖可提前种植，宜在土壤墒情达到全苗的条件下种植。同一组别不同试验点的种植时期应控制在本组要求范围内。

8.2 植前准备

整地质量应一致。种植前，按照GB 4285、GB 8321和NY/T 2046，选用杀虫（螨）剂和杀菌剂统一处理种茎。

8.3 种植密度

依据土壤肥力、生产条件、品种（品系）特性及栽培要求来确定，株距和行距宜在 80 cm~100 cm，种植密度为 10 000~15 630 株/hm^2。同一组别不同试验点的种植密度应一致，要求定标定点种植。生产试验密度可依据各个承试单位的建议确定。

8.4 种植方式

根据气候特点、土壤条件、整地方式、机械化要求和种植习惯，确定平放、平插、斜插或直插方式。在同一试验点，同一组别的种植方式、种植深度和种茎芽眼朝向等应一致，但同一组别不同试验点可不一致。

9 田间管理

出苗后 10 d 内，若出现缺苗，应及时查苗补苗，可补植新鲜种茎，或移栽在保护行同期种植的幼苗。田间管理水平应相当或高于当地中等生产水平，及时施肥、培土、除草、排涝，但不应使用各种植物生长调节剂。在进行田间操作时，在同一试验点的同一组别中，同一项技术措施应在同一天内完成，如确实有困难，应保证同一重复内的同一管理措施在同一天内完成。试验过程中应及时采取有效的防护措施，防止人畜、台风和洪涝对试验的危害。可参照 NY/T 1681 的规定进行田间管理。

10 病虫草害防治

在生长期间，根据田间病情、虫情和草情，选择高效、低毒的药剂防治，使用农药应符合 GB 4285、GB 8321 和 NY/T 2046-2011 的要求。

11 收获和计产

当木薯品种（品系）达到成熟期，应及时组织收获，同一组别不同试验点的收获时期应控制在本组要求范围内。在同一试验点中，同一组别宜在同一天内完成，如确实有困难，应保证同一重复内的同一调查内容在同一天完成。小区测产不计算边行。缺株在允许范围内，应以实际收获产量作为小区产量，不能以收获株数的平均单株质量乘以种植株数推算缺株小区产量。

12 调查记载

按照附录A进行调查记载。当天调查结果先记入自制的记载表，并及时整理填写《木薯品种区域试验年度报告》，参见附录B。在同一试验点中，同一组别应在同一天完成同一调查项目，如确实有困难，应保证在同一天内完成同一重复的调查项目。

13 食味评价、品质检测和抗性鉴定

13.1 食味评价

由承试单位随机挑选5人以上，对食用木薯品种的蒸熟薯肉进行香度、苦度、甜度、粉度、黏度、纤维感等指标的评价。

13.2 品质检测

从指定的试验点抽取参试品种（品系）样本，送交有资质的机构进行检测。

13.3 抗性鉴定

对参加区域试验的品种，由有资质的机构进行抗病性、抗虫性、抗寒性、抗旱性等抗性鉴定。根据两年的鉴定结果，将试验品种对每一种抗性分别作出定量或定性评价，并与对照品种进行比较。

14 试验检查

品种审定委员会应每年组织专家对各个试验点的实施情况进行检查，并

提交评估报告和建议。

15 试验报废

15.1 试验点报废

试验承担单位有下列情形之一的，该点区域试验做报废处理。

a）严重违反试验技术规程，试验的田间设计未按试验方案执行者。

b）由于自然灾害或人为因素，参试品种不能正常生长发育而严重影响试验结果者。

c）试验中多个小区缺失，无法统计者。

d）试验点产量数据误差变异系数达20%以上者。

e）平均总产量低于全组所有试验点平均总产量的50%者。

f）试验结果的品种表现明显异于多数试点者。

g）试验数据不真实及其他严重影响试验质量、客观性和真实性者。

h）未按时报送《木薯品种区域试验年度报告》者。

15.2 试验品种报废

试验品种有下列情形之一的，该品种做报废处理。

a）未按照规定的时间、质量、数量和地址寄送种茎的品种。

b）试验中参试品种的缺株率累计达20%以上者。

c）试验中参试品种的变异株率累计达10%以上者。

d）转基因品种以非转基因品种申报者。

e）在当年的全部试点中，有2个（含2个）以上试验点的参试品种被报废，该品种数据不参与汇总。

因不可抗拒原因报废的试验点和试验品种数据，承担单位应在1个月内报告汇总单位，并由汇总单位报告品种审定委员会。

16 试验总结

16.1 寄送报告

承担预备试验、区域试验、生产试验、品质检测、抗性鉴定的单位，应在试验结束后 1 个月内，向指定汇总单位报送加盖公章的试验、检测、鉴定和测试报告，报告格式参见附录 B。

16.2 汇总和评价

由汇总单位对试验数据进行统计分析及综合评价，对鲜薯产量、薯干产量和淀粉产量进行方差分析和多重比较，数据应精确到小数点后 1 位，并汇总撰写本试验组别的区试年度报告，交由品种审定委员会审批和及时发布。

16.3 品种（品系）处理

应在每两年一轮的区域试验前，由品种审定委员会讨论确定该轮木薯品种审定标准。对完成第一年区域试验且达到该轮区域审定标准的优良品种，在继续参加第二年区试的同时，可安排进行生产试验。对完成两年区域试验且达到该轮区域审定标准的优良品种，安排进行生产试验。

16.4 推荐审定

对已完成区域试验和生产试验程序，并符合该轮区域试验审定标准的木薯品种（品系），向品种审定委员会推荐报审。

17 其他

各承担单位所接收的试验用种只能用于品种试验工作，对不需要继续参试的品种（品系）材料，承担单位应就地销毁，不能用于育种、繁殖、交流等活动，也不能擅自改名用作其他用途。如发现不正常行为，应及时向主管部门和品种审定委员会汇报情况，经查实后，将依法追究违规者的责任，并取消严重违规者的承试资格。

附录A
（规范性附录）
木薯品种区域试验调查记载项目与标准

A.1 前言

所有记载项目均应记载，但经品种审定委员会批准，不同组别可增补有特殊要求的记载项目或减少不必要的记载项目。产量性状、食味评价、品质检测应分别记录3个重复的数据。其余性状应有3个重复的数据或表现，并以其平均值或综合评价填入年度报告。为便于应用计算机储存和分析试验资料，除已按数值或百分率记载的项目外，可对其他记载项目进行分级或分类的数量化表示。所有上报数据应同时使用Word文档和Excel报表。

A.2 气象和地理数据

A.2.1 纬度、经度、海拔高度。

A.2.2 气温：生长期间旬最高、最低和平均温度。

A.2.3 降水量：生长期间降水数、降水量。

A.2.4 初霜时间。

A.3 试验地基本情况和栽培管理

A.3.1 基本情况

坡度、前茬、土壤类型、耕整地方式等。

A.3.2 田间设计

参试品种（品系）数量、对照品种、小区排列方式、重复次数、行株距、种植密度、小区面积等。

A. 3. 3 栽培管理

种植方式和方法、施肥（时间、方法、种类、数量）、灌排水、间苗、补苗、中耕除草、化学除草、病虫草害防治等。同时，记载在生长期内发生的特殊事件。

A. 4 生育期

A. 4. 1 种植期

种植当天的日期。以年、月、日表示。

A. 4. 2 出苗期

小区有50%的幼苗出土高度达5 cm的日期，开始出苗后隔天调查。以年、月、日表示。

A. 4. 3 分枝期

小区有50%植株分枝长度达5 cm的日期，分第一、第二、第三次分枝。以年、月、日表示。

A. 4. 4 开花期

小区有10%植株开花的日期。以年、月、日表示。

A. 4. 5 成熟期

鲜薯品质达到加工或食用要求的时期，具体表现为块根已充分膨大，地上部分生长趋缓，叶片陆续脱落，鲜薯产量和鲜薯淀粉含量均临近最高值的稳定时期。以年、月、日表示。

A. 4. 6 收获期

收获鲜薯的日期。以年、月、日表示。

A. 4. 7 生育期

出苗期到收获期的天数。

A.5 农艺性状

A.5.1 出苗率

出苗数占实际种植株数的百分率。

A.5.2 一致性

目测木薯出苗及植株生长的一致性，分为：1）一致；2）较一致；3）不一致。

A.5.3 生长势

目测木薯苗期及生长中后期的植株茎叶旺盛程度和生长速度，分为：1）强；2）中；3）弱。

A.5.4 株型

在生长中后期，观察长势正常植株，以出现最多的株型为准，分为：1）直立形;2）紧凑形；3）圆柱形；4）伞形；5）开张形。

A.5.5 株高

临收获前，每小区选择 10 株有代表性的植株，用直尺测量从地面到最高心叶的植株垂直高度。单位为厘米（cm）。

A.5.6 开花有无

在生长中后期，观察自然条件下有无开花，分为：1）有；2）无。

A.5.7 结果有无

在生长中后期，观察有无结果，分为：1）有；2）无。

A.5.8 主茎高

临收获前，每小区选择 10 株有代表性的植株，用直尺测量从地面到第一次分枝部位的主茎垂直高度。单位为厘米（cm）。

A.5.9 主茎直径

临收获前，每小区选择 10 株有代表性的植株，用游标卡尺测量离地面高度 10 cm 处主茎的直径。单位为毫米（mm），保留 1 位小数。

A. 5. 10 分枝次数

临收获前，每小区选择 10 株有代表性的植株，计算分枝的总次数，取平均值，单位为次每株，保留 1 位小数。

A. 5. 11 第一分枝角度

临收获前，每小区选择 10 株有代表性的植株，用角度尺测量第一次分枝与垂直主茎的夹角度数，分为：1）≤30°为小；2）30°~45°为中；3）≥45°为大。

A. 5. 12 叶痕凸起程度

临收获前，每小区选择 10 株有代表性的植株，用直尺测量主茎中部的叶痕凸起高度，单位为厘米（cm），保留一位小数。分为：1）≤0. 5 cm 为低；2）0. 5 cm~1. 0 cm 为中；3）≥1. 0 cm 为高。

A. 5. 13 嫩茎外皮颜色

在生长中期，目测离心叶 5 cm~10 cm 处的嫩茎外皮颜色，以出现最多的情形为准，分为：1）浅绿色；2）灰绿色；3）银绿色；4）紫红色；5）赤黄色；6）淡褐色；7）深褐色；8）其他。

A. 5. 14 成熟主茎外皮颜色

临收获前，目测离地 0 cm~20 cm 处的主茎外皮颜色，以出现最多的情形为准，分为：1）灰白色；2）灰绿色；3）红褐色；4）灰黄色；5）褐色；6）黄褐色；7）深褐色；8）其他。

A. 5. 15 成熟主茎内皮颜色

临收获前，刮开离地 0 cm~20 cm 处的主茎，目测内皮颜色，以出现最多的情形为准，分为：1）浅绿色；2）绿色；3）深绿色；4）浅红色；5）紫红色；6）褐色；7）其他。

A. 5. 16 顶端未展开嫩叶颜色

在生长中期，目测植株顶端未展开嫩叶颜色，以出现最多的情形为准，分为：1）黄绿色；2）淡绿色；3）深绿色；4）紫绿色；5）紫色；6）其他。

A.5.17　顶部完全展开叶的裂叶数

在生长中期，目测植株顶部完全展开叶的裂叶数，以出现最多的情形为准，分为：1）3裂叶；2）5裂叶；3）7裂叶；4）9裂叶；5）其他。

A.5.18　顶部完全展开叶的裂叶形状

在生长中期，目测植株顶部完全展开叶的中部裂叶形状，以出现最多的情形为准，分为：1）拱形；2）披针形；3）椭圆形；4）倒卵披针形；5）提琴形；6）戟形；7）线形；8）其他。

A.5.19　顶部完全展开叶的裂叶颜色

在生长中期，目测植株顶部完全展开叶的裂叶正面颜色，以出现最多的情形为准，分为：1）淡绿色；2）绿色；3）深绿色；4）紫绿色；5）浅褐色；6）褐色；7）浅紫色；8）紫色；9）紫红色；10）其他。

A.5.20　顶部完全展开叶的叶主脉颜色

在生长中期，目测植株顶部完全展开叶中部裂叶背面的叶主脉颜色，以出现最多的情形为准，分为：1）白色；2）淡绿色；3）绿色；4）浅红色；5）紫红色；6）其他。

A.5.21　顶部完全展开叶的叶柄颜色

在生长中期，目测植株顶部完全展开叶的叶柄颜色，以出现最多的情形为准，分为：1）紫红色；2）红带绿色；3）红带乳黄色；4）紫色；5）红色；6）绿带红色；7）绿色；8）淡绿色；9）紫绿色；10）其他。

A.6　结薯性状

A.6.1　分布

收获时，观察植株结薯的整体分布情况，以最多出现的情形为准，分为：1）下斜伸长；2）水平伸长；3）无规则。

A. 6. 2 集中度

收获时，观察植株结薯的集中和分散程度，分为：1）集中；2）较集中；3）分散。

A. 6. 3 整齐度

收获时，观察薯块形状、大小和长短的整齐度，分为：1）整齐；2）较整齐；3）不整齐。

A. 6. 4 薯形

收获时，观察薯块的形状，分为：1）圆锥形；2）圆锥—圆柱形；3）圆柱形；4）纺锤形；5）无规则形。

A. 6. 5 薯柄长度

连接种茎和薯块之间的长度，分为：1）无；2）短（<3.0 cm）；3）长（≥ 3.0 cm）。

A. 6. 6 缢痕有无

收获时，观察薯块有无缢痕，分为：1）有；2）无。

A. 6. 7 光滑度

收获时，观察薯皮的光滑度，分为：1）光滑；2）中等；3）粗糙。

A. 6. 8 外薯皮色：

收获时，观察薯块的外皮颜色，以出现最多的情形为准，分为：1）白色；2）乳黄色；3）淡褐色；4）黄褐色；5）红褐色；6）深褐色；7）其他。

A. 6. 9 内薯皮色

收获时，刮开薯块外皮，观察内皮颜色，以出现最多的情形为准，分为：1）白色；2）乳黄色；3）黄色；4）粉红色；5）浅红色；6）其他。

A. 6. 10 薯皮厚度

收获时，随机取 10 条中等薯块的中段横切面，用游标卡尺测量薯皮的厚度，取平均值，观察单位为毫米（mm），保留一位小数。

A. 6. 11　薯肉颜色

收获时，随机取 10 条中等薯块的中段横切面，观察薯肉颜色，以出现最多的情形为准，分为：1）白色；2）乳黄色；3）淡黄色；4）深黄色；5）其他。

A. 7　产量性状

A. 7. 1　单株结薯数

收获时，每小区选择 10 株有代表性的植株，计算薯块直径大于 3 cm 的单株结薯数，取平均值，保留一位小数。

A. 7. 2　单株鲜茎叶质量

收获时，每小区选择 10 株有代表性的植株，计算除薯块以外的单株鲜茎叶质量，取平均值，单位为千克每株（kg/株），保留一位小数。

A. 7. 3　单株鲜薯质量

收获时，每小区选择 10 株有代表性的植株，计算单株鲜薯质量，取平均值，单位为千克每株（kg/株），保留一位小数。

A. 7. 4　收获指数

按式（A. 1）计算收获指数（*HI*），保留 2 位小数。

$$HI=\frac{M1}{M1+M2} \qquad (A.1)$$

式中：

HI—收获指数；

*M*1—单株鲜薯质量，单位为千克每株（kg/株）；

*M*2—单株鲜茎叶质量，单位为千克每株（kg/株）。

A. 7. 5　鲜薯产量

按式（A. 2）计算鲜薯产量（*FRY*），以千克每公顷（kg/hm^2）为单位，保留一位小数。

$$FRY=\frac{10\ 000}{S}\times Y \tag{A.2}$$

式中：

FRY—鲜薯产量，单位为千克每公顷（kg/hm^2）；

S—收获小区面积，单位为平方米（m^2）；

Y—收获小区鲜薯产量，单位为千克每区（kg/区）。

A.7.6　薯干产量

按式（A.3）计算薯干产量（*DRY*），以千克每公顷（kg/hm^2）为单位，保留一位小数。

$$DRY=FRY\times DMC \tag{A.3}$$

式中：

DRY—薯干产量，单位为千克每公顷（kg/hm^2）；

FRY—鲜薯产量，单位为千克每公顷（kg/hm^2）；

DMC—鲜薯干物率，单位为质量分数（%）。

A.7.7　淀粉产量

按式（A.4）计算淀粉产量（*SY*），以千克每公顷（kg/hm^2）为单位，保留一位小数。

$$SY=FRY\times SC \tag{A.4}$$

式中：

SY—淀粉产量，单位为千克每公顷（kg/hm^2）；

FRY—鲜薯产量，单位为千克每公顷（kg/hm^2）；

SC—鲜薯淀粉含量，单位为克每百克（g/100 g）。

A.8　食用品种的食味评价

A.8.1　香度

收获时，品尝蒸煮后薯块的香度，分为：1）不香；2）较香；3）香。

A.8.2 苦度

收获时，品尝蒸煮后薯块的苦度，分为：1）不苦；2）较苦；3）苦。

A.8.3 甜度

收获时，品尝蒸煮后薯块的甜度，分为：1）不甜；2）较甜；3）甜。

A.8.4 粉度

收获时，品尝蒸煮后薯块的粉度，分为：1）不粉；2）较粉；3）粉。

A.8.5 黏度

收获时，品尝蒸煮后薯块的黏度，分为：1）不黏；2）较黏；3）黏。

A.8.6 纤维感

收获时，品尝蒸煮后薯块的纤维感，分为：1）无；2）较多；3）多。

A.8.7 综合评价

收获时，品尝蒸煮后薯块的综合风味，是对薯块香度、苦度、甜度、粉度、黏度、纤维感的综合评价，分为：1）好；2）中；3）差。

A.9 品质检测

A.9.1 鲜薯干物率

收获时，按 GB/T 20264 规定的方法测定。也可采用比重法测定，随机抽样约 5 000 g 鲜薯，先称其在空气中的质量，再称其在水中的质量，然后按式（A.5）计算鲜薯干物率（DMC），以百分率（%）为单位，保留一位小数。

$$DMC = 158.3 \times \frac{W1}{W1 - W2} - 142.0 \qquad (A.5)$$

式中：

DMC—鲜薯干物率，单位为百分率（%）；

$W1$—鲜薯在空气中的质量，单位为克（g）；

$W2$—鲜薯在水中的质量，单位为克（g）。

A. 9. 2　鲜薯粗淀粉含量

收获时，按 GB/T 5009. 9 规定的方法测定。也可采用比重法测定，随机抽样约 5 000 g 鲜薯，先称其在空气中的质量，再称其在水中的质量，然后按式（A. 6）计算鲜薯淀粉含量（SC），以百分率（%）为单位，保留一位小数。

$$SC = 210.8 \times \frac{W1}{W1 - W2} - 213.4 \qquad (A.6)$$

式中：

SC—鲜薯粗淀粉含量，单位为百分率（%）；

$W1$—鲜薯在空气中的质量，单位为克（g）；

$W2$—鲜薯在水中的质量，单位为克（g）。

A. 9. 3　鲜薯可溶性糖含量

收获时，按 GB/T 6194 规定的方法测定。

A. 9. 4　鲜薯粗蛋白含量

收获时，按 GB/T 5009. 5 规定的方法测定。

A. 9. 5　鲜薯粗纤维含量

收获时，按 GB/T 5009. 10 规定的方法测定。

A. 9. 6　鲜薯氢氰酸含量

收获时，按 NY/T 1943 规定的方法测定。

A. 9. 7　鲜薯 β-胡萝卜素含量

收获时，按 GB 8821 规定的方法测定。

A. 9. 8　鲜薯维生素 C 含量

收获时，可按 GB/T 6195 规定的方法测定。

A. 10　病虫害抗性

参照 GB/T 22101. 1 和 NY/T 2046 进行抗病虫性调查。抗性强弱分为：

1）高抗；2）抗；3）中抗；4）感；5）高感。

A.11　抗逆性

A.11.1　耐寒性

在低温条件下，观察植株忍耐或抵抗低温的能力，参照 NY/T 2036 的规范鉴定其耐寒性，耐寒性强弱分为：1）强；2）中；3）弱。

A.11.2　抗旱性

在连续干旱条件下，观察植株忍耐或抵抗干旱的能力，参照 NY/T 2036 的规范鉴定其抗旱性，抗旱性强弱分为：1）强；2）中；3）弱。

A.11.3　耐盐性

参照 NY/T 2036 的规范鉴定其耐盐性，耐盐性强弱分为：1）强；2）中；3）弱。

A.11.4　耐湿性

在连续降水造成土壤湿涝情况下，雨涝后 10 d 内，观察植株忍耐或抵抗高湿涝害的能力，以百分率（%）记录，精确到 0.1%。耐湿性强弱分为：1）<30.0%叶片变黄为强；2）30.0%~70.0%叶片变黄为中；3）>70.0%叶片变黄且有叶片脱落为弱。

A.11.5　抗风性

在 9~10 级强热带风暴危害后，3 d 内观察植株抵抗台风或抗倒伏的能力，以植株倾斜 30°以上作为倒伏的标准，以百分率（%）记录，精确到 0.1%。抗性强弱分为：1）植株倒伏率<30.0%为强；2）植株倒伏率 30.0%~70.0%为中；3）植株倒伏率>70.0%为弱。

附录 B

（规范性附录）

木薯品种区域试验年度报告

（　　年度）

试验组别：＿＿＿＿＿＿＿＿＿＿＿＿＿＿＿＿＿＿

试验地点：＿＿＿＿＿＿＿＿＿＿＿＿＿＿＿＿＿＿

承担单位：＿＿＿＿＿＿＿＿＿＿＿＿＿＿＿＿＿＿

试验负责人：＿＿＿＿＿＿＿＿＿＿＿＿＿＿＿＿＿

试验执行人：＿＿＿＿＿＿＿＿＿＿＿＿＿＿＿＿＿

通信地址：＿＿＿＿＿＿＿＿＿＿＿＿＿＿＿＿＿＿

邮政编码：＿＿＿＿＿＿＿＿＿＿＿＿＿＿＿＿＿＿

联系电话：＿＿＿＿＿＿＿＿＿＿＿＿＿＿＿＿＿＿

电子信箱：＿＿＿＿＿＿＿＿＿＿＿＿＿＿＿＿＿＿

B.1 气象和地理数据

B.1.1 纬度：________，经度：________，海拔高度：________。

B.1.2 木薯生育期的气温和降水量，见表B.1。

表B.1 木薯生育期的气温和降水量（常年气象资料系　　年平均）

项目		月		月		月		月	
		当年	常年	当年	常年	当年	常年	当年	常年
上旬 ℃	最高气温								
	最低气温								
	平均气温								
中旬 ℃	最高气温								
	最低气温								
	平均气温								
下旬 ℃	最高气温								
	最低气温								
	平均气温								
月平均气温 ℃									
降水量 mm	上　旬								
	中　旬								
	下　旬								
月降水总量，mm									
月降水天数，d									

初霜时间：________________________。

特殊气候及各种自然灾害对供试品种生长和产量的影响以及补救措施：

____

B.2 试验地基本情况和栽培管理

B.2.1 基本情况

坡度：________，前茬：__________，土壤类型：__________，耕整地方式：________________________________。

B.2.2 田间设计

参试品种：________个，对照品种：____________，见表 B.2。__________排列，重复__________次，见表 B.3。________行区，行长________m，行距__________cm，株距__________cm，种植密度______株/hm^2，小区面积________m^2，区间走道宽______cm，试验全部面积________m^2。

表 B.2 参试品种汇总表

代号	品种名称	类型（组别）	亲本组合	选育单位	联系人

表 B.3 品种田间排列表

重复Ⅰ	
重复Ⅱ	
重复Ⅲ	

B.2.3 栽培管理

种植方式和方法：________________________________，

施肥（日期、方法、配比、含量、数量）：____________________，

灌排水（日期、方法）：____________________________，

间苗补苗（日期、方法）：__________________________，

中耕除草（日期、方法）：__________________________，

病虫草害防治（日期、药剂、方法）：________________，

其他特殊处理：____________________________________。

B.3 生育期

种植期：____月____日，出苗期：____月____日，分枝期：第一次分枝

______月______日，第二次分枝______月____日，第三次分枝______月____日，开花期：______月____日，成熟期：______月____日，收获期：______月______日，生育期：________d。

B.4 农艺性状

木薯的农艺性状调查结果汇总表见表 B.4、表 B.5 和表 B.6。

表 B.4 木薯生长习性的农艺性状调查结果汇总表

代号	品种名称	出苗率 %	一致性	生长势	株形	株高 cm	开花有无	结果有无

表 B.5 木薯茎枝的农艺性状调查结果汇总表

代号	品种名称	主茎高 cm	主茎直径 mm	分枝次数 次	第一次分枝角度°	叶痕凸起程度 mm	嫩茎外皮颜色	成熟主茎颜色	
								外皮	内皮

表 B.6 木薯叶的农艺性状调查结果汇总表

代号	品种名称	顶端未展开嫩叶颜色	顶部完全展开叶				
			裂叶数	裂叶形状	裂叶颜色	叶主脉颜色	叶柄颜色

B.5 结薯性状

木薯的结薯性状调查结果汇总表见表 B.7。

表 B.7 木薯的结薯性状调查结果汇总表

代号	品种名称	分布	集中度	整齐度	薯形	薯柄长度	缢痕有无	光滑度	外薯皮色	内薯皮色	薯皮厚度 mm	薯肉颜色

B.6 产量性状

木薯产量性状调查结果汇总表见表 B.8、表 B.9、表 B.10 和表 B.11。

表 B.8 木薯的产量性状调查结果汇总表

代号	品种名称	重复	收获小区		单株结薯数 条/株	单株鲜质量 kg/株		收获指数	小区产量 kg/区		
			面积 m^2	株数		茎叶	薯块		鲜薯	薯干	淀粉
		Ⅰ									
		Ⅱ									
		Ⅲ									
		Ⅰ									
		Ⅱ									
		Ⅲ									

表 B.9 鲜薯产量统计结果汇总表

代号	品种名称	产量 kg/hm^2				比对照增减%	产量位次	显著性测定	
		重复Ⅰ	重复Ⅱ	重复Ⅲ	平均			$P>0.05$	$P>0.01$

注：试验设一个以上对照品种时，列出较其他对照品种增产的百分数。

表 B. 10　薯干产量统计结果汇总表

代号	品种名称	产量 kg/hm²				比对照增减%	产量位次	显著性测定	
		重复Ⅰ	重复Ⅱ	重复Ⅲ	平均			$P>0.05$	$P>0.01$

注：试验设一个以上对照品种时，列出较其他对照品种增产的百分数。

表 B. 11　淀粉产量统计结果汇总表

代号	品种名称	产量 kg/hm²				比对照增减%	产量位次	显著性测定	
		重复Ⅰ	重复Ⅱ	重复Ⅲ	平均			$P>0.05$	$P>0.01$

注：试验设一个以上对照品种时，列出较其他对照品种增产的百分数。

B. 7　食味评价

木薯食用品种的食味评价结果汇总表见表 B. 12。

表 B. 12　木薯食用品种的食味评价结果汇总表

代号	品种名称	重复	香度	苦度	甜度	粉度	黏度	纤维感	其他	综合评价	终评位次
		Ⅰ									
		Ⅱ									
		Ⅲ									
		Ⅰ									
		Ⅱ									
		Ⅲ									

注：每重复选一条中等薯块的中段薯肉，蒸熟，请至少 5 名代表品尝评价，可采用 100 分制记录，终评划分 3 个等级：好、中、差。

B. 8　品质检测

鲜薯品质检测结果汇总表见表 B. 13。

表 B.13　鲜薯品质检测结果汇总表

代号	品种名称	重复	干物率（%）	粗淀粉含量 g/100 g	可溶性糖含量 g/100 g	粗蛋白含量 g/100 g	粗纤维含量 g/100 g	氢氰酸含量 mg/100g	β-胡萝卜素含量 mg/100g	维生素 C 含量 mg/100g
		Ⅰ								
		Ⅱ								
		Ⅲ								
		Ⅰ								
		Ⅱ								
		Ⅲ								

B.9　病虫害抗性

木薯主要病虫害抗性调查结果汇总表见表 B.14。

表 B.14　木薯主要病虫害抗性调查结果汇总表

代号	品种名称	木薯细菌性枯萎病	朱砂叶螨			

B.10　抗逆性

木薯抗逆性调查结果汇总表见表 B.15。

表 B.15　抗逆性调查结果汇总表

代号	品种名称	耐寒性	耐旱性	耐盐性	耐涝性	抗风性	

B.11　品种综合评价（包括品种特征特性、优缺点和推荐审定等）

木薯品种综合评价表见表 B.16。

表 B. 16　木薯品种综合评价表

代号	品种名称	综合评价

B. 12 本年度试验评述（包括试验进行情况、准确程度、存在问题等）

B. 13 对下年度试验工作的意见和建议

附录 3

参与式科技发展方法在木薯科技推广中的应用

——来自海南的实践和探索

黄 洁等

（原载：李小云，齐顾波，徐秀丽编著．参与式科技发展．

北京：中国农业大学出版社，2008：99-116）

1 背景

艰难的农业科技成果转化推广是摆在中国政府及全体农业研究推广人员面前的一道难题，利用参与式科技发展方法研究推广木薯新科技获得的初步成功，值得考虑在我国农业领域中进一步扩大其试用范围，探索其推广价值和意义。

木薯是热带亚热带作物，主要分布在我国华南的老少边穷地区，1994 年前，大部分鲜薯被用作粮食和饲料，少部分鲜薯被用作加工淀粉和酒精，有些地方甚至是解决饥荒的主要作物之一。当时，我国木薯发展不受重视，不仅缺乏科研经费和人才，缺乏木薯新品种和新技术，而且也缺乏有效的木薯科技推广系统。具体而言，用传统农业推广方法来推广木薯新品种新技术，存在一定的局限性，导致木薯科技成果转化艰难、传播速度缓慢，有些科技成果推广到地方农技部门就半途而废，难以在生产中真正发挥作用。主要原因是：①重科研轻推广。科研机构（人员）重视科研，当研究出成果后，就转给地方推广，不重视后续的深入研究和推广，少量的推广活动也多是从农业科研推广人员到农民的单向科技传播，缺少农民参与进行因地制宜的充分试验、反复检验、去粗取精和简化包装农业成果等过程，②缺乏参与。自上而下的单向推广方式使基层农技员和农民处于被动地位，农推人员的积极性不高，农民不愿参与，普遍存在依赖扶贫和等靠要等心理，欠缺独立脱贫致富的自我发展意识和技能，以致许多扶贫资金被挪用于维持生活，很少从根本上启动被扶助者的发展潜能。

在1990年前后交通不便的情况下，中国热带农业科学院热带作物品种资源研究所（简称品资所）的老一辈木薯专家为了推广木薯新品种，曾经挑着木薯良种，长途跋涉到边远山区，寻找农民一起参与试验，当农民看到示范效果好的木薯新品系，就会得到农民的自发扩散，早期的木薯新品种华南124，就是通过如此艰苦途径得到鉴定和推广，这也许是“参与式科技发展方法”在中国的最初萌芽。

1994—2003年，在日本Nippon基金支助下，品资所与国际热带农业中心（CIAT）合作，深入乡村调查政府、企业和农民，搜集统计数据和文字资料，探讨木薯种植、加工和销售等状况，找出制约海南省木薯发展的主要因素为缺乏新品种、不施肥和水土流失严重，并通过参与式科技发展方法加快推广木薯新品种和丰产栽培技术，达到减少水土流失，维持土壤生产力，持续增产增收和保护生态的目的。

2001—2007年，品资所参加中国农业大学人文与发展学院主持的以农民为中心的研究网络（FCRNC），在加拿大国际发展研究中心（IDRC）等国际组织的资助下，进一步拓展参与式科技发展方法。同时，在农业部、科技部和国家外专局等部门的部分资助下，推动参与式科技发展方法从海南逐渐扩散到广西和云南的部分木薯主产区，并在中国政府援助柬埔寨的农业科教任务中成功尝试。本文评估品资所在1994—2007年应用参与式科技发展方法的过程、方法、影响、效果和主流化进展。

2 品资所参与式在海南的实践历程

2.1 研究机构和社区简介

品资所位于海南省西部的儋州市，它立足中国热带、南亚热带地区，面向国际热带农业科学研究前沿，开展以热带、亚热带地区作（植）物的收集、保存、鉴定、评价以及开发利用为目的的应用基础性、综合性、战略性和前瞻性的科学研究，同时，注重科技推广和热带作物的产业化发展。

海南省白沙县七坊镇、阜龙乡和屯昌县南坤镇，是成功开展参与式科技发展方法研究推广木薯的代表性基地，位于我国海南岛的中西部，光、温、水、土等自然资源极适宜发展木薯种植业，木薯是当地的三大主要作物之一。1994 年前，受困于偏僻闭塞山区的黎民，缺乏农业新科技、脱贫致富能力、农业科技意识和市场经济观念，作为主粮和饲料之一的木薯，一直处于刀耕火种的原始栽培方式，徘徊于低产低质低价的困境，虽空守着丰富的自然资源，却不得不长期接受政府的救济扶贫，生活极其贫困落后。

2.2 海南参与式木薯推广的实践历程

2.2.1 螺旋式上升的研究方法

参与式科技发展方法是一个螺旋式循环上升研究方法的过程，见图 1。其中，第一阶段：试验木薯新科技的阶段。当调查得知海南省的木薯低产、低质和低效益，主要是研究“农民参与试验”的方法，研究筛选木薯新品种和丰产栽培技术。第二阶段：推广木薯新科技的阶段。主要是研究“农民参与推广木薯”的方法，促进推广木薯新科技。第三阶段：主流化阶段。当初步在全国成功推广木薯科技成果后，进一步扩散“参与式科技发展方法”到更广阔领域，促进其主流化。

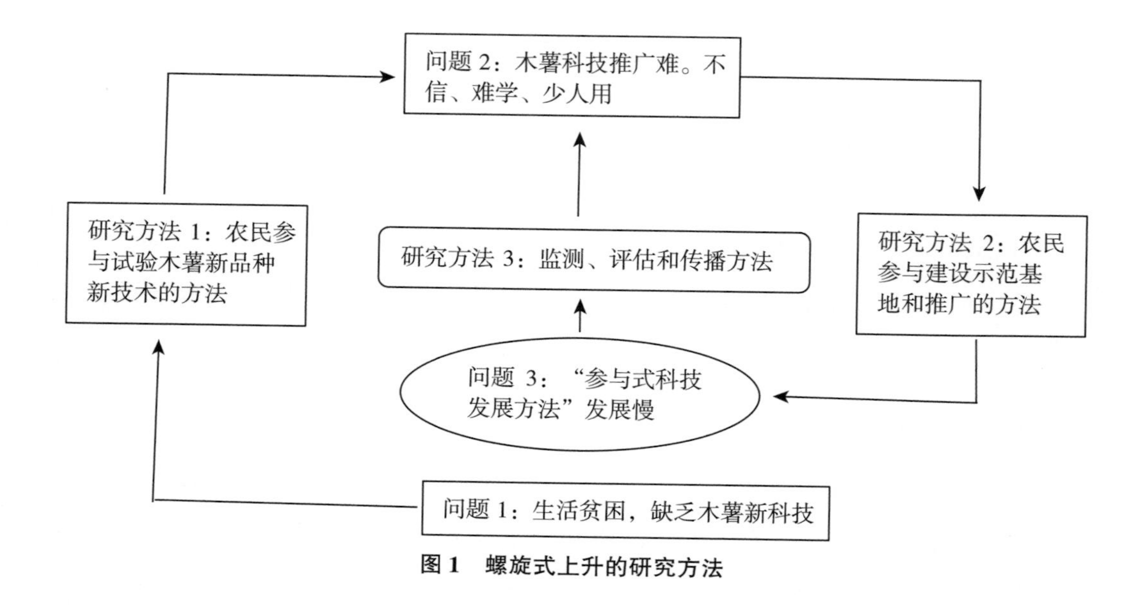

图 1　螺旋式上升的研究方法

2.2.2　循环式提高的推广方法

参与式科技发展方法是一个循环式提高木薯新科技的推广方法，见图 2。它从农民参与诊断问题开始，到农民参与试验、评价、优选和示范推广木薯新科技的全过程，是循环式的推陈出新，历经一个循环后，再持续推广更高产优质和更高效益的木薯新科技。

2.2.3　去粗取精的木薯科技成果

去粗取精木薯科技成果的过程呈现金字塔形，见图 3。初期，在志愿农民地中，基本照搬从实验室或试验基地研究出来的所有木薯新科技，粗放繁多的试验，导致比较繁杂零乱的结果和影响（底层的三大框）。中期，通过逐步精炼和筛选，出现了一批核心的科技成果，主要集中于木薯新品种、施肥和水土保持等三大技术（中层的三小框）。后期，逐步集成主推多项获奖木薯成果（顶框）。

2.2.4　由点到面传播参与式科技发展方法

参与式科技发展方法呈现出由点到面不断发展壮大的趋势，见图 4，以最早实施参与式科技发展方法的白沙县科协为例，从早期的农民参与研究推

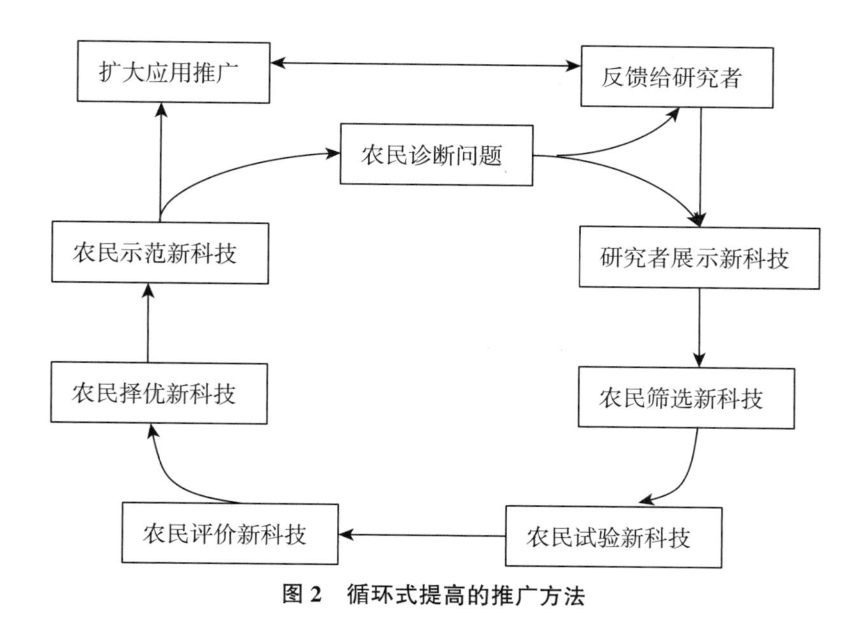

图 2 循环式提高的推广方法

广木薯新科技，发展到在种养业中广泛试用，并通过成立各种协会，促进全县的各项农业扶贫项目共享参与式科技发展方法。

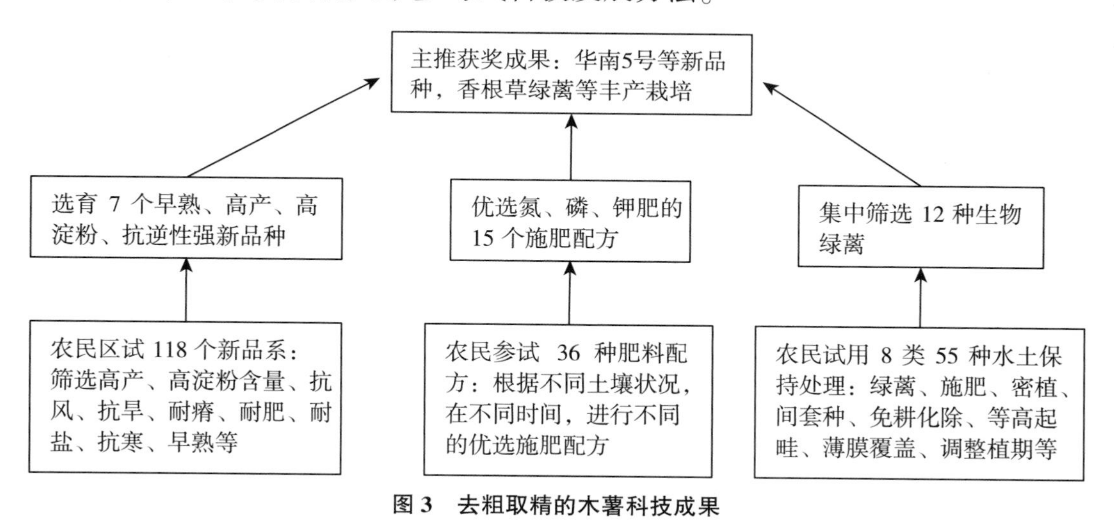

图 3 去粗取精的木薯科技成果

2.2.5 分层次发展参与式科技发展方法

在品资所 14 年的参与式科技发展方法历程中，具有分 3 个层次发展的特征，见图 5。后期的发展层次，是在前期层次基础上的扩展、提升和跃进，且

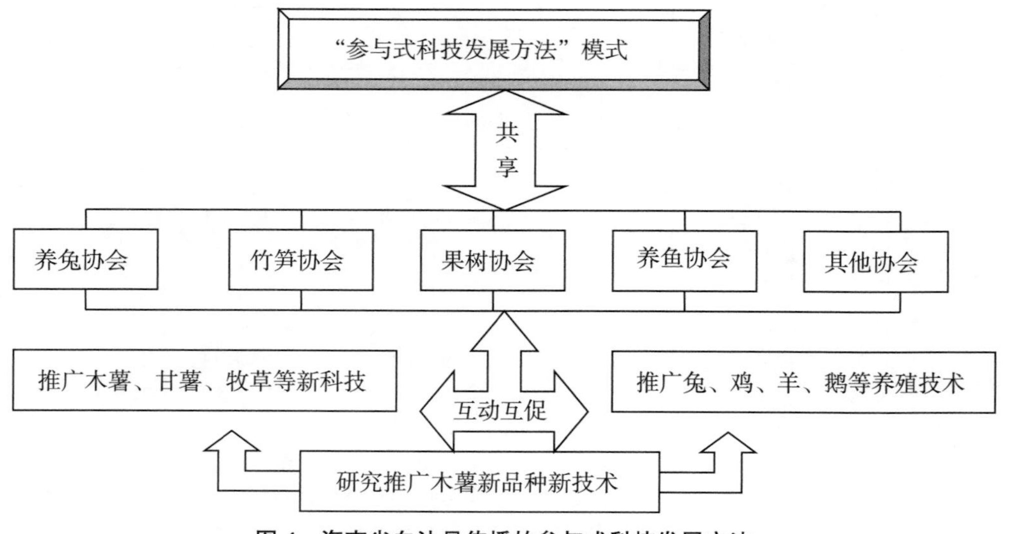

图 4　海南省白沙县传播的参与式科技发展方法

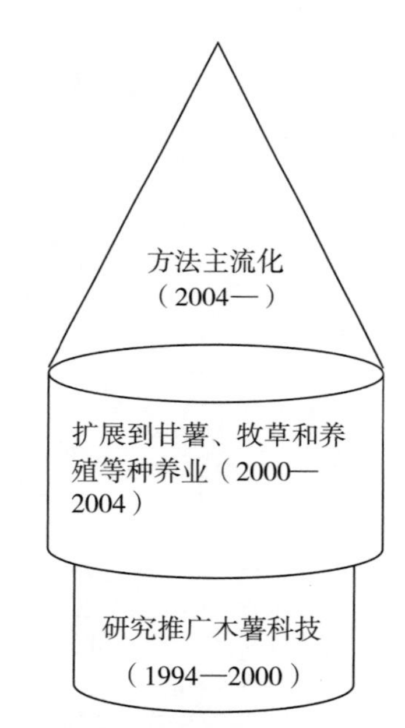

图 5　分层次发展参与式科技发展方法

各层次间存在融会贯通及延续深化的态势。第一层次，从研究推广的地域看，从海南省白沙县扩展到省内的屯昌县和琼中县等木薯主产区，然后扩展到广西和云南等省区的木薯主产区。第二层次，从研究推广的领域看，从单一的木薯扩散到甘薯、玉米和牧草等种植业，后又推进到养殖业。第三层次，从学科发展看，从孤立研究木薯育种、栽培和水土保持等分散学科，逐渐发展到综合各农业学科，共同研究推广木薯新品种和配套丰产栽培技术，甚至参与运作木薯销售、加工、发展和优势规划等产业化的宏观战略层面，并致力于在木薯领域、海南省及农业部等层面推动参与式科技发展方法的主流化。

3　参与式木薯科技发展的影响分析

3.1　对农民的影响

3.1.1　从拒绝转向自觉使用

当初，由于黎民文化低，科技意识弱，自信传统技术，对外人、外来新事物和扶贫政策存有戒心和偏见，当我们刚开始推广木薯良种良法时，就曾遭到黎族同胞用刀来驱赶我们，原因是部分农民误解我们是骗子，到黎族地区行骗。后来，通过艰苦动员黎族农民采用参与式科技发展方法研究推广木薯新科技，显示出在少数民族地区和贫穷落后地区的强大适应性和优越性，也获得黎族同胞对我们的信任和支持，现在，白沙县等地的农民都比较积极参加有关的参与式科技发展方法项目。

3.1.2　提高农民寻求科技的主动性

当参与式科技发展方法刚开始时，由于农民不轻易接受外来新科技和存在依赖扶贫的“等、靠、要”心理，推广人员不得不事事亲为，除主动上门提供免费良种和木薯专用肥外，还要全力协助参与农民建立示范试验基地，力尽所能去动员农民全程参与木薯试验。现在，农民已从“参与”试验推广木薯中脱贫致富，真正认识到农业新科技的增产增收效果，因此，许多参与农民经常联系熟悉的科研推广人员，咨询科技和打听市场信息等，抽空则常到品资所参观考察，主动要求参加木薯、甘薯和牧草等科技试验和推广项目。

3.1.3　提高农民改进科技的能动性

开展项目前，有些农民崇拜研究院所的木薯新科技，不敢随便更改，一切按技术员传授的技术办，而更多的农民则半信半疑，抱着观望态度对待试验，随意性大，有些农民甚至表现出与已无关的态度，除参与种植外，全靠科技推广人员去完成后续的试验，均是被动“参与”，在被动接受新科技过程中，难以提高农民的科技应用能力。

开展参与式科技发展方法后，由于研究推广人员发挥农民的主体作用，完全尊重农民意愿，充分吸收农民的本土经验，培养农民的科技开发能力，建立农民的自信心，发挥农民的主观能动性，这样，农民就会主动与科研推广人员一起，共同试验推广木薯良种良法。通过提高农民的科技意识，推动农民参与科技创新，培养农民独立研究解决问题的能力，激发农民自我追求省工增效、增产增收，以及降低成本、提高单产、扩大种植面积的积极性，那么，农民在参与的试验和农业生产中，就能运用所学到的农业技能和基础知识，解决实地中的一些科技疑难杂症。木薯成果里渗透着农民的许多勤劳智慧和原创亮点，凡农民创新的技术，科研人员均已认真总结推广，案例 1 是其中的典型之一。

案例 1：科技人员吸收农民的创新成果

最初，科研人员推广免耕化学除草法，在木薯萌发前，用“草甘膦”和“乙草胺”防治杂草，大幅提高工效和降低成本。后来，有些农民由于农忙，延误喷打萌前除草剂，当木薯萌发后，很难再直接喷除草剂。这时，农民们不再一味依赖科研人员，或只好采用人工除草，而是互相研究摸索和交流完善，主动创新出用胶杯或塑料袋盖好芽或苗后，再喷除草剂，而在木薯生长中后期，当木薯茎秆的低部落叶后，也创新出用“克芜踪”低喷除草等技术。后来，科研推广人员和农民进一步试验完善，总结了一套在木薯全生长期均可应用的化学除草技术。

3.1.4 提高农民的自我组织推广能力

参与式科技发展方法重视培训和指导农民的自我组织推广能力，改变农民的散漫无组织状态，落实自我组织发展、自我扶贫脱困和致富的良性发展道路。少部分早期参与的农民骨干已逐步具备了自我独立发展的能力，在附近农民中推广木薯新科技，促进木薯产业化，脱离扶一步挪一步的困境，走上良性循环的致富之路，案例2是其中的典型之一。

案例2：参与式木薯推广提高了农民的组织程度

海南省白沙县七坊镇的符永全和阜龙乡的高庆多，过去都是老实巴交的农民，不懂技术也没有组织推广能力，经培训和引导下，逐渐参与到组织推广木薯新科技的活动中。当发现自己参与试验中的华南5号木薯新品种，能比老品种增产1倍左右，就马上抓住机会，积极扩繁扩种，后来，经科研推广单位的协商，准备组织收购并调运他们的木薯良种，于是，他们成立协会，负责组织附近村的农民一起大量繁殖良种，形成了七坊镇和阜龙乡两个木薯良种繁殖基地。他们还主动到附近乡镇，参与组织推广木薯新品种和配套丰产栽培技术，促进白沙县的木薯产业化。

3.2 对社区的影响

3.2.1 科技服务正常化

开展参与式科技方法前，各地很少木薯科技的培训、服务和传播等活动，现在，各“参与”基地在种植木薯的前、中和后期，都有科研推广单位进行实地科技培训和指导活动，提供及时高效的科技服务和信息传播，有力保障木薯产业化的快速发展。

3.2.2 提升社区的科技推广和组织发展能力

开展参与式科技方法前，木薯推广项目很少参与社区事务，不关注社区发展。现在，各地政府、木薯淀粉厂、种植专业户和农民们不但引进了木薯新品种和丰产栽培技术，还同步掌握了相关的科技推广和组织发展能力，通过社区的共同合作和组织推广，促成了我国木薯的产业化，案例 3 是其中的典型之一。

案例 3：参与式木薯推广提升了社区的科技推广能力

开展参与式科技发展方法前，我国政府和木薯淀粉厂不管木薯的种植生产，导致许多淀粉厂的鲜薯原料不足，效益欠佳，有些厂甚至亏损停产。目前，部分政府和企业已逐步从中得益，从而主动倡导参与式科技发展方法，比如，海南省白沙县政府和屯昌县南坤淀粉厂等单位，每年都主动出资与品资所合作，建立“高产优质木薯参与基地”，培训当地农技员，为参与农民提供木薯新品种和专用肥等便利，共促当地社区的木薯产业化。充足的鲜薯原料保证了淀粉厂的不断盈利和扩产，如南坤淀粉厂，从 1994 年的年设计加工能力 3000 吨木薯淀粉，扩大到现在的年产 2 万多吨淀粉，附近农民也从种植木薯中脱贫致富。

3.2.3 提高社区的生活水平

目前，参与式科技发展方法尚未普及的许多木薯产区，大多数还停留在老品种、传统的粗放栽培、低产低效和低收入的局面，摆脱不了低贱作物的困境，导致一些地方政府和农民不得不缩减木薯种植规模。而在白沙县推进的参与式科技发展方法，显著降低了木薯的生产成本，提高木薯的科技水平、单产水平和经济效益，2005 年，平均每户的木薯种植面积、鲜薯单产、鲜薯总产量、鲜薯总收入和鲜薯净收入分别比 2001 年提高了 4.5 倍、2.5 倍、11.3 倍、19.1 倍和 49.6 倍，见表 1，从而提高了农民经济收入，产生了显著的扶贫致富效果，有力推进黎族文明生态村的建设。

表1 白沙县参与式科技发展方法的农民的木薯收入变化

类 别	1994年	2005年	备 注
户均木薯面积（公顷）	0.33	1.5	因效益提高而扩种
鲜薯单产（吨/公顷）	15.0	37.5	新品种和丰产栽培技术的贡献
鲜薯总产量（吨/户）	5.0	56.3	面积扩大，单产提高的结果
鲜薯总收入（元/户）	1 000	19 142	1994年200元/吨，2005年340元/吨
鲜薯净收入（元/户）	250	12 400	新品种新技术节本、增产、增收

3.3 对研究推广者的影响

3.3.1 向农民学习

引进参与式科技发展方法前，科研推广人员下乡时，不同程度存在看不起农民的现象，案例4是典型之一，经常不和农民商量，也不吸收前人的成败经验，就自作主张地引进推广一些农业新科技，很少因地制宜变通和改进，当然是不大切合实际，不尊重农民的后果是农民认为与己无关，不积极参与和协助支持，有些农民还因误解而对抗破坏，自然是失败教训居多。现在，科研推广人员越来越谦虚，充分尊重农民和基层人员的意愿、乡土知识、自然条件和社会因素等，绝不推广农民不接受不欢迎的农业新科技，并且，还主动通过调查和监测评估，吸收农民的有益经验和做法，根据农民的意愿和当地主客观条件，采取因地制宜、因时而变和因人而异的推广方针，从而争取了参与农民的全力支持和帮助，逐步改进完善了初期推广的农业科技，并逐步提高科技推广人员的研究推广能力。

案例4：早期科技人员对待农民的态度

刚开始引进参与式科技发展方法时，外国专家到海南调查木薯情况，部分陪同人员自认高明，对农民的害羞和啰唆非常不耐烦，经常打断农民的谈话，代替农民回答问题，最后，迫使外国专家明确提出："调查农民时，除正常翻译外，陪同人员只准听不准说"，弄得大家很尴尬。

3.3.2 成为多面手

参与项目前，大多数参与成员是某一方面的专家或技术员，但在长期解决复杂的实际问题中，通过不断学习、培训和实践锻炼，已逐渐转变为多面手，如具备良好的试验、示范、推广和培训经验，以及丰富的农村工作经验，善于与农民沟通，能协调相关利益群体等。只有成为多面手，才能善于解决农民随时提出的棘手问题，如联系解决木薯销售难问题，协助解决其他农作物的生产技术难题等。只有尽力帮助农民解决各种困难，做农民的贴心人，争取农民的信任，树立权威，才能顺利开展各项工作。

3.3.3 提高工作能力

参与式科技发展方法还有助于所有参与者增广见识、扩大视野、开拓思维和提高工作能力，比如，研究推广者进一步提高了撰写项目书、研究报告、科技论文和政策建议等写作能力，拓展了宏观运作木薯产业化、营造社会和政治影响等能力。案例5是典型之一。

案例5：参与式监测评估在政策转变中的作用

品资所科研人员应用监测评估等技能，对我国木薯的现状及产业发展，开展艰苦的战略研究和优势区划，最终，使农业部等政府部门根据品资所的政策建议来整理颁发文件，确立发展我国的木薯能源产业，极大地促进了我国木薯产业化的发展。

3.4 对机构的影响

3.4.1 尊重农民意愿

过去，政府部门决定推广项目时，很少事先征求农民意见，多由领导和专家研究决定。现在，政府决策时会更多尊重农民意愿，比如，白沙县科协等单位领导在确定农业扶贫项目时，一般按农民第一、科技人员第二、政府官员第三的重要性，进行排序决策，优先征求农民意见。目前，白沙县通过申报扶贫资金，采用参与式科技发展方法开展的农业推广项目有：农技推广中心的长春花、超级水稻和四季笋等种植，水产推广中心的罗非鱼养殖，畜牧推广中心的养兔等。

3.4.2 多学科交叉

开展参与式科技发展方法项目前，不注意多学科的合作，参与推广项目的人员常局限于少数专业。引进参与式科技发展方法后，在复杂多变的全新领域开展工作，遇到层出不穷的各种新问题，任何一环解决不好，都会牵连到全局及后果，甚至导致失败，因此，已在实践中逐步注意引入多学科来完成综合性的推广任务。现在，品资所逐渐扩充参与者，具体涉及木薯的育种、栽培、植保和加工专家、经济学家、推广技术员、地方领导和记者等，甚至其他种养业专家的参与。只有引入多部门、多学科、多层次的合作成员，共同解决复杂的社会、经济以及自然问题，才能充分发挥多方合作和多途径推广，有利更快传播木薯新科技。

3.4.3 强化合作网络

过去，各研究推广机构多是孤军奋战，很少沟通协作，而在参与式科技发展方法项目中，特别是 FCRNC 网络中，注意创造所有参与机构和参与人员的平等交流平台，创新多方合作的互动、互利的研究和推广方式，这对所有参与机构和人员而言，扩大了研究推广的自然和社会资源，拓宽了农业科技的研究推广视野，增强了综合应用和科技创新能力，促进农业科技成果的转化、推广、创新、发展和产业化。在中国热带农业科学院和华南热带农业大学的直属行政关系内（相同的行政领导和管理），品资所参与式科技发展方法项目已编织密切的协作网络，见图 6。

在对外合作交流方面，国内合作有中国农大和广西亚热带作物研究所等几十家单位，国际合作有日本的 Nippon 基金、国际热带农业中心、加拿大国际发展研究中心、澳大利亚 CARF、国际马铃薯中心等国际组织，哥伦比

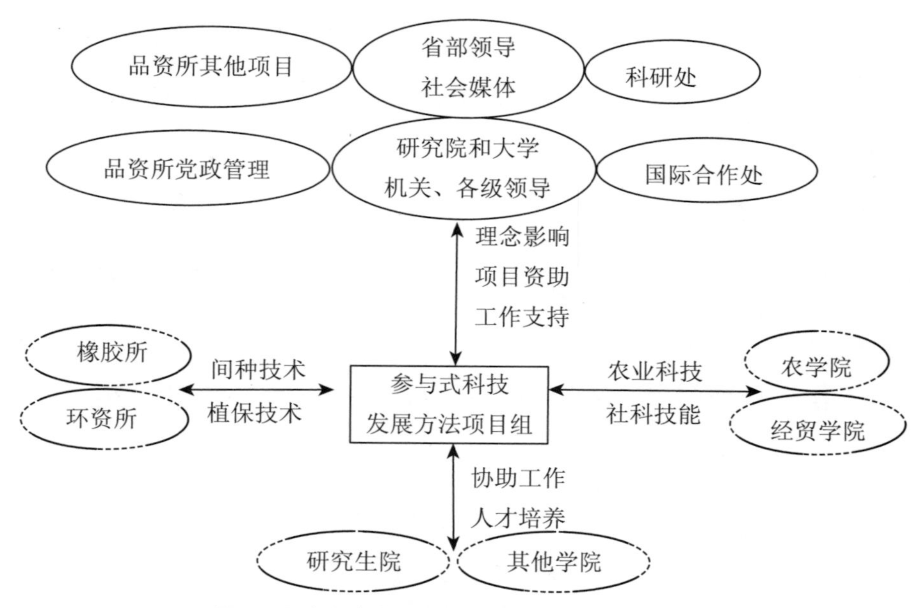

图 6　品资所参与式科技发展方法的内部协作网

亚等南美国家，泰国和越南等东南亚各国，非洲的塞拉里昂和尼日利亚等国，均建立了长期紧密的合作关系，品资所的外部合作网络，见图 7。

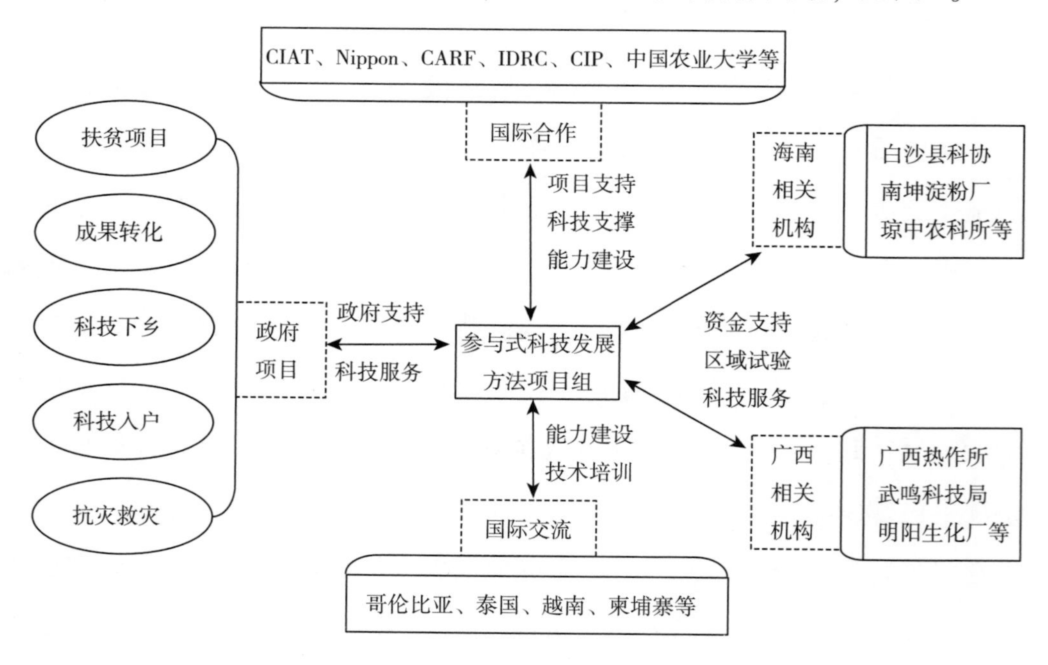

图 7　品资所的外部合作网

3.4.4 扩大参与范围

在品资所的参与式科技发展方法发展历程中，参与的机构和人数从最早的少数研究推广者和参与农民，逐步扩大到与木薯产业化有关的所有人员，伴随着木薯新科技的广泛传播和推广应用，参与机构和人数呈急剧增加趋势。见图8。

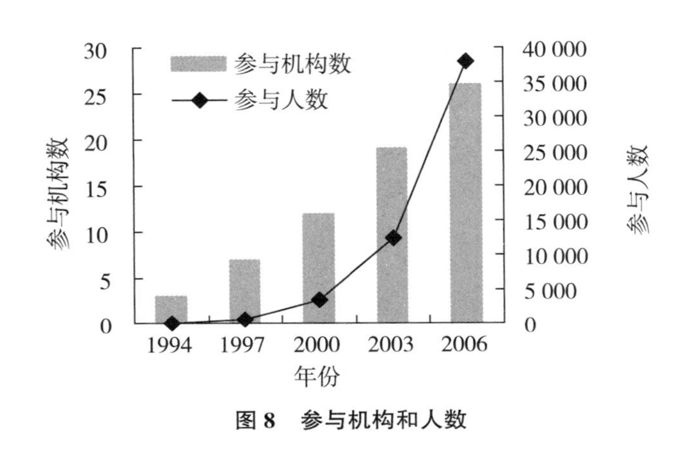

图8 参与机构和人数

3.4.5 加速推广木薯新科技

推广的木薯良种良法面积和新科技数加速递增，推广范围从海南省白沙县，扩大到海南、广西和云南等省区的木薯主产区，由最初推广的2个木薯新品种和1种施肥配方，到最后推广8个木薯新品种，同时配套推广系列木薯丰产栽培技术如免耕化除、间套种、平衡施肥、合理密植、香根草绿篱等，见图9。

3.4.6 科技成果显著

1994年以来，在木薯的总收获面积基本稳定的情况下，鲜薯单产、总产量和总产值均得到飞跃提高，形成木薯产业化，见表2。木薯产业化有许多成功因素，其中，14年的参与式科技发展方法发挥了重要作用，从中研发的华南系列木薯新品种及配套丰产栽培技术，在海南省得到普及推广，全省的木薯栽培面积比14年前增加35%，鲜薯总产量增加58%，鲜

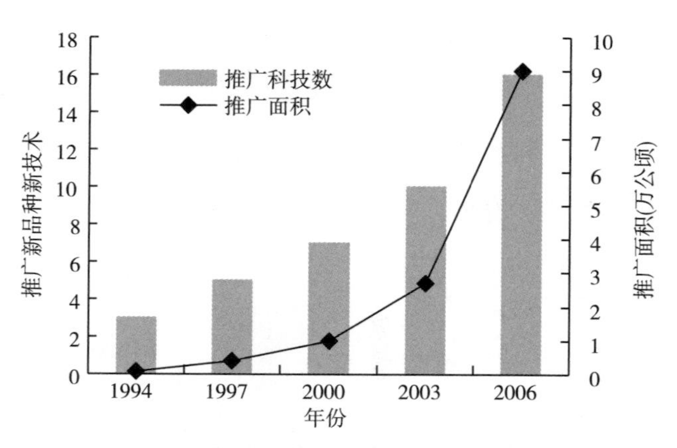

图 9　推广木薯新科技的数量和面积

薯总收入增加 2.8 倍，在一些重点乡镇，良种良法推广率达 90%以上，应用良种良法的鲜薯单产普遍提高 50%以上，鲜薯淀粉含量提高 2 个百分点左右，从全国来说，研究推广的木薯新品种和丰产栽培技术，现已约占全国木薯栽培总面积的 20%，达 9 万公顷，共计扶助 3 万多户贫穷农民脱贫致富，木薯淀粉和酒精的工业效益显著提高，纷纷扩产，促进了木薯产业化的发展。

表 2　1994—2005 年的我国木薯种植业发展

年份	收获面积（万 hm^2）	鲜薯单产（t/hm^2）	鲜薯总产量（万 t）	产值（亿元）	商品率（%）
1994	42.0	12.9	542.8	12.5	70.0
2000	44.5	15.4	686.9	20.6	90.0
2005	43.5	16.8	730.0	30.0	95.0

资料来源：农业部南亚办和各省区统计

14 年来，品资所共在国内外发表 15 篇有关“参与式”的研究论文，育成木薯新品种 8 个，获得农业部科技成果进步二等奖 1 项，海南省科技成果转化一等奖 1 项等 8 项省部级科技奖。审定品种、发表论文及省部级成果奖主要集中在 2002 年后，见图 10。

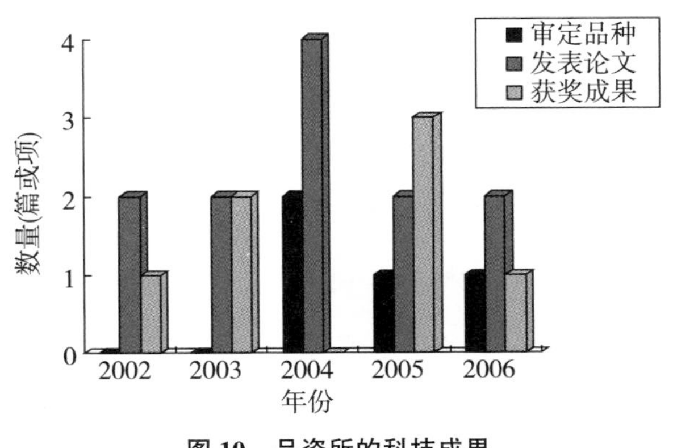

图 10　品资所的科技成果

3.4.7　研究推广项目及经费递增

20 世纪 90 年代初，品资所的木薯研究项目很少，基本没有推广经费，主要靠每年的几万元政府拨款维持研究。后在 Nippon 基金支助下，与 CIAT 合作进行参与式科技发展方法，由于研究推广木薯的成绩突出，国内外的研究推广项目数和经费才逐年递增。近年，国际合作方面，陆续得到 IDRC、澳大利亚的 CARF 等基金资助，国内得到中国农大、农业部、科技部、国家外专局和扶贫办、海南省农业厅和科技厅等机构的大力支持，每年保持省部级项目 10 多项，经费达数百万元。

3.4.8　获得社会认同

由于参与式科技发展方法及其推广的木薯科技成果获得显著成功，中央一台、中央七台、海南电视台、《人民日报》、《光明日报》、《经济日报》和《海南日报》等媒体均相继加以报道，得到了政府和社会的认同。因此，品资所多人次获得省部级的社会荣誉，参与项目的许多基层人员得到提升职务和评上农艺师，最突出的是白沙县人大副主任兼科协主席，就由于他的突出表现而得到逐级提拔。

4 反思

4.1 实验室研究和参与式科技发展方法的比较

对品资所的实验室研究和参与式科技发展方法进行比较，见表3。实验室或试验地的农业研究，着重农业基础理论研究，不一定紧密联系生产实践，不过多关注鉴定成果后的推广应用。实践证明，在实验室内或试验地中，靠模拟实验研究出的许多木薯新科技，在实际生产中表现不理想，主要是难适合当地的恶劣自然环境条件和落后的社会经济要求，与农民的生产习惯、技术素质和使用能力不匹配，难以彻底解决实地的科技难题和起到有效增产增收的作用，在自然、经济和社会等方面的可行性差。

表3 实验室研究和“参与式科技发展方法”的比较

研究	实验室研究	参与式科技发展方法
研究问题	根据申报指南或上级意图得出	研究人员和农民一起诊断
方法	理论和实验研究	让所有相关人员参与木薯的科技试验和推广
条件	完全控制	因地制宜，随机应变
主体	95%以上的研究者	70%农民、10%研究推广者、20%其他相关人员
活动	实验室或试验地研究	实地调查、试验、示范、推广、监测、评估、传播
产出	实验或试验结果	因地制宜的良种良法、创新的推广方法和模式
结果	研究者发表论文、鉴定成果、申报评奖	农民增产增收、研究者发表论文、获奖成果、社会荣誉
影响	研究人员提高学术水平，提升职称	推广木薯新科技、木薯产业化、研究人员得到社会认同

参与式科技发展方法以解决农民的实际科技难题和脱贫致富为目标。强调在实地研究中推广，实地推广中加以研究改进，通常是在科研人员、推广人员、农民技术员、地方领导和有关企业的共同合作下，直接在志愿农户的地里，通过农民参与全过程的农业科技试验、评估、筛选和提高，检验其适应性、可行性及发展前途，在实践中被各方都接受的农业成果，再通过农民

等相关利益团体的参与，进行大力推广。同时，采用监测与评估等方法、总结、归纳和提炼其先进实践经验，上升为理论体系和政策建议，致力于促进农业科技成果的推广及其参与式科技发展方法的主流化。

4.2 参与式科技发展方法的适用条件

由于经济比较发达、农业科技基础较强和农民素质较高地区的农业生产要素与实验室研究条件近似，研究成果的适用性强，因此，只要在科技推广和培训中，为农民传授实验室研究中创新的技术要点即可。但在偏僻、边远、闭塞、农民素质低、科技信息少、科技观念差、自然和社会条件恶劣等老大难地区的许多生产技术难题，是实验室研究难以模拟解决的，在此，参与式科技发展方法能缩短实验室科技成果与农民距离，让研究推广人员直接与基层推广机构和人员以及农民们一起，共同参与研究适宜当地自然生产条件和社会经济发展要求的木薯良种良法，经此途径优选的木薯新科技具有强大的现实说服力和生命力，再通过掌握良好技术的参与农民的自发传播，就容易在“参与”基地附近得到迅速全面的推广。

4.3 参与式科技发展方法的创新

早期的参与式科技发展方法缺少基层推广机构和农技员的参与，科研推广人员需要直接深入农户开展扶贫工作，对单一的扶贫对象来说，具有指导技术全面，扎实掌握技术和成功率高等优点。另外，当时的绝大多数农民处于文盲、科技盲和自然资源盲的状态下，需要采取细致耐心的启蒙传播手段，反复引导农民参与讨论，用小石头来计数和投票，以及绘画资源图等，很实用且简明易懂。但传统方法存在一定的局限性，只针对少数参与农民开展活动，费时耗工，传播面狭窄，覆盖范围有限，扩散进度缓慢，影响力不强。

随着中国经济发展，中国正逐渐普及电视和广播的农业科教频道和节目，强化农业科技集市、科技下乡和科技入户等活动，并逐步建立起科教院校联网市县，再由市县覆盖乡、镇、村和农户的农业科技推广网络，布局一大批推广农业新科技的培训示范基地以及产业化基地，印制大量图文并茂的科普材料和音像资料，这为充分发挥现代传媒技术和中介推广机构的作用，提供了良好的前提条件。近年来，品资所的参与式科技发展方法逐步转向构建基层“参与”网络，重视发挥科技传播代理人（二传手）的作用，同时，加快总结木薯科技成果和农民的成功经验，编制科普图书、挂图、光盘和电视节目等，并利用电视、广播、报刊、短信息和电话咨询等培训、宣传和传播手段，起到直观、简明、实用、易学、易懂、传播速度快、传播面广等优点。当专家掌握的高深科技转化为全民都可方便获得的简便技术后，就能让更多的基层技术员和农民直接参与到全民科普活动中，利用以上先进简便的现代培训工具和手段，加快农业科技成果的转化推广。

5 存在问题与建议

5.1 存在问题

5.1.1 难出高水平论文和成果

在参与式科技发展方法的实践过程中，一是推广木薯科技的地区和农户，常常复杂多变；二是为了尊重农民意愿和不断改进技术，需经常根据农民意见和当年（次）的试验结果，调整下一年（次）的试验方案，不同的地点、农民和时间，都需不断更换试验方案和处理，形成一连串烦琐的生产试验，导致试验数据杂乱无序，很难统计分析，不利于整理发表高水平论文、出大成果、扩大学术和社会影响。

5.1.2 实践和理论不够

一是部分参与者的理论研究性强，不免拘泥于国外的理论和经验，引进套用的部分参与式科技发展方法缺少变通，不够通俗易行，在实践中的可操作性较差，应用效果不大理想，具体表现在部分外来术语、调查图表和活动形式等，表述得太新颖费解和艰深，虽在历次 FCRNC 研讨会和监测评估中，力求通俗易解地去操作，但科教推广人员和农民等，还是经常陷入似是而非的困境，很难理解和贯彻实施，另外，反映了大多数网络成员和基层参与者，在参与式科技发展方法的基本知识及应用能力上差距较大。二是部分参与者实践性强，成功的经验和案例多，但不善于监测评估和理论总结，也缺乏传播和营造影响的技能，在参与式科技发展方法理论中，尚未充分挖掘出创新方法、特色经验和典型示范。

5.1.3 难贯彻“自下而上”

参与式科技发展方法理论强调“自下而上”，但实际中的很多项目却是“自上而下”来推动“自下而上”的工作，具体表现在部分项目负责人，由于时间紧和怕苦怕难等原因，不重视深入基层，过多依赖基层的合作者、农技员和农民去实施参与式科技发展方法，在基层参与者误解误用的负面影响下，推广的农业科技效果大多不理想，对上层的研究推广者来说，也很难及早发现和解决项目中出现的科技和方法困难，更不利于较好地总结、分析、提升和传播参与式科技发展方法及其推广的农业科技成果。

5.1.4 缺乏项目和经费支持

参与式科技发展方法已在部分地区和领域中取得较大成绩，在国内外有一定影响，但主要是靠国际项目和经费来支撑，很少得到国内的强有力政策支持和经费资助。

5.2 建议

5.2.1 规范参与式科技发展方法

与传统研究相结合，在创新中总结出比较规范的试验、统计分析、监测评估和推广的参与式科技发展方法，以便在纷繁复杂多变的研究条件中开展规范的研究和推广，从而促进发表高档论文、鉴定成果和评奖，扩大其学术和社会影响。

5.2.2 通俗化和能力建设是发展的关键

因地制宜地创新和通俗化外来理论，使之更符合中国的国情乡情，注重发展研究推广者的研究分析、撰写高档论文、成果鉴定、申报课题和营造影响等能力，重点发展农民和基层农技员的农业基础知识、科技试验基本方法、独立开发本土适用技术和组织推广等能力。

5.2.3 效果和影响是主流化的前提

强调科技推广人员经常下基层，提倡能现场解决问题的专家讲课、田间指导和示范基地培训，提供直通的电话咨询，创建与研究推广机构直接联系的农民协会或合作社，及时高效解决农民的日常农业科技难题。同时，积极利用学术交流会、论文、培训教材、报刊、电视、多媒体和广告等，多渠道、多形式、长期性、高频率和全方位传播参与式科技发展方法中的科技成果和成功实践，从而全面提高其农业科技应用效果和社会影响力。

5.2.4 争取政策和经费支持

除继续依靠国际组织支持外，要努力争取社会、政府和企事业单位对“参与式”有更好的认识和赞同，从而加强我国在政策、经费和科技等层面的支持力度。

6 结语

由于“参与式科技发展方法”充分尊重农民和乡土知识的作用，鼓励农民和相关人员参与木薯科技的发展，从而创新出适宜贫困落后地区的木薯科技成果推广方法，促进各地自然资源的可持续发展和高效利用，使农民增产增收，地方政府和企业增效增利，从而全面提高“参与”社区的生活水平。它提高了“参与”的农民、推广者、研究者及相关人员的科技研究推广能力，提升了机构和社区的申报项目、推动农业产业化、营造社会和政治影响的能力，并加快发表学术论文、鉴定成果和获奖，增加后续研发资金。毫无疑问，探索、总结、升华和创新发展具有中国特色的“参与式科技发展方法”理论及推动实施相关政策，将对增强农业科研、教学和推广单位的研究推广能力，提升贫困落后地区农民的自我独立发展能力及其生活水平，起到积极的推动作用和可持续的脱贫致富意义。

附录 4

Use of Farmer Participatory Research in Chinese Cassava Technological Extension from 1994 to 2008

Huang Jie[1] and Reinhardt Howeler[2]

[1] Tropical Crops Genetic Resources Institute,
Chinese Academy of Tropical Agricultural Sciences,
Danzhou city, Hainan Province, 571737, P. R. of China

[2] Centro Internacional de Agricultura Tropical (CIAT), Emeritus

ABSTRACT

The Chinese Academy of Tropical Agricultural Sciences (CATAS) started the farmer participatory research (FPR) project in collaboration with CIAT and the Chinese Agriculture University (CAU, located in Beijing) in 1994. This paper evaluates the FPR method, process and its impact for its potential application in Chinese cassava technological extension. There was an increasing intensity of cassava research, including an improvement in methods of extension resulting in the adoption of new varieties and technologies, as well as an increase in the level of farmer participation in technology development. There was also a change in attitude of farmers: from an initial refusal to accept any new technology, to a willingness to try out some improved technologies, and finally to improve their own capacity for technology development. This also had an impact on researchers, such as their willingness to learn from the farmers, and appreciate their multiple abilities. There was also a positive effect on the community such as a better technology service, improved organizational capacity and improved livelihoods. Finally, there was a positive effect on the institute, including a greater respect for farmers, an increase in research topics, improved organizational capacity and an increase in technologies adopted over a greater area.

Recently, a series of new cassava varieties and high-yield technologies were popularized through the use of a farmer participatory research project in Hainan province of South China. According to statistics in Hainan province in 2006, more than 90% of farmers had adopted some new varieties and technologies in the major cassava growing areas; there was an increase of 35% in the harvested area, 50% in fresh root yields, 58% in fresh root production and a 2.4-fold increase in total income as compared to 14 years ago. In South China, new cassava varieties and technologies have been adopted in about 20%, or 90 000 ha of the harvested area; this helped more than 30 000 poor farmers to lift themselves out of poverty and become relatively rich, and also markedly improved the economic benefits of the cassava starch and alcohol industry, thereby increasing cassava processing and commercialization.

The paper makes some suggestions to set up future participatory projects that will pay more attention to selection of suitable conditions, improve capacity building, publish high-quality research papers and obtain greater achievements that will have a positive effect on society.

Introduction

Already in the 1940s some preliminary ideas about farmers' participation in technology development emerged in some countries; these further developed into participatory methodologies in the 1950s and 60s, and were actively put into practice in the 1970s and 80s. Some international organizations initiated various participatory projects in China around 1985, and many participatory theories and methodologies were developed and applied step by step after 1990 (Li Xiaoyun, 2001). CATAS started their own participatory cassava project in 1994.

1 Background

1.1 Project

The Farmer Participatory Research (FPR) Project on cassava in CATAS was financially supported by the Nippon Foundation of Japan, and was implemented in Hainan province in cooperation with the Centro Internacional de Agricultura Tropical (CIAT) from 1994 to 2003. This included mainly Farmer Participatory Research from 1994 to 2000, and Farmer Participatory Extension (FPE) mainly from 1997 to 2002 (Huang Jie *et al.*, 2004).

After that, CATAS continued cooperation with the China Agricultural University (CAU) and the Farmer-Centered Research Network in China (FCRNC, located in Beijing), which were financially supported by the International Development Research Center (IDRC) of Canada from 2001 to 2008.

FCRNC is an informal academic group consisting of the universities, research institutes, technical development departments and individuals, and focuses on research, promotion, experiments and extension of participatory technology and management research. This project included mainly an evaluation of the participatory methods, the process, the impact, and their final economic and social effect. This was an attempt to share and mainstream the most successful participatory models (Huang Jie *et al.*, 2008).

1.2 Research problem and objective

Cassava is the third most important crop in western Hainan island, but before 1994 the local Li-nationality people were always hungry and poor because of low cassava yields; the main reason is that they were keeping traditional slash-and-burn cultivation techniques without new varieties and technologies. Surrounded by remote mountains, the Li farmers naturally had to depend on the Chinese government for relief, even though they had access to rich natural resources. The FPR project tried to test some suitable participatory methods, like helping the farmers test new cassava varieties and technologies, thereby improving the management of natural resources by reducing soil erosion, increasing cassava yields and income, strengthening the farmers' capacity in agricultural production, which resulted in improved livelihoods.

2 Method and process

2.1 Research method

Generally, the research method used in the CATAS participatory project was a circular process, continually adapting to farmers' circumstances and preferences (Figure 1).

2.2 Extension Method

Similar to the Asian model of Farmer Participatory Research, which was developed to improve the sustainability of cassava-based cropping systems (Howeler, 2000), the CATAS participatory extension method was also a circularly improving

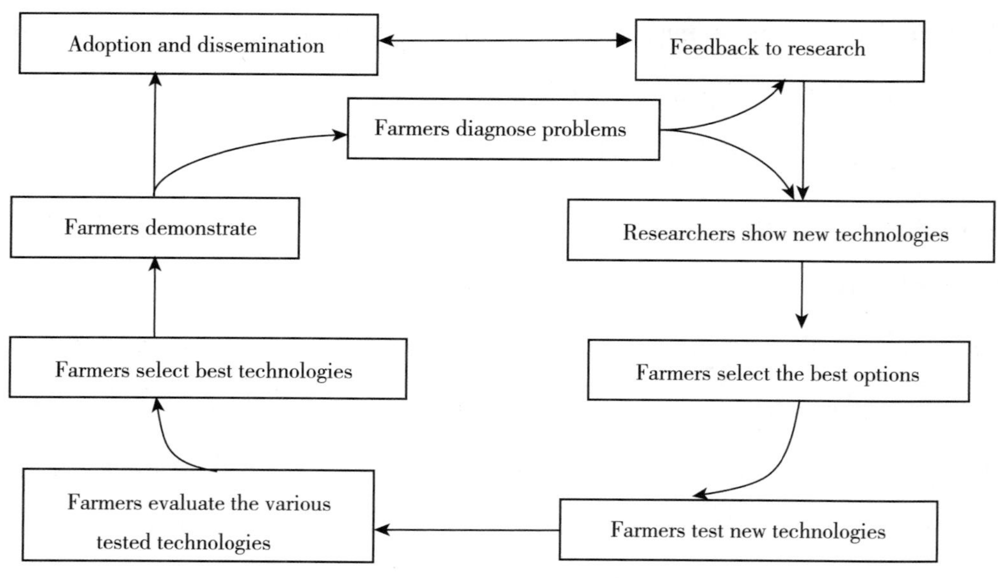

Figure 1. Circular development of participatory research method

process (Figure 2).

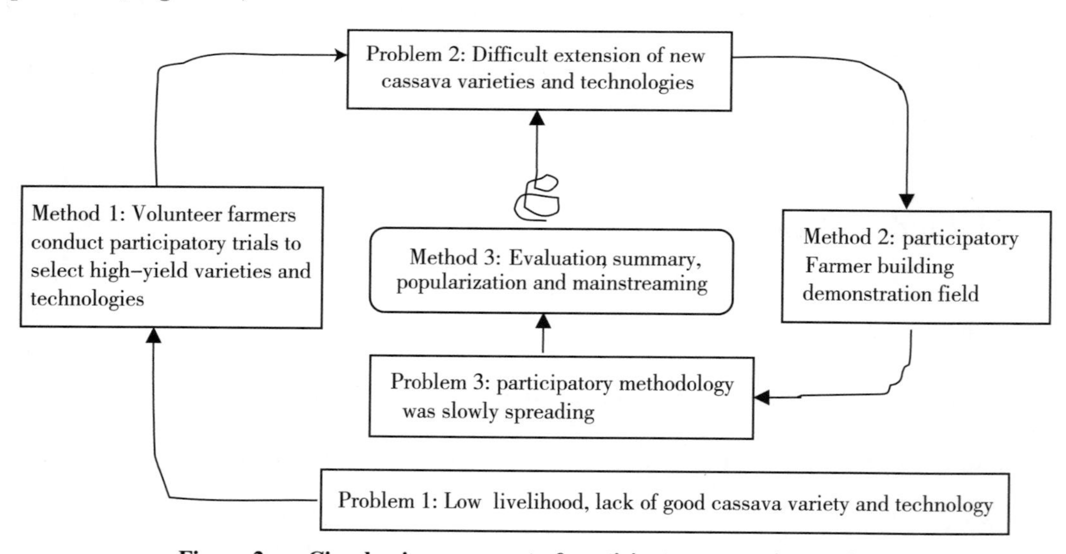

Figure 2. Circular improvement of participatory extension method

2.3 Pyramidal improvement of new varieties and technologies

Figure 3 shows the pyramidal process, which continuously improves and perfects new cassava varieties and techniques from poor to excellent (Figure 3). Initially, the researchers had to plant demonstration plots with a large number of cassava clones and technologies for farmers to evaluate and select those they wanted to test, because it was difficult to judge early on which would be good for their local natural and social conditions. Unavoidably, the participatory outputs and outcomes were complicated and disorderly (bottom frame). After that, the project could just focus on the core variety and production techniques and step by step test, evaluate and select those that were obviously better than those used before (middle frame). After that, there was a gradual expansion of a few of the best cassava varieties and production practices (top frame) in the major cassava production areas of China.

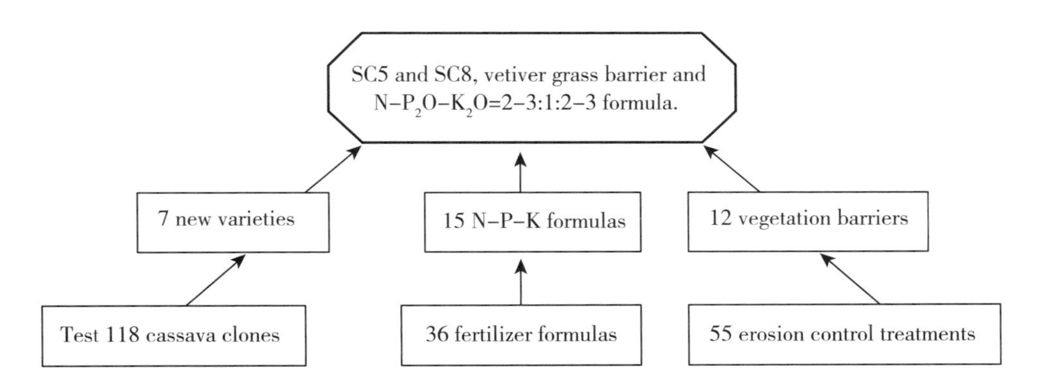

Figure 3. Process to select improved new cassava varieties and technologies

2.4 Enlarged participatory scope

In macro-analysis, the participatory project mainly worked initially on cassava varieties and agronomic techniques, then expanded to include all relevant cassava technologies, even including cassava marketing, processing and commercialization. The area where the farmer-selected cassava varieties and techniques were adopted expanded from Baisha county to include all of Hainan province; the adopted participatory crops also expanded to include sweet potato and maize and even animal and fish cultivation. In micro-analysis, the Association of Science and Technology in Baisha County organized various associations to share and promote participatory application in many Poor-Aid agricultural projects which were financed with government funding (Figure 4).

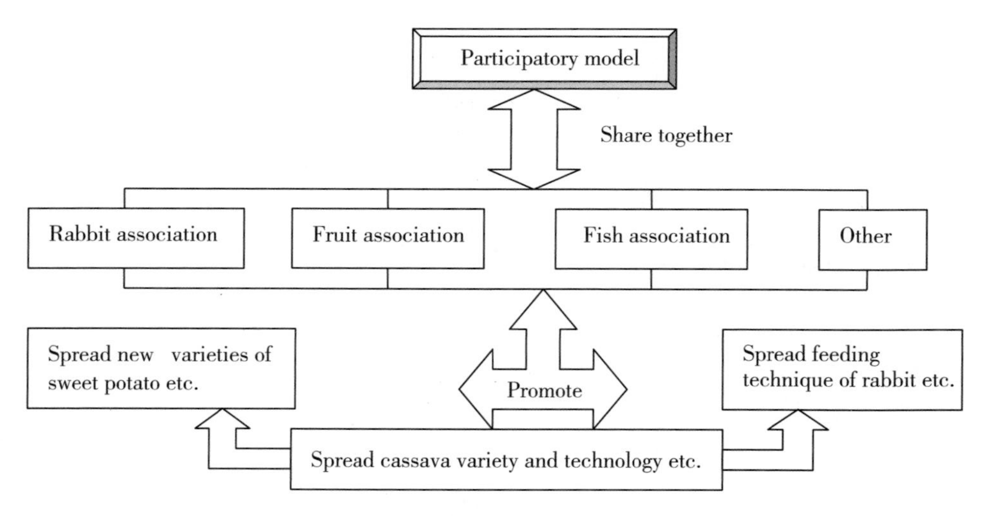

Figure 4. Sharing of the participatory model in Baisha county

2.5 Upgraded participatory level

The participatory process could be divided into three levels (Figure 5), the second and third levels were developed, upgraded and improved from the earlier level. Moreover, the process could be divided into separate periods corresponding to each level; for example: the first level (1994-) consisted of only two farmer participatory sites to conduct research on cassava in 1994-1996; then we set up seven small farmer participatory demonstration sites to extent the scope of the project in 1997-1998; finally, many farmer participatory demonstration sites were scattered in different parts of Hainan province after 1999.

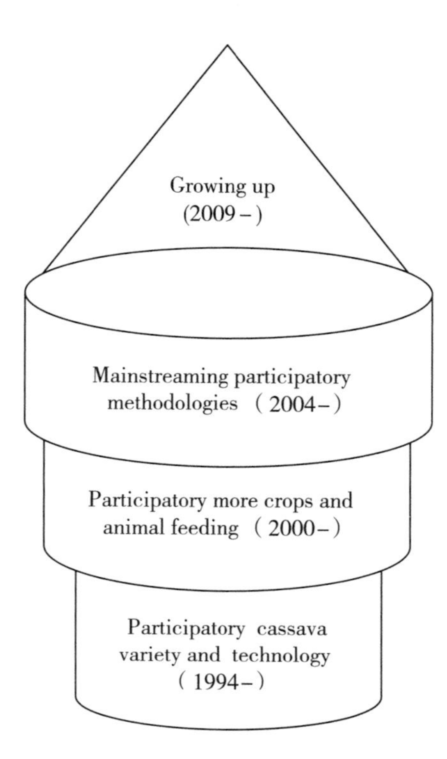

Figure 5. Upgraded level

3 Impact and effect

3.1 Impact to farmer

3.1.1 From their refusal to welcome

The first participatory project site was in Kongba village of Baisha county, where new cassava varieties and techniques were initially refused by the local Li-nationality farmers. Obviously, they didn't like to accept these outside programs because they strongly believed that their traditional varieties and techniques had been misunderstood in the Poor-Aid project. In spite of great difficulties, the researchers were always working hard, using participatory research and extension for cassava with a few local volunteer farmers, and eventually, more and more farmers gradually believed and strongly supported the participatory process after they obtained some successful results.

3.1.2 Try to develop new technologies

At the beginning of the FPR project in the remote mountains of central Hainan, most farmers were dependent on aid from the government. Under these circumstances, the researchers and technicians had to do many things by themselves, such as trying to get volunteers to join in the various participatory activities, to help these volunteer farmers to set up participatory experiments and demonstrations. Of course, they also had to supply free planting material of the new varieties, fertilizers and even reimburse the farmers for labor costs. As time went on, many farmers increased their cassava yields, improved their livelihoods and were no longer poor. They recognized the importance of adopting improved agricultural technologies through their participation in the FPR cassava project. Many farmers that had participated in the project got to know the researchers or technicians, so they started to consult about the best varieties, technologies and marketing information, and even visited the CATAS experimental fields in their spare time, to try to further benefit from new varieties and technologies.

3.1.3 Activities to improve the technologies

At the beginning of the participatory project, many participating farmers didn't believe much in the new technologies and just wanted to see for themselves the results of the cassava trials. Later, farmers increased step by step their activities to improve the cassava production practices through the continuous encouragement and guidance from researchers and technicians, who fully respected the farmers' preferences, learned about and appreciated the farmers' experience, helped to develop the farmers' capacity, and strengthen the farmers' confidence and activities. Finally, some participatory techniques which included the farmers' wisdom and original innovation were adopted in larger areas (Case 1). It clearly showed that the participatory project had changed these traditional farmers, had improved their capacity for independent research and technological innovation by themselves.

Case 1: Absorbed innovation from farmers

At the beginning of the project, researchers just trained the farmers to apply herbicides (glyphosate and acetochlor) to control weeds before the cassava had emerged. Later, some farmers tried to apply herbicide in a field of young cassava plants through a farmer-developed innovative method. Finally, the researchers helped the farmers to improve and summarize the best use of chemical herbicides to control weeds throughout the whole cassava growing period through additional participatory experiments.

3.1.4 Improved development capacity

The participatory project also paid attention to training by helping farmers develop their capacity, improve the farmers' knowledge through the participatory learning and doing process, so, they could solve actual field problems. Some early participating farmers also spread new cassava varieties and techniques to nearby villages through the participatory development method (Case 2).

Case 2: Improved organizational capacity of farmers

FuYongqen and Gao Qinde are two common farmers in Baisha county. In the early phase of the participatory project they found that the variety SC5 could double their cassava yields as compared to their traditional variety. They immediately tried to propagate and sell planting material of SC5; later, they set up the Cassava Farmer Association to organize planting material propagation, and they popularized SC5 as well as high-yield techniques in nearby villages. Now, the Association has not only spread SC5 all over Baisha county, but they also supported production of planting material of this new variety for Guangxi, Guangdong and Yunnan provinces through their propagation base in Qifang and Fulong towns.

3.2 Impact to researcher

3.2.1 Learning from farmers

Before the FPR project, some researchers and technicians looked down on farmers and decided all major things by themselves without any discussion or listening to farmers' opinions. Unavoidably, many newly introduced technologies were unsuitable, because they had not been adjusted or adapted to the local conditions. Moreover, many farmers did not like to take part in an unfamiliar project because they misunderstood or were indifferent. After the participatory project, all researchers and technicians changed their idea and fully respected the farmers' opinions, local knowledge, native and social conditions. Naturally, they would no longer spread any agricultural technologies that the farmers did not like.

3.2.2 Multiple abilities

Most of the participatory researchers and technicians had obtained multiple abilities through long-term learning, training and practice in the participatory project. Particularly for researchers, it mainly improved their capacity of communication, coordination, training, experimentation, demonstration, extension, monitoring, evaluation, analysis, writing and organization. These multiple abilities allowed them to solve most farmers' problems at anytime and anywhere, and finally contributed much to the success of this participatory project.

3.3 Effect on the community

3.3.1 Better technology service

The participatory project organized many training courses, supported new varieties, high yield technologies and all kinds of agricultural information according to local needs. These improved agricultural technical services enhanced the rapid development in major cassava production areas.

3.3.2 Improved organizational capacity

Most agricultural research and extension projects mainly focus on agricultural technology, but few focus on community affairs and development. But the participatory project did not only introduce and scale up the adoption of new cassava varieties and high-yield technologies to improve participating farmers, cassava processing factories and local government; it also tried to promote Chinese cassava commercialization by improving their organizational capacity (Case 3).

Case 3: Improved extension capacity

Before 1994, Chinese government officials and cassava factory owners did not care about cassava production, or the lack of raw material in many factories, which resulted in low profits and failing enterprises. Later, some local governments and cassava processing factories benefited from the participatory project and markedly improved. For example, the Baisha county government and Nan Kung starch factory started to financially support the work, together with CATAS, to set up participatory demonstrations and training courses, thereby promoting local cassava commercialization through adopted new cassava varieties and special fertilizers. This increased cassava production, which allowed the Nan Kung factory to process more than 20 000 t starch per year compared to only 3 000 t in 1994.

3.3.3 Improved livelihood

The participatory project has obviously improved farmers' income and the local agricultural economy through this 14-year project in Baisha County. Many "cassava" villages built new "cassava" houses and paved roads, bought tractors, motorcycles and mobile-phones. (Table 1)

Table 1　Cassava income of participating farmers in Baisha county

Item (average)	1994	2005	Reason
Cassava area (ha/family)	0. 3	1. 5	Stimulated by continuously improved incomes
Fresh root yield (t/ha)	15. 0	37. 5	New variety and high-yield production practices
Production (t/family)	5. 0	56. 3	Increased cassava area and yield
Total annual income (US $/family)	125. 0	2 392. 8	Fresh root price: 25 US $/t in 1994, 42. 5 US $/t in 2005
Net income (US $/family)	31. 3	1 550. 0	New variety and production practices increased the yields and reduced costs

3.4 Effect to institute

3.4.1 Respect for the farmers

Before 1994, the program of the government's Poor-Aid project was mainly decided by the leaders, researchers and technicians; few asked for the farmers' opinions. Now, many participatory Poor-Aid projects are supported by the government in Baisha County, and their programs and activities are decided first of all by suggestions made by the farmers, secondly by the experts, and finally by the government officials.

3.4.2 Combining various subjects

Before this participatory project, most researchers and technicians were good in a few specialized subjects, normally limited to their research and extension projects, as they worked independently from each other. After the project, people started to share in participatory tasks on several different subjects and under new complicated conditions; for example, the participatory cassava project involved many different subjects, such as breeding, agronomy, plant protection and economy issues. The combination of these various subjects was helpful in solving complex socio-economic and local biophysical problems with respect to cassava extension.

3.4.3 Increased participation

The number of people and organizations participating in the project have continuously increased (Figure 6).

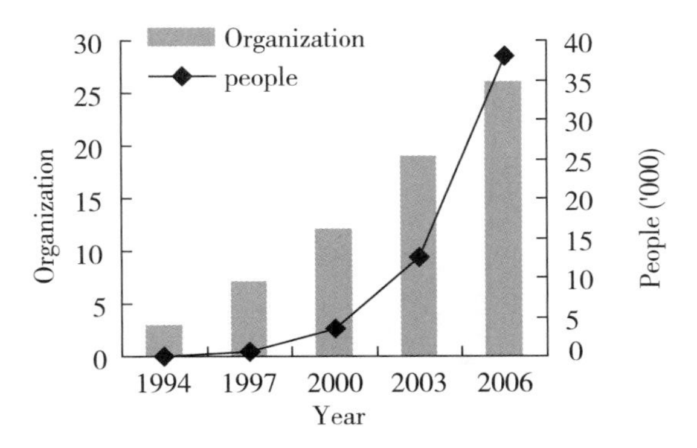

Figure 6. Participatory trend

For example, the participatory organization was originally initiated by CIAT, CATAS and Baisha county; these were later joined by the Chinese University of Tropical Agriculture (CUTA, located in Hainan Provice), some local governments and enterprises in Hainan, Guangxi and Yunnan provinces, and finally included the Ministry of Agriculture, Ministry of Science and Technology, CAU and FCRNC in China. Naturally, some researchers, technicians and farmers have been more active than others in the participatory project, and these have mainly contributed to the widespread adoption of new cassava technologies through the participatory approach.

3.4.4 Increased adoption of new technologies and area expansion

The FPR project started in 1994 with the testing by farmers of two cassava varieties and one fertilizer formula; this has now increased to the adoption of eight new varieties and several high-yield production techniques, such as no-tillage combined with chemical weed control, intercropping, interplanting, balanced fertilization and the planting of vegetative contour barriers to reduce erosion. The adoption of these practices first started to spread in Baisha county, and from there later extended to include all of Hainan as well as Guangxi and Yunnan provinces (Figure 7).

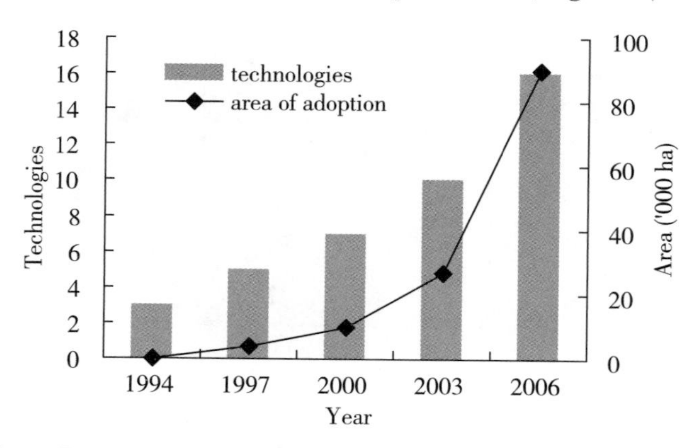

Figure 7. Number of Adopted technologies and area of adoption

3.4.5 Highly successful achievements

A number of new cassava varieties and high-yield technologies were popularized through a participatory project in Hainan province in South China. According to Hainan provincial statistics for 2006, more than 90% of the new varieties and technologies have been adopted in some major cassava production areas; these varieties had a two percent higher starch content of the fresh roots, increased the harvested area by 35%, the fresh root yield 50%, fresh root production 58%, and total farmers income 2.4 times as compared to 14 years ago. In South China, these new cassava varieties and technologies are now adopted in about 20% of the harvested area, equal to 90 000 ha; they contributed to the alleviation of poverty for more than 30 000 poor farmers, some of whom actually became rich. It also markedly improved the economic benefits of the cassava starch and alcohol industry, resulting in the expansion of these industries, and the commercialization of their products (Table 2).

Table 2 Cassava production in China from 1994 to 2005

Year	Harvested area . ('000 ha)	Fresh root yield . (t/ha)	Production . ('000 t)	Value . (million US $)
1994	420	12.9	5 428	156.3
2000	445	15.4	6 869	257.5
2005	435	16.8	7 300	375.0

Source: Ministry of Agriculture, P.R. China.

In the past 14 years, CATAS has published 16 participatory papers, released eight new cassava varieties, received eight achievement awards from the Hainan provincial government and the Ministry of Agricultural in China, most of these after 2002 (Figure 8).

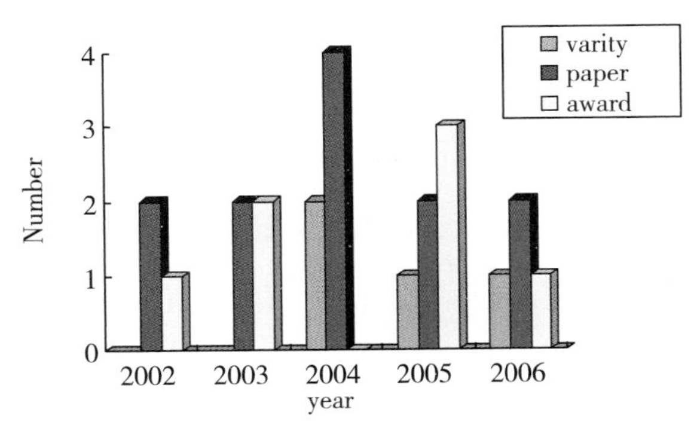

Figure 8. Variety, paper and award

4 Suggestions

4.1 Suitable conditions for adoption

The methodology of farmer participatory research (FPR) showed to be very effective in some remote areas where people tend to be poor, of low capacity, having few new technologies, and many adverse social and economic conditions. The reasons are that these participatory methods can shorten the extension process, from the development of technologies to farmers' adoption and application. Naturally, the participatory methodology will be faster in spreading the new technologies to nearby areas, because many farmers were already aware of the new varieties and had acquired agricultural knowledge in the previous participatory process. So, the participatory methods will be especially suitable for enhancing adoption in poor areas.

4.2 Capacity building

There is a need to further strengthen capacity building in the future; for example, researchers will be focused on research, writing, organization and influencing policies. Farmers will need to concentrate on learning participatory methods, improve agricultural knowledge, and solve independently local technical problems.

4.3 High-quality papers and advanced achievements

The data from participatory trials tend to be variable, sometimes results are insignificant, complicated and less regular because the experimental treatments are frequently adjusted according to the farmers' own ideas and variable local conditions. It is therefore difficult to write high-quality scientific papers and attain achievements. It will be necessary to standardize some of the participatory research methodologies, which will be helpful in the use of statistical analyses of complicated participatory data that are suitable for the publication of high-quality papers; which will contribute to publicizing and rewarding advanced achievements.

4.4 Extending influence

Obtaining greater political and social influence will be helpful in mainstreaming the participatory methodologies. It is therefore recommended to extend the experience and share the participatory model through symposia, published papers, training materials, newspapers, agricultural websites, TV programs and demonstration sites. The participatory method will be good for training and extending new technologies and methods to more people.

REFERENCES

Huang Jie, Li Kaimian, Ye Jianqiu, Xu Ruili. Practices and studies on Farmer Participatory Cassava Research and Extension [J]. Chinese Agricultural Science Bulletin. 2004. 20 (6): 342-346. (in Chinese)

Huang Jie, Li Kaimian, Ye Jianqiu, Liu Yonghua, Lin ShiXin. Application of participatory methodology in Chinese cassava technological extension. 2008. In: Li Xiaoyun, Qi Gubo, Xu Xiuli (Eds.). Science and Technology Development through Participatory Methodology. Chinese Agricultural University Press. pp. 99-116. (in Chinese)

Li Xiaoyun (Ed.). Participatory Development. Beijing, Chinese Agricultural University Press. 2001: pp. 115-128. (in Chinese)

Reinhardt H. Howeler. The use of Farmer Participatory Research (FPR) in the Nippon Foundation Project: Improving the Sustainability of Cassava-based Cropping Systems in Asia. 2001. In: R.H. Howeler and S.L. Tan (Eds.). Cassava's Potential in Asia in the 21st Century. Proc. of 6th Regional Cassava Workshop, held in Ho Chi Minh city, Vietnam. Feb 21-25, 2000. pp. 461-489.

附录 5

农民和教授一起研究种木薯

■“农民参与式研究”让农民和科技人员“双赢”

■通过此法全省推广良种木薯 50 万亩

范南虹.《海南日报》，2005 年 1 月 9 日

编者按 人们常说科技是第一生产力，科技的力量是强大的，但是如何让农民接受农业生产新技术和农作物优良新品种，一直是道难题。中国热带农业科学院的专家们耗时 10 年，探索出“农民参与式研究”的农业科研方法，通过农民主动参与农业科研的整个过程，让农民及时掌握并接受农业生产新技术、新品种，提高农业生产力，同时还能使专家们在科研工作中，及时根据农民利益调整科研方向，研究出最适合农民的农业科技成果。无疑，这是农业科技推广的双赢模式，既能加快农业科技成果的转化，又能加速农村经济的发展。

“我们村里的农民是和专家们一起搞科研的。”去年 12 月的一天下午，记者走进白沙黎族自治县七坊镇高石村，村党支部副书记罗文告诉记者，从 1994 年开始，高石村的农民就在中国热带农业科学院（以下简称“热农院”）专家们的带领下，一起参与木薯新品种的选育及推广。

热农院教授黄洁告诉记者，1994 年 7 月，黄洁和他的同行，在日本 Nippon 基金的资助下，与国际热带农业中心（CIAT）合作，以筛选、培育木薯新品种为载体，在全省农村探索总结“农民参与式研究”的农业科研

模式。10年探索，成就不凡，到目前为止，已在全省12个市县建立了“农民参与式木薯研究与推广”基地，并推广种植了50多万亩木薯新品种。

参与：让农民自主选择

“黄洁，你回来了！”一走进七坊镇孔八村，村民们都热情地和黄洁打招呼。在孔八村村民眼里，黄洁是能和他们一样下地、除草、施肥的“农民教授”。

孔八村木薯协会会长符永全告诉记者，热农院有许多像黄洁这样的“农民教授”，他们和村民一起研究木薯新品种的种植技术，一起筛选、培育木薯新品种。

热农院品资所所长刘国道告诉记者，研究之初难度特别大，几乎没有农民接受木薯种植的新技术和新品种。1994年8月，热农院品资所从七坊镇的自然村里挑选出几名见多识广、脑子灵活的农民作为科研项目的志愿者，由热农院免费提供种苗、肥料、除草剂，并免费进行技术培训，让农民自愿选择参与试验。

符永兴是最早接受这种模式的农民之一。在整个研究过程中，符永兴自己挑选了几个新的木薯品种和不同的木薯种植、施肥、保水保土技术，和专家们一起做对比研究。“其他农民志愿者也和我一样，我们都种过几十种木薯。”符永兴说，10年下来，仅孔八村就种过上百种的木薯。农民志愿者和专家共同探讨试验设计和执行方案，参与田间调查记录、观察种植过程、进行试验结果的评价和分析等。收获后，再由这些农民志愿者向身边的亲人、老乡宣传，介绍新品种的性能和种植技术。

“这种办法非常好，其他农民看到农民志愿者种的木薯丰产后，都跟着种起来。”黄洁说。

参与：让农民自我发展

60 多岁的符金燕是符永兴的父亲，符金燕的木薯地和儿子符永兴的木薯地紧挨着。当符永兴参与“农民参与研究”木薯新品种的种植与推广时，符金燕仍然坚持种原来的品种，坚持不施肥的种植习惯。一年后，当儿子从地里拔出华南 5 号新品种木薯时，符金燕有些呆住了：一株木薯竟然有 50 斤以上的产量，儿子 1 亩木薯地的产量是自己的 3 倍。强烈的对比，使种了几十年地的符金燕相信了“科学种田”的力量。

符金燕也种上了木薯新品种，他还积极地参与研究，当种植的木薯出现问题时，符金燕就和专家一起探讨解决的办法。

“我们村几乎家家户户种木薯，每户种木薯都在 20 亩左右。”孔八村的马国荣告诉记者，在参与研究中，孔八村成为远近闻名的木薯之乡。1996 年，孔八村村民自发成立了“木薯协会”。马国荣骄傲地向记者展示了国际热带农业中心（CIAT）发给他的木薯项目培训班的结业证书：“我们都成了技术能手，邻近村庄不少人还跟着我们学种木薯呢。”

“农民在参与中学习，在学习中成长，并获得了自我发展的能力。”国际热带农业中心亚洲分部的木薯专家浩勒博士欣喜地评价。

参与：经验和科技的良性互动

孔八村村民在解放前就开始种植木薯。符永全告诉记者：“当时村民种植木薯的技术非常原始，一般都在烧荒后的地里种植，种下去后既不施肥也不保水保土，结果木薯产量低，水土流失也很严重。”

但是，木薯推广专家们却不小看农民的耕作方式。热农院教授李开绵告诉记者，农民的耕作方式再落后，也有可取之处。“农民有实际的生产经验，对自己耕作的土地非常了解，我们吸收农民参与农业科研，实际上是他们农业生产经验和我们科研工作间的良性互动。”

农民在长期种植木薯的经验中，发现种木薯导致水土流失。他们自己有一些防止水土流失的土办法，于是，热农院专家结合农民的土办法，研究出在木薯地里间种香根草来保持水土。而热农院专家推荐的100多个木薯品种，在农民实际生产的检验下，筛选出10来个优秀的品种。

黄洁告诉记者，“农民参与式研究”总结出了政府主导型、工厂主导型、农民主导型3种模式，前后共有109位农民成功地参加了木薯新品种试验，培训了1 000多名农民技术骨干。

附录 6

儋州木薯科技小院成长记

为了解华南木薯主产区农户的木薯施肥管理现状，中国农业大学资源与环境学院和中国热带农业科学院热带作物品种资源研究所联合成立了海南儋州木薯科技小院，合作开展广西、广东、海南 3 大木薯主产区的调研，以了解当地农户木薯种植管理现状以及管理中存在的问题。在小院的 2 年，有感动、有欢乐，更多的还是不舍。

为熟悉小院环境，最初在广西田阳科技小院驻扎了半个多月，然后从田阳转战海南，收获颇多，感悟颇多，期间也发生了很多有趣的故事，从小问题到大问题，一个个破除难关，现在想起来还历历在目。

1　初到田阳状况不断

记得刚去广西田阳的时候，由于时间太急，来不及买卧铺，只能买硬座票，三天的路程，自己一个人去广西那么远的地方，家里人和我都吓得不行。那段时间又经常报道女大学生失联事件，为了家里人安心，我给家里约定好，火车每过一站，我就给家里发个短信报个平安，而且我一路上时刻保持警惕，不和陌生人说话，绝不把包放在座位上，上厕所也要背着自己的包，早、中、晚饭在火车上吃的时候，都会拍个照片给家里人发过去，就这样一边警惕着周围的人，一边给家里人报站，战战兢兢的三天总算熬了过去。不过有了这一次经历，以后去哪都不怕了，去广西这么远的地方都没出事，还有什么地方不敢去。

1.1　胆子是练出来的

下了火车，张东师兄来接我，虽然大家之前没见过面，但是能在广西听到正宗的北方口音，对刚到广西的我来说，简直是莫大的安慰。到了村里，我见到了赵丹师姐，还有学娟和小强同学，虽然田阳热了点，但是住的地方有风扇，而且房子还很宽敞，心里安慰了些。但这仅仅是第一印象，麻烦的事情还在后面。

由于是住在村委会，厕所是公用的，离住房还是有点距离，最恐怖的是在去厕所的路上有几个破破烂烂的房子，还有一大片野草丛，简直和鬼片里的鬼屋一模一样。记得第一次晚上想去厕所的时候已经是夜里 1 点多了，看到学娟、师姐都在熟睡，我只好一个人壮着胆子，拿着手电筒哆哆嗦嗦的走向厕所，路上恨死自己了，晚上喝这么多水干什么，就在我拐进小路的时候，我用手电筒照了一下四周，没有任何异常，可以前进，刚走了没几步，就听草丛里有一个东西跑了过去，吓得我大叫一声，扭头就往回跑，简直是百米冲刺的速度，回到屋里，看到她俩还在睡觉，我静静地考虑了五分钟后，终于决定叫醒学娟和我一起去。回来躺在床上，被吓得毫无睡意，一晚上就这么清醒着过去了。不过今后经历的这种事情多了，我的胆量也确实比以前大了不少，夜里路过荒草丛，终于可以从容淡定，不再大惊失色了。

1.2 菜鸟学做饭

接下来的问题就是做饭了，去田阳之前，自己根本不会做饭，而且还一直认为大家都是同龄人，应该都不怎么会做饭，后来我发现大错特错了，大家都会做饭，而且学娟做的还很好吃。之后，我在大家的帮助下开始学习做饭，用电磁炉炒菜，每次我炒菜的时候，旁边必须有个人陪着，而且我一定要比那个指导我的人还远离电磁炉，因为我怕万一电磁炉炸了，来不及跑，一直到很久我都没能克服这个恐惧。刚开始炒菜的时候，菜会跑到锅外去，于是，大家都会看不下去而出手相助，渐渐地，在大家的言传身教中，我终于能炒一个完整的菜，而且味道还不错。

1.3 调研工作忙

在小院里，工作当然是最主要的。在田阳时，主要是帮师兄、师姐作芒果的调研，刚进村里调研的时候还是很紧张的，一是进到别人家里，有点小紧张；二是语言不通，村民们地道的广西方言我完全听不懂。作为一个调研人员，这些问题可都是要克服的啊。我先是跟在师兄后面，听师兄怎么问的，顺便适应一下方言，陪着师兄调研完一户人家之后，我决定自己单独出去试试，和师兄约定一人负责一片，调查完后到村口集合，真是感谢当地人的热情、耐心，连说带比划的，一上午终于问完了几份问卷。接下来的调研，也就越来越顺利了，不仅可以调研村民的芒果种植情况，热情的村民还会给我们芒果、龙眼吃。每天调研完回到住的地方，会有许多当地的小孩在周围跑来跑去、打打闹闹，有一次，我给家里打电话，当然说的是我们家的方言，几个小孩忽然安静了，围着看我，我也很奇怪的看着他们，等我把电话挂了，他们开始学我说话，一听还真有点像。不得不佩服，还是小孩子的语言学习能力强啊。

在田阳生活了半个月后，李老师给我打电话，让我去海南，说是要跟当地的一个老师作木薯的研究，我当时的第一反应就是，木薯是什么，能吃吗？李老师信誓旦旦地说，能吃。我一听，木薯能吃，还是海南这么个好地方，愉快的决定去海南了。第二天，告别了师兄、师姐、学娟、小强，开始了未知的海南征程。

2 海南安身

等我一个人到了海南以后，一直很感激在田阳的这段经历，胆子大了点，会做点饭，这两样是我刚到海南生存的根本保障。

2.1 女汉子抢修宿舍

刚到海南宿舍，简直被眼前的景象惊呆了。宿舍楼没有楼管，似乎楼门整天开着，形同虚设。宿舍楼里男生自由出入，我就奇怪了，怎么女生宿舍里，男生这么随意进出，一问才知道，这是男女混合宿舍，真是开眼界了，一楼住女生，二楼男女混住，再往上住女生。震惊了半分钟后，我决定鼓起勇气打开宿舍门，看看宿舍里的景象，宿舍门不是你想打开就能打开的，要找准感觉才行，右手拿着宿舍钥匙，左手提着门把手，左手右手一个慢动作，右手左手慢动作重播，足足5分钟，终于打开了宿舍门，4张床板，4张桌子映入眼帘，拿个小棍清理一下墙上的蜘蛛网，拿个抹布擦一下床板和桌子，开始往里搬东西。匆忙的一下午就这样过去了，到了晚上去厕所，才发现厕所灯不亮，只能第二天找人来修了，一不小心关厕所门时，用劲大了，门把手掉了，我的妈呀，这也太脆弱了吧，幸好这种小故障我会修。

第二天，找来工人把厕所灯修好了，这下宿舍应该没什么问题了吧，总算可以开始工作了，兴冲冲地跑到商场，交了半年网费，准备回宿舍上网，一试才发现宿舍网线不能用，赶紧找人修，负责修网线的人来的倒挺快，但看了看宿舍里的网线，调侃说，这个宿舍的网线和这个宿舍的历史一样悠久，已经找不到主线了，没法修。没办法，只能换宿舍了，和宿舍管理员说明情况后，决定搬到隔壁宿舍，这次可得先试一下网线能不能用，省的不能用又白费劲，一试网线还凑合，马不停蹄地赶紧搬，费了半天劲，终于搬完了，手上全是灰，想着去厕所打开水龙头洗洗手，噫！这个水龙头怎么这么怪，用绳子缠了好几层，缠的还挺结实，刚解了几圈，水就喷出来了，想再把绳子缠上就难了，喷泉一样根本控制不住，赶紧给修水管的打电话，在专业人士的帮助下，终于控制住了水势，自己也淋成了落汤鸡。终于修好水管了，身心疲惫啊，一屁股坐在床上，仰天长叹，这不看不知道，一看吓一跳，宿舍的窗户没有玻璃！说时迟那时快，一个箭步冲上去，抓住了刚要走的维修人员，大爷，先别急着走，窗户没玻璃，找谁修呀？

2.2 与耗子们斗智斗勇

早就听说海南的老鼠多，可没想到会这么多，3 只老鼠赛跑，5 只老鼠争食的现象太普遍了。最可气的是一到了晚上，老鼠就在门口等着，你一开门它就趁机往里窜，你吓它，它还不走，你往前一步它就退一步，你一往后退，它就前进，这也太嚣张了。逼得我出绝招了，笤帚、棍子齐上，必须把它赶走。

老鼠刚赶走，壁虎又来了，墙上的壁虎也太多了吧。放在桌子上的水果，一会壁虎就爬上来，得想个办法，用草帽扣住，这下是挡住壁虎了，可成群的小黑虫又来了，最后想了想，算了，不跟他们斗了，以后吃多少水果就买多少，再也不剩了。

在海南的宿舍住了两年，我可以淡定的和老鼠并肩同行，不害怕各种飞虫，这种经历恐怕也只能在儋州科技小院才有。

2.3 开工啦

在中国农业大学开题后，回到儋州小院，思考了很长时间，到底该干什么。这么大的课题，不赶快调研的话怎么能完成，于是我开始努力设计调查问卷，与少龙师兄、张东师兄联系，要来了他们之前的调查问卷，又找品资所里的陈老师，要来了外国人调研中国木薯产量时设计的调查问卷，把各方面的内容整合后，感觉自己设计了一个不错的调查问卷。然后，整天等着什么时候能出去调研，整天都特别着急，这么大的课题得快点出去调研啊，天天都出去调研，也不一定能调研的完，可千万不能耽误啊。

盼望着、盼望着，调研的日子终于来了，先是一个人去了海南省白沙试验站，和当地试验站的韩全辉师兄还有一些工作人员一起下乡调研，虽然中间会遇到村里的红白喜事，找不到人，打乱了原本的计划，但多亏了当地试验站的帮助，调研进行得还算顺利，顺利完成海南的第一步调研，算是给我的调研之路开启了一扇门，让我认识到了自己调研中存在的问题及改进思路，也更坚定了下一步调研的决心。

接下来是到广东的调研，刚开始，是通过广州试验站的何时雨和郑永清师兄，联系了翁源县的一家木薯淀粉厂的老板，希望能去他的淀粉厂调研，因为那里每天都会有农民来卖木薯，周围种植户也多。得到了淀粉厂老板的支持后，我带着一个师妹，坐了1天1夜的车，一路走一路打听，终于到了那个淀粉厂，现在回想起来这段经历，虽佩服自己当时的胆量，但心里还是有点后怕，当时脑子一热，就冲到了广东的一个村里，能顺利找到那个淀粉厂已是幸运，在调研过程中得到了淀粉厂老板还有厂里工作人员的热情帮助，那更是幸运。那天调研完后都已是晚上8点多，初冬的天已经很黑了，凉风习习，当我们收拾好东西准备返回住处，当地人看到我们没吃饭，就热情请我们吃了一顿热乎乎的饭菜，真是感谢一路遇到的好心人。

最后是到广西的调研，得到了黄洁老师、魏云霞老师、武鸣试验站、北海试验站等工作人员的帮助，调研之路就相对顺利多了。一路走来，真是非常感谢每一个帮助过我们的好心人！

在2015年3月到2016年5月的1年多时间里，我们走访了广西、广东、海南3省区的6个市（县），17个乡镇，38个村庄，300多户农民，除在田间地头开展生产调研外，还兼顾向农民传播木薯种植管理技术，参与组织培训农民累计100余人次，同时，主编《木薯高产高效栽培技术》科普手册，免费发放指导生产，总计发放了210本。

2.4 历尽艰辛终获赞

基于上述的调研工作，我将生产实践和科学研究相结合，以第一作者发表论文6篇。其中，中文核心期刊4篇：《中国农业大学学报》、《江西农业大学学报》、《热带作物学报》、《云南农业大学学报》；通过翻译和综述相关木薯资料，主编1本书。在小院工作期间，累计完成工作日志307期。

在科技小院的工作，得到了当地导师的认可，给了我很多展示自己工作成果的机会，在小院期间，协助筹备“2015年中国木薯栽培技术发展战略研讨会”，并负责会议记录；代表课题组，在“2015 年国家木薯产业技术体系栽培和植保技术研讨会”等学术会议上汇报 5 次，均取得了良好效果。在中国热科院品资所第一届研究生学术论坛中，荣获优秀汇报一等奖；在中国热科院第一届研究生学术论坛中，荣获优秀汇报三等奖。小院活动被国家木薯产业技术体系信息平台报道 3 次。

科技小院不仅要扎根农村，更需要走出去，接轨企业，接轨国际。在导师们的支持下，我有幸参加在广西南宁举办的“World Congress on Root and Tuber Crops”的世界薯类研讨会，并被大会选录了我的英文摘要及海报；被推荐担任“FAO 木薯种植和加工技术培训班”授课讲师，全程英文授课，累计培训 4 课时；参与接待尼日利亚、刚果等国外考察团共 80 余人次，介绍木薯种植、管理技术；参观考察广西明阳淀粉厂等 5 家国内木薯厂，了解木薯淀粉、酒精生产工艺；参观考察了国内 7 个大型木薯生产示范基地，学习先进的种植管理技术。

同时，我在小院的工作也获得了小院师生的认可，获得了第八届全国科技小院网络交流培训会优秀汇报一等奖，连续两年获得中国现代农业科技小院网络“惠泽三农”优秀贡献奖，第二届中国农业大学科技小院征文大赛三等奖，第二届中国现代农业科技小院摄影大赛优秀奖。

研究生期间所做的各项工作也得到社会各界的认可，获得了中国农业大学资源与环境学院 2015—2016 学年研究生国家奖学金，2017 届中国农业大学校级优秀毕业生，2017 届北京市优秀研究生毕业生，算是给自己的科技小院生涯、研究生生活画上了一个圆满的句号。

3 务农之路多艰辛

3.1 留守妇女、务农人口老龄化

在与农户交流的过程中，我们经常会听到这样一句话“去问我老婆，地

不是我种的，是我老婆种的。”男人们只有在农忙季节短时间回来一下，妇女撑起了家里的一片天。

青壮年外出打工，女人留家种地，务农人口老龄化，这几乎是农村的普遍现象。在海南省琼中县和白沙县的调研也发现，当地木薯种植户中40~50岁人数以及50~60岁人数分别占调研总人数的35.8%和38.8%，务农人口老龄化现象严重。

3.2 人均耕地少

男人们为什么都外出打工，广东省韶关市翁源县的李大叔给出了我们答案，“我们这里一口人只分到3分田，不出去打工，指望那一亩三分地，一家人都没饭吃”。人均耕地这么少，怪不得农民没田种，要出去打工，但是我还不死心，继续追问，那你们可以租地啊。听完我的话后，李大叔的反应很强烈：“租地！木薯一亩地才收1 000来块钱，我们这的地租，好的地一亩要二三百块，不好的也要一百块呢。租地种木薯，要赔死了。”

3.3 规模化、机械化程度低

耕地少、利润低，使得多数农户都选择把木薯种在山地上，到广东省调研的时候，问到一位大叔，家里有15亩木薯地，我一听觉得很兴奋，不错啊，在当地应该算得上是大户了，肯定得机械化作业了，又一问这15亩地大概分成几块，大叔的回答让我们大吃一惊，80多块！15亩地分成了80多块，一块地最多也就几分地，我当时就想，这么多地块，收获的时候能记住哪块地在哪吗，会不会落下几块地啊。大叔一看我们吃惊的表情又说了，我们的地都是在山坡上，种的时候就用锄头翻地，收的时候就用簸箕把木薯背下来，这还不是最麻烦的，最麻烦的是施肥，坡太陡的话，我们都得两三个人把肥料抬上去。

听了大叔的这番描述，我对木薯机械化程度低的问题有了更深的认识。近年来，各地都在大张旗鼓地搞木薯机械化，毛主席曾经说过农业的未来就是机械化，大家也越来越认识到这一问题，木薯的机械化远远落后于周边的其他作物，木薯整个的种植管理中，人工费用占到60%左右，大多数地区还在沿用一锄一刀的传统种植方式，就目前形势来看，要想改变这种现状，一是要解决农民的土地规模化问题，一块地就几分地，就算生产出再好的机械也开不进地里去；二是要针对当前的实际情况，开发一些适合普通农户使用的低成本小型器械，从而打开木薯机械化的大门。

3.4 农民对新品种又爱又怕

武鸣县是全国的木薯种植最大县，当地的木薯种植品种主要是华南 205 和南植 199，都已是推广几十年的老品种，去到田间地头和农民聊天，农民问的最多的一句话就是“你们有没有高产新品种”，高产新品种的选育和推广是目前木薯产业面临的一个大难题。现在选育的新品种很多，但大部分品种不能适应生产的需要，这些年来，木薯体系内的综合试验站也推广了不少新品种，但投入生产后，或多或少的都存在一些缺陷，如抗旱抗寒性不强、抗病抗虫性差、鲜薯淀粉含量低等，甚至有些白肉品种还被农民戏称为“白萝卜”，鲜薯水分高，淀粉含量低到被企业拒收或压价收购，由于出现任何一个问题都可能是致命的，农民都不敢用。这也是为什么这么多年农户依然种植华南 205 和南植 199 这两个老品种的原因，一方面期盼能有高产新品种，另一方面又害怕尝试，害怕一次次的尝试失败，得不偿失，成为试验品。

明阳淀粉厂黄经理的一句话，让我现在都记忆犹新“新品种存在问题，我们不能推广给农民，这是不负责任，是欺骗农民，是害农民，不是帮农民。”这次经历也让我深刻认识到，之前在文献中看到的很多关于新品种难推广的说法其实是值得深思的，不是新品种难推广，而是缺乏符合生产要求的新品种。“读万卷书不如行万里路”，不深入基层，不了解农户真实的想法，仅仅依靠书本文献中看到的东西是远远不够的。不深入基层就看不到农民对新品种渴望的眼神，理解不到农民对新品种又爱又怕的心理。

3.5 解民生之多艰

2 年时间里，我了解了农民的辛苦，务农的不易，更是被农民的真诚、热情深深地打动。感谢当地热情的农户，在我们工作到很晚的时候，怕我们没地方吃饭，给我们留着热乎乎的晚饭，围着农户家的灶台取暖，让我有种回到家的亲切感。

走访调研的过程中，我们也尽自己所能，向农民传播更多的种植知识，指导农民施肥，发放技术手册等，希望尽我们的微薄之力，能帮助农户降低成本，提高产量。

4 阳光总在风雨后

从田阳科技小院转战海南科技小院，期间有迷茫有挣扎，但更多的还是收获，在小院待的时间越长，和老师、师兄、师姐交流越多，感悟越多，收获越多，对小院的感情越深。阳光总在风雨后，不经历风雨哪来彩虹，人生总是在迷茫和挫折中成长，如果你感觉自己走的很累，那你一定是在走上坡路，无限风光在前方。身为中国农大学子，虽于古之圣贤有所不及，然爱农之心犹可比也。舍弃京城之繁华，亲民亲农，传道解惑，耕田劳作无所不为，探索现代农业道路实为艰辛也，然吾辈眼中“三农”实乃真实。住农家之舍院，考民情之艰难，谈农业之难兴，感农民之朴实，观民耕，寻民难，闻民意，解民艰，思民之所思，虑民之所未虑，思吾之所为，吾倍感荣幸。

致 谢

铁打的营盘流水的兵。这句话用来形容科技小院再形象不过了，驻守小院的士兵换了一茬又一茬，但小院的队伍，也在一茬茬士兵的努力下变得越来越壮大。回想 3 年前，自己刚踏入中国农业大学的校门，满眼惊喜、满眼希望。惊喜的是自己从青岛农业大学奋斗一年，终于考进了自己梦寐以求的学府，哪哪都是新奇；希望自己在中国农业大学 3 年的生活能对得起自己曾经日日夜夜埋头苦读、风雨无阻备战考研的日子。

首先要感谢我的导师申建波教授，申老师严谨的治学态度，渊博的知识积累，在学习和生活中给予我很大的帮助，让我潜心科研，热爱学术。其次，感谢科技小院的李晓林老师，俗话说男怕入错行，女怕嫁错郎，入行前对小院一无所知的我，一度怀疑、迷茫，自己是不是选对了。现在回首过去的 3 年，我可以毫不犹豫地说真庆幸自己当初的选择。人生就是这么神奇，若不是在学校档案楼前偶遇了李老师，也就不会有这 2 年多的小院生活。记得复试后，灰头土脸的从大楼里出来，出门就看到了一群学生围着一个老师，叽叽喳喳的说来说去，站在中间的那位老师，一直面带微笑，看着大家，和大家开玩笑。我当时就感觉眼前一亮，这么随和亲民的老师，我一定要当他的学生，我就一直掺杂在人群里，等到大家都散去的时候，机会终于来了，李老师之前的学生要和他合影，这么好的机会我当然不能放过，我也要合个影，这就是我去找李老师，要当他学生的证据，现在想想当时也真是荒谬。上天给你关了一扇门，总会给你打开一扇窗。就是这么一扇窗，一直照耀着我 3 年的研究生生涯。除了李老师，江周师兄、宝深师兄、张东师兄也在我的学习生活中无私地帮助我，感谢各位师兄。

品资所的黄洁老师，一位认真、细心、负责的老师。在海南的 2 年时间里，有数不尽的摩擦、各种意见不统一，我能一路跌跌撞撞走到今天，是黄老师的包容、忍让教育了我；在我每次垂头丧气，想要放弃时，是黄老师在背后推我一把，让我又往前迈进了一步。记得刚到所里时，对黄老师的做法和要求存在种种不理解，平衡不好品资所和中国农业大学两边的要求，时有莽撞冲动，现在想想当初真是不懂事。接触的时间越长，越发现黄老师并不是故意整学生，所谓的“高标准、严处罚”是为了让我们把错误都犯在学生时期，把毛病都留在校园里，学校里老师对你的处罚会比社会上的处罚仁慈得多。相比于其他学生，黄老师还多给了我许多机会，参加各种大型会议和上台作报告的机会，不但让学生们参加国际薯类研讨会，还指导学生为国际培训班的一班老外上课，庆幸的是，我每次都是打起12分的精神，没给黄老师丢人。还要感谢魏云霞师姐，每次修改文章没少麻烦师姐，一遍遍地修改，指出文章中存在的问题、缺陷，下一步该如何改正。生活上也非常感谢师姐的照顾、帮助，师姐以过来人的身份告诉我，研究生期间应该如何面对各种问题和挫折。

科技小院真是个神奇的地方，若不是在科技小院，我做梦也不会想到我会在祖国的最南端认识一群可亲可爱的老师、师兄、师姐。感谢飞飞师姐、肖姐、罗姐、薛博、秦博、宋博、小韩师兄在我学习和生活中给我的帮助，虽然这些师兄、师姐都是品资所的工作人员，但和他们聊天毫无代沟，一有不会的、不懂的第一反应就是找师姐，师姐肯定会帮我；有好吃的好喝的，师姐肯定会想着我；有委屈、想不通的，师姐会安慰我，替我抱不平。件件往事现在想起来都是满满的感动。记得我刚到所里的时候，飞飞师姐才刚结婚，等到我要离开的时候，孩子都快一周岁了，师姐们经常会把自己的孩子带到办公室来，时间长了和她们的孩子都混熟了，随便抱走都没问题了。时间过得真快，之前一直想着、念着的毕业终于到来了，面对分别，悲伤、不舍涌上心头。记得我临走回京之前，请所里的老师、师兄师姐还有同学吃饭，大家帮我安排、张罗、运东西，更让我感受到了这个大家庭带给我的温暖。他们都不是科技小院的成员，但却是我在海南最亲近的人。现在看到两张照片，我心里还是万分感慨，两年的时间说慢也慢，说快也快。一张照片是我刚到海南时，炎炎烈日表现的是我扎根小院，埋头工作的满腔热情；另一张照片是我将要离开海南时，凉风习习又是我将要离开的依依不舍和淡淡酸楚。

一路走来，有太多的人帮助过我，感谢小韩师兄，还有可亲可敬的林主席帮我打开了海南调研的大门；感谢小郁师兄、何时雨老师协助我在广东的调研；感谢刘姐、郑刚辉老师协助我在北海的调研；感谢陆昆典老师等协助我在武鸣的调研。还有很多未一一指名道姓的善良的人，帮我翻译听不懂的方言，晚上留我吃饭，等等，在这里一并致谢！

梁海波

2017 年 6 月

参考文献

曹升，禤维言，陈会鲜，等 . 2014. 控缓释肥对木薯生长及产量的影响［J］. 南方农业学报（5）：790–795.

岑忠用，罗兴录，苏江，等 . 2006. 生物有机肥对木薯生长和块根产量的影响［J］. 中国农学通报，11（22）：202–206.

陈丹萍，廖宇兰，王涛，等 . 2012. 影响木薯机械化收获的生物环境特性［J］. 农机化研究（6）：55–58.

陈建生，唐拴虎，黄巧义，等 . 2010. 坡岗地木薯营养调控技术研究［J］. 广东农业科学，37（3）：16–18.

陈建生，徐培智，唐拴虎，等 . 2005. 一次基施水稻控释肥技术的养分利用率及增产效果［J］. 应用生态学报，16（10）：1868–1871.

陈立胜，潘瑞坚 . 2007. 木薯酒精产业的社会效益和经济效益分析［J］. 广西轻工业（1）：24–25.

邓婷鹤 . 2015. 2014 年中国热作产品贸易及未来展望［J］. 农业展望（4）：66–71，75.

杜长玉，李东明，庞全国 . 2003. 大豆连作对植株营养水平、叶绿素含量、光合速率及其产物影响的研究［J］. 大豆科学，22（2）：146–150.

段立珍，汪建飞，于群英 . 2007. 长期施肥对菜地土壤氮磷钾养分积累的影响［J］. 中国农学通报，23（3）：293–296.

范兰，吕昌河，陈朝 . 2011. 作物产量差及其形成原因综述［J］. 自然资源学报，26（12）：2155–2166.

范南虹 . 2005-1-9. 农民和教授一起研究种木薯 [N]. 海南日报 .

房伯平，宁乃颉，Howeler R H. 1994. 氮、磷、钾施用量对木薯产量的影响 [J]. 广东农业科学 (1)：28-30.

古碧，李开绵，张振文，等 . 2013. 我国木薯加工产业发展现状及发展趋势 [J]. 农业工程技术·农产品加工业 (11)：25-31.

谷佳林，曹兵，李亚星，等 . 2008. 缓控释氮素肥料的研究现状与展望 [J]. 土壤通报，39 (2)：431-434.

韩远宏，王英日 . 2009. 木薯"3414"肥效试验初报 [J]. 农业科技通讯 (10)：41-44.

何晶 . 2012. 广西木薯产业发展研究 [D]. 南宁：广西大学，3.

何军月 . 2009. 木薯"3414"肥效试验研究 [J]. 广西农业科学，40 (12)：1586-1589.

黄晖，崔振德，张园，等 . 2012. 木薯收获机械研究进展与分析 [J]. 中国热带农业 (6)：20-22.

黄洁，林雄，李开绵，等 . 2000. 木薯施肥效应研究 [J]. 广西热作科技 (3)：1-3.

黄洁，刘子凡，许瑞丽，等 . 2010. 施肥位置对木薯产量和生长的影响 [J]. 江西农业学报，22 (10)：15-16，26.

黄洁，刘子凡，许瑞丽，等 . 2011. 四种中微量养分对木薯的增产效果 [J]. 中国农学通报，27 (5)：254-258.

黄洁，陆小静，叶剑秋，等 . 2013. 热带作物品种区域试验技术规程 木薯 (NY/T 2446-2013) . 中华人民共和国农业部发布 .

黄洁，王萍，许瑞丽，等 . 2009. 株行距和施肥量对木薯产量及生长的影响 [J]. 热带作物学报，30 (9)：1271-1275.

黄洁，魏云霞，欧珍贵，等 . 2015. 能源木薯生产技术规程 (NB/T 34031-2015). 中华人民共和国国家能源局发布 .

黄洁，吴焕林，李开绵，等 . 2004. "农民参与式"研究与推广的木薯栽培技术

[J]. 热带农业科学，24（5）：42-47.

黄洁，叶剑秋，许瑞丽，等. 2004. 长期施肥对木薯农艺性状、鲜薯产量和淀粉质量分数的影响［J］. 热带作物学报，25（4）：42-49.

黄洁，张伟特，李开绵，等. 1999. 木薯营养诊断及施肥研究初报［J］. 热带农业科学（5）：40-46.

黄艳. 2014. 尼日利亚木薯农民合作联盟签署协议促进木薯生产［J］. 世界热带农业信息（8）：21.

黄春生，熊明. 2010. 连作障碍的产生原因及改善途径［J］. 上海蔬菜（5）：62-64.

黄建祺. 2015. 广西木薯种植区气候区划研究［D］. 南宁：广西大学，1-4.

黄巧义，黄旭，唐拴虎，等. 2010. 木薯营养与施肥研究进展［J］. 中国农业科技导报，12（2）：62-68.

黄巧义，唐拴虎，陈建生，等. 2013. 木薯物质累积特征及其施肥效应［J］. 作物学报，39（1）：126-132.

黄巧义，唐拴虎，陈建生，等. 2014. 氮磷钾配比对木薯养分吸收动态及产量影响［J］. 植物营养与肥料学报，20（4）：947-956.

黄日波，陈东，王青艳，等. 2010. 木薯原料生产燃料乙醇［J］. 生物工程学报，26（7）：888-891.

黄文强，潘友仙，韦开蕾. 2015. 世界木薯贸易发展趋势分析［J］. 现代商贸工业（26）：46-47.

黄子乾，王英日. 2014. 木薯氮肥施用量试验研究［J］. 广西农学报，29（3）：28-30.

姬卿，傅国华，闵义. 2014. 我国木薯生产的实证分析［J］. 广东农业科学，41（17）：191-196.

姬卿，傅国华，闵义. 2015. 海南木薯燃料乙醇循环生产模式的构建及经济评价［J］. 安徽农业科学，43（10）：341-343，350.

姬卿，闵义，傅国华. 2014. 我国木薯产品的进口与加工问题分析［J］. 对外经贸实务（7）：50-52.

蒋志国，黄辉，李明，等 . 2008. 我国研发木薯收获机械的必要性［J］. 中国热带农业（6）：34-35.

李军，田益农，盘欢，等 . 2005. 泰国木薯优良新品种的引进和区试报告［J］. 广西热带农业（5）：1-4.

李苗，李建军 . 2013. UNICA 引领巴西甘蔗乙醇产业做大做强的主要举措［J］. 农业科技管理，32（2）：64-67.

李明，邓怡国 . 2008. 我国木薯淀粉加工技术与设备的现状及发展对策［J］. 农业机械（5）：63-65.

李妍 . 2011-07-04. 泰国欲打造世界最强木薯品牌［N］. 国际商报（3）.

李克南 . 2014. 华北地区冬小麦—夏玉米作物生产体系产量差特征解析［D］. 北京：中国农业大学，6.

李清林，田亮，王健，等 . 2012. 政府主导下的我国木薯燃料乙醇产业发展战略［J］. 广东农业科学，39（1）：165-167，179.

李小云，齐顾波，徐秀丽 . 2008. 参与式科技发展［M］. 北京：中国农业大学出版社，99-116.

李晓明，杨重法，左应梅，等 . 2009. 种植密度和施氮水平对华南 8 号木薯产量形成的影响［J］. 热带农业科学，29（7）：13-16.

林洪鑫，袁展汽，刘仁根，等 . 2013. 种植密度和留苗方式对木薯产量和经济收益的影响［J］. 湖南农业科学（17）：24-27.

刘保花，陈新平，崔振岭，等 . 2015. 三大粮食作物产量潜力与产量差研究进展［J］. 中国生态农业学报，23（5）：525-534.

刘建刚，王宏，石全红，等 . 2012. 基于田块尺度的小麦产量差及生产限制因素解析［J］. 中国农业大学学报，17（2）：42-47.

刘志娟 . 2013. 东北三省春玉米产量差及限制因素解析［D］. 北京：中国农业大学，2.

龙文清，谭成明，姚富英 . 2011. 木薯氮磷钾肥适宜用量研究［J］. 农业研究与应用（6）：10-13.

卢赛清，石兰蓉，田益农，等. 2014. 柬埔寨木薯生产状况及发展机遇［J］. 农业研究与应用（3）：60-63.

陆昆典，李兆贵，李春光，等. 2011. 武鸣县木薯间（套）种模式的产量与效益分析［J］. 热带农业科学，31（9）：18-20，64.

陆小静，许瑞丽，闫庆祥，等. 2013. 氮磷钾配施对木薯产量和淀粉含量的效应研究［J］. 热带作物学报，34（12）：2331-2335.

罗华元，王绍坤，常寿荣，等. 2010. 烤烟钾含量与土壤pH、有机质和速效钾含量的关系［J］. 中国烟草科学，31（3）：29-32.

罗文贱，逄玉万，欧俊，等. 2011. 广东省有机肥料市场现状及发展方向分析［J］. 广东农业科学，38（2）：66-68.

罗兴录，岑忠用，谢和霞，等. 2008. 生物有机肥对土壤理化、生物性状和木薯生长的影响［J］. 西北农业学报，17（1）：167-173.

罗兴录，樊吴静，韦承坤，等. 2012. 机械化种植对木薯产量和土壤肥力的影响研究［J］. 中国农学通报，28（36）：195-200.

罗兴录，劳天源. 2000. 木薯不同时期施肥对产量和淀粉积累影响研究［J］. 耕作与栽培（3）：8-9，11.

罗兴录. 1998. 木薯与花生间作产量效应及生态经济效益研究［J］. 耕作与栽培（4）：1-8.

聂胜委，黄绍敏，张水清，等. 2012. 长期定位施肥对作物效应的研究进展［J］. 土壤通报，43（4）：979-987.

欧文军，罗秀芹，安飞飞，等. 2014. 气候变化与我国木薯北移的可能性分析［J］. 中国热带农业（4）：4-8.

潘剑萍，刘永贤，凌美杏，等. 2013. 桂西南地区木薯肥效研究初报［J］. 广西农学报，28（3）：22-24，53.

彭修涛. 2008. 木薯丰产栽培技术要点［J］. 中国热带农业（4）：58-59.

濮文辉. 2007a. 尼日利亚木薯业发展与研究［J］. 世界热带农业信息（7）：6-8.

濮文辉 . 2007b. 尼日利亚将建立 500 个木薯加工中心［J］. 世界热带农业信息（3）：6.

漆智平，唐树梅，洪彩香，等 . 1999. 木薯的营养特性及平衡施肥［J］. 广西农业生物科学，18（3）：176-180，183.

齐平 . 2013-07-10. 泰国木薯出口对接“中国需求”［N］. 经济日报（4）.

全国农业技术推广服务中心 . 1999. 中国有机肥料养分志［M］. 北京：中国农业出版社，5-7.

阮维斌，王敬国，张福锁 . 2003. 连作障碍因素对大豆养分吸收和固氮作用的影响［J］. 生态学报，23（1）：22-29.

施筱健，农天益 . 2001. 木薯高产栽培综合技术［J］. 广西农业科学（2）：79.

宋付平，黄洁，陆小静，等 . 2009. 中国木薯施肥研究进展［J］. 中国农学通报，25（4）：140-144.

覃定浩 . 2010. 木薯淀粉行业循环经济模式的探讨［J］. 化学工程与装备（8）：214-216.

覃双眉，李明 . 2011. 国内外木薯种植机械研究进展［J］. 安徽农业科学，39（8）：5016-5018.

谭宏伟，杜承林，何天春，等 . 1994. 木薯的营养特性与施肥效应［J］. 土壤（1）：38-42.

谭丽霞，曾建华，吴宇佳，等 . 2012. 木薯氮磷钾肥优化施用技术研究［J］. 广东农业科学，39（12）：66-68.

唐拴虎，陈建生，黄巧义，等 . 2010. 坡岗地木薯氮磷钾养分用量优化研究［J］. 广东农业科学，37（3）：13-16.

陶汉宏，刘和生 . 2001. 品种、密度及施肥对木薯产量的影响［J］. 广西农学报（3）：8-10，7.

佟屏亚 . 1994. 我国耕作栽培技术成就和发展趋势［J］. 耕作与栽培（4）：1-5.

王莉，邓婷鹤 . 2015. 2014 年我国热作产品进出口贸易情况分析［J］. 中国热带农业（2）：4-7.

王露，杨海龙，封志明，等 . 2012. 广西能源作物木薯种植的可能规模：自然适宜性与社会限制性评价［J］. 资源科学，34（1）：150–158.

王战 . 2016. 木薯磷营养与连作障碍的关系研究［D］. 南宁：广西大学，3–6.

王才斌，吴正锋，成波，等 . 2007. 连作对花生光合特性和活性氧代谢的影响［J］. 作物学报，33（8）：1304–1309.

王英日 . 2009. 木薯华南 5 号“3414”肥效试验研究［J］. 广西农业科学，40（8）：1036–1039.

王玉春 . 2014. 广西木薯产业实施“走出去”战略［J］. 中国农村科技（4）：54–55.

王月福，于振文，李尚霞，等 . 2003. 土壤肥力和施氮量对小麦根系氮同化及籽粒蛋白质含量的影响［J］. 植物营养与肥料学报，9（1）：39–44.

韦家幸，蓝军群，何天春，等 . 1998. 硫酸钾镁肥在几种作物上的施用效应［J］. 广西农业科学（4）：178–180.

魏桥 . 2015–03–25. 木薯淀粉价格跟升［N］. 新农村商报，（A11）.

魏志远，漆智平，李开绵 . 2007. 武鸣木薯种植地土壤肥力状况研究［J］. 安徽农业科学，35（32）：10385–10387.

文玉萍 . 2014. 我国木薯产业的发展趋势与市场分析［J］. 热带农业科学，34（5）：81–85.

邬刚，袁嫚嫚，孙义祥，等 . 2015. 安徽化肥消费现状和粮食作物节肥潜力分析［J］. 安徽农业科学，43（13）：70–73.

吴丽，黄莉 . 2010. 木薯“3414”肥效试验初报［J］. 现代农业科技（17）：59，62.

徐振华，郭彩娟，马文奇，等 . 2011. 典型区域粮食作物产量、养分效率和经济效益关系实证研究［J］. 中国农学通报，27（11）：116–122.

许华，蒋梦娇，魏宇昆，等 . 2012. 连作对植物的危害及形成原因［J］. 湖北农业科学，51（5）：870–872.

许瑞丽，黄洁，范伟锋，等 . 2012. 3 种生物肥对木薯的肥效研究［J］. 现代农业科技（5）：53-54，58.

杨怡，廖宇兰，郑侃，等.2015. 木薯田间机械化作业研究现状分析［J］. 广东农业科学（8）：137-140.

易小明.2009. 浅析梧州市木薯生产发展潜力与对策［J］. 广西热带农业（6）：61-63.

余婉丽，张立宏，黄付平，等.2013. 广西木薯淀粉产业环境保护现状及对策研究［J］. 环境与可持续发展，38（4）：77-80.

宇万太，赵鑫，张璐，等.2007. 长期施肥对作物产量的贡献［J］. 生态学杂志，26（12）：2040-2044.

袁成宇，梁栋，廖宇兰，等.2010. 浅谈我国木薯种收机械化技术［J］. 现代农业装备（1）：79-81.

詹玲，李宁辉，冯献.2010. 我国木薯生产加工现状及前景展望［J］. 农业展望，6（6）：33-36.

张福锁，王激清，张卫峰，等.2008. 中国主要粮食作物肥料利用率现状与提高途径［J］. 土壤学报，45（5）：915-924.

张林辉，宋记明，李月仙，等.2015. 不同株型木薯品种的不同种植密度试验［J］. 中国热带农业，63（2）：69-72.

张伟特，林雄，李开绵，等.1997. 木薯长期定位肥料试验总结（1992—1995年）［J］. 热带作物研究（2）：27-32.

张伟特.1990. 不同时间施肥对木薯生长及产量的影响［J］. 热带作物研究（1）：49-53.

张永发，杜前进，张冬明，等.2009. 平衡施肥对木薯产量及品质的影响初报［J］. 热带作物学报，30（4）：435-439.

张振文，李开绵，黄洁，等.2006. 我国木薯产业发展形势与策略——广西武鸣县木薯产业发展启示［J］. 广西农业科学，37（6）：743-747.

章赞德.2009. 木薯的氮磷钾肥效和适宜用量研究［J］. 福建农业科技（5）：63-65.

赵学新．2012. 尼日利亚的木薯之路［J］. 农民科技培训（4）：43.

郑华，李军，罗燕春，等．2013. 印度尼西亚木薯产业概述［J］. 农业研究与应用（5）：24-32.

郑华，李军，田益农，等．2016. 广西红壤木薯肥料多年定位试验（1989—1996）综合分析［J］. 热带农业科学，36（2）：14-27.

郑玉，黄洁，范伟锋，等．2011. 施肥深度对木薯产量性状的影响［J］. 江西农业学报，23（11）：135-136.

周宏春．2011. 迫切需要解决危害群众健康的突出环境问题——《国家环境保护"十二五"规划》战略重点解读［J］. 环境与可持续发展，36（4）：11-15.

朱艳强．2013. 武鸣县木薯产业化发展制约因素与对策研究［D］. 南宁：广西大学，22-23.

Abruña F，Perez-Escolar R，Vicente-Chandler J，*et al*. 1974. Response of green beans to acidity factors in six tropical soils［J］. Journal of Agriculture. University of Puerto Rico，58（1）：44-58.

Abeledo L G，Savin R，Slafer G A. 2008. Wheat productivity in the Mediterranean Ebro Valley：Analyzing the gap between attainable and potential yield with a simulation model［J］. European Journal of Agronomy（28）：541-550.

Amarasiri S L，Perera W R. 1975. Nutrient removal by crops growing in the dry zone of Sri Lanka［J］. Tropical Agriculturist（131）：61-70.

Byju G，Anand M H. 2009. Differential response of short-and long-duration cassava cultivars to applied mineral nitrogen［J］. Journal of Plant Nutrient and Soil Science（172）：572-576.

Barker R K，Gomez A，Herdt R W. 1979. Farm-level constraints to high rice yields in Asia：1974-1977. IRRI，Los Banos［J］. Philippines.

Cong Doan Sat，Deturck P. 1998. Cassava soils and nutrient management in South Vietnam. In：R H Howeler（Ed.）. Cassava Breeding，Agronomy and Farmer Participatory Research in Asia，Proc. of 5th Regional Workshop，held in Danzhou，

Hainan, China. Nov. 3-8, 1996. 257-267.

Cours G, manioc Le. 1953. Recherche Agronomique de Madagascar. Compte Rendu no (2): 78-88.

Centro Internacional de Agricultura Tropical (CIAT). 1977. Annual Report for 1976. CIAT, Cali, Colombia: 344.

Centro Internacional de Agric. Tropical (CIAT). 1980. Cassava Program, Annual Report 1979. CIAT, Cali, Colombia: 67-77.

Centro Internacional de Agric. Tropical (CIAT). 1981. Cassava Program, Annual Report 1980. CIAT, Cali, Colombia: 59-69.

Centro Internacional de Agric. Tropical (CIAT). 1982. Cassava Program, Annual Report 1981. CIAT, Cali, Colombia: 27-55.

Centro Internacional de Agricultura Tropical (CIAT). 1985a. Cassava Program. Annual Report for 1982 and 1983. CIAT, Cali, Colombia: 521

Centro Internacional de Agricultura Tropical (CIAT). 1985b. Cassava Program. Annual Report for 1984. Working Document No. 1. CIAT, Cali, Colombia: 249.

Chumpol Nakviroj and Kobkiet Paisancharoen. ciat-library. ciat. cgiar. org.

Cock J H, Franklin D, Sandoval G, *et al*. 1979. The ideal cassava plant for maximum yield [J]. Crop Science (19): 271-279.

Cruz J L, Mosquim P R, Pelacani C R. 2003. Photosynthesis impairment in cassava leaves in response to nitrogen deficiency [J]. Plant and Soil (257): 417-423.

Cruz J L, Mosquim P R, Pelacanil C R, *et al*. 2003. Carbon partitioning and assimilation as affected by nitrogen deficiency in cassava [J]. PhotoSynth, 41 (2): 201-207.

Cruz J L, Mosquim P R, Pelacani C R, *et al*. 2004. Effects of nitrate nutrition on nitrogen metabolism in cassava [J]. Biology Plant, 48 (1): 67-72.

Cadavid L F. 1988. Respuesta de la yuca (*Manihot esculenta* Crantz) a la aplicacion de NPK en suelos con diferentes características (Response of cassava to the application of

NPK in soils with different characteristics). Universidad Nacional de Colombia, Palmira, Colombia. 185.

Carsky R J, Toukourou M A. 2004. Cassava leaf litter estimation in on-farm trails [J]. Experimental Agriculture (40): 315-326.

Carsky R J, Toukourou M A. 2005. Identification of nutrients limiting cassava yield maintenance on a sedimentary soil in southern Benin, west Africa [J]. Nutrient Cycling in Agroecosystems, 71 (2): 151-162.

Chan S K. 1980. Long-term fertility considerations in cassava production. In: E J Weber, J C Toroand M Graham (Eds.) [J]. Cassava Cultural Practices. Proc. Workshop, held in Salvador, Bahia, Brazil. March 18 - 21, 1980. IDRC, Ottawa, Canada: 82-93.

De Bie C A J M. 2000. Comparative performance an analysis of agro-Ecosystems [D]. the Netherlands: Wageningen Agricultural University.

David B L, Kenneth G C, Christopher B F, *et al.* 2009. Crop yield gaps: their importance, magnitudes, and causes [J]. Annual Review of Environment and Resources, 34 (1): 179-204.

Den Doop J E A. 1937. Groene bemesting, kunstmest en andere factoren in sisal en cassava productie V (Green manure, fertilizers and other factors in sisal and cassava production V) [J]. Bergcultures (9): 264-278.

De Datta S K. 1981. Principles and Practices of Rice Production [M]. New York, USA: Wiley-Interscience Publications.

De Datta S K, Gomez K A, Herdt R W, *et al.* 1978. A Handbook on the Methodology for an Integrated Experiment-Survey on Rice Yield Constraints. International Rice Research Institute, Los Baños [J]. Philippines.

Edwards D G, Asher C J. 1979. Nutrient requirements of cassava (unpublished).

El-Sharkawy M A. 2004. Cassava biology and physiology [J]. Plant Molecular Biology, 56 (4): 481-501.

El-Sharkawy M A, Cadavid L F. 2002. Response of cassava to prolonged water stress imposed at different stages of growth [J]. Experimental Agriculture (38): 333-350.

Fermont A M, Tittonell P A, Baguma Y, *et al.* 2010. Towards understanding factors that govern fertilizer response in cassava: lessons from East Africa [J]. Nutrient Cycling in Agroeco systems (86): 133-151.

Fermont A M, Van Asten P J A, Giller K E. 2008. Increasing land pressure in East Africa: The changing role of cassava and consequences for sustainability of farming systems [J]. Agriculture Ecosystems & Environment, 128 (4): 239-250.

Fermont A M, Van asten P J A, Tittonell P, *et al.* 2009. Closing the cassava yield gap: an analysis from smallholder farms in East Africa [J]. Field Crops Research, 112 (1): 24-36.

Forno D A. 1977. The mineral nutrition of cassava (*Manihot esculenta* Crantz) with particular reference to nitrogen. PhD thesis. University of Queensland, St. Lucia, Qld, Australia.

Fresco L O. 1984. Issues in farming systems research. Netherlands [J]. Netherlands Journal of Agricultural Science, 32 (1984): 253-261.

Fox R H, Talleyr H, Scott T W. 1975. Effect of nitrogen fertilization on yields and nitrogen content of cassava, Llanera cultivar. J. of Agriculture [J]. University of Puerto Rico (56): 115-124.

Gunatilaka A. 1977. Effects of aluminium concentration on the growth of corn, soybean, and four tropical root crops. MSc thesis. Univ. of Queensland, St. Lucia, Qld, Australia.

Goepfert C F. 1972. Experimento sobre o efeito residual da adubaçao fosfatada em feijoeiro (*Phaseolus vulgaris*) (Experiment on the residual effect of phosphate fertilizers in common bean) [J]. Agron. Sulriograndense (8): 41-47.

Grassini P, Yang H, Cassman K G. 2009. Limits to maize productivity in Western Corn-Belt: A simulation analysis for fully irrigated and 14 rainfed conditions [J]. Agricultural and Forest Meteorology, 149 (8): 1254-1265.

Huang H C, Chou C H, Erickson R S. 2006. Soil sickness and its control [J]. Allelopathy Journal, 18 (1): 1-22.

Hagens P, Sittibusaya C. 1990. Short-and long-term aspects of fertilizer applications on cassava in Thailand. In: R H Howeler (Ed.) . Proc. of 8th Symp. Intern. Society of Tropical Root Crops, held in Bangkok, Thailand. Oct. 30-Nov. 5, 1988. 244-259.

Howeler R H. 1978. The mineral nutrition and fertilization of cassava. In: Cassava Production Course. Centro Internacional de Agricultura Tropical (CIAT), Cali, Colombia. 247-292.

Howeler R H. 1981. Mineral Nutrition and fertilization of cassava [M]. Cali, Colombia: Series 09EC-4, CIAT.

Howeler R H. 1985a. Mineral nutrition and fertilization of cassava. In: Cassava; Research, Production and Utilization. UNDP-CIAT Cassava Program, Cali, Colombia. 249-320.

Howeler R H. 1985b. Potassium nutrition of cassava. In: W D Bishop. *et al* (Eds.). Potassium in Agriculture. Intern. Symp., held in Atlanta, GA, USA. July 7 - 10, 1985. ASA-CSSA-SSSA, Madison, WI, USA. 819-841.

Howeler R H. 1989. Cassava. In: D. L. Plucknett and H. B. Sprague (Eds.) . Detecting Mineral Deficiencies in Tropical and Temperate Crops. West view Press. Boulder, CO, USA. 167-177.

Howeler R H, Cadavid L F. 1990. Short-and long-term fertility trials in Colombia to determine the nutrient requirements of cassava [J]. Fertilizer research, 26 (1 - 3): 61-80.

Howeler R H. 1991. Identifying plants adaptable to low pH conditions. In: R J Wright *et al* (Eds.) . Plant-Soil Interactions at Low pH. Kluwer Academic Publisher, Netherlands. 885-904.

Howeler R H. 1995. Agronomy research in the Asian Cassava Network-Towards better production without soil degradation. In: R H Howeler (Ed.) . Cassava Breeding, Agronomy Research and Technology Transfer in Asia. Proc. of 4th Regional Workshop, held in Trivandrum, Kerala, India. Nov. 2–6, 1993. 368–409.

Howeler R H. 1996a. Mineral nutrition of cassava [A]. In: Craswell E T, Asher C J, O´Sullivan J N (eds) . Mineral Nutrient Disorders of Root Crops in the Pacific Proceedings Workshop [C]. ACIAR Proceedings No 5, Canberra, Ausrealia. 110–116.

Howeler R H. 1996b. Diagnosis of nutritional disorders and soil fertility maintenance of cassava. In: G T Kurup, *et al* (Eds.) . Tropical Tuber Crops: Problems, Prospects and Future Strategies. Oxford and IBH Publishing Co. Pvt. Ltd. New Delhi, India. 181–193.

Howeler R H. 1998. Cassava agronomy research in Asia-An overview, 1993–1996. In: R H Howeler (Ed.) . Cassava Breeding, Agronomy and Farmer Participatory Research in Asia. Proc. of 5th Regional Workshop, held in Danzhou, Hainan, China. Nov. 3–8, 1996. 355–375.

Howeler R H. 2002. Cassava mineral nutrition and fertilization [A]. In: Hillocks R J, Thresh J M, Belloti A C (Eds.) . Cassava: Biology, Production and Utilization [M]. Wallingford, UK: CAB International. 115–147.

Howeler R H. 2004. Nutrient inputs and losses in cassava-based cropping systems-examples from Vietnam and Thailand. In: R W Simmons, A D Noble and R D B Lefroy (Eds.). Nutrient Balances for Sustainable Agricultural Production and Natural Resource Management in SE Asia. Procedure. Internships. Workshop, held in Bangkok, Thailand. Feb 20–22, 2001. 30.

Howeler R H. 2012. The Cassava Handbook, A Referenee Manual based on the Asian Regional Cassava Training Course held in Thailand. 423–424.

Howeler R H, Anάlisis del, Tejido Vegetal, *et el*. 1983. Diagnόstico de Problemas Nutricionales: Algunos Cultivos Tropicales (Plant tissue analysis for the diagnosis of nutritional problems: some tropical crops) . Centro Internacional de Agricultura Tropical

(CIAT), Cali, Colombia. 28.

Howeler R H, Cadavid L F. 1983. Accumulation and distribution of dry matter and nutrients during a 12-month growth cycle of cassava [J]. Field Crops Research, 7 (2): 123-139.

Howeler R H, Edwards D G, Asher C J. 1982. Micronutrient deficiencies and toxicities of cassava plants grown in nutrient solutions. I. Critical tissue concentrations [J]. Plant Nutrition (5): 1059-1076.

Howeler R H, Medina C J. 1978. La fertilizacion en el frijol *Phaseolus vulgaris*: Elementos mayores y secundarios (The fertilization of beans: major and secondary nutrients). A literature review for the Bean Production Course. Centro Internacional de Agricultura Tropical (CIAT), Cali, Colombia.

Howeler R H, Sieverding E. 1983. Potential and limitations of mycorrhizal inoculation illustrated by experiments with field grown cassava [J]. Plant and Soil (75): 245-261.

Howeler R H, Thai Phien, Nguyen. 2001. The Dang. Sustainable cassava production on sloping land in Vietnam. In: Proc. of Workshop on Training, Research and Technology Transfer Needs for Sustainable Development on Sloping Land in Vietnam, held in Hanoi, Vietnam. April 10-12. 59-80.

Islam A K M S, Edwards D G, Asher C J. 1980. pH optima for crop growth: Results of a flowing culture experiment with six species [J]. Plant and Soil, 54 (3): 339-357.

John K S, Venugopal V K, Manikantan Nair M. 2005. Crop growth, yield and quality parameters associated with maximum yield research (MYR) in cassava [J]. Journal of Root Crop, 31 (1): 14-21.

Jean Mianikpo Sogbedji, Lakpo Kokou Agboyi, Kodjovi Sotomè Detchinli, *et al.* 2015. Improved cassava production on West African Ferralsols through appropriate varieties and optimal potassium fertilization schemes [J]. Journal of Plant Sciences, 3

(3): 117-122.

Jintakanon S, Edwards D G, Asher C J. 1982. An anomalous, high external phosphorus requirement for young cassava plants in solution culture. In: Proc. of 5th Symp. of Intern. Society Tropical Root Crops, held in Manila, Philippines. September 17 - 21, 1979. 507-518.

Jones U S, Katya l J C, Mamaril C P, *et al*. 1982. Wetland-rice nutrient deficiencies other than nitrogen. In: Rice Research Strategies for the Future. IRRI, Los Baños, Philippines. 327-378.

Kang B T, Islam R, Sanders F E, *et al*. 1980. Effect of phosphate fertilization and inoculation with VA-mycorrhizal fungi on performance of cassava (*Manihot esculenta*, Crantz) grown on an Alfisol [J]. Field Crops Research (3): 83-94.

Kang B T, Okeke J E. 1984. Nitrogen and potassium responses of two cassava varieties grown on an Alfisol in southern Nigeria. In: Proc. of 6th Symp. of Intern. Society of Tropical Root Crops, held in Lima, Peru. Feb. 21-26, 1983. 231-237.

Kanapathy K. 1974. Fertilizer experiments on shallow peat under continuous cropping with tapioca [J]. Malaysian Agriculture Journal (49): 403-412.

Kabeerathumma S, B Mohankumar C R Mohankumar, G M Nair, *et al*. 1990. Long range effect of continuous cropping and manuring on cassava production and fertility status. In: R. H Howeler (Ed.) Proc. of 8th Symposium International Society of Tropical Root Crops, held in Bangkok, Thailand. Oct 30-Nov 5, 1988. 259-269.

Lobell D B, Cassman K G, Field C B. 2009. Crop yield gaps: Their importance, magnitudes and causes [J]. Annual Review of Environment and Resources, 34 (1): 179-204.

Lobell D B, Ivan Ortiz-Monasterio J. 2006. Regional importance of crop yield constraints: Linking simulation models and geostatistics to interpret spatial patterns [J]. Ecological Modelling, 196 (1): 173-182.

Martwanna C P, Sarawat A, Limsila S, *et al*. 2009. Cassava leaf production research conducted in Rayong and Khon Kaen, Thailand. In: R H Howeler (Ed.) . The Use of Cassava Roots and Leaves for On-farm Animal Feeding. Proc. Regional Workshop, held in Hue city, Vietnam. Jan 17-19, 2005. 66-88.

Molina J L, El-Sharkawy M A. 1995. Increasing crop productivity in cassava by fertilizing production of planting material [J]. Field Crops Research, 44 (2-3): 151-157.

Nguyen Huu Hy, Nguyen. 2010. The Dang and Tong Quoc An. Soil fertility maintenance and erosion control research in Vietnam. In: R. H. Howeler (Ed.) . A New Future for Cassava in Asia. Its Use as Food, Feed and Fuel to Benefit the Poor. Proc. of 8th Regional Workshop, held in Vientiane, Lao PDR. Oct 20-24, 2008. 263-274.

Ngyen H H, Nguyen D, Phan V Bien, *et al.* 2002. Cassava agronomy research in Vietnam [A]. In: R H Howeler (eds.) . Cassava Research and Develepment in Asia: Exploring New Opportunities for an Ancient Crop [C]. Bangkok, Thailand. Proc. of 7th Regional Workshop.

Nguyen H, Schoenau J J, Nguyen D, *et al.* 2002. Effect of long-term nitrogen, phosphorus, and potassium fertilization on cassava yield and plant nutrient composition in North Vietnam [J]. Journal of Plant Nutrition, 25 (3): 425-442.

Nijholt J A. 1935. Opname van voedingsstoffen uit den bodem bij cassave. (Absorption of nutrients from the soil by a cassava crop) . Buitenzorg. Algemeen Proefstation voor den Landbouw. Korte Mededeelingen No 15. 25.

Nair P G, Mohankumar B, Prabhakarand M, *et al.* 1988. Response of cassava to graded doses of phosphorus in acid lateritic soils of high and low P status [J]. Journal of Root Crops, 14 (2): 1-9.

Nguyen Tu Siem. 1992. Organic matter recycling for soil improvement in Vietnam. In: Proc. of 4th Annual Meeting IBSRAM-Asialand Network, Bangkok, Thailand.

Olaleye A O, Akinyemi S O S, Tijani-Eniola H, *et al.* 2006. Influence of potassium fertilizer on yield of plantain intercropped with cassava on an oxic paleustalf in southwestern Nigeria [J]. Communications in Soil Science and Plant Analysis, (37): 925-938.

Orlando Filho J. 1985. Potassium nutrition of sugarcane. In: W D Bishop *et al.* (Eds.). Potassium in Agriculture. ASA-CSSA-SSSA, Madison, WI, USA. 1045–1062.

Orioli G A, I Mogilner, W L Bartra, *et al.* 1967. Acumulacion de materia seca, N, P, K y Ca en *Manihot esculenta* (Accumulation of dry matter, N, P, K and Ca by *Manihot esculenta*). Univ. Nacional de Nordeste, Corrientes, Argentina. Bonplandia (2) No, (13): 175–182.

Obigbesan G O. 1977. Investigations on Nigerian root and tuber crops: Effect of potassium on starch yield, HCN content and nutrient uptake of cassava cultivars (*Manihot esculenta*) [J]. Journal of Agricultural Science (89): 29–34.

Ojeniyi S O, Ezekiel P O, Asawalam D O, *et al.* 2009. Root growth and NPK status of cassava as influenced by oil palm bunch ash [J]. African Journal of Biotechnology, 8 (18): 4407–4412.

Park C H, Kim K H, Hajrial, *et al.* 2005. Effect of potassium application on yield-related characters and contents of starch and hydrocyanic acid of cassava [J]. Korean Journal of Cropence, 50 (5): 309–318.

Paula M B de, Nogueira F D, Tanaka R T. 1983. Nutrição mineral da mandioca: absorção de nutrientes e produção de materia seca por duas cultivares de mandioca (Mineral nutrition of cassava: nutrient absorption and production of dry matter of two cassava cultivars) [J]. Revista Brasileira de Mandioca. (Cruz das Almas, Bahia, Brazil), 2 (1): 31–50.

Putthacharoen S, Howeler R H, Jantawat S *et al.* 1998. Nutrient uptake and soil erosion losses in cassava and six other crops in a Psamment in eastern Thailand [J]. Field Crops Research, 57 (1): 113–126.

Rao I M, Terry N. 2000. Photosynthetic adaptation to nutrient stress [A]. In: Yunus M, Pathre U, Mohanty P (Eds.). Probing Photosynthesis. Mechanisms, Regulation and Adaptation [M]. London-New York: Taylor&Francis. 379–397.

Roberts S, McDole R E. 1985. Potassium nutrition of potatoes. In: Bishop, W D, *et al.*

(Eds.) . Potassium in Agriculture. Intern. Symp. , held in Atlanta, GA, USA. July 7-10, 1985. ASACSSA-SSSA, Madison, WI, USA. 800-818.

Sittibusaya C. 1993. Progress report of soil research on fertilization of field crops, 1992. Annual Cassava Program Review, held in Rayong, Thailand. Jan 19-20. (in Thailand)

Sittibusaya C, Kurmarohita K. 1978. Soil fertility and fertilization. In: ASPAC Proc. Workshop on Cassava Production and Utilization, held in Bangkok, Thailand. May. 10-12.

Schnug E, Heym J, Achwan F. 1996. Establishing critical values for soil and plant analysis by means of the boundary line development system (Bolides) [J]. Communications in Soil Science and Plant Analysis, 27 (13-14): 2739-2748.

Susan John K, Venugopal V K, Manikantan N M. 2005. Crop growth, yield and quality parameters associated with maximize yield research (MYR) in cassava [J]. Journal of Root Crop, 31 (1): 14-21.

S Agyenim Boateng, S Boadi. Cassava yield response to Sources and rates of Potassium in the forest-Savanna transition zone of Ghana [J]. Root and Tuber Crops, Vol: 1-15, 2010.

Spear S N, Asher C J, Edwards D G. 1978. Response of cassava, sunflower, and maize to potassium concentration in solution. I. Growth and plant potassium concentration [J]. Field Crops Research (1): 347-361.

Shatar T M, Mcbratney A B. 2004. Boundary-line analysis of field-scale yield response to soil properties [J]. The Journal of Agricultural Science, 142 (5): 553-560.

Tasistro A. 2012. Use of boundary lines in field diagnosis and research for Mexican farmers [J]. Better Crops with Plant Food, 96 (2): 11-13.

Tongglum, Suriyapan A P, Howeler R H. 2001. Cassava agronomy research and adoption of improved practices in Thailand-Major achievements during the past 35 years. In: Howeler R H and S L Tan (Eds.) . Cassava's Potential in Asia in the 21st Century:

Present Situation and Future Research and Development Needs. Proc. of 6th Regional Workshop, held in Ho Chi Minh city, Vietnam. Feb 21-25, 2000. 228-258.

Uthaiwan Kanto, Kanapol Jutamanee, Yongyuth Osotsapar, *et al.* 2011. Effect of Swine Manure Extract by Foliar Application and Soil Drenching on Dry Matter and Nutrient Uptake of Cassava [J]. Kasetsart Journal-Natural Science, 45 (6): 995-1005.

Van Ittersum M K, Cassman K G, Grassini P, *et al.* 2013. Yield gap analysis with local to global relevance—a review [J]. Field Crops Research, 143 (1): 4-17.

Von Liebig J. 1863. The Natural Laws of Husbandry [M]. Walter and Maberly, London.

Wargiono J, Widodo Y, Utomo W H. 2001. Cassava agronomy research and adoption of improved practices in Indonesia-Major achievements during the past 20 years. In: Howeler R H and S L Tan (Eds.) . Cassava's Potential in Asia in the 21st Century: Present Situation and Future Research and Development Needs. Proc. of 6th Regional Workshop, held in Ho Chi Minh city, Vietnam. Feb 21-25, 2000. 259-278.

Wang N, Jassogne L, van Asten P J A, *et al.* 2015. Evaluating coffee yield gaps and important biotic, abiotic, and management factors limiting coffee production in Uganda [J]. European Journal of Agronomy, 63 (63): 1-11.

Webb R A. 1972. Use of boundary line in analysis of biological data [J]. Journal of Horticultural Science (47): 309-319.

Zaag P van der. 1979. The phosphorus requirements of root crops. PhD thesis, Univ. of Hawaii, USA.